全国电力职业教育系列教材

职业教育电力技术类专业培训用书

U0655583

电子技术基础

主　编　郑晓峰
副主编　梁湖辉
编　写　林　娟
主　审　付植桐

中国电力出版社

CHINA ELECTRIC POWER PRESS

内 容 提 要

全书共分为十三章，主要内容为常用半导体器件、基本放大电路、多级放大电路、集成运算放大器、信号发生器、直流稳压电源、数字电路基础、组合逻辑电路、集成触发器、时序逻辑电路、脉冲波形的产生与变换、数模与模数转换器、半导体存储器与可编程逻辑器件。

本书主要作为高职高专院校电力技术类、机械类、自动化类、信息技术类等专业的电子技术基础课程教材，也可作为相关专业的职业资格和岗位技能培训教材，同时可作为工程技术人员的参考书。

图书在版编目（CIP）数据

电子技术基础/郑晓峰主编. —北京：中国电力出版社，2008.8（2022.2 重印）

全国电力职业教育规划教材

ISBN 978 - 7 - 5083 - 7751 - 3

Ⅰ. 电… Ⅱ. 郑… Ⅲ. 电子技术-职业教育-教材 Ⅳ. TN

中国版本图书馆 CIP 数据核字（2008）第 119816 号

中国电力出版社出版、发行

（北京市东城区北京站西街 19 号 100005 http://www.cepp.sgcc.com.cn）
北京天泽润科贸有限公司印刷
各地新华书店经售

*

2008 年 8 月第一版 2022 年 2 月北京第六次印刷
787 毫米×1092 毫米 16 开本 19.75 印张 478 千字
定价 50.00 元

前　言

本书体现了职业教育的性质、任务和培养目标；符合职业教育的课程教学基本要求和有关岗位资格和技术等级要求；具有思想性、科学性、适合国情的先进性和教学适应性；符合职业教育的特点和规律，具有明显的职业教育特色；符合国家有关部门颁发的技术质量标准。

电子技术基础是工科类专业的一门重要专业基础课，是一门理论性、实践性和实用性均很强的课程，无论是"教"还是"学"，历来都不太容易掌握好。本书根据课程的教学大纲及教学基本要求，并结合编者在职业院校的多年教学实践编写而成，力求突出以下特点：

（1）突出"应用性、实用性和先进性"，努力跟踪电子技术的新知识、新器件、新工艺和新技术的应用方向。

（2）器件方面，重点介绍符号、功能及应用，尽量不涉及内部的分析过程；电路方面，阐述基本的工作原理、基本分析和估算方法、强化应用中的实际问题及解决办法；体系方面，考虑到电子技术课程内容较抽象、入门不容易等因素，遵循教学规律，采取先易后难、循序渐进、分散难点的原则进行编排。

（3）注重高职特点，加强实践技能能力的培养，书中工程应用等实践内容占了较大篇幅，每章后有知识能力检验，与理论教学配合使用。

（4）在内容叙述上，力求语言流畅，图文、图表并茂，通俗易懂。

考虑到不同专业、不同教学对象、不同教学要求的需要，可对教材内容进行取舍，打 * 号的章节为可选择内容，建议教学课时为60～93学时。以下列出课时分配方案供各院校选择时参考。

教学课时分配表（供参考）

章	内　容	课时数	小计
第一章　常用半导体器件	第一节　半导体基本知识	1	6
	第二节　半导体二极管	2	
	第三节　半导体三极管	2	
	*第四节　场效应管	1	
第二章　基本放大电路	第一节　放大电路概述	2	12
	第二节　共射极基本放大电路	1	
	第三节　放大电路的基本分析方法	4	
	第四节　静态工作点稳定的放大电路	1	
	第五节　共集电极放大电路和共基极放大电路	2	
	*第六节　场效应管放大电路	2	
第三章　多级放大电路	第一节　多级放大电路的结构及其分析方法	2	13
	第二节　放大电路的频率特性	1	
	第三节　放大电路中的负反馈	6	
	第四节　多级放大电路的功率输出级	4	

章	内 容	课时数	小计
第四章 集成运算放大器	第一节 直流放大器概述	1	10
	第二节 集成运算放大器的基本构成	0.5	
	第三节 集成运算放大器的分析方法	0.5	
	第四节 集成运算放大器的基本应用	8	
*第五章 信号发生器	第一节 信号发生器概述	0.5	6
	第二节 RC 桥式正弦波振荡器	1.5	
	第三节 LC 正弦波振荡器	2	
	第四节 石英晶体正弦波振荡器	1	
	第五节 8038 多功能集成函数信号发生器	1	
第六章 直流稳压电源	第一节 直流稳压电源的组成	0.5	11.5
	第二节 单相整流与滤波电路	4	
	第三节 线性直流稳压电路	5	
	*第四节 开关式稳压电路简介	1	
	第五节 直流稳压电源实例	1	
第七章 数字电路基础	第一节 数字电路概述	0.5	7.5
	第二节 逻辑代数基础	1	
	第三节 逻辑函数的表示和化简方法	4	
	第四节 逻辑门电路基础	2	
第八章 组合逻辑电路	第一节 组合逻辑电路的分析	0.5	5.5
	第二节 组合逻辑电路的设计	0.5	
	第三节 常用的组合逻辑电路	4	
	*第四节 组合逻辑电路中的竞争与冒险	0.5	
第九章 集成触发器	第一节 RS 触发器	0.5	3.5
	第二节 JK 触发器	2	
	第三节 边沿 D 触发器	1	
第十章 时序逻辑电路	第一节 时序逻辑电路的分析方法	1.5	7.5
	第二节 常用的时序逻辑电路	4	
	*第三节 同步任意进制计数器的设计方法	2	
*第十一章 脉冲波形的产生与变换	第一节 脉冲的基本概念	0.5	5.5
	第二节 RC 波形变换电路	0.5	
	第三节 集成 555 定时器	1	
	第四节 单稳态触发器	1	
	第五节 施密特触发器	1	
	第六节 多谐振荡器	1.5	
第十二章 数模与模数转换器	第一节 D/A 转换器（DAC）	1	3
	第二节 A/D 转换器（ADC）	2	

章	内　　容	课时数	小计
*第十三章　半导体存储器与可编程逻辑器件	第一节　半导体存储器	2	4
	第二节　可编程逻辑器件（PLD）	2	
合　　计		93	93

　　本书由福建电力职业技术学院郑晓峰担任主编、梁湖辉担任副主编、林娟参编。具体编写分工如下：林娟编写第十一、十二、十三章；梁湖辉编写第四、五、六、九、十章；郑晓峰编写了第一、二、三、七、八章及附录，并负责全书的统稿。

　　在本书的编写过程中，得到了编者学院的领导和同行、兄弟学校的老师极大的关怀、帮助和鼓励。本书由天津职业大学付植桐教授主审，付植桐教授仔细审阅了全部书稿，提出了许多宝贵的意见和建议。另外，教材的编写参考了一些相关著作和资料，在此一并表示衷心感谢。

　　由于电子技术日新月异，编者见识和水平有限，故书中难免有不足之处，恳请使用本书的师生及广大读者继续提出批评指正。

编　者

2008 年 6 月

本书常用符号说明

类 别	符 号	意 义
下标	i	输入量
	o	输出量
	s	信号源量
	f	反馈量
	L	负载
	REF	基准量
电流、电压	i、u	电流、电压瞬时值通用符号
	I、U	直流电流、直流电压通用符号
	U_{CC}、U_{BB}、U_{DD}、U_{SS}	直流电源电压
	$i_{(大写下标)}$、$u_{(大写下标)}$	总瞬时值（直流＋交流）
	$i_{(小写下标)}$、$u_{(小写下标)}$	交流瞬时值
	$I_{(大写下标)}$、$U_{(大写下标)}$	直流量
	$I_{(小写下标)}$、$U_{(小写下标)}$	有效值
放大倍数（增益）	A	放大倍数或增益通用符号
	A_u	电压放大倍数、增益
	A_{uf}	闭环电压放大倍数、增益
	A_{us}	源电压放大倍数、增益
	A_{ud}	差模电压放大倍数、增益
电阻、电感、电容	R	固定电阻通用符号
	r	交流电阻或动态电阻
	R_P	电位器通用符号
	R_i	输入电阻
	R_o	输出电阻
	R_L	等效负载电阻
	R_s	信号源内阻
	R_f	反馈电阻
	C	电容通用符号
	L	电感通用符号
器件	V	半导体器件通用符号
	VT	半导体三极管、场效应管和晶闸管
	VD	半导体二极管通用符号
	VZ	稳压二极管通用符号

类　别	符　号	意　义
器件	G	门
	F	触发器
	TG	传输门
	X	石英晶体
频率、通频带	f	频率通用符号
	ω	角频率通用符号
	B_W	频带宽度
	f_H	上限频率
	f_L	下限频率
	f_T	特征频率
功率、效率	P	功率通用符号
	P_o	输出功率
	P_{CC}	直流电源提供的功率
	P_C	集电极耗散功率
	η	效率
其他	Q	静态工作点
	F	反馈系数通用符号
	T、t	周期、温度、时间
	φ	相位差、相角
	τ	时间常数
	CP	时钟脉冲
	EN	允许（使能）
	OE	输出允许
	B	二进制
	D	十进制
	H	十六进制

目 录

下篇　数字电子技术基础

上篇 模拟电子技术基础

第一章 常用半导体器件

半导体器件是电子线路的核心元件，主要包括半导体二极管、半导体三极管、半导体场效应管和各种集成电路，正是由于各种半导体器件广泛而深入的应用支撑着现代电子技术的飞速发展，而组成这些器件的材料是半导体，故本章首先介绍半导体的基础知识，接着讨论由半导体材料构成的二极管、三极管，最后简单介绍一下场效应管。

第一节 半导体基本知识

一、本征半导体

自然界的物质若按导电能力划分，可分为导体、半导体和绝缘体三种。导体导电能力好，如电缆线用的铜、铝等金属材料。绝缘体几乎不导电，如陶瓷、电缆线的外皮所用的橡胶、塑料等。而半导体的导电能力介于导体和绝缘体之间，电阻率通常为 $10^{-3} \sim 10^{-9} \Omega \cdot cm$。半导体之所以能得到广泛应用，并不在于它的"半导电"特性，而在于它的导电能力的"可控"特性。例如，掺杂、加热或光照射时导电性能显著改变，利用这些特性可以制成各种半导体器件，实现诸如路灯、温度自动控制、火灾报警、产品自动计数等各种功能。半导体具有的这些独特的导电性能缘于其特殊的原子结构。下面分析半导体的原子结构。

（一）半导体的原子结构

常用的半导体材料有硅（Si）、锗（Ge）和砷化镓（GaAs）等。硅和锗是四价元素，在原子最外层轨道上的四个电子称为价电子。其原子结构示意图如图 1-1 所示。

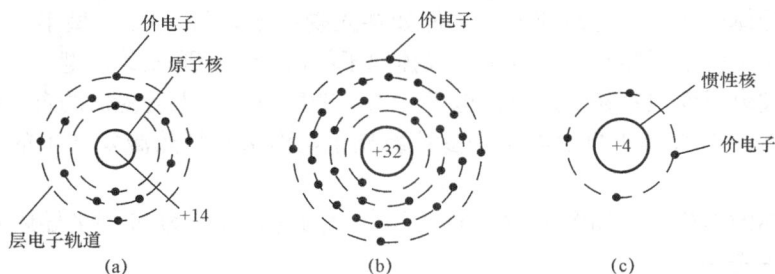

图 1-1 硅和锗原子结构示意图
(a) 硅原子结构；(b) 锗原子结构；(c) 简化模型

（二）本征半导体

每个原子的价电子分别与相邻的四个原子的价电子组成共价键。共价键中的价电子为这些原子所共有，并为它们所束缚，在空间形成排列有序的单晶体结构如图 1-2 所示。

通常将上述这种纯净的单晶半导体称为本征半导体。在热力学温度零度（0K ＝ －273℃）时本征半导体中没有自由电子，但在常温下有的价电子受本征热激发就可以获得较高能量而挣脱原子核的束缚，成为自由电子。带负电的自由电子产生的同时，在原来的共价键中就出现了一个空位，原子的电中性被破坏，呈现出正电性，其正电量与电子的负电量相等，人们称呈现正电性的这个空位为空穴。由于电子和空穴是同时成对出现的，称为自由电子空穴对。游离的部分自由电子也可能回到空穴中去，称为复合，本征半导体结构如图 1-3 所示。本征热激发和复合在一定温度下会达到动态平衡，如温度改变后，则又会达到新的动态平衡。

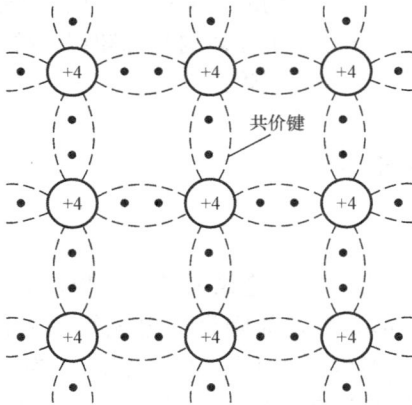

图 1-2　单晶体的共价键结构　　　　　　　　图 1-3　本征半导体结构

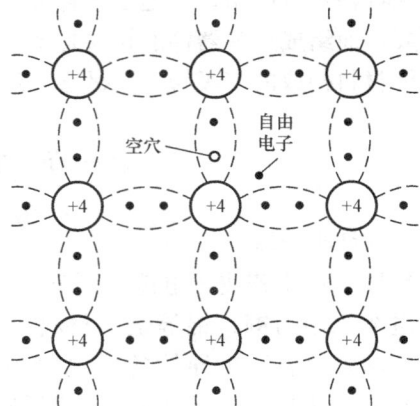

二、杂质半导体

由于本征半导体中的载流子（自由电子空穴对）在常温下数量少、导电能力差，不适宜制造半导体器件，通常要掺入一些杂质来提高导电能力。在本征半导体中掺入微量有用元素后形成的半导体称为杂质半导体。根据掺入杂质的不同可分为 P 型半导体和 N 型半导体两种。

（一）N 型半导体

在本征半导体中掺入五价杂质原子，例如掺入磷原子，可形成 N 型半导体。因五价杂质原子中只有四个价电子能与周围四个半导体原子中的价电子形成共价键，而多余的一个价电子因无共价键束缚而很容易形成自由电子。由于杂质原子掺入后提供的自由电子数量远多于空穴，故在 N 型半导体中自由电子是多数载流子，而由本征热激发产生的空穴是少数载流子。

N 型半导体的结构示意如图 1-4（a）所示。图 1-4（b）为 N 型半导体简化画法。

（二）P 型半导体

在本征半导体中掺入三价杂质原子，如硼、镓等形成了 P 型半导体。因三价杂质原子在与硅原子形成共价键时，缺少一个价电子而在共价键中留下一个空穴。由于三价杂质原子掺入后产生的空穴数量远多于自由电子，P 型半导体中空穴成为多数载流子，主要由掺杂形成，而由本征热激发产生的自由电子是少数载流子。

P 型半导体的结构示意图如图 1-5（a）所示。图 1-5（b）为 P 型半导体简化画法。

由上述分析可得出，杂质半导体内部有两种载流子（自由电子、空穴）参与导电。当杂质半导体加上电场时，两种载流子产生定向运动共同形成半导体中的电流。主要靠自由电子导电的杂质半导体是 N 型半导体，主要靠空穴导电的杂质半导体是 P 型半导体。

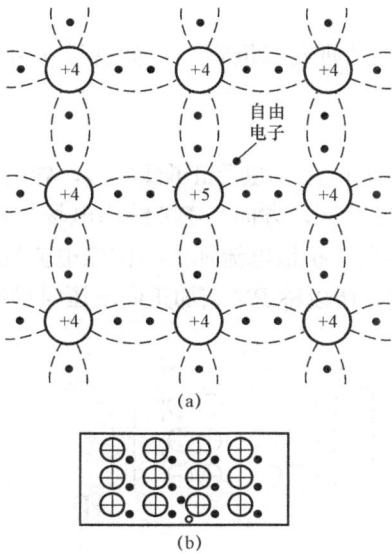

图 1-4　N 型半导体的结构
（a）结构示意图；（b）简化图

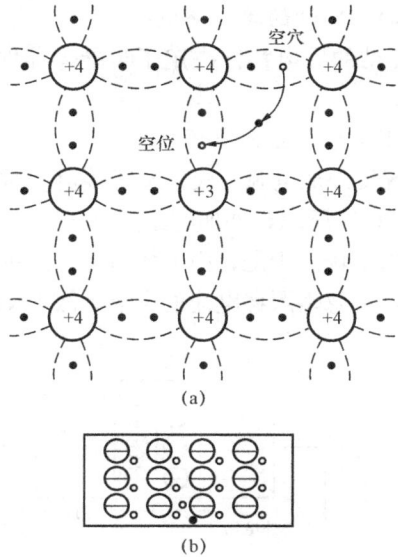

图 1-5　P 型半导体的结构
（a）结构示意图；（b）简化图

三、PN 结及其单向导电性

（一）PN 结的形成

在同一块本征半导体晶片上，采用特殊的掺杂工艺，在两侧分别掺入三价元素和五价元素，一侧形成 P 型半导体，另一侧形成 N 型半导体，则在这两种半导体交界面的两侧分别留下了不能移动的正负离子，形成一个具有特殊导电性能的空间电荷区，称为 PN 结。PN 结的形成过程如图 1-6 所示。

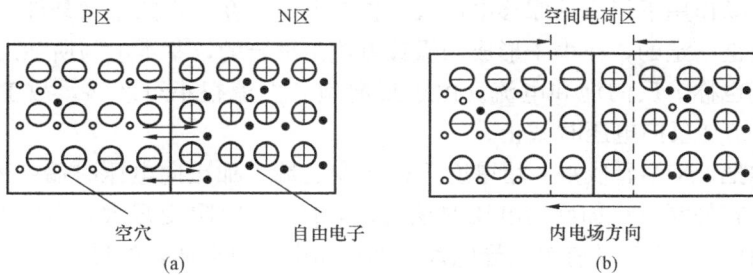

图 1-6　PN 结的形成
（a）载流子的运动过程；（b）PN 结

在 P 区与 N 区的交界面处，由于 P 区中的空穴浓度大于 N 区中的空穴浓度，则 P 区中的空穴要向 N 区扩散；同理，N 区中的自由电子浓度大于 P 区中的自由电子浓度，所以 N 区中的自由电子也要向 P 区扩散，即多数载流子因浓度差形成扩散运动。在交界面两侧，相互扩散的自由电子和空穴相遇而复合，复合消耗尽了自由电子和空穴，形成空间电荷区（耗尽层），其中 N 区一侧是正离子区，P 区一侧是负离子区，故在耗尽层，形成了 N 区指向 P 区的内电场。内电场阻碍了多数载流子扩散，同时促使 N 区中的空穴（少数载流子）进入 P 区、P 区中的自由电子（少数载流子）进入 N 区，即内电场促进了少数载流子漂移运动。在一定温度下，扩散运动和漂移运动达到动态平衡，形成稳定的耗尽层，即 PN 结。

（二）PN 结的单向导电性

PN 结的导电特性决定了半导体器件的工作特性，是研究二极管、三极管等半导体器件的基础。

1. PN 结加正向电压

P 区接外加电源正极，N 区接负极时称 PN 结加正向电压（也称正向偏置），导电情况如图 1-7（a）所示，外加的正向电压有一部分降落在 PN 结区，方向与 PN 结内电场方向相反，削弱了内电场。于是，内电场对多子扩散运动的阻碍减弱，扩散电流加大。扩散电流远大于漂移电流，可忽略漂移电流的影响，故 PN 结呈现低阻性，所以称 PN 结加正向电压时导通。

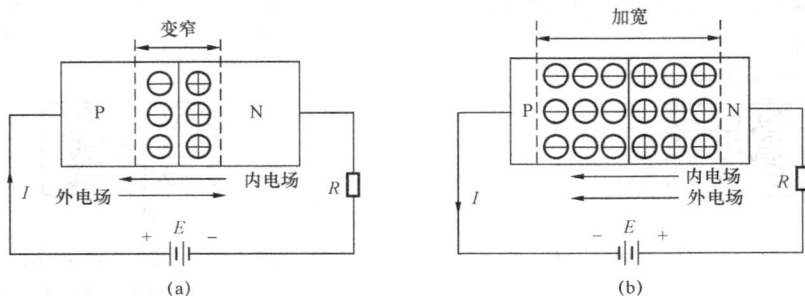

图 1-7　PN 结的单向导电性
（a）PN 结加正向电压；（b）PN 结加反向电压

2. PN 结加反向电压

P 区接外加电源负极，N 区接正极时称 PN 结加反向电压（也称反向偏置），导电情况如图 1-7（b）所示，外加的反向电压有一部分降落在 PN 结区，方向与 PN 结内电场方向相同，加强了内电场。内电场对多子扩散运动的阻碍增强，扩散几乎无法进行。此时 PN 结区的少子在内电场作用下形成的漂移电流大于扩散电流，在一定的温度条件下，由本征激发决定的少子浓度是一定的，故少子形成的漂移电流是恒定的，基本上与所加反向电压的大小无关，这个电流也称为反向饱和电流。由于反向饱和电流很小可忽略，故 PN 结呈现高阻性，所以称 PN 结加反向电压时截止。

可以形象地把 PN 结看成是一堵厚度可以改变的墙，加正向电压时墙变薄，PN 结电阻变小，电流自然容易穿过；加反向电压时墙变厚，PN 结电阻变很大，电流几乎穿不过去。由此可以得出结论：PN 结具有单向导电性，加正向电压时导通，加反向电压时截止。

第二节　半导体二极管

一、二极管的外形、封装与电路符号

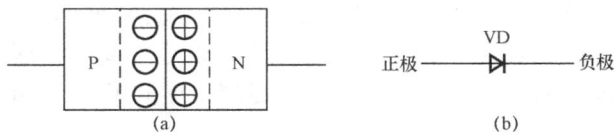

图 1-8　二极管的符号
（a）结构；（b）电路符号

在 PN 结上加上引线和封装，就成为一个二极管，通常用电路符号表示，把 P 区引出的电极称为正极，N 区引出的电极称为负极，如图 1-8 所示。常见的二极管的外形与封装方式如图 1-9 所示。

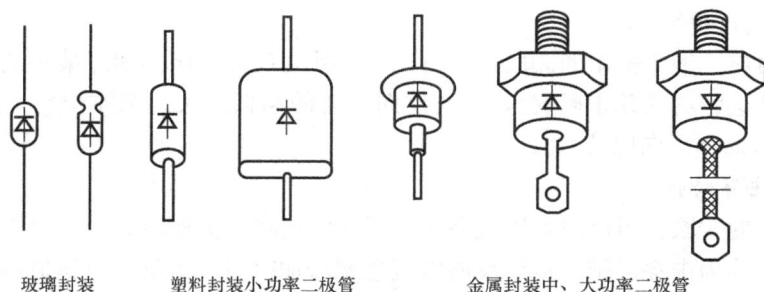

玻璃封装　　　塑料封装小功率二极管　　　金属封装中、大功率二极管

图 1 - 9　二极管的外形与封装

二、二极管的分类和结构

二极管按结构分为点接触型、面接触型和平面型三大类，如图 1 - 10 所示。

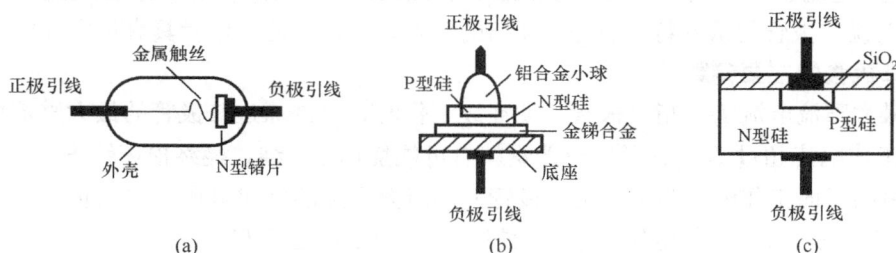

图 1 - 10　二极管的结构示意图

（a）点接触型；（b）面接触型；（c）平面型

（1）点接触型二极管：PN 结面积小，结电容小，高频性能好，但允许流过的电流很小（几十毫安以下），用于检波和变频等高频电路，如国产 2AP、2AK 系列锗二极管。

（2）面接触型二极管：PN 结面积大，只能在较低频率下工作，可通过较大的正向电流，用于工频大电流整流电路，如国产 2CP、2CZ 系列都是面接触型二极管。

（3）平面型二极管：PN 结面积可大可小，性能稳定可靠，常用于高频整流和开关电路以及集成电路制造工艺中，如国产 2CK 系列属于该类。

三、二极管的伏安特性曲线

为正确使用二极管，必须熟悉二极管的伏安特性（即电压—电流特性），如图 1 - 11 所示。

由于二极管本质上是由 PN 结构成的，故其伏安特性是由 PN 结导电特性所决定的。为方便起见将伏安特性分为三部分来讨论。

（一）正向特性

正向特性对应于图 1 - 11 的①段，当二极管外加正向电压很低时，正向电流很小，几乎为零。只有当正向电压超过一定数值（死区电压）后，才有明显的正向电流。室温下，硅管的死区电压约为 0.5V，锗管约为 0.1V。导通时的正向压降（或称管压降）硅管约为 0.6～0.8V，锗管约为 0.2～0.3V。

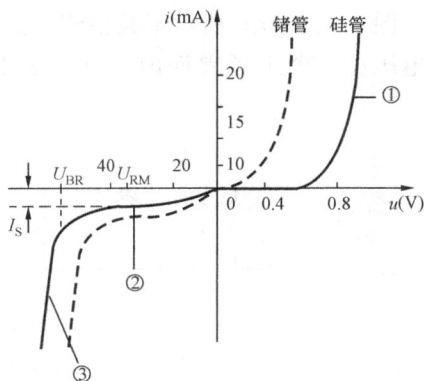

图 1 - 11　二极管的伏安特性曲线

（二）反向截止特性

反向特性对应于图 1-11 的②段，此时二极管外加反向电压不超过某一范围时，反向电流很小（小功率硅管约为几十微安），且与反向电压的高低无关，基本恒定，通常称它为反向饱和电流 I_S（简称反向电流）。

（三）反向击穿特性

如图 1-11 的③段，当反向电压过高时，反向电流将会突然增大，二极管失去单向导电特性，这种现象称为击穿。把二极管反向电流急剧增加时对应的反向电压值称为反向击穿电压 U_{BR}。击穿后电流过大将会使管子损坏，因此除稳压管外，加在二极管上的反向电压不允许超过击穿电压。

在反向区，硅二极管和锗二极管的特性有所不同。硅二极管的反向击穿特性比较硬、比较陡，反向饱和电流也很小；锗二极管的反向击穿特性比较软，过渡比较圆滑，反向饱和电流较大。

本质上说二极管的伏安特性就是 PN 结的伏安特性，因此二极管具有单向导电性。

四、二极管的主要参数

（1）最大整流电流 I_F：指二极管长期连续工作时，允许通过二极管的最大整流电流的平均值。当工作电流超过 I_F，管子发热严重就有可能烧坏 PN 结，最终损坏管子。

（2）最高反向工作电压 U_{RM}：指二极管使用时允许加的反向电压的最大值，为确保二极管安全工作，最高反向工作电压 U_{RM} 一般规定为反向击穿电压 U_{BR} 的一半。

（3）反向饱和电流 I_S：指室温下，在规定的反向电压下（一般是最大反向工作电压下）的反向电流值。实际应用中，反向饱和电流 I_S 值越小越好。通常硅二极管的反向饱和电流在几微安以下，锗二极管的则达几百微安，大功率二极管会稍大些。

此外，还有一些参数如正向压降、最高工作频率、结电容等，使用时可查半导体器件手册。

五、二极管的应用

二极管在工程中的应用非常广泛，利用二极管的单向导电性，可实现整流、限幅、钳位、检波、保护、开关等。这里仅举一些常用且较简单的例子，后续内容还会介绍。

1. 整流

电子电路工作时都需要直流电源供电，电池因使用费用高、容量有限，一般只用于低功耗便携式的仪器设备中。而实际上人们常利用二极管的单向导电作用，把电网提供 50Hz 廉价交流电源转换为直流电来使用，这便是整流。

图 1-12（a）所示半波整流电路是最基本的将交流转换为直流的电路。由图可见，输出电压在一个工频周期内，只是正半周导电，在负载上得到的是半个正弦波，工作波形

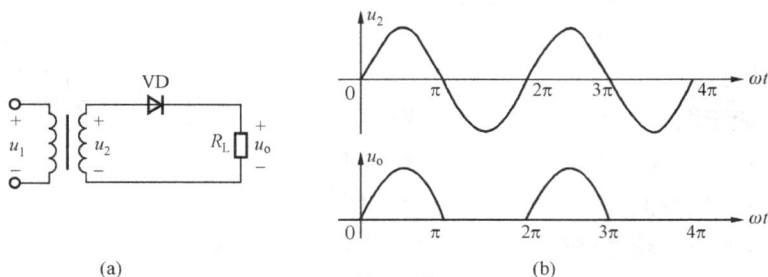

图 1-12　半波整流电路

（a）电路；（b）波形

如图 1-12（b）所示。详细分析参见第六章的第二节。

2. 限幅

限幅是指限制输出信号幅度。当输入信号幅度变化较大时，为使信号幅度得到一定的限制，可将信号接入限幅电路，如图 1-13 所示。

设 VD 为理想二极管，当 VD 导通时，VD 可看作一短路线，于是 $u_o = E$；当 VD 截止时，VD 可看作开路，于是 $u_o = u_i$。电路中由于二极管的负极接 $+E$，所以只有当二极管的正极电位高于 $+E$ 时，二极管才能导通，否则就截止。由此可见，当 $u_i > E$ 部分的输出波形就被限幅了。

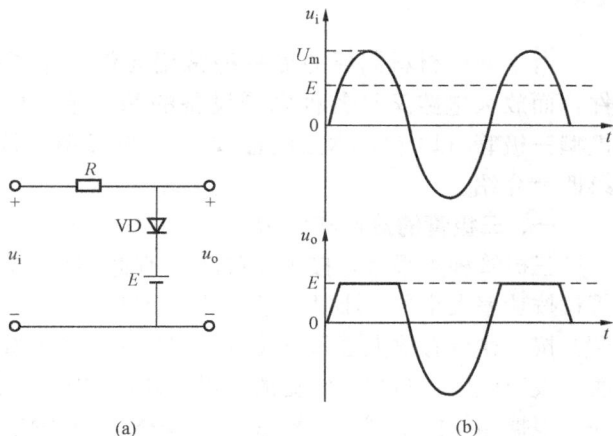

图 1-13　二极管限幅电路

(a) 电路；(b) 波形

3. 检波

图 1-14 所示为检波电路。在电视、广播及通信中，为了能实现远距离传送，需要将图像、声音等低频电信号装载（调制）到高频信号（叫载波信号）上，以便从天线上发射出去。检波就是将低频信号从已调制信号（高频信号）中取出。在图 1-14 中，输入信号为已调信号，由电视机、收音机接收后，首先由检波二极管 VD 将已调幅信号的负半周去掉，然后利用电容器将高频信号滤去，留下低频信号，经过放大后送给负载扬声器或显像管，还原成声音或图像。

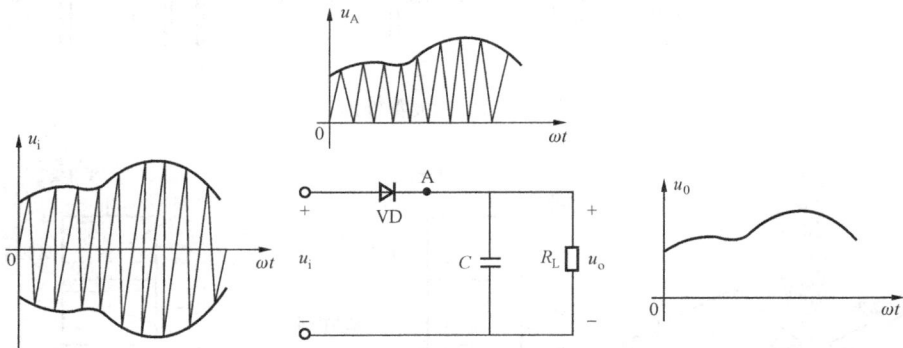

图 1-14　二极管检波器

4. 续流保护

在工程应用中，常用二极管来保护其他元器件免受过高电压的损害。如图 1-15 所示电路，为防止含电感元件电路在换路时出现高电压损坏元器件，可以采用二极管续流电路来实现保护。正常工作时，续流二极管不导通，当电感与电压断开瞬时，电感电流仍维持原来大小并按原方向继续流动，此时续流二极管为电感提供了放电通路。放电时电感两端电压始终等于续流二极管的正向电压，从而避免了电感上出现高电压。

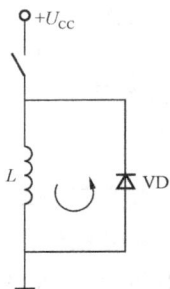

图 1-15　二极管续流保护电路

第三节　半导体三极管

由半导体材料制成的另一种常用元件是半导体三极管，它是构成放大电路的核心元件，而放大电路又是各种电子设备的基本单元电路。半导体三极管有两大类型：一是双极型三极管（以下简称三极管），二是单极型场效应管。本节讨论三极管，场效应管留待第四节介绍。

一、三极管的分类和结构

三极管种类很多，按工作频率分有低频管、高频管和超高频管；按材料分有硅管和锗管；按功率大小分有小功率管、中功率管和大功率管；按结构工艺分主要有合金管和平面管；按用途分有放大管和开关管。但是从外形来看，三极管都有三个电极，三极管常采用金属、玻璃或塑料封装。常见的三极管外形如图 1-16、图 1-17 所示。

根据结构的不同，三极管分为 NPN 型和 PNP 型两大类。图 1-18 所示是其结构示意图和表示符号。

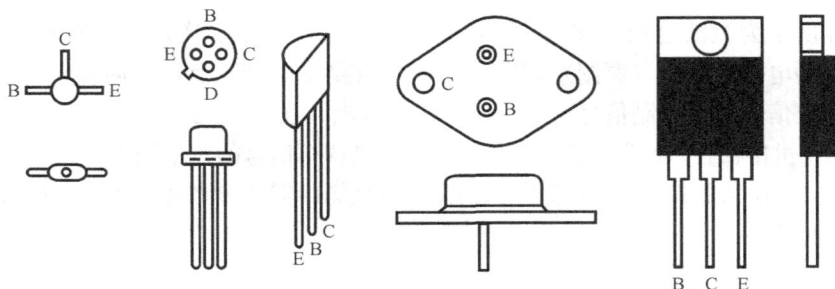

图 1-16　三极管外形

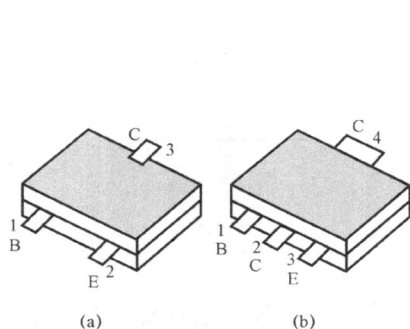

图 1-17　片状三极管封装形式
（a）SOT-23 封装；（b）SOT-89 封装

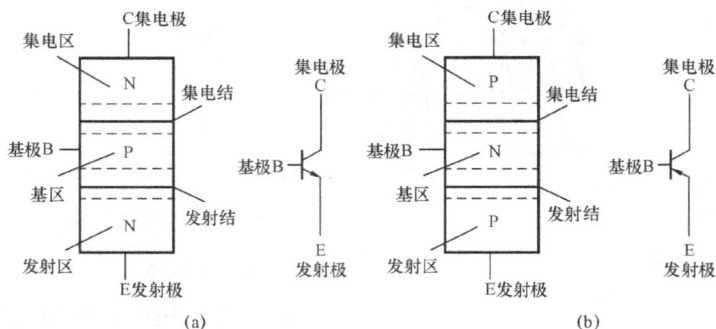

图 1-18　三极管结构和表示符号
（a）NPN 型；（b）PNP 型

由图可见，三极管有两个 PN 结——发射结和集电结，有三个区——发射区、基区和集电区，三个电极分别称为发射极、基极和集电极。NPN 型和 PNP 型三极管结构的区别在于：NPN 型的基区是 P 型半导体，两边各为 N 型半导体；PNP 型的基区是 N 型半导体，而两边是 P 型半导体。两种类型的三极管具有几乎等同的特性，但在放大时各电极端的电压极性和电流流向不同。NPN 型和 PNP 型三极管在表示符号上基极和发射极之间箭头的方向不同，箭头的方向表示发射结导通时的电流方向，从箭头方向可以判断三极管的类型。

为了保证三极管具有电流放大作用，三极管在制造工艺上有如下特点：

（1）基区做得很薄，掺杂浓度很低，一般厚只有 $1\mu m$ 至几十微米。

（2）发射区掺杂浓度远大于基区掺杂浓度，使发射区有足够的载流子发射。

（3）集电区的面积比发射区面积大，保证有足够的收集载流子能力，同时也便于散热。

二、三极管的电流分配与放大作用

三极管结构上的特点具备了三极管电流放大作用的内部条件，但为实现它的电流放大作用，还必须具备一定的外部条件，必须提供放大的能量。使三极管具有电流放大作用的外部条件是：三极管发射结加正向偏置电压，集电结加反向偏置电压。当三极管处于放大状态时，三极管上所加的电压、电流方向如图 1-19 所示。

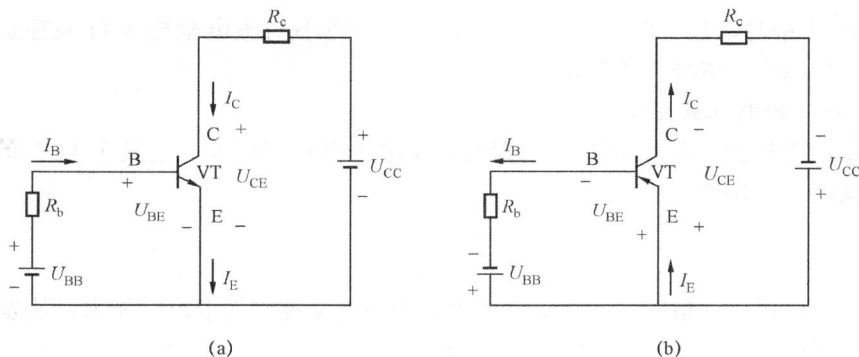

图 1-19　放大状态时三极管的偏置

(a) NPN 型；(b) PNP 型

图 1-19 中标有集电极电流 I_C、基极电流 I_B、发射极电流 I_E 三个电流，基极与发射极之间的电压 U_{BE}（简称发射结电压）、集电极与发射极之间电压 U_{CE}（简称管压降）。注意，NPN 型与 PNP 型三极管的电压、电流方向刚好相反。

下面以 NPN 型管为例，说明三极管的电流分配与放大作用。按图 1-20 所示连接进行实验。

图中 U_{BB} 为基极电源，通过基极电阻 R_b 和电位器 R_P 给发射结提供正偏电压 U_{BE}。集电极电源 U_{CC} 通过集电极电阻 R_c 将电压加到集电极与发射极之间以提供电压 U_{CE}，$U_{CC} > U_{BB}$。通过调节电位器 R_P 的阻值，可以改变发射结正偏电压，从而调节基极电流 I_B 的大小，从毫安表上读取集电极电流 I_C 和发射极电流 I_E 的相应值。实验得到一组数据见表 1-1。

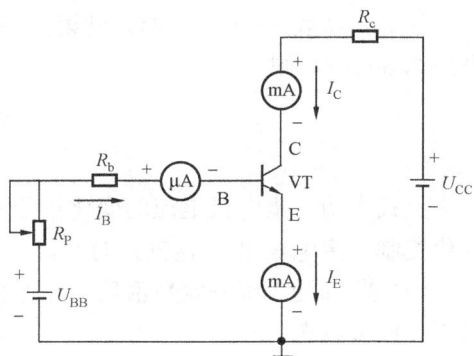

图 1-20　三极管电流分配与放大作用实验电路

表 1-1				三极管各电极电流分配情况						
序号	1	2	3	4	5	6	7	8	9	10
I_B (μA)	0	20	40	60	80	90	100	110	120	130
I_C (mA)	0.031	0.70	1.40	2.10	2.80	2.90	2.91	2.91	2.91	2.91
I_E (mA)	0.031	0.72	1.44	2.16	2.88	2.99	3.01	3.02	3.03	3.04

从数据中可以总结出以下结论。

（一）三极管各电极间的电流分配关系

（1）发射极电流等于基极电流与集电极电流之和，即

$$I_E = I_B + I_C$$

无论是 NPN 型还是 PNP 型管，均符合这一规律。如果将三极管看成结点，这三路电流关系满足基尔霍夫电流定律，流入管子的电流之和等于流出管子的电流之和。

（2）基极电流很小，集电极电流与发射极电流近似相等，即

$$I_C \approx I_E \gg I_B$$

（3）基极开路时，$I_B = 0$、$I_C = 0.031$mA，这个微小的集电极电流称为穿透电流，用 I_{CEO} 表示。该值越小，三极管质量越好。

（二）三极管的电流放大作用

（1）在一定范围内，基极电流 I_B 增大时，I_C 按比例相应增大，定义 I_C 与 I_B 的比值为直流电流放大系数 $\bar{\beta}$，则有

$$\bar{\beta} = \frac{I_C}{I_B}$$

$\bar{\beta}$ 值的大小体现了三极管的电流放大能力，即小电流控制大电流的能力，从表 1-1 可推出在一定范围内 $\bar{\beta} \gg 1$。在手册上常用 h_{FE} 表示。

（2）在一定范围内，集电极电流 I_C 会因基极电流 I_B 的变化而变化，即小电流变化控制大电流变化。定义集电极电流变化量 ΔI_C 与基极电流变化量 ΔI_B 的比值为三极管的交流电流放大系数，以 β 表示，手册上常用 h_{fe} 表示。于是有

$$\beta = \frac{\Delta I_C}{\Delta I_B}$$

例如，从表 1-1 中第四列到第五列，基极电流 I_B 从 60μA 变化到 80μA，I_C 从 2.10mA 升到 2.80mA，则

$$\beta = \frac{2.80 - 2.10}{0.08 - 0.06} = 35$$

上式表明，集电极电流的变化量是基极电流变化量的 35 倍。可见，基极电流 I_B 的微小变化控制了集电极电流 I_C 较大的变化。

（3）当 I_B 增大到一定数值后，I_C 保持不变，即 I_B 失去了对 I_C 的控制作用，表明三极管已不在放大状态。

综上所述，三极管是一种具有电流控制（或放大）作用的电子器件，β 值表征了三极管的电流控制（或放大）能力。

三、三极管的特性曲线

与二极管一样，三极管也可以用伏安特性曲线直观地描述各极电压和电流之间的关系。伏安特性曲线通常有输入特性曲线和输出特性曲线两种，它是三极管内部微观现象的外部表现，反映了管子的性能，是分析放大电路、合理选用三极管的依据。特性曲线可用三极管特性图示仪测得，也可通过图 1-21 实验电路进行测试后绘出，图中三极管是把发射极作为公共端的，故称为共发射极电路（简称共射电路）。

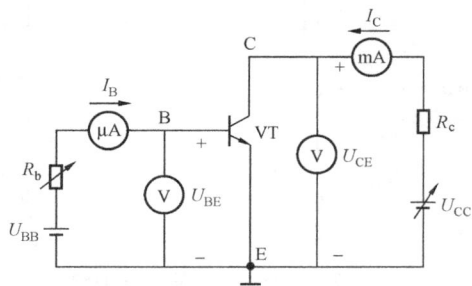

图 1-21　三极管特性曲线测试电路

（一）输入特性曲线

输入特性是在 U_{CE} 一定的条件下，基极电流 i_B 与发射结电压 u_{BE} 之间的关系。三极管输入特性曲线与二极管正向特性曲线相似，它也存在一个死区电压。硅的死区电压约为 0.5V，锗管约为 0.1V。严格地讲，不同的 U_{CE} 所得到的曲线应略有不同，也是说应该有一组曲线。实际上，只要 $U_{CE}>1V$，各条曲线几乎重叠，通常只用一条曲线代表 $U_{CE}>1V$ 以后的各条曲线。在正常工作时，发射结正向压降 U_{BE} 变化不大，硅管约为 0.6～0.8V，锗管约为 0.2～0.3V。三极管输入特性曲线如图 1-22 所示。

（二）输出特性曲线

输出特性是指在 I_B 一定的条件下，集电极电流 i_C 与管压降 u_{CE} 之间的关系，是反映三极管输出回路电压与电流关系的曲线。三极管输出特性曲线如图 1-23 所示。它表明了在不同基极电流作用下，I_C 与 U_{CE} 之间的变化关系。

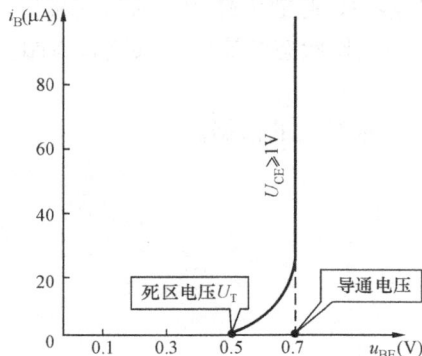

图 1-22　三极管输入特性曲线　　　　图 1-23　三极管输出特性曲线

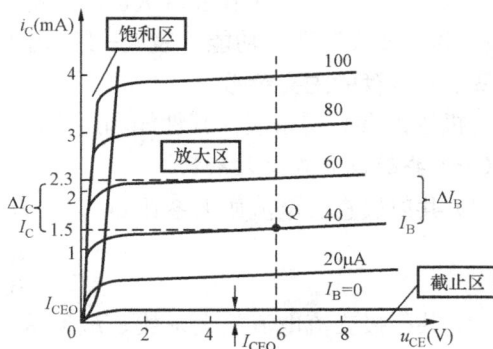

由特性曲线可知：①每条曲线中间那段相互平行的区域表明 I_C 与 U_{CE} 无关；②每条特性曲线对应不同的基极电流，也就是说在相同的 U_{CE} 作用下，改变 I_B 可以改变 I_C 的值。

输出特性曲线可分为截止区、放大区和饱和区三个区域，如图 1-23 所示。

1. 截止区

把 $I_B=0$ 曲线以下的区域称为截止区。发射结反偏时，因发射结两端电压小于死区电压，由三极管的输入特性可知 $I_B\approx0$。由三极管的输出特性曲线可知，$I_B=0$ 时，$I_C=I_{CEO}\approx0$，$I_C=\bar{\beta}I_B$ 的关系不存在。此时 U_{CE} 近似等于集电极电源电压 U_{CC}，三极管相当于开关

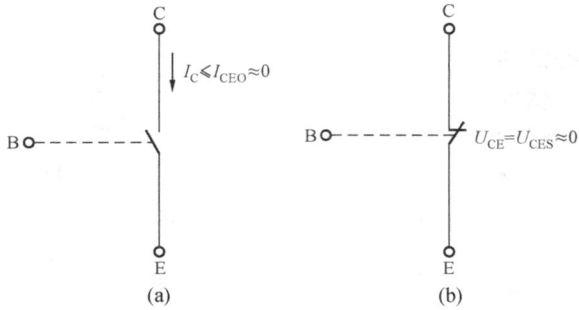

图 1-24　三极管的开关状态

（a）关断（截止）；（b）接通（饱和）

的断开，如图 1-24（a）所示。

对 NPN 型三极管而言，当 $U_{BE}<$ 0.5V，三极管截止。但为了可靠截止，通常取 $U_{BE}<0$，这样，在截止区，三极管发射结反偏或零偏、集电结反偏，$I_B=0$ 时的集电极电流称为穿透电流 I_{CEO}。硅管的 I_{CEO} 一般很小，通常小于 $1\mu A$；锗管的 I_{CEO} 比硅管的略大，约为几十至几百微安。

2. 放大区

放大区是三极管发射结正偏、集电结反偏时的工作区域，就是在输出特性曲线上 $I_B>0$ 和 $U_{CE}>1V$ 的部分，即曲线平坦区域。在此区最主要特点是 I_C 受 I_B 控制，$I_C=\bar{\beta}I_B$ 具有电流放大作用；另一特点是具有恒流特性，即 I_B 一定时，I_C 不随 U_{CE} 而变化，即 I_C 保持恒定。

3. 饱和区

U_{CE} 减小到 $U_{CE}<U_{BE}$ 时，三极管的发射结和集电结都处于正偏，此时 I_C 已不再受 I_B 控制，即使 I_B 再增大 I_C 也不再增大，这种现象称作饱和。在饱和区，$I_C=\bar{\beta}I_B$ 的关系不再存在。在图 1-23 中 I_C 随 U_{CE} 的增大而增大的区域即为饱和区。三极管饱和时的 U_{CE} 值称为饱和管压降 U_{CES}，其值很小，一般小功率的硅管约 0.3V，锗管约 0.1V。此时管子的集电极与发射极间呈现低电阻，因此三极管相当于开关的接通，如图 1-24（b）所示。

从上述分析可以看出，三极管工作在饱和与截止区时，具有"开关"特性，可应用于脉冲数字电路中；三极管工作在放大区时可应用在模拟电路中，起放大作用。所以三极管具有"开关"和"放大"两大功能。表 1-2 列出了三极管各种工作状态的比较，供读者参阅。

四、三极管的主要参数

三极管的参数用来表征其性能和适用范围，是选用三极管时的依据。

（一）共射极电流放大系数

（1）共射极直流电流放大系数 $\bar{\beta}(h_{FE})$ 为

$$\bar{\beta}=\frac{I_C}{I_B}\bigg|_{u_{CE}=常数}$$

（2）共射极交流电流放大系数 $\beta(h_{fe})$ 为

$$\beta=\frac{\Delta I_C}{\Delta I_B}\bigg|_{u_{CE}=常数}$$

$\bar{\beta}$ 在放大区基本不变，输出特性曲线族平行等距。在输出特性曲线上，可过 Q 点作水平线定出 I_C 和 I_B 求取 $\bar{\beta}$，过 Q 点作垂直于 U_{CE} 轴的直线段求取 $\Delta I_C/\Delta I_B$。具体方法请参见图 1-23。

在选择三极管时，如果 $\bar{\beta}$ 值太小则电流放大能力差，β 值太大会使工作不稳定。小功率管的 $\bar{\beta}$ 值一般选 20～180，大功率管的 $\bar{\beta}$ 值较小一般选 10～30。在低频小信号放大电路中，由于 $\bar{\beta}$ 和 β 相差很小，因此在工程上分析估算放大电路时常取 $\bar{\beta}\approx\beta$ 而不加区分（本书以后不再区分）。

（二）极间反向电流

（1）I_{CBO}：发射极开路时，集—基极间反向饱和电流。

（2）I_{CEO}：基极开路时，集—射极间的反向饱和电流，也称为穿透电流。

下标中缺少的电极用字母 O 表示，代表该电极开路。I_{CBO} 受温度影响很大，小功率硅管的 $I_{CBO} < 1\mu A$，而锗管则在几微安到几十微安之间。I_{CEO} 大小与 I_{CBO} 和 $\bar{\beta}$ 有关，也是受温度影响的一个参数其表达式为

$$I_{CEO} = (1 + \bar{\beta}) I_{CBO}$$

选用三极管时，一般希望极间反向电流越小越好，以减少温度的影响，硅管的反向电流比锗管小 2～3 个数量级，所以在要求较高的场合常选用硅管。I_{CBO}、I_{CEO} 的物理意义和测量方法参考图 1-25、图 1-26。

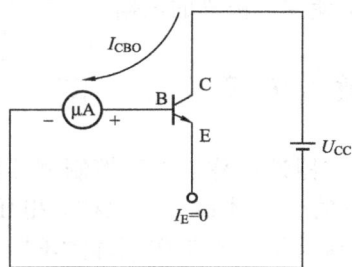

图 1-25　I_{CBO} 的测量　　　　　　图 1-26　I_{CEO} 的测量

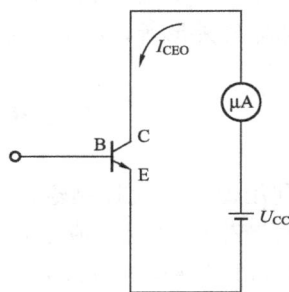

（三）极限参数

三极管的极限参数是指当三极管正常工作时，其工作电流、电压和功率等的极限数值，它关系到三极管的安全，工程使用时不要超过极限参数值。

1. 集电极最大允许电流 I_{CM}

当集电极电流增加时，β 就要下降，当 β 值下降到线性放大区 β 值的 $70\% \sim 30\%$ 时，所对应的集电极电流称为集电极最大允许电流 I_{CM}。当 $I_C > I_{CM}$ 时，并不表示三极管一定会损坏，当集电极电流超过 I_{CM} 时，管子性能将显著下降，甚至有烧坏管子的可能。

2. 集电极最大允许功率损耗 P_{CM}

集电极最大允许功率损耗表示集电结上允许损耗功率的最大值，超过此值就会使管子性能变坏甚至烧毁。由于 $P_{CM} = i_C u_{CE}$，三极管选定后，P_{CM} 是常数，在输出特性曲线上代表一条双曲线，它划定了安全工作区，如图 1-27 所示。

P_{CM} 与三极管的工作温度和散热条件有关，三极管不能超温使用。在使用大功率管时要注意采取必要的散热保护措施，使用时集电极的平均管耗不得超过 P_{CM}。

3. 极间反向击穿电压

极间反向击穿电压指当三极管某一个极开路时，另两个极间的最大允许的反向电压。超过这个电压，管子就会击穿，具体分析如下：

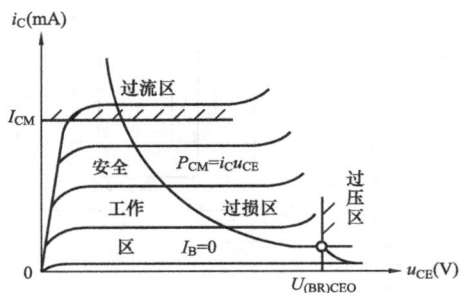

图 1-27　输出特性曲线上的安全工作区

（1）集电极开路时，发射极与基极间的反向击穿电压为 $U_{(BR)EBO}$。

（2）基极开路时，集电极与发射极间的反向击穿电压为 $U_{(BR)CEO}$。

（3）发射极开路，集电极与基极间的反向击穿电压为 $U_{(BR)CBO}$。

这三者之间的大小关系满足 $U_{(BR)CBO} > U_{(BR)CEO} > U_{(BR)EBO}$。三极管的 $U_{(BR)EBO}$ 较小，只有几伏，尤其是高频管甚至不到 1V，$U_{(BR)CBO}$ 一般为几十伏到几百伏之间；$U_{(BR)CEO}$ 介于二者之间，一般为几伏至几十伏。使用时要注意安全，避免击穿。

P_{CM}、I_{CM} 和击穿电压 $U_{(BR)CEO}$ 在输出特性曲线上围成一个安全工作区如图 1-27 所示，为了保证三极管能安全、可靠地工作，其有关电压、电流值不能超出极限参数，否则将极易导致三极管的损坏或性能的劣化。

三极管参数除以上介绍的以外，还有其他参数（如频率参数等），可参考有关半导体器件参数手册。三极管的类型非常多，从晶体管手册可以查找到这些三极管的型号、主要用途、主要参数和器件外形等，因此技术资料是正确使用三极管的依据。

*第四节　场　效　应　管

三极管是利用输入电流控制输出电流的半导体器件，称为电流控制型器件。场效应管是利用输入电压产生的电场效应来控制输出电流的半导体器件，故称为电压控制型器件，缩写为 FET（Field Effect Transister）。根据场效应管结构和工作原理的不同，可分为结型场效应管 JFET（Junction type FET）和绝缘栅型场效应管 MOSFET（Metal Oxide Semicon-ductor FET）。从参与导电的载流子来划分，可分为电子作为载流子的 N 沟道型和空穴作为载流子的 P 沟道型，如图 1-28 所示。

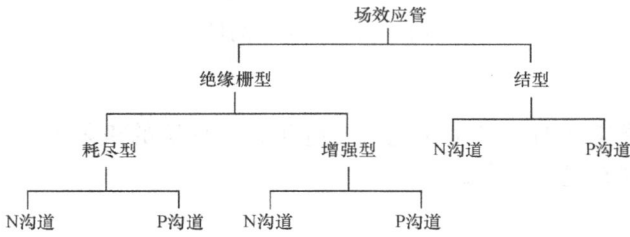

图 1-28　场效应管的分类

一、结型场效应管

1. 结构和符号

结型场效应管的符号如图 1-29 所示。它和三极管类似，也有三个电极，即漏极 D、栅极 G 和源极 S。结型场效应管因为是对称结构，所以漏极 D 和源极 S 可以对调使用。与三

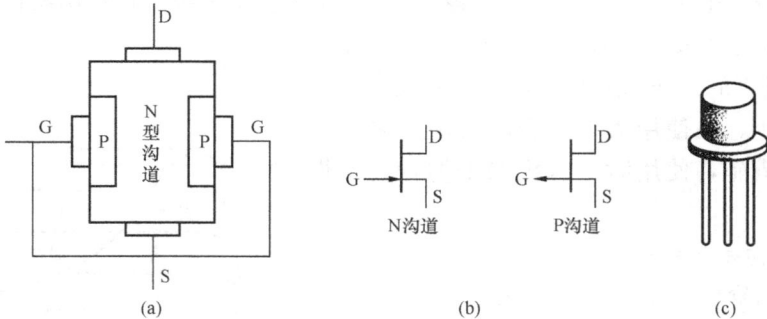

图 1-29　结型场效应管

(a) 内部结构；(b) 符号；(c) 实物图

极管（NPN 型与 PNP 型）相类似，结型场效应管根据导电沟道的不同，分成 N 沟道和 P 沟道两种，在电路符号中用箭头加以区别。图 1-29（a）是 N 沟道结型场效应管结构，两侧 P 区从内部相连后引出一个电极称为栅极，用 G 表示；从 N 型半导体两端分别引出的两个电极称为源极和漏极，用 S 和 D 表示。两个 PN 结中间的 N 型区域称为导电沟道。符号中的箭头方向可以区分是 N 沟道还是 P 沟道。

2. 工作原理

下面以 N 沟道结型场效应管为例，讨论场效应管的工作原理。图 1-30（b）表示的是 N 沟道结型场效应管加入偏置电压后的接线图。

对于 N 沟道场效应管，管中的 PN 结必须外加反向电压，应使 $U_{GS} < 0$，则栅极电流几乎为 0，场效应管呈现高达几十兆欧以上的输入电阻。如果在漏极和源极之间加一正向电压 U_{DS}，N 沟道中的多数载流子（电子）在电场作用下从源极向漏极流动，形成漏极电流 I_D。I_D 的大小受 U_{GS} 的控制。当输入电压 U_{GS} 改变时，PN 结的反向电压随之改变，两个 PN 结的耗尽层将改变，导致导电沟道的宽度改变，沟道的电阻大小随之改变，从而使电流 I_D 发生改变。

图 1-30（a）是 $U_{GS} = 0$ 的情况。从图中可以看出，此时两个 PN 结均处于零偏置，因此耗尽层很薄，中间的导电 N 沟道最宽，沟道电阻最小。当 $U_{GS} < 0$ 时如图 1-30（b）所示，随 U_{GS} 负值增大，两个 PN 结的耗尽层将加宽，使导电 N 沟道变窄，沟道电阻变大，I_D 变小。当 U_{GS} 的数值进一步增大到某一定值时，两侧的耗尽层在中间合拢，导电沟道被夹断，此时沟道电阻将趋于无穷大，该定值称为夹断电压 U_P，如图 1-30（c）所示。

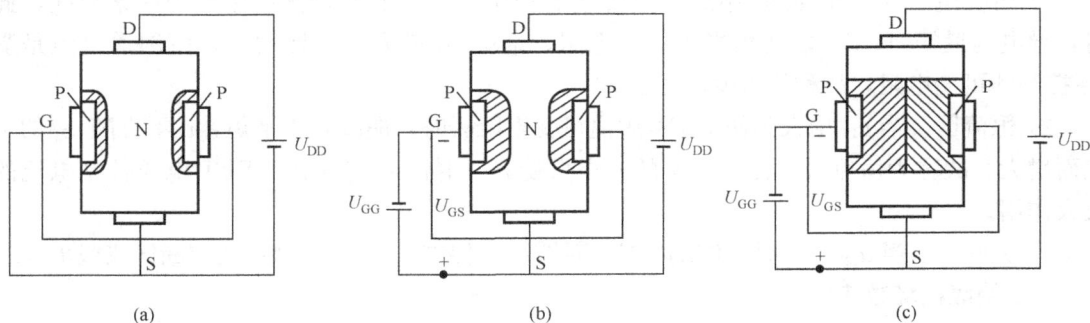

图 1-30 结型场效应管工作原理
(a) $U_{GS} = 0$；(b) $U_{GS} < 0$；(c) 沟道被夹断

上述分析表明，U_{GS} 起着控制沟道电阻，从而控制漏极电流 I_D 大小的作用。

3. 特性曲线

与三极管相似，结型场效应管的工作性能可以用它的两条特性曲线来表示，即转移特性曲线、输出特性曲线。仍以 N 沟道结型场效应管为例，如图 1-31 所示。

（1）转移特性曲线。由于场效应管的输入电阻特别大，栅极输入端基本上没有电流，故讨论输入伏安特性没有意义。对于场效应管，通常用转移特性来表示栅源电压 u_{GS} 对漏极电流 i_D 的控制作用。图 1-31（a）所示是在 U_{DS} 为某一固定值时的转移特性曲线。从图中看出，当 $U_{GS} = 0$ 时，i_D 最大，称为饱和漏电流 I_{DSS}；随着 u_{GS} 向负值方向逐渐变化，则管子沟道电阻加大，i_D 将逐渐减小，当 u_{GS} 到达夹断电压 U_P 时，$i_D = 0$，管子截止。

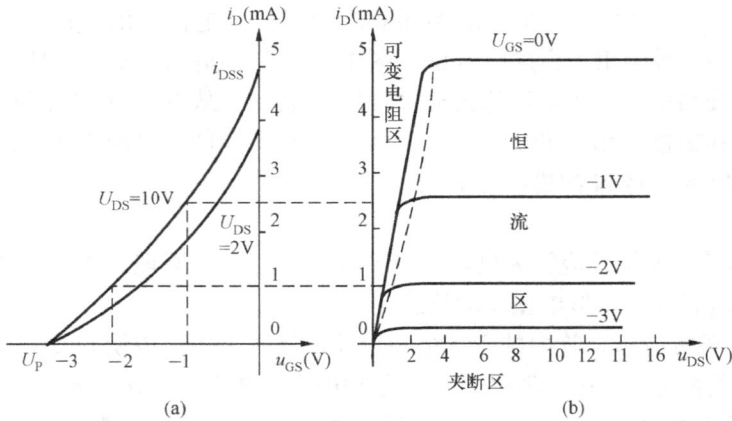

图 1 - 31　N 沟道结型场效应管特性曲线

（a）转移特性；（b）输出特性

实验证明，在 $U_P \leqslant u_{GS} \leqslant 0$ 的范围内，漏极电流 i_D 与栅源电压 u_{GS} 的关系近似为

$$i_D = I_{DSS}\left(1 - \frac{u_{GS}}{U_P}\right)^2$$

（2）输出特性曲线。输出特性又称漏极特性，它表示在栅源电压 u_{GS} 一定的情况下，漏极电流 i_D 与漏源电压 u_{DS} 之间的关系。N 沟道 JFET 的输出特性曲线如图 1 - 31（b）所示。输出特性可以分为三个区。

1）可变电阻区。在 u_{DS} 很小时，曲线呈上升状，基本上可看作过原点的一条直线，此时，导电沟道畅通，DS 之间相当于一个电阻，i_D 随 u_{DS} 增大而线性增大，但沟道电阻是受 u_{GS} 控制的可变电阻，故称为可变电阻区。

2）恒流区。当 u_{DS} 增大到使 JFET 脱离可变电阻区时，曲线趋于平坦，i_D 不再随 u_{DS} 的增大而增大，故称为恒流区。在该区 i_D 的大小只受 u_{GS} 的控制，表现出 JFET 电压控制电流的放大作用。

3）夹断区。当 $u_{GS} \leqslant U_P$ 时，JFET 的沟道被耗尽层夹断，$i_D \approx 0$，故称为夹断区或截止区。

二、绝缘栅场效应管

1. 符号和分类

结型场效应管的输入电阻为 PN 结的反向电阻，可达 $10^8\,\Omega$，而栅极与漏、源极之间完全绝缘的绝缘栅型场效应管，输入电阻可高达 10^{12} 以上。由于它具有金属（M）—氧化物（O）—半导体（S）的结构，故又称为 MOS 管。MOS 管的符号如图 1 - 32 所示。其中源极 S 至漏极 D 用虚线，表示当 $u_{GS} = 0$ 时不存在导电沟道，这一类场效应管称为增强型 MOS 管；

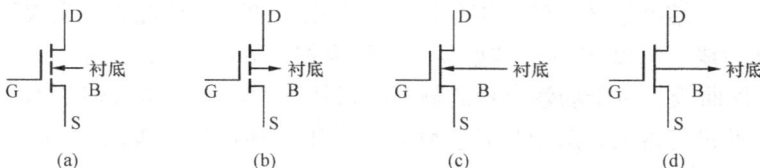

图 1 - 32　绝缘栅型场效应管符号

（a）增强型 N 沟道 MOS 管；（b）增强型 P 沟道 MOS 管；

（c）耗尽型 N 沟道 MOS 管；（d）耗尽型 P 沟道 MOS 管

源极 S 至漏极 D 用实线，表示 $u_{GS}=0$ 时已存在导电沟道，这一类场效应管称为耗尽型 MOS 管。MOS 管除漏、源、栅三个电极外，还有一个衬底极 B，其上箭头指向内为 N 沟道，称为 NMOS 场效应管。箭头指向外为 P 沟道，称为 PMOS 场效应管。

2. 结构和工作原理

下面以 N 沟道增强型 MOS 场效应管为例，介绍它的结构和工作原理。

(1)结构。N 沟道增强型 MOS 场效应管是在一块 P 型硅片上扩散两个 N 型区（用 N⁺ 表示），并分别从两个 N 型区引出源极与漏极。在源区和漏区之间的衬底表面覆盖一层很薄的绝缘层，再在绝缘层上覆盖一层金属薄层，形成栅极，因此栅极与其他电极之间是绝缘的。另外，从衬底基片上引出一个电极，称为衬底电极 B。由图 1-33 可见，源区和漏区之间被 P 型衬底隔开，形成两个反向连接的 PN 结。

(2)工作原理。实际使用时，常将衬底极与源极相连，N 沟道增强型 MOS 场效应管工作原理图如图 1-34 所示。

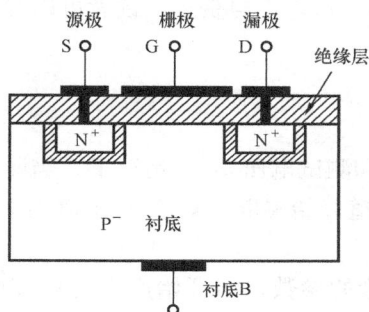

图 1-33 N 沟道增强型
MOS 场效应管结构示意图

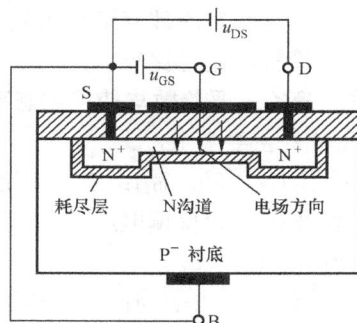

图 1-34 N 沟道增强型 MOS 场
效应管工作原理图

当栅源极间电压 $u_{GS}=0$ 时，两个 PN 结隔离，漏源极间无电流，即处于截止状态。当 $u_{GS}>0$ 时，栅极金属板与半导体之间绝缘层产生一个垂直电场，这个电场将排斥 P 区（衬底）的多子（空穴），同时吸引其中的少子（电子），使它汇集到绝缘层下的表面层中。u_{GS} 越大，吸引的自由电子越多，表面层空穴数越少。当 u_{GS} 超过开启电压 U_T 时，表面层的电子数多于空穴数，使衬底表面由原来的 P 型转为 N 型，且与两个 N⁺ 区连通，形成漏区和源区间的导电沟道（N 沟道）。此时，如果在漏极和源极之间加正向电压，则会有电流经沟道到达源极，形成漏极电流 i_D，MOS 管处于导通状态。显然，u_{GS} 越大，导电沟道越宽，沟道电阻越小，i_D 越大。这就是增强型场效应管 u_{GS} 控制 i_D 的原理。

耗尽型 MOS 场效应管与增强型 MOS 场效应管的工作原理相似。不同的是增强型 MOS 管的 u_{GS} 的值必须大于开启电压才能形成导电沟道，而耗尽型 MOS 管在制造时已预置了导电沟道，只要加漏源电压 u_{DS} 就会形成电流 i_D。当 u_{GS} 正负变化的时候，导电沟道宽窄变化，沟道电阻变化，从而使 i_D 电流改变，故 u_{GS} 取负值、正值和零均能正常工作。

对于 P 沟道 MOS 管，它的内部结构与 N 沟道 MOS 管对偶相反，故只要把它的电源极性反向，读者不难分析它的工作原理。

3. 特性曲线

(1)转移特性曲线：指在 u_{DS} 为固定值时，漏极电流 i_D 与栅源电压 u_{GS} 之间的关系曲线。如图 1-35（a）所示，在 $u_{GS}=0$ 时，$i_D=0$；当 $u_{GS}>U_T$ 时，i_D 随 u_{GS} 的增大而增大。

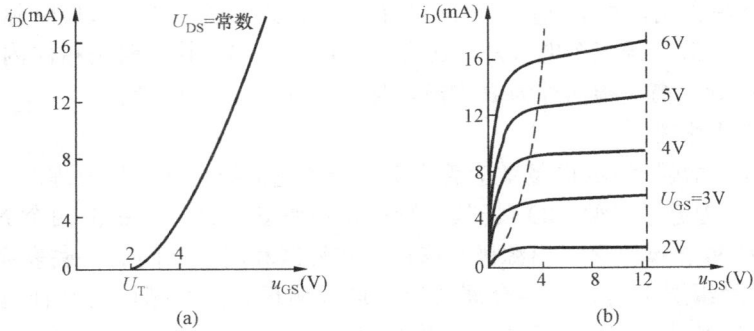

图 1-35　N 沟道增强型 MOS 场效应管特性曲线
(a) 转移特性；(b) 输出特性

（2）输出特性曲线：指在 u_{GS} 为确定值时，漏极电流 i_D 与漏源电压 u_{DS} 的关系曲线，如图 1-35（b）所示。其基本原理与结型场效应管相似，这里不再赘述。读者可以参考后面的内容把各种场效应管特性进行比较。

三、场效应管的主要参数与使用注意事项

1. 场效应管的主要参数

（1）夹断电压 U_P $[U_{GS(off)}]$：指在规定的温度和测试电压 u_{DS} 的情况下，当漏极电流 i_D 趋向于 0 时，所测得的栅源反偏电压 u_{GS}，且此时沟道开始夹断。对于 N 沟道 JFET，$U_P<0$；对于 P 沟道 JFET，$U_P>0$。

（2）开启电压 U_T $[U_{GS(th)}]$：是增强型 MOS 管的参数，指开始产生 i_D 电流时的 u_{GS} 值，u_{GS} 值小于 U_T 的绝对值，场效应管不能导通。

（3）饱和漏电流 I_{DSS}：是指 JFET 和耗尽型 MOS 管在栅源短路 $u_{GS}=0$ 条件下，加漏源电压 u_{DS} 所形成的漏极电流，在转移特性上就是 $u_{GS}=0$ 时的漏极电流。但增强型 MOS 管没有 I_{DSS} 这一参数。

（4）直流输入电阻 R_{GS}：表示栅源之间的直流电阻。由于 u_{GS} 为反偏电压，所以 R_{GS} 的值很大。对于 JFET，反偏时 R_{GS} 约大于 $10^7\Omega$；对于 MOS 管，R_{GS} 约是 $10^9\sim10^{15}\Omega$。

（5）漏极击穿电压 $U_{(BR)DS}$：指漏源极之间允许加的最大电压，实际电压值超过该参数时，会使 PN 结反向击穿。选用结型场效应管时，外加电压 u_{DS} 不允许超过该值。

（6）最大耗散功率 P_{DSM}：指 i_D 与 u_{DS} 的乘积不应超过的极限值，与双极型三极管的 P_{CM} 相当。

（7）跨导 g_m：指在 u_{DS} 为规定值的条件下，漏极电流变化量与引起这个变化的栅源电压变化量之比，又称为互导，即

$$g_m = \frac{\Delta i_D}{\Delta u_{GS}}\bigg|_{u_{DS}=常数}$$

跨导 g_m 的单位是 mA/V 或 μA/V，与三极管电流放大系数 β 相似。跨导 g_m 反映栅源电压对漏极电流的控制能力，是衡量场效应管放大能力的一个重要参数。

场效应管的其他参数可参阅有关技术手册。

2. 场效应管使用注意事项

（1）JFET 的栅源电压必须使 PN 结为反偏，不能接反，否则 PN 结因处于正偏压而无法工作，但它的漏极与源极可互换使用。

（2）MOS 管的输入电阻很高，栅极的感应电荷很难通过它泄放，少量的感应电荷会产

生较高的电压，导致管子还未用时就已击穿或性能下降。应用时不得让栅极"悬空"，储存时应将场效应管的三个电极短路，焊接时电烙铁外壳应接地，或断开电烙铁电源利用其余热进行焊接，防止电烙铁的微小漏电损坏场效应管。

（3）MOS 管中，有的产品将衬底引出（四脚），用户可根据电路需要正确连接，此时源极和漏极可以互换使用。但有些产品出厂时已将衬底与源极连在一起，此时源极和漏极不可以互换使用。

上面讨论了 N 沟道 JFET 管和增强型 NMOS 管的结构、工作原理、特性及参数，这些分析方法也适用于其他类型的场效应管。为了帮助读者学习，将各类场效应管的特性比较归纳于表 1-3 中。学习时应留意各种不同类型场效应管工作时所需的电压极性。

小　结（一）

（1）半导体是导电能力介于导体和绝缘体之间的一种材料，具有热敏性、光敏性和掺杂性，因而成为制造电子元器件的关键材料。半导体中有两种载流子——自由电子和空穴，但数目很少，并与温度有密切关系。在本征半导体中掺入杂质，可形成 P 型和 N 型杂质半导体。

（2）PN 结是现代半导体器件的基础。PN 结具有单向导电性，即正偏时导通，反偏时截止。半导体二极管的核心是 PN 结，故半导体二极管具有单向导电性。

（3）由于二极管的伏安特性是非线性的，所以它是非线性器件。硅二极管的死区电压约为 0.5V，导通时的正向压降约为 $0.6\sim0.8$V；锗二极管的死区电压约为 0.1V，导通时的正向压降约为 $0.2\sim0.3$V。

（4）二极管的主要参数有最大整流电流 I_F、最高反向工作电压 U_{RM}、反向击穿电压 U_{BR}、反向饱和电流 I_S 和最高工作频率 f_M 等，了解这些参数的含义对正确使用二极管有着重要的意义。

（5）二极管在工程中的应用非常广泛，利用二极管的单向导电性，可实现整流、限幅、钳位、检波、保护、开关等各种应用。

（6）半导体三极管是放大电路的核心元件，分 PNP 型和 NPN 型两大类型。管外有基极、发射极和集电极三个电极；管内有发射结和集电结两个 PN 结。使用时有截止状态、饱和状态和放大状态三种工作状态，开关功能和放大功能两种基本功能。在实际电路中，三极管的放大功能和开关功能都得到广泛地应用。表 1-2 列出了 NPN 型三极管的三种工作状态的比较。

表 1-2　　　　　　　　　　　NPN 型三极管三种工作状态比较

项目 状态	外加偏置	电压 u_{BE}	电流 i_C	电压 u_{CE}
放大状态	发射结正偏 集电结反偏	硅管 $0.6\sim0.7$V 锗管 $0.2\sim0.3$V	$\Delta i_C\approx\beta\Delta i_B$（受控） i_B 一定时，i_C 恒流	$u_{CE}>u_{BE}$ $u_{CE}>1$V
饱和状态	发射结正偏 集电结正偏	硅管 $u_{BE}\geqslant0.7$V 锗管 $u_{BE}\geqslant0.3$V	$\Delta i_C\neq\beta\Delta i_B$（不受控） i_C 不随 u_{CE} 的增加而增大	$u_{CE}\leqslant u_{BE}$ 硅管 $U_{CES}\approx0.3$V 锗管 $U_{CES}\approx0.1$V
截止状态	发射结零偏或反偏 集电结反偏	$U_{BE}\leqslant0$V （或 $u_{BE}<U_T$）	$i_B\approx0$ $\beta i_B\approx0$ $i_C=I_{CEO}$	$u_{CE}\approx U_{EC}$

（7）半导体三极管是一种电流控制器件，具有电流放大作用。电流放大作用实质上是一种能量控制作用，是以较小的基极电流控制较大的集电极电流、以较小的基极电流变化控制较大的集电极电流的变化。放大作用的内因是三极管生产制造时在结构上、生产工艺上保证了 $\beta \gg 1$，外因是必须合理设置静态工作点，满足发射结正向偏置和集电结反向偏置的条件。放大过程中能量是守恒的，只是把集电极电源提供的直流电能转换为输出的交流电能。

（8）半导体三极管也是一种非线性器件。半导体三极管的特性曲线和参数是正确选用和合理代换三极管的依据，根据它们可以判断管子的质量以及正确使用范围。主要参数中，β 表示电流放大能力，I_{CBO}、I_{CEO} 的大小表明三极管的温度稳定性，I_{CM}、P_{CM}、$U_{(BR)CEO}$ 规定了三极管的安全使用范围。

（9）场效应管是一种电压控制器件，只依靠一种载流子导电，属于单极型器件，分为结型（JET）和绝缘栅型（MOS）两大类，每类又有 P 沟道、N 沟道的区分。绝缘栅场效应管还有增强型和耗尽型两种。结型场效应管是利用栅源电压改变 PN 结的反偏电场，从而改变漏源极间的导电沟道宽窄来控制输出电流大小的；绝缘栅场效应管是利用栅源电压产生的垂直电场大小来改变沟道宽窄，从而控制输出电流。二者的特性和参数比较相似，其中绝缘栅场效应管的输入电阻极高，在使用时注意栅极不可悬空，以免击穿损坏。

（10）场效应管通常用转移特性来表示输入电压对输出电流的控制性能，用输出特性的三个区来表示它的输出性能。工作于可变电阻区的场效应管可作为压控电阻使用，工作于恒流区可作为放大器件使用，工作于夹断区和导通区（通常指可变电阻区）时可作为开关使用。跨导 g_m 是表征输入电压对输出电流控制能力的重要参数。各种类型场效应管特性的比较见表 1-3。

表 1-3 各种类型场效应管特性的比较

结构种类	工作方式	符号	电压极性		转移特性 $i_D = f(u_{GS})$	输出特性 $i_D = f(u_{DS})$
			U_{GS}	U_{DS}		
绝缘栅（MOSFET）N 型沟道	耗尽型		（-）（+）	（+）		
	增强型		（+）	（+）		
绝缘栅（MOSFET）P 型沟道	耗尽型		（-）（+）	（-）		

续表

结构种类	工作方式	符号	电压极性		转移特性 $i_D = f(u_{GS})$	输出特性 $i_D = f(u_{DS})$
			U_{GS}	U_{DS}		
绝缘栅 (MOSFET) P型沟道	增强型	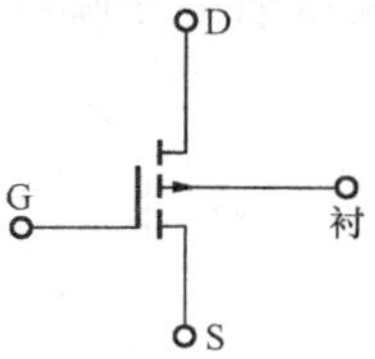	(−)	(−)	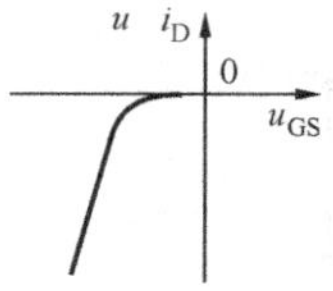	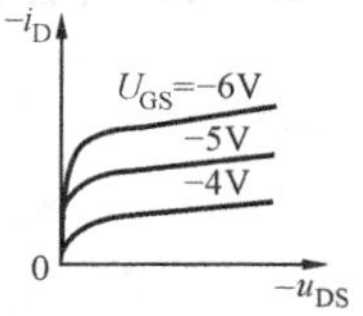
结型 (JFET) P型沟道	耗尽型	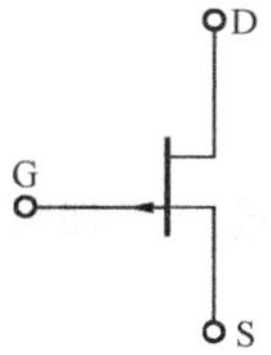	(+)	(−)	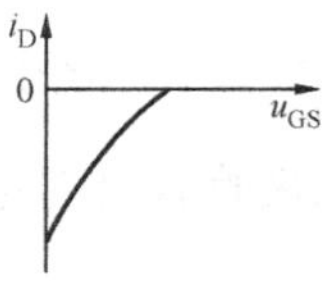	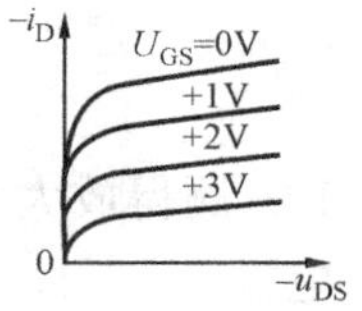
结型 (JFET) N型沟道	耗尽型	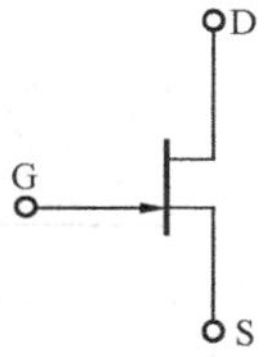	(−)	(+)	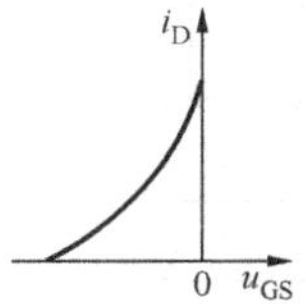	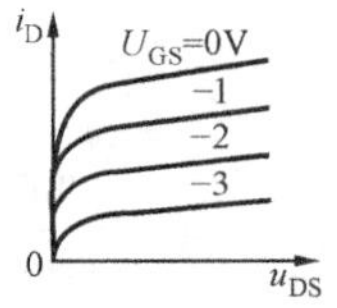

知 识 能 力 检 验 （一）

一、填空题

1. PN 结具有_____的特性，把 PN 结的 P 区接电源正极，N 区接电源负极的接法称为_____偏置；P 区接电源负极，N 区接电源正极的接法称为_____偏置。

2. 二极管的主要特性是具有_____特性，即正向电阻_____，反向电阻_____。

3. 硅二极管的死区电压约为_____ V，导通后管压降约为_____ V；锗二极管的死区电压约为_____ V，导通后管压降约为_____ V。

4. 在二极管的主要参数中，反向截止时应注意的参数是_____和_____。

5. 二极管的反向电压在一定范围内增大时，其反向电流微小且基本不变，这个电流称为_____；当反向电压增大到某一数值时，反向电流急剧增加，此时的电压称为_____。

6. 二极管具有_____特性，三极管具有_____作用。

7. 三极管共发射极交流电流放大系数 $\beta =$ _____。放大作用的内因为_____；外因为_____放大过程中能量转换的实质是_____。

8. 某三极管的发射极电流等于 1mA，基极电流等于 $20\mu A$，则集电极电流等于_____ mA。

9. 工作在放大区的某三极管，当 I_B 从 $20\mu A$ 增大到 $40\mu A$ 时，I_C 从 1mA 变为 2mA，则

它的 β 值约为_____。

10. 某三极管 $I_B=30\mu A$，$I_C=1.2mA$，则 $I_E=$ _____ mA。若 I_B 增大到 $50\mu A$ 时 I_C 增大到 $2mA$ 时，则该三极管交流电流放大倍数 $\beta=$ _____。

11. 三极管各极对地电位如图 1-36 所示，试判断各三极管处于哪种工作状态。

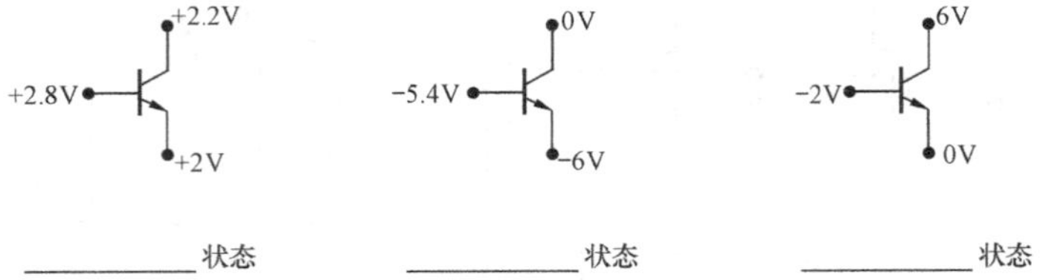

_____ 状态　　　　　　　_____ 状态　　　　　　　_____ 状态

图 1-36　填空题 11 图

12. 测得放大状态的三极管各极对地电位如图 1-37 所示，试判断各三极管的材料、管型与电极。

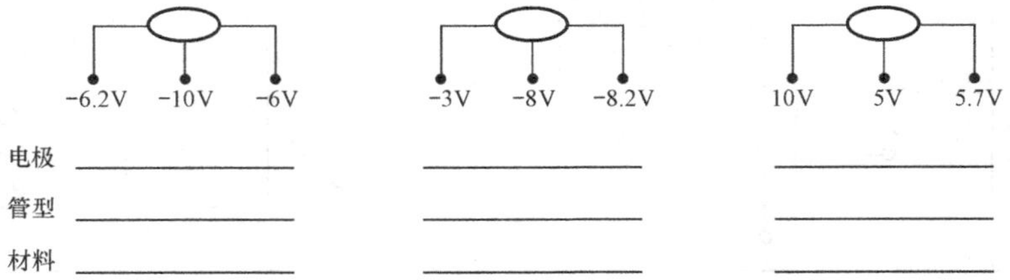

电极 _____　　　_____　　　_____

管型 _____　　　_____　　　_____

材料 _____　　　_____　　　_____

图 1-37　填空题 12 图

13. 场效应管是一种_____控制器件，它是利用输入电压产生的_____来控制输出电流。

14. 场效应管按结构的不同可分为_____型和_____型两大类，各类又有_____沟道和_____沟道的区别。

15. 场效应管的三个电极分别是_____、_____、_____。

16. 场效应管的 $U_{GS(off)}=-5V$，当 $U_{GS}=-2.5V$ 时，$I_D=7.5mA$，跨导 $g_m=$_____。

17. 存放_____场效应管时，应将三个电极_____，以防止_____。

二、选择题

1. 在选用二极管时，要求导通电压低时应该选_____；要求反向电流小时应选_____；要求耐高温时应选_____。

（A）硅管　　　　　（B）锗管　　　　　（C）变容二极管

2. 有三个二极管主要参数如表 1-4 所示，问：质量最差的二极管是_____。

表 1-4　　　　　　　　　　　　　选 择 题 2 表

管名	U_{RM}（V）	I_F（mA）	I_S（μA）
A管	100	200	5
B管	80	100	15
C管	50	100	30

3. 用万用表 $R \times 1k\Omega$ 挡测二极管，若红表笔接正极，黑表笔接负极时读数为 $50k\Omega$；换黑表笔接正极，红表笔接负极时，读数为 $1k\Omega$，则这只二极管的情况是_____。

  (A) 内部已断路不能用   (B) 内部已短路不能用

  (C) 没有坏，但性能不好   (D) 性能良好

4. 处于放大状态时，加在硅材料三极管的发射结正偏压为_____。

  (A) $0.1 \sim 0.3$ V (B) $0.5 \sim 0.8$ V (C) $0.9 \sim 1.0$ V (D) 1.2V

5. NPN 三极管工作在放大状态时，其两个结的偏压为_____。

  (A) $U_{BE} > 0$、$U_{BE} < U_{CE}$ (B) $U_{BE} < 0$、$U_{BE} < U_{CE}$

  (C) $U_{BE} > 0$、$U_{BE} > U_{CE}$ (D) $U_{BE} < 0$、$U_{BE} > U_{CE}$

6. 工作在放大区的某三极管，当 I_B 从 $20\mu A$ 增大到 $40\mu A$ 时，I_C 从 $1mA$ 变为 $2mA$，则它的 β 值约为_____。

  (A) 10   (B) 50   (C) 100   (D) 150

7. 已知一个三极管的 I_{CEO} 为 $200\mu A$，当基极电流为 $20\mu A$ 时，集电极电流为 $1mA$，则该管的 I_{CBO} 约等于_____。

  (A) $8mA$ (B) $10mA$ (C) $5\mu A$ (D) $4\mu A$

8. 为使晶体三极管处于放大工作状态，应加的偏置电压是_____。

  (A) 发射结加正向电压，集电结加正向电压

  (B) 发射结加反向电压，集电结加反向电压

  (C) 发射结加正向电压，集电结加反向电压

  (D) 发射结加反向电压，集电结加正向电压

9. 当温度升高时，三极管部分参数将_____变化。

  (A) β 增大、I_{CEO} 增大、U_{BE} 增大 (B) β 减小、I_{CEO} 增大、U_{BE} 增大

  (C) β 减小、I_{CEO} 减小、U_{BE} 增大 (D) β 增大、I_{CEO} 增大、U_{BE} 减小

10. 场效应管的栅极通常用字母_____表示。

  (A) S   (B) G   (C) D   (D) E

11. 场效应管的转移特性是在 U_{DS} 为固定值时_____的关系曲线。

  (A) u_{DS} 与 i_G (B) u_{DS} 与 i_D (C) u_{GS} 与 i_D (D) u_{DS} 与 u_{GS}

12. 场效应管的 $P_{DSM} = 1W$，工作时漏源电压 $U_{DS} = 10$ V，漏极电流 I_D 不可超过_____ mA。

  (A) 0.1 (B) 10   (C) 50   (D) 100

13. 焊接场效应管时应先焊_____。

  (A) 源极   (B) 栅极   (C) 漏极   (D) 屏蔽外壳

14. N 沟道增强型绝缘栅场效应管，栅源电压 U_{GS} 是_____。

  (A) 正极性   (B) 负极性   (C) 零   (D) 不能确定极性

三、判断题

1. 二极管导通时，电流是从其负极流出，从正极流入的。   (   )

2. 二极管的反向饱和电流越小，其单向导电性能就越好。   (   )

3. 在整流电路中，整流二极管只有在截止时，才可能发生击穿现象。   (   )

4. 三极管的输入特性曲线反映 U_{BE} 与 I_C 的关系。   (   )

5. 三极管的主要性能是具有电流和电压放大作用。   (   )

6. PNP 三极管处于放大状态时，发射结加反向电压，集电结加正向电压。　　　（　　）

7. 场效应管具有电流放大功能。　　　（　　）

8. 场效应管的基本特性可由输入特性和输出特性曲线来描述。　　　（　　）

9. 场效应管通常称为 MOS 管。　　　（　　）

10. N 沟道耗尽型绝缘栅场效应管在 $I_D=0$ 时，栅源电压为负值。　　　（　　）

11. 跨导 g_m 是表征输入电压对输出电流控制作用大小的重要参数。　　　（　　）

四、分析与计算题

1. 图 1-38 中二极管均为理想二极管，A、B、C 灯都相同。问哪个灯最亮？

2. 在图 1-39 所示各电路中，输入电压 $u_i=10\sin(\omega t)\mathrm{V}$，$E=5\mathrm{V}$，VD 为理想二极管，试画出输出电压 u_o 的波形。

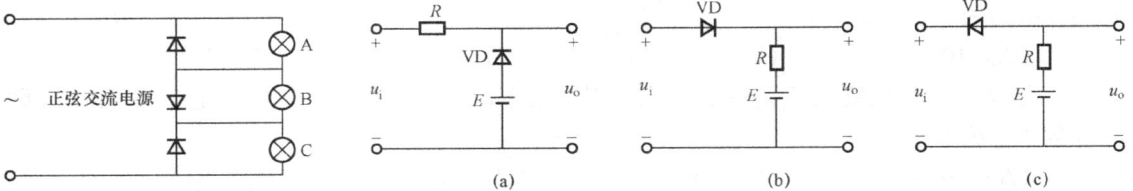

图 1-38　分析与计算题 1 图　　　　　　图 1-39　分析与计算题 2 图

3. 二极管电路如图 1-40 所示。使判断图中二极管工作于什么状态，并求 AO 两端电压 U_{AO}。

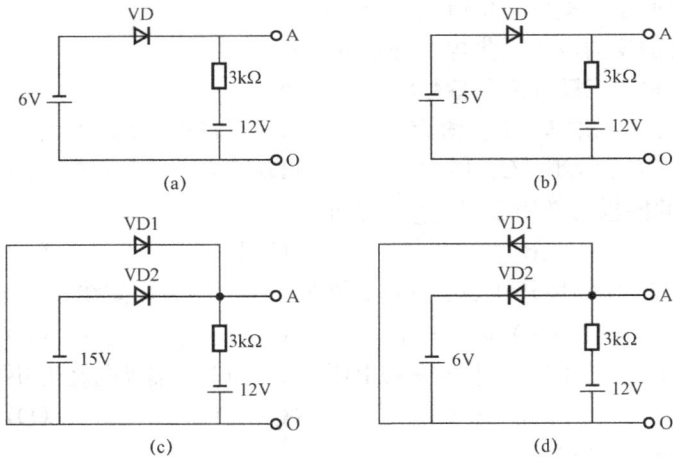

图 1-40　分析与计算题 3 图

4. 图 1-41 所示是在电路中测出的各三极管的三个电极对地电压。试判断各三极管处于何种工作状态？是硅管还是锗管？

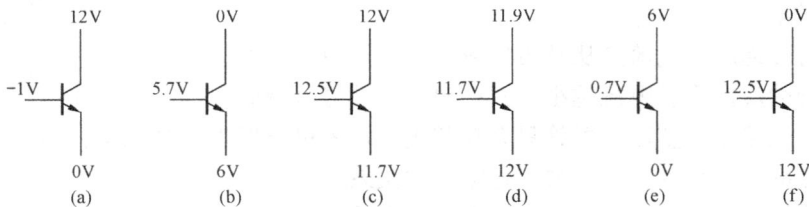

图 1-41　分析与计算题 4 图

5. 图 1-42 所示是某三极管的输出特性曲线。试求：(1) 在 $U_{CE}=6V$ 时的穿透电流 I_{CEO}；

(2) 在 $U_{CE}=6V$ 和 $I_B=60\mu A$ 时的 β 值；

(3) 集电极—发射极反向击穿电压 $U_{(BR)CEO}$；

(4) 集电极最大允许功耗 P_{CM} 值。

6. 某三极管的极限参数为 $P_{CM}=250mW$，$I_{CM}=60mA$，$U_{(BR)CEO}=100V$。

(1) 如果 $U_{CE}=12V$，集电极电流为 $25mA$，问管子能否正常工作？为什么？

(2) 如果 $U_{CE}=3V$，集电极电流为 $80mA$，问管子能否正常工作？为什么？

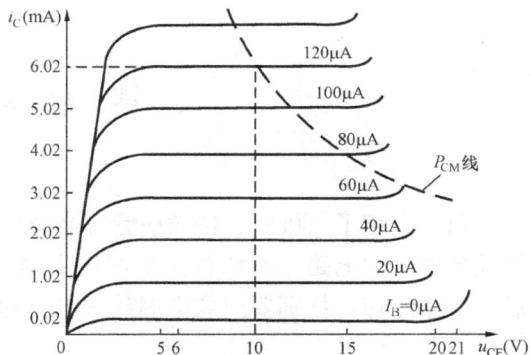

图 1-42 分析与计算题 5 图

7. 试说明图 1-43 所示的是哪类场效应管的转移特性曲线。

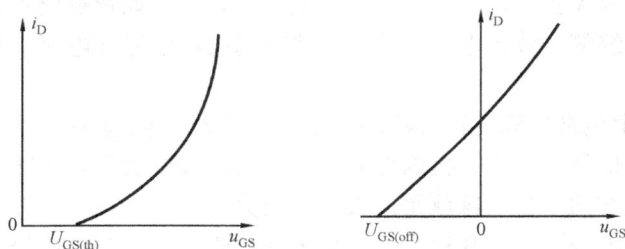

图 1-43 分析与计算题 7 图

8. 将图 1-44 各电路中 U_{DD} 的极性及管子类型填在表 1-5 中。

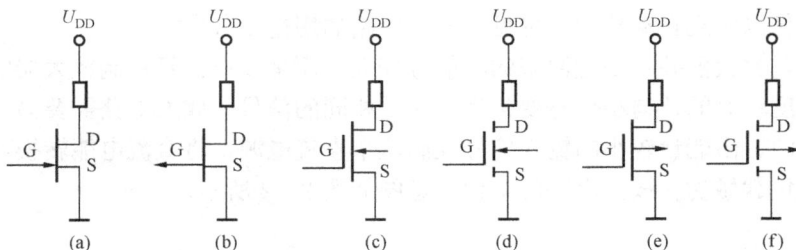

图 1-44 分析与计算题 8 图

表 1-5 　　　　　　　　　　　　　　　**分析与计算题 8 表**

图　号	(a)	(b)	(c)	(d)	(e)	(f)
沟道类型						
U_{DD}极性						
增强型或耗尽型						

第 二 章

基 本 放 大 电 路

前面介绍了三极管、场效应管等半导体器件，它们的主要用途之一就是利用其放大特性组成各种放大电路。本章首先学习放大的基本概念，然后讨论各种基本放大单元电路的组成、工作原理，特别要注意掌握放大电路的基本分析方法。

第一节 放 大 电 路 概 述

一、放大的基本概念

放大电路（又称放大器）广泛应用于各种电子设备中，如音响设备、视听设备、精密测量仪器、自动控制系统等。放大电路的功能是将微弱的电信号（电流、电压）进行放大得到所需要的信号。

图 2-1 是生活中最常见到的扩音机的例子。当人对着话筒讲话时，话筒会把声音的声波变化转换成微弱电信号，经扩音机内部的放大器将信号放大后，从输出端送出较强的电信号，驱动喇叭发出足够的声音，这就是放大器的放大作用。

日常生活所用的收音机和电视机，需要将天线接收到的微弱电信号处理、放大到一定程度，使扬声器发出声音，或使电视屏幕显示出图像；在自动控制系统中，许多检测仪表利用传感器将温度、压力、流量、液位、转速等非电量转变成微弱的电信号，再通过放大去驱动显示仪表显示被测量的大小，或者继续放大到一定的输出功率来驱动电磁铁、电动机、液压机构等执行部件以实现自动控制。可见，放大电路的用途十分广泛。

严格地说，放大器并不是把原来的小信号变大，而是以小信号控制放大器的工作，使它能输出一个幅度较大的、与小信号变化规律完全相同的信号。放大电路需要另外提供一个能源，即直流电源，由能量较小的输入信号控制这个直流电源，将直流电能转换成交流电能输出给负载推动负载做功。放大电路的结构示意图如图 2-2 所示。

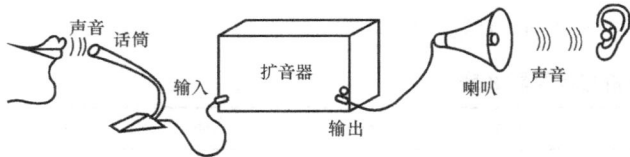

图 2-1 放大器实例

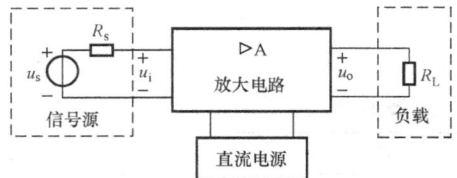

图 2-2 放大电路的结构

二、放大电路的三种基本组态

基本放大电路一般是指由一个三极管与相应元件组成的三种基本组态放大电路。三极管有三个电极，其中两个可以作为输入，两个可以作为输出，这样必然有一个电极是公共电极，因此，构成放大器时可以有三种连接方式，也称三种组态，如图 2-3 所示。

以发射极作为公共电极，称共发射极放大电路；以集电极作为公共电极，称共集电极放

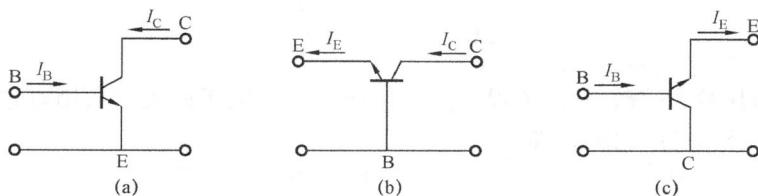

图 2-3 放大电路的三种组态

(a) 共发射极; (b) 共基极; (c) 共集电极

大电路;以基极作为公共电极,称共基极放大电路。

三、放大电路的分类

放大电路的种类很多,按器件可分为三极管放大器、场效应管放大器、电子管放大器和集成运算放大器等;按用途可分为电压放大器、电流放大器和功率放大器等;按工作频率可分为低频放大器、高频放大器和超高频放大器等。而低频放大器又可分为音频放大器(电压放大器和功率放大器)、宽带放大器(视频放大器、脉冲放大器)、直流放大器(含集成运算放大器)等。本课程主要研究低频放大器,它具有很宽的频率范围,约为零到几十兆赫。这样宽的工作频带使得负载不能采用谐振回路,所以这类放大器又称作非谐振放大器。按工作状态分,可分为甲类(A类)放大器、乙类(B类)放大器、甲乙类(AB类)放大器、丙类(C类)放大器和丁类(D类)放大器等。

四、放大电路的主要性能指标

为了描述和鉴别放大器性能的优劣,人们根据放大电路的用途制定了若干性能指标。对于低频放大电路,通常以输入端加不同频率的正弦电压来对电路进行分析。本书中,当不考虑放大电路和负载中电抗元件影响时,正弦交流量用有效值表示。图 2-4 是放大电路的等效结构示意图,其中 $\dot{U}_s$ 是欲放大的输入信号源,R_s 是信号源内阻,$\dot{U}_o$ 是 R_L 开路时的输出电压。下面介绍放大电路的几个主要性能指标。

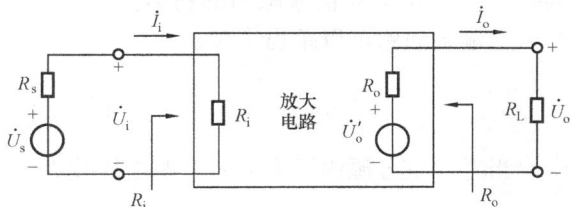

图 2-4 放大电路的等效结构

(一)放大倍数

放大器输出信号与输入信号之比叫作放大器的放大倍数,或叫放大器的增益,它表示放大器的放大能力。放大器的增益有电压放大倍数、电流放大倍数和功率放大倍数三种形式,它们通常都是按正弦量定义的。放大倍数定义式中各有关量如图 2-4 所示。

电压放大倍数定义为

$$A_u = \frac{\dot{U}_o}{\dot{U}_i}$$

电流放大倍数定义为

$$A_i = \frac{\dot{I}_o}{\dot{I}_i}$$

功率放大倍数定义为

$$A_p = \frac{P_o}{P_i} = \frac{\dot{U}_o \dot{I}_o}{\dot{U}_i \dot{I}_i}$$

常用的是电压放大倍数 A_u。工程上为方便使用常将电压放大倍数用对数表示，称为电压增益 G_u，单位是分贝（dB），即

$$G_u = 20\lg A_u \quad (\text{dB})$$

表 2-1 是简单的分贝换算表，它列出了电压放大倍数 A_u 与分贝数的关系。例如，放大倍数 $A_u = 100$，则由表 2-1 可查出它的电压增益为 40dB。如果 $G_u = -40$dB，可查出 $A_u = 0.01$。

表 2-1　　　　　　　　　　　电压放大倍数 A_u 和增益分贝数的关系

A_u/倍	0.001	0.01	0.1	0.2	0.707	1	2	3	10	100	1000	10000
G_u/dB	60	-40	-20	-14	-3	0	6.0	9.5	20	40	60	80

（二）输入电阻 R_i

放大电路输入端接信号源时，放大器对信号源来说，相当于是信号源的负载，从信号源索取电流。索取电流的大小，表明了放大电路对信号源的影响程度。输入电阻定义为输入电压与输入电流的比，即

$$R_i = \frac{\dot{U}_i}{\dot{I}_i}$$

由图 2-4 可见，R_i 就是从放大电路输入端看进去的等效电阻。如果 R_i 大，表明它从信号源索取的电流越小，信号源 $\dot{U}_s$ 在其内阻 R_s 上的损失就小，加到放大电路的输入电压 $\dot{U}_i$ 就大一些，即 R_i 大对信号源的影响小。

从输入回路可以求出

$$\dot{U}_i = \frac{R_i}{R_i + R_s} \dot{U}_s$$

当考虑信号源内阻影响时，源电压放大倍数为

$$\dot{A}_{us} = \frac{\dot{U}_o}{\dot{U}_s} = \frac{\dot{U}_o}{\dot{U}_i} \frac{\dot{U}_i}{\dot{U}_s} = \dot{A}_u \frac{R_i}{R_i + R_s}$$

（三）输出电阻 R_o

当放大电路将信号放大后输出给负载时，对负载 R_L 而言放大器可视为具有内阻的信号源，这个信号源的电压值就是输出端开路时的输出电压 $\dot{U}_o$，其内阻称为放大电路的输出电阻 R_o，相当于从放大电路输出端看进去的交流等效电阻，如图 2-4 所示。

求输出电阻 R_o 有两种方法。

1. 等效电路法

如图 2-5 所示，移去信号源（电压源短路，电流源开路，但保留其内阻），并使负载开路，在放大电路输出端加上电压源 $\dot{U}_o$，从而产生输出端的电流 $\dot{I}_o$，则输出电阻为

图 2-5　等效电路法求 R_o

$$R_\text{o} = \left. \frac{\dot{U}_\text{o}}{\dot{I}_\text{o}} \right|_{R_\text{L}=\infty,\ \dot{U}_\text{s}=0}$$

2. 实验测定法

从图 2-4 可看出，在保持输入信号不变的前提下，分别测出放大电路输出端开路电压 $\dot{U}'_\text{o}$ 和加载（接 R_L）时的电压 $\dot{U}_\text{o}$，则输出电阻 R_o 可由下式来确定

$$R_\text{o} = \left(\frac{\dot{U}'_\text{o}}{\dot{U}_\text{o}} - 1 \right) R_\text{L}$$

R_o 值越小，则当 R_L 变化（即 I_o 变化）时，输出电压 U_o 变化越小，即放大电路带负载的能力愈强，或者说，输出电压在放大器内阻上的损失就小。反之 R_o 大，表明放大电路带负载的能力差。

注意：放大倍数、输入电阻、输出电阻通常都是在正弦信号下的交流参数，只有在放大电路处于放大状态且输出不失真的条件下才有意义。

（四）通频带

通频带是用来衡量放大电路对不同频率信号的放大能力。由于放大电路存在电抗元件或等效电抗元件，信号频率过高或过低，放大倍数都会明显下降，把放大倍数下降到中频段放大倍数的 $\dfrac{1}{\sqrt{2}}$（0.707）倍时的频率，称为下限频率 f_L 和上限频率 f_H。从下限频率到上限频率的频带宽度 B_W 称为通频带。通频带 $B_\text{W} = f_\text{H} - f_\text{L}$，如图 2-6 所示。

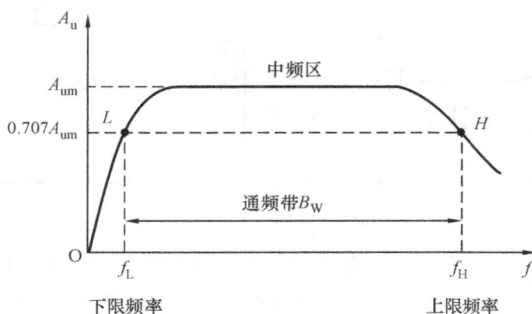

图 2-6　通频带的定义

通频带宽表明放大电路对不同频率信号的适应能力就强。在选用中要根据实际需要，如收音机中的放大电路的通频带就要把音频范围的信号包括在内，如果是放大单一频率的信号时，通频带要尽量窄，以避免干扰和噪声的影响。详细可参阅第三章第二节内容。

（五）最大不失真输出幅值 U_om、I_om

最大输出幅值是指输出波形在没有明显失真情况下，放大电路能够提供给负载的最大输出电压或最大输出电流。在估算中，常用输出信号不进入三极管输出特性中的饱和区和截止区的可能最大值来表示，通常用正弦波的幅值 U_om、I_om 表示。

（六）最大输出功率 P_om 和效率 η

最大输出功率 P_om 是指输出信号基本不失真情况下能输出的最大功率。所谓功率放大作用的实质是功率控制，能量来自电源，电源提供的功率 P_CC 一部分给负载，一部分被电路自身所消耗。电路的效率 η 是负载得到的功率 P_o 与相应电源提供的功率 P_CC 之比，即

$$\eta = \frac{P_\text{o}}{P_\text{CC}} \times 100\%$$

功率 P_om 和效率 η 指标对不同用途的放大电路其侧重点也是不同的。对电压放大电路来说，功率和效率就不太重要；对于功率放大电路来说，功率和效率就是很重要的指标了，关于功率放大电路可参考第三章的第四节。

此外，放大电路的性能指标还有非线性失真系数、信号噪声比等，读者可参考有关书籍。

第二节　共射极基本放大电路

一、电路构成

由前面的讨论我们得出三极管具有电流放大作用，放大作用的内因是生产制造时，从三极管结构和生产工艺上保证 $\beta \gg 1$；放大作用的外因是必须提供能量，保证正确的外加偏置电压，即发射结正偏、集电结反偏。这样由电源 U_{BB} 给输入回路供电提供发射结正偏电压，电源 U_{CC} 给输出回路供电，提供集电结反偏电压，双电源供电电路如图 2-7（a）所示。由于用了两个电源，使用不方便，实际应用时都是把 R_b 接 U_{BB} 正极一端改接到 U_{CC} 的正极，这样可省去电源 U_{BB}。图 2-7（b）为单电源供电电路。最后，我们得到共射极基本放大器的习惯画法如图 2-8 所示。

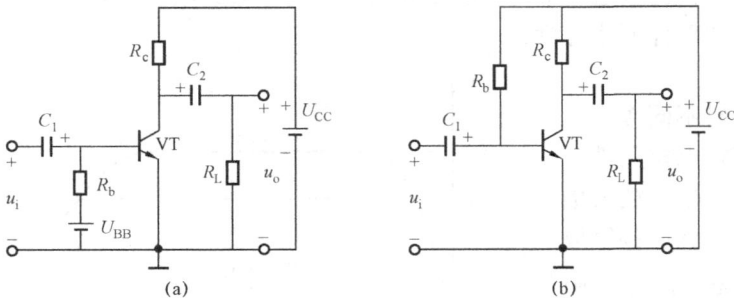

图 2-7　共射极基本放大器电路构成
（a）双电源供电；（b）单电源供电

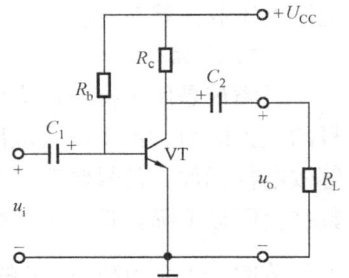

图 2-8　共射极基本
放大器习惯画法

二、电路中各元件的作用

（1）三极管 VT：起电流放大作用，通过基极电流 i_B 控制集电极电流 i_C，是放大电路的核心元件。

（2）电源 U_{CC}：使三极管处在放大状态，发射结正偏，集电结反偏，同时也是放大电路的能量来源，提供电流 i_B 和 i_C。U_{CC} 一般在几伏到十几伏之间。

（3）基极偏置电阻 R_b：电源 U_{CC} 通过 R_b 为三极管提供发射结正向偏压，用来调节基极偏置电流 I_B，使晶体管有一个合适的工作点，一般为几十千欧到几兆欧。

（4）集电极负载电阻 R_c：通过它为三极管提供集电结反向偏压，并将集电极电流 i_C 的变化转换为电压的变化，以获得电压放大，一般为几千欧。

（5）耦合电容 C_1、C_2：起"隔直通交"的作用，用来传递交流信号，同时又使放大电路和信号源及负载间直流相互隔离。为了减小传递信号的电压损失，C_1、C_2 应选得足够大，一般为几微法至几十微法，通常采用电解电容器。

三、放大原理

共射极基本放大器的工作原理如图 2-9 所示。输入信号 u_i 通过输入耦合电容 C_1 加到三极管 VT 的基极和发射极之间，引起基极电流 i_B 作相应的变化；通过 VT 的电流放大作用，VT 的集电极电流 i_C 也将变化；i_C 的变化引起 VT 的集电极电阻 R_c 上的压降变化，由于 $u_{CE} = U_{CC} - i_C R_c$，集电极和发射极之间的电压 u_{CE} 也跟着变化；输出信号 u_{CE} 通过输出耦合电容 C_2 隔离直流，交流分量畅通地传送给负载 R_L，成为输出交流电压 u_o，实现了电压放大作用。

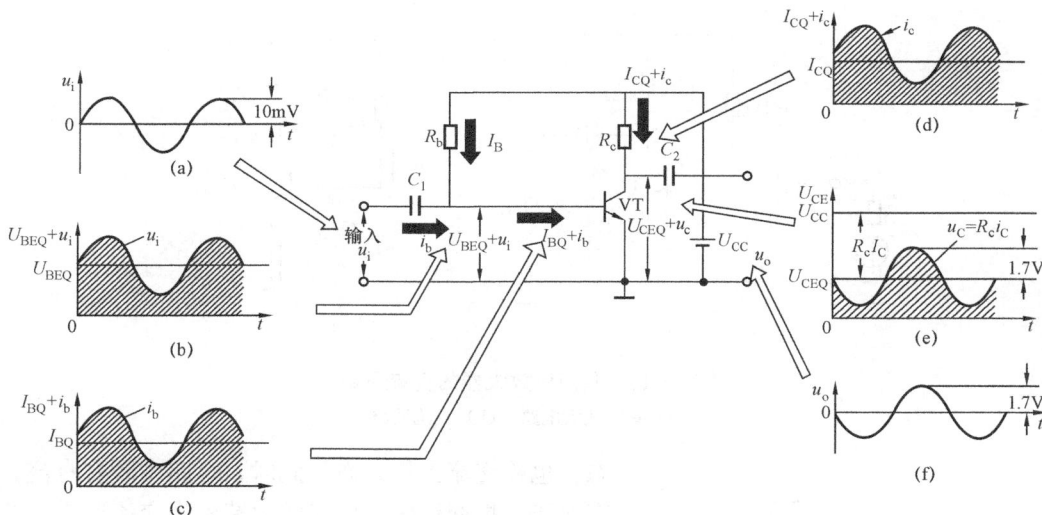

图 2-9　共射极基本放大器的电压、电流波形
（a）输入电压；（b）基—射间电压；（c）基极电流；
（d）集电极电流；（e）集—射间电压；（f）输出电压

如图 2-9 所示，i_C 电流大时，电阻 R_c 的压降也相应大，使集电极对地的电位降低；反之 i_C 电流变小时，集电极对地的电位升高。因此集—射极间的电压 u_{CE} 波形与 i_C 变化情况正相反。如图 2-9（f）所示，从图中可以求出表征电压放大能力的参数—电压放大倍数 $A_u =$

$$-\frac{\sqrt{2}U_{om}}{\sqrt{2}U_{im}} = -\frac{1.7}{0.01} = -170（倍）。$$ 负号表示输出电压的相位与输入电压的相位正好相反，这一点也可以从图 2-9 中看出。

综上分析可知，在共发射极放大电路中，输出电压 u_o 与输入信号电压 u_i 频率相同，相位相反，幅度得到放大，因此这种单级的共发射极放大电路通常也称为反相放大器。

第三节　放大电路的基本分析方法

对放大器的分析，目的是了解放大器的工作状态，同时对放大器的主要性能指标进行必要的估算，以便了解放大器的基本情况。在学习放大电路的分析方法之前，首先了解一下有关放大电路的几个重要概念。

一、放大电路的几个重要概念
（一）静态、直流通道、静态分析和静态工作点 Q

放大电路在没有加输入信号，即 $u_i=0$ 时电路所处的工作状态叫静态。此时，电路只有直流电源作用，故也称直流工作状态。把放大器中直流电流流经的途径称为放大器的直流通道。静态时电路中的 I_B、I_C、U_{CE} 的数值叫做放大电路的静态工作点 Q。静态分析的目的就是求出静态工作点 Q 以确定它是否满足放大要求。画放大器的直流通路时，将电容视为开路，电感元件视为短路，其他不变，如图 2-10 所示。

（二）动态、交流通道和动态分析

当有输入信号，即 $u_i \neq 0$ 时，电路中的电压、电流都将随输入信号作相应变化，称为动

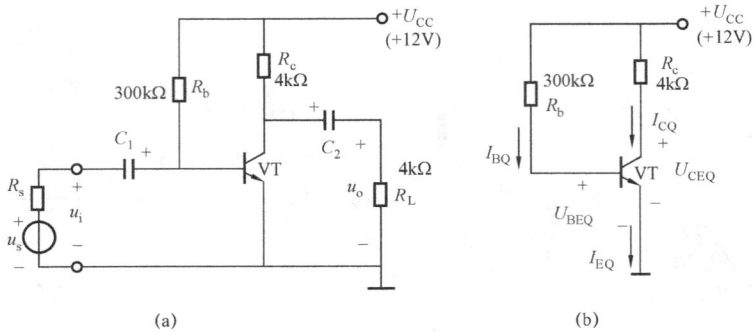

图 2-10 共射极放大器的直流通路

(a) 基本放大电路；(b) 直流通路

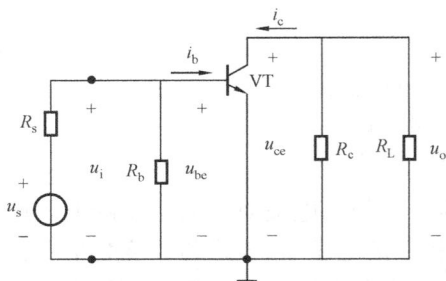

图 2-11 共射极放大器的交流通路

态，也称交流工作状态。此时，电路中既有直流，也有交流。把交流信号所走的通路称为交流通道。绘制交流通道的原则是：①电路中的耦合电容、旁路电容的容量足够大，对交流信号而言，容抗很小，则都视为短路；②直流电源 U_{CC} 的内阻极小，对于交流信号而言，也可以看作两极短路。根据上述原则可画出图 2-10 所示放大电路的交流通路如图 2-11 所示。图中所有电压、电流都是交流成分。动态分析的目的就是确定电压放大倍数、输入电阻、输出电阻等主要性能指标，以便验证其是否满足要求。

放大电路建立正确的静态，即设置合适的静态工作点，是保证动态工作的前提。分析放大电路必须正确地区分静态和动态，正确地区分直流通路和交流通路。

（三）放大电路中电压、电流符号使用规定

放大电路在输入信号进行放大工作时，电路中的电压、电流都是由直流成分和交流成分叠加而成。也就是说，放大电路中每个瞬间的电压、电流都可以分解为直流分量和交流分量。为了清楚地描述，电子技术中通常作如下规定：

（1）用大写字母带大写下标表示直流分量，如 I_B 表示基极直流电流。

（2）用小写字母带小写下标表示交流分量，如 i_b 分别表示基极交流电流。

（3）用小写字母带大写下标表示直流分量与交流分量的叠加，如 $i_B = I_B + i_b$，即基极电流总量。

（4）用大写字母加小写下标表示交流分量的有效值，如 U_i 表示输入电压有效值。

详细说明请看目录前的本书常用符号说明。

二、放大电路的静态分析方法

放大电路的静态分析有估算法和图解分析法两种。

（一）估算法确定静态工作点

根据直流通路图 2-10（b），运用基尔霍夫定律可对放大电路的静态进行计算

$$I_{BQ} = \frac{U_{CC} - U_{BE}}{R_b} \approx \frac{U_{CC}}{R_b} \qquad (2-1)$$

$$I_{CQ} = \beta I_{BQ} \qquad (2-2)$$

$$U_{CEQ} = U_{CC} - I_{CQ}R_c \qquad (2-3)$$

其中，I_{BQ}、I_{CQ}、U_{CEQ}代表的工作状态即为静态工作点，用 Q 表示。根据图 2-10 （b）中的参数可求出 $I_{BQ}=40\mu A$，$I_{CQ}=1.5mA$，$U_{CEQ}=6V$。

改变 R_b 的大小，I_B 随之变化，这就是偏置电阻 R_b 的作用。当 R_b 和 U_{CC} 确定后 I_B 是固定的，所以图 2-10 （a） 又称为固定偏置电路。一个放大器的静态工作点设置是否合适，是放大器能否正常工作的重要条件。

（二）图解分析法确定静态工作点

由于 I_{BQ}、U_{BEQ} 用估算法能很方便地求出，故图解分析法确定 I_{BQ}、U_{BEQ} 没有工程实用价值，这里就不介绍了。下面介绍用图解分析法确定 I_{CQ}、U_{CEQ}。

基本放大电路输出回路的直流通路如图 2-12 （a） 所示，图中将输出回路分成两部分，左边部分的电流、电压关系满足输出特性曲线，即非线性部分

$$i_C = f(u_{CE})\big|_{I_B=常数} \qquad (2-4)$$

右边部分的电流、电压关系，由外部线性电路来决定，由输出回路可列出输出回路的直流负载线性方程

$$u_{CE} = U_{CC} - i_C R_c \qquad (2-5)$$

其斜率为 $-\dfrac{1}{R_c}$，从数学角度来说，求 I_C、U_{CE} 就是联立求解这两个方程，可用作图的方法求放大电路静态工作点，分析步骤如下。

（1）画出三极管输出特性曲线。

（2）作出直流负载线。令 $i_C=0mA$，代入式 （2-5） 求得 $u_{CE}=12V$，定出 M 点。令 $u_{CE}=0V$，代入式 （2-5） 求得 $i_C=3mA$，定出 N 点。连接 M、N 两点得到直流负载线。

（3）确定 Q 点位置。由输入回路我们已经求出 $I_{BQ}=\dfrac{U_{CC}}{R_b}=\dfrac{12V}{300k\Omega}=40\mu A$，所以，$u_{CE}$ 与 i_C 的关系对应于 $I_{BQ}=40\mu A$ 的一条输出特性曲线。这样，找出直流负载线与 $I_{BQ}=40\mu A$ 这条输出特性曲线的交点即是静态工作点 Q，作水平线定出 $I_{CQ}=1.5mA$，作垂直线定出 $U_{CEQ}=6V$。分析结果如图 2-12 （b） 所示。

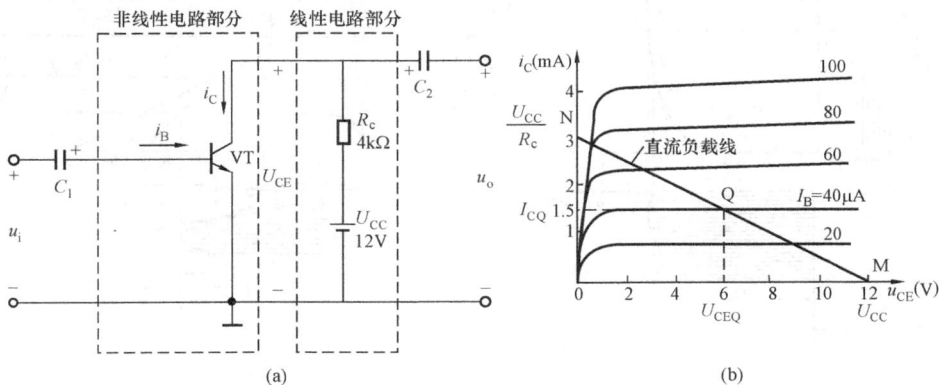

图 2-12 图解分析法确定静态工作点

(a) 输出端电路；(b) 图解分析

三、放大电路的动态分析方法

当放大电路加上输入信号后，电路中的电压、电流均在静态值的基础上作相应变化。动态分析有图解法和微变等效电路法。

图解法分析的目的是观察放大电路的工作情况，研究放大电路的非线性失真问题，求得最大不失真输出幅值 U_{om}。图解法以三极管的特性曲线作为分析的基础，能够直观显示出在输入信号作用下，放大电路各点电压和电流波形的幅值大小及相位关系，尤其对判断静态工作点是否合适、输出波形是否会失真等十分方便，但分析过程比较繁琐。

微变等效电路法是在小范围内将放大器视为线性二端口网络进行分析，分析过程很简便，但只能用于小信号放大状态。本章研究的是小信号电压放大，所以可使用微变等效电路分析法。

（一）图解分析法

图解法动态分析的对象是交流通路，关键是作交流负载线。

1. 不带负载 R_L 时的图解分析

把图 2-10（a）所示负载 R_L 开路。由于负载 R_L 开路，交流负载线与直流负载线是同一条。图 2-13 画出了用图解法分析放大电路的动态工作情况。图解法分析动态工作情况有以下几个步骤。

（1）根据 u_i 在输入特性曲线上画出 i_B 波形。设放大电路的输入信号 $u_i = 0.02\sin\omega t$（V），三极管的输入电压 u_{BE} 是在原来直流电压 $U_{BEQ} = 0.7$V 的基础上叠加一个交流量 u_i，即

$$u_{BE} = 0.7 + 0.02\sin\omega t \text{（V）}$$

根据 u_{BE} 的变化规律可从输入特性上画出对应的 i_B 波形图，如图 2-13（a）所示，基极电流 i_B 将在 $20\sim60\mu A$ 之间变动。

（2）在输出特性曲线上，根据 i_B 波形和直流负载线画出相应的 i_C 和 u_{CE} 波形，如图 2-13（b）所示。

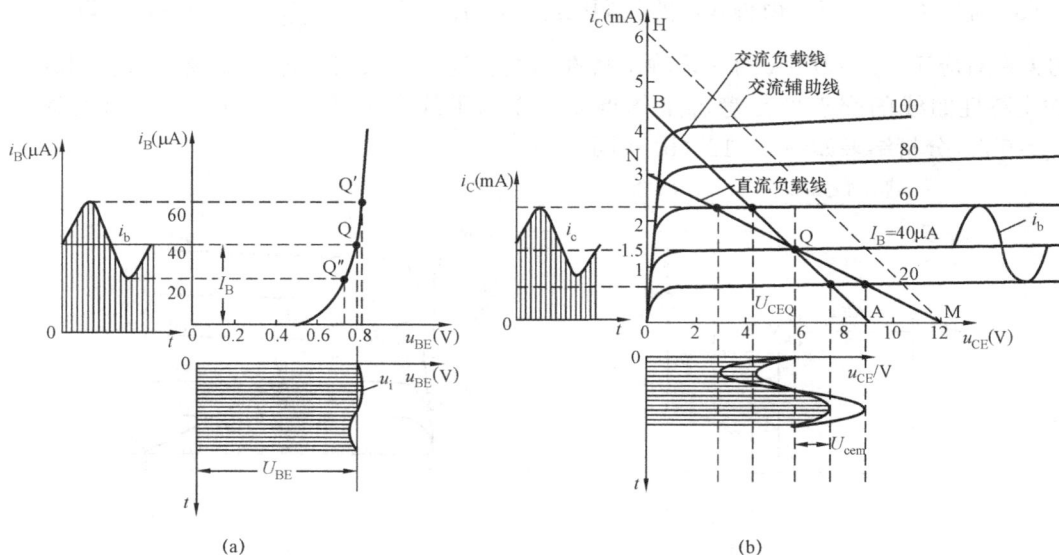

图 2-13　放大电路的图解法动态分析

（a）在输入特性曲线上分析；（b）在输出特性曲线上分析

（3）在输出特性曲线上根据 u_{CE} 波形读出输出电压幅值 $U_{cem}=9-6=3$（V），由此可知电压放大倍数为

$$A_u = -\frac{U_{cem}}{U_{im}} = -\frac{3}{0.02} = -150$$

式中，负号表示图中的输出电压与输入电压相位正好相反。

2. 带负载 R_L 时图解分析

上述图解分析是把放大电路的负载作为开路处理的，实际电路经常是带负载的，当放大电路带负载 R_L 时，对输入回路无影响，对输出回路的静态也无影响，只影响输出回路的动态。此时，放大电路的交流等效负载应为 $R_L' = R_c // R_L$。对应的负载线称为交流负载线。

画交流负载线具体方法有两种：

（1）先画一条斜率为 $-\dfrac{1}{R_L'}$ 的辅助线 MH。M 点位置是 $u_{CE}=U_{CC}$，$i_C=0$。H 点位置是 $u_{CE}=0$，$i_C=\dfrac{U_{CC}}{R_L'}$，通过 Q 点作辅助线 MH 的平行线即得到交流负载线，如图 2 - 13（b）所示。

（2）计算 $0A=U_{CEQ}+I_{CQ}R_L'$，在横轴上定出 A 点，连接 AQ 并延长与纵轴相交于 B 点，AB 即为所求的交流负载线。

从图中看出交流负载线与直流负载线并不重合，但均在 Q 点相交，这是因为输入信号在变化过程中必定会经过零点。交流负载线是有交流输入信号时，工作点 Q 的运动轨迹。当放大电路带负载 R_L 时，在输入端加入交流信号电压后，在基极总电流 i_B 随信号的变化而发生变化的同时，工作点 Q 将沿交流负载线上下移动作动态变化。由于交流等效负载 R_L' 小于负载 R_L，所以交流负载线比直流负载线更陡。从图 2 - 13（b）中可看出，尽管 i_C 的大小变化不多，但 u_{CE} 的大小却减小很多，可见带上负载后输出电压的动态范围变小了，电压放大倍数下降了。从图 2 - 13（b）可求出

$$A_u = -\frac{U_{cem}}{U_{im}} = -\frac{1.5}{0.02} = -75$$

通过所示共射极基本放大电路动态图解分析，可得出如下结论：① $u_i \uparrow \rightarrow u_{BE} \uparrow \rightarrow i_B \uparrow \rightarrow i_C \uparrow \rightarrow u_{CE} \downarrow \rightarrow |-u_o| \uparrow$；②输出电压与输入电压相位相反；③图解分析法可以测量出放大电路的电压放大倍数；④带负载后电压放大倍数下降。

（二）微变等效电路法

1. 三极管的微变等效电路

三极管是一种非线性器件，但在小信号运用时，即在微小的工作范围内，三极管的电压、电流的变化量之间的关系基本上是线性的。因此可以用一个等效的线性电路来代替这个三极管。

从三极管等效电路图 2 - 14 可以看出，三极管的输入回路可以等效为输入电阻 r_{be}，输出回路可用等效的受控恒流源来代替。要利用等效电路来分析放大器，必须知道三极管的两个基本参数，即 r_{be} 和 β，一般可通过测量或由输出特性曲线求出，也可查手册。在低频小信号工作条件下，r_{be} 是一个与静态工作点有关的常数，可估算为

$$r_{be} = 300 + (1+\beta)\frac{26}{I_{EQ}} \ (\Omega) \tag{2-6}$$

式中，I_{EQ} 的单位为 mA。

三极管的输出电阻数值比较大，故在简化的三极管微变等效电路中将它忽略。

2. 放大电路的微变等效电路

当画出放大器的交流通路图 2-11（熟练时该步骤可省略）后，将三极管用微变等效电路代替，就可以得到放大器的微变等效电路如图 2-15 所示。由于放大电路常用正弦波电压作为输入信号，所以在分析交流参数时常用相量表示电压和电流。

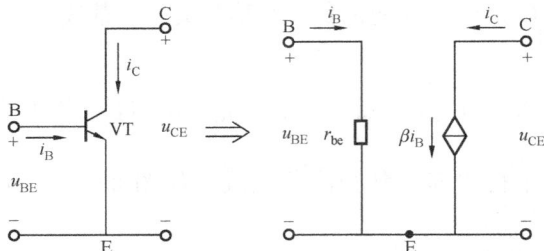

图 2-14 三极管的微变等效电路   图 2-15 放大器的微变等效电路

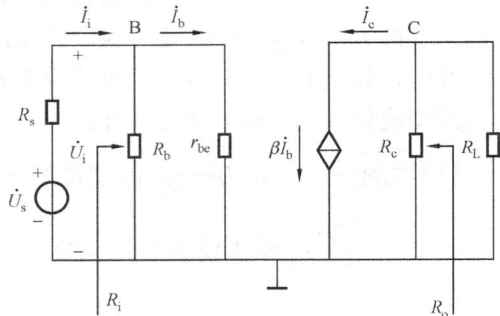

3. 用微变等效电路法分析共射极基本放大器

（1）电压放大倍数 A_u。从图 2-15 微变等效电路可以得到

$$\dot{U}_i = \dot{I}_b r_{be}$$

$$\dot{U}_o = -\dot{I}_c R'_L = -\beta \dot{I}_b R'_L$$

故

$$\dot{A}_u = \frac{\dot{U}_o}{\dot{U}_i} = \frac{-\beta \dot{I}_b R'_L}{\dot{I}_b r_{be}} = -\frac{\beta R'_L}{r_{be}} \qquad (2-7)$$

式中，负号表示输出电压与输入电压反相。如果电路中输出端开路，即 $R_L = \infty$，则有

$$R'_L = R_c /\!/ R_L = R_c \qquad \dot{A}_u = \frac{\dot{U}_o}{\dot{U}_i} = -\frac{\beta R_c}{r_{be}}$$

由于 $R'_L < R_c$，故带 R_L 后电压放大倍数减小，与图解法得出的结论一致。

【例 2-1】 在图 2-10 中，$U_{CC} = 12V$，$R_c = 4k\Omega$，$R_b = 300k\Omega$，$R_L = 4k\Omega$，$\beta = 38$。试求放大电路的电压放大倍数 $\dot{A}_u$。

解 前面已求出 $I_{CQ} = 1.5mA$。由式（2-6）可求出

$$r_{be} = 300 + (1+\beta)\frac{26}{I_{EQ}} \approx 300 + (1+38) \times \frac{26}{1.5} = 976 \approx 0.98 \text{（k}\Omega\text{）}$$

则

$$\dot{A}_u = \frac{\dot{U}_o}{\dot{U}_i} = -\frac{\beta R'_L}{r_{be}} = -\frac{38 \times (4/\!/4)}{0.98} \approx -78$$

（2）输入电阻 R_i。放大电路的输入电阻是从放大器的输入端看进去的等效电阻，如图 2-15 所示。

$$R_i = \frac{\dot{U}_i}{\dot{I}_i} = R_b /\!/ r_{be}$$

　　通常 $R_b \gg r_{be}$，因此 $R_i \approx r_{be}$，由此可见共射基本放大电路的输入电阻 R_i 较小。[例 2-1]中，$R_i \approx r_{be} = 0.98 \text{k}\Omega$。

　　（3）输出电阻 R_o。放大电路对负载而言，相当于一个信号源，其内阻就是放大电路的输出电阻 R_o。求输出电阻 R_o 可利用图 2-16 电路，将输入信号源短路，输出负载开路，从输出端外加测试电压 $\dot{U}$，产生相应的测试电流 $\dot{I}$，则输出电阻

$$R_o = \left. \frac{\dot{U}}{\dot{I}} \right|_{R_L = \infty, \dot{U}_s = 0} \approx R_c$$

在 [例 2-1] 中，$R_o \approx R_c = 4 \text{k}\Omega$。

图 2-16　求输出电阻 R_o

　　（4）源电压放大倍数 $\dot{A}_{us}$。考虑信号源内阻影响时，源电压放大倍数为

$$\dot{A}_{us} = \frac{\dot{U}_o}{\dot{U}_s} = \dot{A}_u \frac{R_i}{R_i + R_s}$$

在 [例 2-1] 中，$R_i = 0.98 \text{k}\Omega$，$R_s = 2 \text{k}\Omega$，故

$$\dot{A}_{us} = \frac{\dot{U}_o}{\dot{U}_s} = \dot{A}_u \frac{R_i}{R_i + R_s} = -78 \times \frac{0.98}{0.98 + 2} = -25.7$$

　　可见，R_s 将使电压放大倍数下降，R_i 增大，使 $R_i \gg R_s$ 有利于防止电压放大倍数下降。

　　上面以共射基本放大电路为例，估算了它的输入电阻和输出电阻。一般来说，希望放大电路的输入电阻高一些好，这样可以避免输入信号过多地衰减；对于输出级来说，则希望输出电阻越小越好，以提高电路的带负载能力。

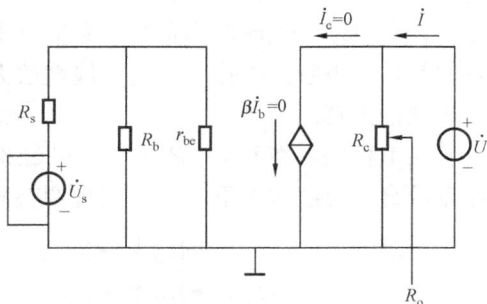

第四节　静态工作点稳定的放大电路

　　合理设置静态工作点 Q 是保证放大电路正常工作的前提，如果 Q 点设置不当，将影响放大器的增益，引起非线性失真，影响放大的效果。但即使设置了合适的静态工作点，当工作环境发生变化时，工作点仍将偏离正常位置，这种现象叫做静态工作点漂移（简称零点漂移或 Q 点漂移）。本节首先讨论 Q 点的位置对放大性能的影响，然后分析引起 Q 点漂移的原因，最后介绍能稳定 Q 点的常用放大电路。

一、静态工作点对输出波形失真的影响

　　波形失真是指输出波形不能很好地重现输入波形的形状，即输出波形相对于输入波形发生了变形。对一个放大电路来说，要求输出波形的失真尽可能小。但是，当静态工作点设置不当时，输出波形将出现严重的失真。

　　如图 2-17 所示，若 Q 点在负载线上的位置过高，例如 Q_A 处，信号的正半周的一部

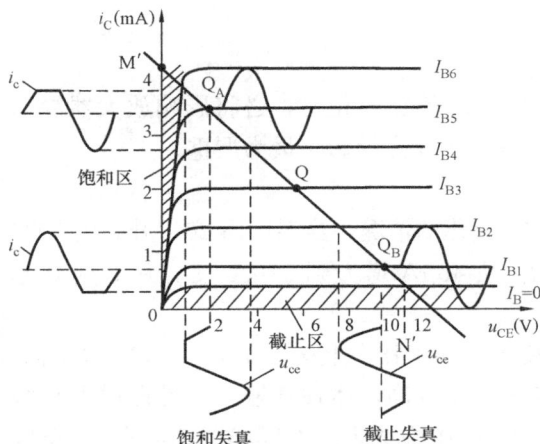

图 2-17　静态工作点对输出波形失真的影响

分进入饱和区，造成输出电流波形正半周和相应电压波形负半周被部分削除，产生"饱和失真"。反之，若静态工作点在负载线上位置过低，例如 Q_B 处，则信号负半周一部分进入截止区，造成输出电流波形负半周和输出电压的正半周被部分切掉，产生"截止失真"。由于它们都是三极管的工作状态离开线性放大区进入非线性的饱和区和截止区所造成的，因此称为非线性失真。

在工程中，在 U_{CC}、R_c 和管子已经确定的前提下，可通过调整偏置电阻 R_b 来使静态工作点沿直流负载线上下移动，实现调整静态工作点，即：

$$R_b \uparrow \rightarrow I_{BQ} \downarrow \rightarrow I_{CQ} \downarrow \rightarrow U_{CEQ} \uparrow \rightarrow Q \text{ 点下移} \rightarrow \text{克服饱和失真}$$

$$R_b \downarrow \rightarrow I_{BQ} \uparrow \rightarrow I_{CQ} \uparrow \rightarrow U_{CEQ} \downarrow \rightarrow Q \text{ 点上移} \rightarrow \text{克服截止失真}$$

二、确定静态工作点的基本原则

对于一个放大电路，合理安排静态工作点至关重要，而且在动态运用时工作点的移动不能超出放大区，这样才能保证放大电路不产生明显的非线性失真。通常情况下：①为了使输出幅值较大，同时又不失真，静态工作点应选在交流负载线的中点。②对于小信号的放大电路，失真可能性较小，为了减小损耗和噪声，工作点可适当选择低一些；对于大信号的放大电路，为了保证输出有较大的动态范围，并且不失真，工作点可适当选高一些。

三、影响静态工作点稳定的原因

当合理设置了静态工作点后，在电路实际工作中仍然还会发现静态工作点不够稳定，有时甚至偏离正常值太多造成非线性失真。引起工作点不稳定的因素很多，比如电源电压变化、电路参数变化、管子老化等都会引起静态工作点的不稳定，但主要是由于三极管的特性参数（I_{CBO}、β、U_{BE} 等）随温度变化造成的。

（一）温度变化对三极管参数的影响

理论和实践表明，三极管的反向饱和电流 I_{CBO}、电流放大系数 β 和发射结导通电压 U_{BE} 随温度而变化的规律如下：

（1）温度每升高 10℃，I_{CBO} 增大一倍，优良的硅管 $I_{CBO} < 1\mu A$，因此现代电子设备中大多使用硅管。

（2）温度每升高 1℃，β 约增大 $0.5\% \sim 1\%$。

（3）温度每升高 1℃，U_{BE} 约下降 $2 \sim 2.5mV$。

正是由于以上三个参数都与温度密切相关，所以温度 T 变化时，必将影响放大器静态工作点的稳定性。其中尤以 β 和 U_{BE} 随温度变化对静态工作点的影响最为严重。

（二）温度变化对静态工作点的影响

从图 2-18 也可以看出由于温度的变化引起 I_{BQ} 变化的情况，当温度由 20℃升高到 50℃时，输入特性曲线左移，工作点升高为 Q' 点，I_{BQ} 从 $40\mu A$ 增大到 $58\mu A$，U_{BE} 从 U_{BE1} 减小到 U_{BE2}。

由于 β 增大，反映在特性曲线上，曲线间隔变大，使工作点上移，而 $I_{CEO} = (1+\beta)I_{CBO}$，$\beta$ 增大、I_{CBO} 增大也引起 I_{CEO} 也跟着增大，$I_C = \beta I_B + I_{CEO}$ 升高，体现在输出特性曲线上是整个曲线族上移，静态工作点升高，如图 2-19 所示。图中虚线表示在同样的 I_{BQ} 下，当温度升高后 I_{CQ} 上升的情况。

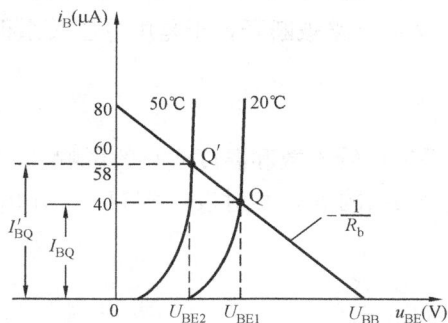

图 2-18 温度对输入特性和 Q 点的影响

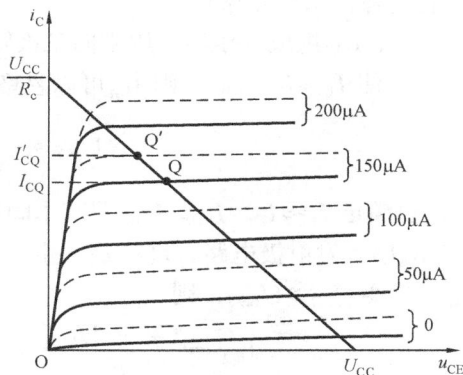

图 2-19 温度对输出特性和 Q 点的影响

总之，三极管的 I_{CBO}、U_{BE}、β 随着温度的变化而变化。这三个参数的变化都将引起 I_{CQ} 的变化。可见，这种简单偏置电路的静态工作点的稳定性较差，只适用于环境温度变化不大、要求不高的场合。

（三）其他因素对静态工作点的影响

除了温度对静态工作点的稳定具有显著影响外，提供能量的电源电压 U_{CC} 波动也会改变静态工作点，但由于现代电子设备广泛使用稳压电源供电，U_{CC} 波动的影响容易克服。此外，若更换不同型号或参数的三极管，同一放大器电路的静态工作点也会有差异。

四、Q 点稳定的放大电路

从上面的分析发现，放大器的偏置电路不仅要保证三极管得到合适的静态工作点，而且还应当保证工作时静态工作点稳定，使它基本不受温度变化或更换三极管的影响，下面介绍两种具有自动稳定静态工作点的放大电路。

（一）分压式稳定偏置电路

1. 电路组成

图 2-20 所示放大器偏置电路具有自动稳定静态工作点的作用。与简单偏置电路相比，多用了 R_{b2}、R_e 和 C_e 三个元件。R_{b1}、R_{b2} 分别称为上偏置电阻和下偏置电阻，R_e、C_e 分别称为发射极电阻和发射极旁路电容。

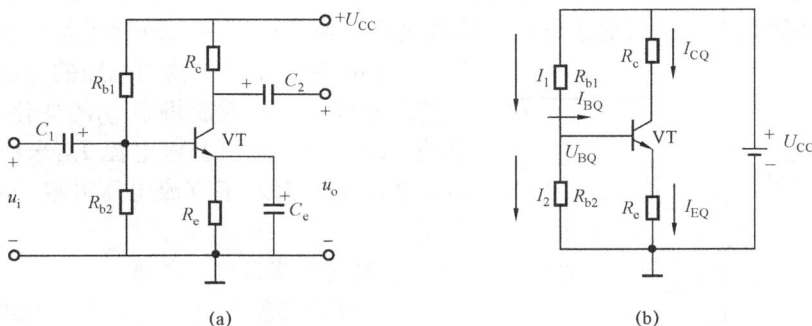

(a)

(b)

图 2-20 分压式稳定偏置电路
（a）电原理图；（b）直流通路

2. 稳定静态工作点原理

（1）R_{b1}、R_{b2}组成分压器，用来向三极管基极提供固定的静态电压U_{BQ}。合理选择R_{b1}、R_{b2}的阻值，使$I_1 \approx I_2 \gg I_{BQ}$，则$I_{BQ}$可以忽略，认为基极支路被断开，于是由分压关系得到

$$U_{BQ} \approx \frac{R_{b2}}{R_{b1} + R_{b2}} U_{CC}$$

可见，只要满足$I_1 \approx I_2 \gg I_{BQ}$，$U_{BQ}$即基本固定，不受三极管参数和温度变化的影响。

（2）R_e串入发射极电路，目的是产生一个正比于I_{EQ}的静态发射极电压U_{EQ}，并由它调控U_{BEQ}。只要$U_{BQ} \gg U_{BEQ}$，则

$$I_{EQ} = \frac{U_{BQ} - U_{BEQ}}{R_e} \approx \frac{U_{BQ}}{R_e} = \frac{R_{b2}}{(R_{b1} + R_{b2})R_e} U_{CC}$$

（3）电路中R_e上并联的电容C_e应足够大，对信号而言其容抗很小，几乎接近于短路。这样，放大器的增益就不会因R_e的接入而下降。

I_{EQ}只与电源电压和偏置电阻有关，不受三极管参数和温度变化的影响，所以静态工作点是稳定的，即使更换了三极管，静态工作点也能基本保持稳定。从另一个角度看，R_e引入了直流电流串联负反馈后才使Q点稳定（关于负反馈请参考第三章第三节）。

稳定静态工作点的过程，可用以下流程表示：

$$T \uparrow \rightarrow I_{CQ} \uparrow \rightarrow I_{EQ} \uparrow \rightarrow U_{EQ} \uparrow \xrightarrow{U_{BQ}固定} U_{BEQ} \downarrow \rightarrow I_{BQ} \downarrow \rightarrow I_{CQ} \downarrow$$

反之，温度下降时其变化过程正好相反。

上述表明，这种分压式偏置电路的特点就是利用分压器取得固定基极电压U_{BQ}，再通过R_e对电流I_{CQ}（I_{EQ}）的取样作用，将I_{CQ}的变化转换成U_{EQ}的变化，自动调节U_{BEQ}从而达到稳定静态工作点的目的。

为了使电路稳定工作点的效果好，I_1、I_2越大于I_{BQ}、U_{BQ}越大于U_{BEQ}越好，但为了兼顾其他指标，工程应用时一般可选取

$$I_1 \approx I_2 = (5 \sim 10)I_{BQ}, U_{BQ} = (5 \sim 10)U_{BEQ}$$

因分压式稳定偏置电路良好的静态工作点稳定效果而被普遍采用。

（二）集电极—基极稳定偏置电路

1. 电路组成

图2-21所示的集电极—基极偏置放大电路是另一种具有稳定工作点的放大器，该电路的特点是R_b跨接在三极管的集电极和基极之间，除了提供给三极管所需的基极偏置电流以外，同时还把集电极输出电压的一部分回送到三极管的基极，这样就能将U_{CEQ}的变化通过R_b反馈到输入端，自动调节基极电流I_{BQ}来稳定静态工作点，实际上是引入了直流电压并联负反馈使Q点稳定。

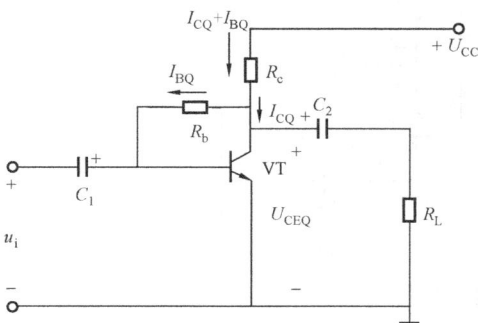

2. 稳定静态工作点原理

当温度升高使集电极电流I_{CQ}增加时，在R_c上的压降也增大，因此管子U_{CEQ}就要降低，使I_{BQ}减小，从而牵制了I_{CQ}的增加，其稳定静态工作点的过程如下：

图2-21 集电极—基极稳定偏置电路

$$T\uparrow\rightarrow I_{CQ}\uparrow\rightarrow U_{CEQ}\downarrow \xrightarrow{\quad I_{BQ}=\dfrac{U_{CEQ}-U_{BEQ}}{R_b}\approx\dfrac{U_{CEQ}}{R_b}\quad} I_{BQ}\downarrow\rightarrow I_{CQ}\downarrow$$

显然，这个电路稳定静态工作点的效果与 R_c 和 R_b 的阻值大小有关。R_c 阻值越大，同样的 I_{CQ} 变化引起 U_{CEQ} 的变化就越大，稳定性能就越好；R_b 的阻值越小，同样的 U_{CEQ} 变化引起 I_{BQ} 的变化就越大，稳定性能也越好。当然，R_b 的选择不单要考虑稳定性方面，还要兼顾到保证正常的偏流 I_{BQ}，以获得合适的工作点，一般取 $R_b=(20\sim100)R_c$，便能满足 $U_{CEQ}\gg U_{BEQ}$ 的条件，达到较好的稳定效果。

另外，稳定静态工作点还可以利用非线性元件，如热敏电阻、半导体二极管等的参数随温度而变化的特点，把它接入放大器的偏置电路中，以补偿三极管参数随温度而发生的变化，达到稳定工作点的目的，详细可参考有关教材。

【例 2 - 2】 放大电路如图 2 - 22 所示，设硅三极管的饱和压降 $U_{CES}=0.5\text{V}$，$\beta=50$。试求：

(1) 静态工作点 Q。

(2) 微变等效电路。

(3) 放大电路的输入电阻 R_i 和输出电阻 R_o。

(4) 电压放大倍数 A_u 和源电压放大倍数 A_{us}。

(5) 最大不失真输出电压幅值 U_{om}。

解 (1) 求静态工作点，即

$$U_{BQ}\approx\frac{R_{b2}}{R_{b1}+R_{b2}}U_{CC}=\frac{10}{20+10}\times12=4\ (\text{V})$$

$$I_{CQ}\approx I_{EQ}=\frac{U_{BQ}-U_{BEQ}}{R_e}=\frac{4-0.7}{3.3}=1\ (\text{mA})$$

$$I_{BQ}=\frac{I_{EQ}}{1+\beta}=\frac{1}{1+50}=0.02\ (\text{mA})$$

$$U_{CEQ}\approx U_{CC}-I_{CQ}(R_c+R_e)=12-1\times(3.6+3.3)=5.1\ (\text{V})$$

(2) 将电路中的电源短路，电容短路，并将三极管微变等效，画出微变等效电路如图 2 - 23 所示。

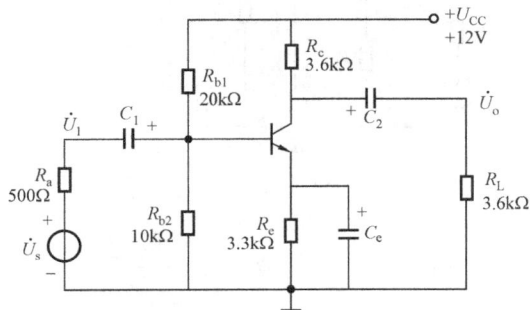

图 2 - 22 ［例 2 - 2］电路图

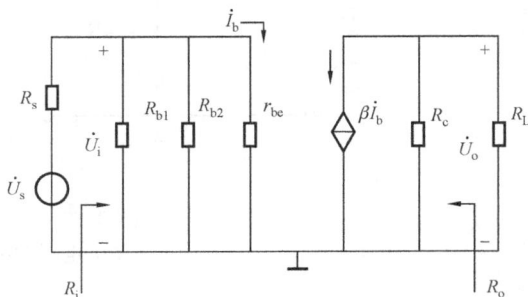

图 2 - 23 ［例 2 - 2］微变等效电路

（3）由于 $I_{EQ}=1\text{mA}$，所以

$$r_{be}=300+(1+\beta)\frac{26}{I_{EQ}}=300+(1+50)\times\frac{26}{1}\approx1.63\ (\text{k}\Omega)$$

$$R_i=R_{b1}//R_{b2}//r_{be}=20//10//1.63\approx1.3\ (\text{k}\Omega)$$

$$R_o\approx R_c=3.6\ \text{k}\Omega$$

（4）电压放大倍数　$\dot{A}_u=\dfrac{\dot{U}_o}{\dot{U}_i}=-\dfrac{\beta R_L'}{r_{be}}=-\dfrac{50\times\frac{3.6}{2}}{1.63}\approx-55$

源电压放大倍数　$\dot{A}_{us}=\dot{A}_u\dfrac{R_i}{R_i+R_s}=-55\times\dfrac{1.3}{1.3+0.5}\approx-40$

由此可见，考虑信号源内阻影响时，电压放大倍数将下降。

（5）计算放大电路最大不失真输出幅度时

$$U_F=I_{CQ}R_L'=1\times(3.6//3.6)=1.8\ (\text{V})$$

$$U_R=U_{CEQ}-U_{CES}=5.1-0.5=4.6\ (\text{V})$$

$$U_F<U_R$$

故最大不失真输出幅值 $U_{om}=U_F=1.8\text{V}$。由此可见，Q 点的位置较低。

第五节　共集电极放大电路和共基极放大电路

一、共集电极放大器（射极跟随器）

（一）电路组成

共集电极放大电路如图 2-24（a）所示，它是由基极输入信号，发射极输出信号组成，故也称射极输出器。而从交流通路来看，电源 U_{CC} 对交流信号相当于短路，所以集电极成为输入和输出回路的公共端，故称共集电极放大电路。图 2-24（b）是交流通路。

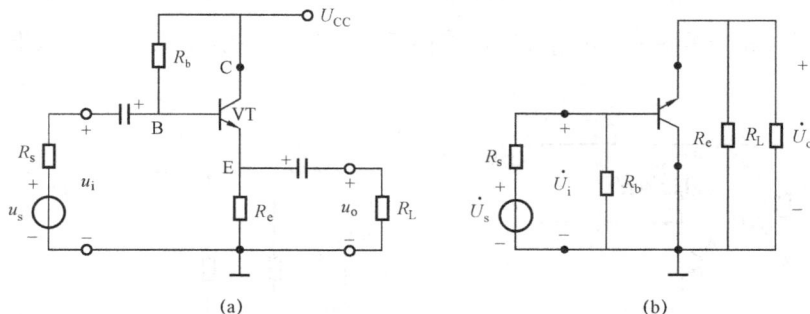

(a)　　　　　　　　　　　(b)

图 2-24　共集电极放大电路

(a) 电原理图；(b) 交流通路

（二）静态分析

共集电极放大电路的直流通路画于图 2-25 中。

由图可知

$$U_{CC} = I_{BQ}R_b + U_{BEQ} + I_{EQ}R_e = I_{BQ}[R_b + (1+\beta)R_e] + U_{BEQ}$$

$$I_{BQ} = \frac{U_{CC} - U_{BEQ}}{R_b + (1+\beta)R_e}$$

$$I_{CQ} = \beta I_{BQ}$$

$$U_{CEQ} = U_{CC} - I_{EQ}R_e \approx U_{CC} - I_{CQ}R_e$$

射极输出器中的电阻 R_e 具有稳定静态工作点的作用。例如，当温度升高时，由于 I_{CQ} 增大，则 I_{EQ} 增大使 R_e 上的压降上升，导致 U_{BEQ} 下降，从而牵制了 I_{CQ} 的进一步上升，最终稳定了静态工作点，故射极输出器电路静态工作点比较稳定。

（三）动态分析

画出微变等效电路如图 2-26 所示。根据微变等效电路上的电压、电流关系可以求出：

（1）电压放大倍数 $\dot{A}_u$。从微变等效电路可看出

$$\dot{U}_o = (1+\beta)\dot{I}_b R'_L$$

式中
$$R'_L = R_e /\!/ R_L$$

$$\dot{U}_i = \dot{I}_b[r_{be} + (1+\beta)R'_L]$$

所以有
$$\dot{A}_u = \frac{\dot{U}_o}{\dot{U}_i} = \frac{(1+\beta)R'_L}{r_{be} + (1+\beta)R'_L} \approx 1, \dot{U}_o \approx \dot{U}_i$$

式中，一般有 $(1+\beta)R'_L \gg r_{be}$，所以射极输出器的电压放大倍数小于且约等于 1。

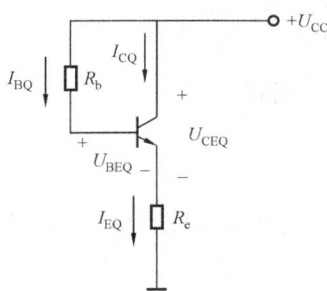

图 2-25 共集电极放大器的直流通路　　图 2-26 共集电极放大器的微变等效电路

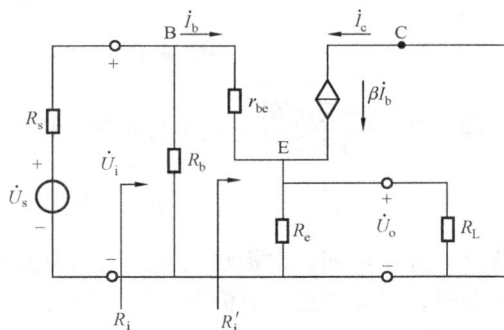

正因为输出电压接近输入电压，两者的相位又相同，故射极输出器又称为射极跟随器，即输出电压跟随输入电压变化。

应当指出，尽管射极输出器没有电压放大能力，但由于 $\dot{A}_i = \frac{\dot{I}_o}{\dot{I}_i} \approx \frac{\dot{I}_e}{\dot{I}_b} = 1+\beta \gg 1$，所以其仍具有电流放大和功率放大作用。

（2）输入电阻。R'_i 为

$$R'_i = \frac{\dot{U}_i}{\dot{I}_b} = r_{be} + (1+\beta)R'_L$$

则输入电阻 R_i 为

$$R_i = R_b /\!/ R'_i = R_b /\!/ [r_{be} + (1+\beta)R'_L]$$

式中，$(1+\beta)R'_L$ 可理解为 R'_L 折算到基极回路的等效电阻，通常 $(1+\beta)R'_L \gg r_{be}$，因此射极

输出器的输入电阻高，可高达几十千欧到几百千欧。

（3）输出电阻。根据求输出电阻的方法，将图 2-26 中的 $\dot{U}_s$ 短路，负载 R_L 开路，在输出端上外加交流电压 $\dot{U}$，可以得到输出电流 $\dot{I}$。于是画出微变等效电路图 2-27（a），变形后如图 2-27（b）所示。

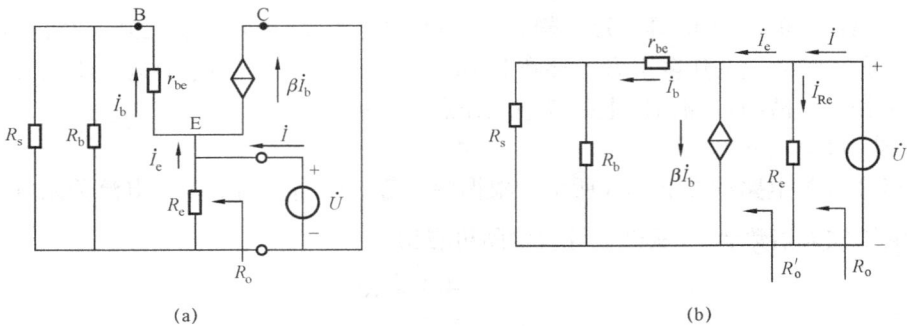

图 2-27　求输出电阻 R_o
（a）微变等效电路；（b）微变等效电路的变形

于是该电路的输出电阻

$$R'_o = \frac{\dot{U}}{\dot{I}_e} = \frac{\dot{I}_b \left[r_{be} + R_s /\!/ R_b \right]}{(1+\beta)\dot{I}_b} = \frac{r_{be} + R_s /\!/ R_b}{1+\beta}$$

$$R_o = R_e /\!/ R'_o = R_e /\!/ \frac{r_{be} + R_s /\!/ R_b}{1+\beta}$$

通常 $R_e \gg \dfrac{r_{be} + R_s /\!/ R_b}{1+\beta}$，若不计信号源内阻（$R_s = 0$），则有

$$R_o = R_e /\!/ \frac{r_{be}}{1+\beta} \approx \frac{r_{be}}{1+\beta}$$

从以上分析可知，射极输出器的输出电阻很小（一般为几欧至几百欧），为了进一步降低输出电阻，可适当选用 β 值较大的三极管。

（四）射极输出器的主要用途

综上所述，共集电极放大电路（射极输出器）的特点是：电压放大倍数小于且约等于 1，输出电压与输入电压同相，输入电阻高，输出电阻低。由于它的特点，该电路获得广泛的应用，常常被用作多级放大电路的输入级、输出级或作为阻抗变换用的缓冲级、中间隔离级，如图 2-28 所示。

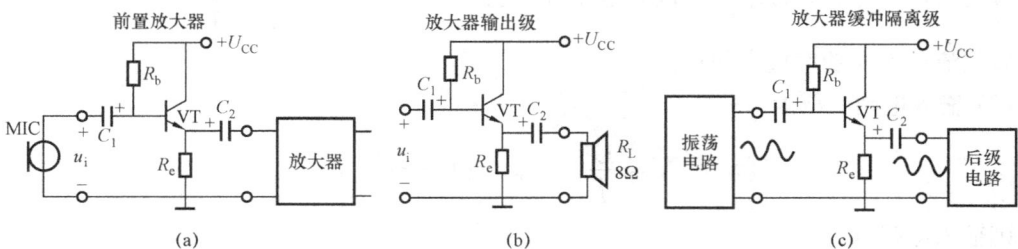

图 2-28　射极输出器的主要用途
（a）用作高输入电阻的输入级；（b）用作低输出电阻的输出级；（c）用作中间隔离级

1. 用作高输入电阻的输入级

在要求输入电阻较高的放大电路中，经常采用射极输出器作为输入级。利用其输入电阻高的特点，使流过信号源的电流减小，从而使信号源内阻上的压降减小，使大部分信号电压能传送到放大电路的输入端。对测量仪器中的放大器来讲，其放大器的输入电阻越高，对被测电路的影响也就越小，测量精度也就越高。

2. 用作低输出电阻的输出级

由于射极输出器输出电阻低，当负载电流变动较大时，其输出电压变化较小，因此带负载能力强。即当放大电路接入负载或负载变化时，对放大电路的影响小，有利于输出电压的稳定。

3. 用作中间隔离级

在多级放大电路中，将射极输出器接在两级共射电路之间，利用其输入电阻高的特点，提高前一级的电压放大倍数；利用其输出电阻低的特点，减小后一级信号源内阻，从而提高了前后两级的电压放大倍数，隔离了两级耦合时的不良影响。这种插在中间的隔离级又称为缓冲级。

＊二、共基极放大器

（一）电路构成

共基极放大电路如图 2-29（a）所示，图中 R_{b1}、R_{b2} 为共基极电路的偏置电阻，C 为旁路电容，交流近似接地，R_c 是集电极负载电阻。R_e 构成信号输入回路电阻。图 2-29（b）为直流通路，图 2-29（c）为交流通路。从它的交流通路图可以看出，输入信号 u_i 加在发射极、基极之间，输出信号 u_o 从集电极、基极之间取出。输入信号 u_i 和输出信号 u_o 的公共端是基极，故该电路称为共基极放大电路。

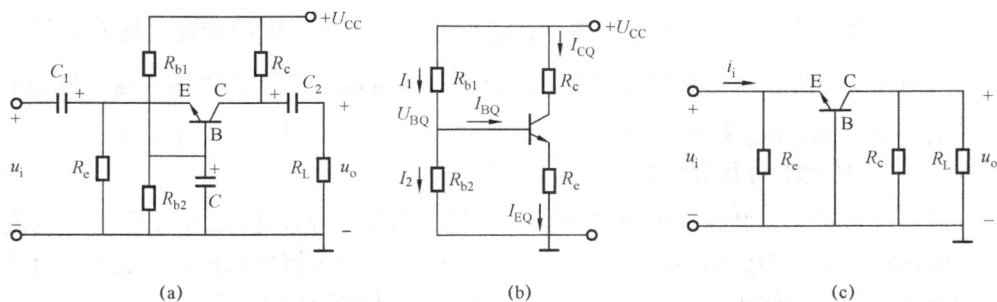

图 2-29　共基极放大电路
(a) 电原理图；(b) 直流通路；(c) 交流通路

（二）静态分析

从其所画出的直流通路来看，与分压式偏置电路的直流通路完全相同，所以静态工作点的分析计算也相同，即

$$U_{BQ} \approx \frac{R_{b2}}{R_{b1} + R_{b2}} U_{CC} \text{（条件是 } I_1 \approx I_2 \gg I_{BQ}\text{）}$$

$$I_{EQ} = \frac{U_{BQ} - U_{BEQ}}{R_e} \approx \frac{U_{BQ}}{R_e} \approx I_{CQ} \text{（条件是 } U_{BQ} \gg U_{BEQ}\text{）}$$

$$I_{BQ} = \frac{I_{EQ}}{1+\beta}$$

$$U_{CEQ} \approx U_{CC} - I_{CQ}(R_c + R_e)$$

（三）动态分析

画出共基极组态基本放大电路的微变等效电路如图 2-30 所示。

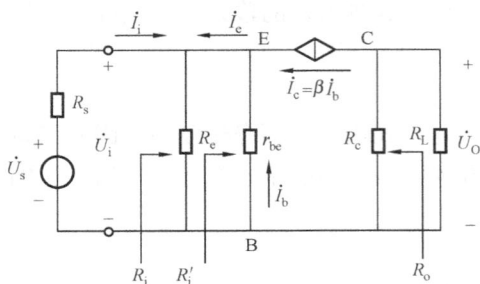

图 2-30　共基极基本放大器的微变等效电路

1. 求电压放大倍数 $\dot{A}_u$

输入回路　　　　$\dot{U}_i = -\dot{I}_b r_{be}$

输出回路

$$\dot{U}_o = -\dot{I}_c R'_L = -\beta\dot{I}_b R'_L, \quad R'_L = R_c // R_L$$

所以　$\dot{A}_u = \dfrac{\dot{U}_o}{\dot{U}_i} = \dfrac{-\beta\dot{I}_b R'_L}{-\dot{I}_b r_{be}} = \dfrac{\beta R'_L}{r_{be}}$

由此式可知，共基极放大器的电压放大倍数与共射极电路的电压放大倍数在表达式上只差一个负号，说明共基极放大器的输入电压与输出电压是同相位的。

2. 求输入电阻 R_i

由　　　　　　$R'_i = \dfrac{\dot{U}_i}{-\dot{I}_e} = \dfrac{-\dot{I}_b r_{be}}{-(1+\beta)\dot{I}_b} = \dfrac{r_{be}}{1+\beta}$

则　　　　$R_i = \dfrac{\dot{U}_i}{\dot{I}_i} = R_e // R'_i = R_e // \dfrac{r_{be}}{1+\beta} \approx \dfrac{r_{be}}{1+\beta}$

共基极放大器与共射极、共集电极两种放大器相比较，其输入电阻是最小的。

3. 求输出电阻 R_o

将输入信号源 $\dot{U}_s$ 短路，负载 R_L 开路，在输出端加入一个固定的交流电压 $\dot{U}$，便有一个相应的输入电流 $\dot{I}$，两者的比值即为放大电路的输出电阻 R_o。对于该电路，这个外加电压 $\dot{U}$ 无法通过受控电流源，故 $\beta\dot{I}_b = 0$。相当于三极管 C、E 间的电阻近似为无穷大。所以，输出电阻为 $R_o \approx R_c$，其大小与共射极基本放大器相同。

通过以上分析可知，共基极电路的特点是：输入电流是 $\dot{I}_e$，输出电流是 $\dot{I}_c$，电流没有放大，但电压放大了，因此功率还是放大了。输出电压与输入信号同相位。输入电阻低，一般是几欧至几十欧，而输出电阻与共射极电路相近，近似等于集电极电阻 R_c。但它的最突出的优点是通频带宽，即信号的频率失真小，共基极放大器适用于在高频情况下使用。

*第六节　场效应管放大电路

对应三极管的共射、共集及共基电路，场效应管放大电路也有共源、共漏和共栅三种基本组态。下面以共源极放大电路为例，介绍场效应管放大电路的工作原理。

一、场效应管放大电路的直流偏置

与双极型三极管放大电路一样，为了不失真地放大变化信号，要建立合适的静态工作点。场效应管是电压控制器件，没有偏置电流，关键是要有合适的栅源偏压 u_{GS}。在实际应用中，常用的偏置电路有自给栅偏压偏置和分压式稳定偏置两种形式。

1. 自给栅偏压偏置

自偏压电路如图 2-31 所示。在图中，场效应管栅极通过栅极电阻 R_g 接地，而 R_g 中又无直流电流通过，所以 $U_G = 0$。由于静态漏极电流 I_{DQ} 通过源极电阻 R_s，故栅源偏压

$$U_{GSQ} = U_G - U_S = 0 - I_{DQ}R_s = -I_{DQ}R_s$$

利用静态漏极电流 I_{DQ} 在源极电阻 R_s 上产生电压降作为栅源偏置电压的方式，称为自给偏压。显然，只要选择合适的源极电阻 R_s 就可获得合适的偏置电压和静态工作点了。

在求解静态工作点时，可通过下列关系式求得工作点上的电流和电压，即

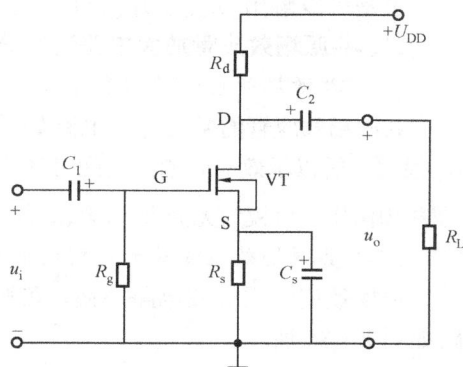

图 2-31 自给栅偏压偏置共源放大器

$$I_{DQ} = I_{DSS}\left(1 - \frac{U_{GSQ}}{U_P}\right)^2$$

$$U_{GSQ} = -I_{DQ}R_s$$

$$U_{DSQ} = U_{DD} - I_{DSQ}(R_d + R_s)$$

需要说明的是，自偏压方式不能用于由增强型 MOS 管组成的放大电路。

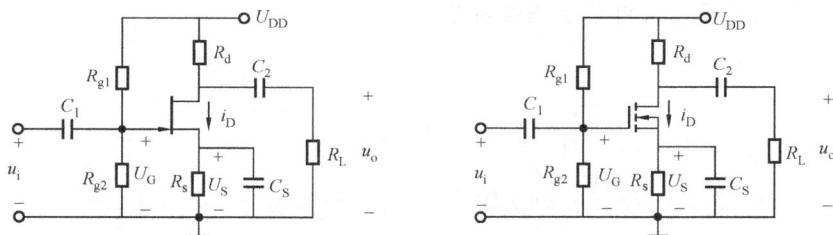

图 2-32 分压式稳定偏置共源放大器

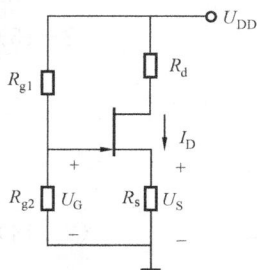

图 2-33 分压式稳定偏置
共源放大器的直流通路

2. 分压式稳定偏置

分压式稳定偏置共源基本放大电路如图 2-32 所示。图中 R_{g1}、R_{g2} 是栅极偏置电阻，R_s 是源极电阻，R_d 是漏极电阻。与共射基本放大电路的 R_{b1}、R_{b2}、R_e 和 R_c 分别一一对应。而且只要结型场效应管栅源 PN 结是反偏工作，无栅流，那么 JFET 和 MOSFET 的直流通路和交流通路是一样的。画出直流通路如图 2-33 所示。

根据图 2-33 可写出下列方程

$$U_G = \frac{R_{g2}}{R_{g2} + R_{g1}}U_{DD} \tag{2-8}$$

$$I_{DQ} = \frac{U_G - U_{GSQ}}{R_s} \tag{2-9}$$

$$I_{DQ} = I_{DSS}\left(1 - \frac{U_{GSQ}}{U_P}\right)^2 \tag{2-10}$$

$$U_{DSQ} = U_{DD} - I_{DSQ}(R_d + R_s) \tag{2-11}$$

于是可以解出 U_{GSQ}、I_{DQ} 和 U_{DSQ}。

二、共源场效应管放大电路动态分析

(一) 共源场效应管的微变等效

共源场效应管的微变等效电路如图 2-34 所示。由于场效应管基本没有栅流，输入电阻 R_{gs} 很大，所以场效应管栅源之间可视为开路。又根据场效应管输出回路的恒流特性，场效应管的输出电阻 r_{ds} 可视为无穷大，因此，输出回路可等效为一个受 $\dot{U}_{gs}$ 控制的电流源，即 $\dot{I}_d = g_m\dot{U}_{gs}$。

(二) 共源场效应管放大电路的微变等效

把场效应管用等效电路替换，可画出图 2-32 分压式稳定偏置共源放大器的微变等效电路如图 2-35 所示。

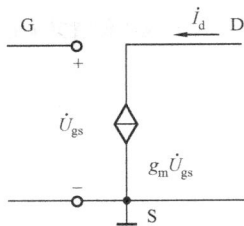

图 2-34　场效应管的微变等效电路　　　　图 2-35　场效应管放大电路的微变等效电路

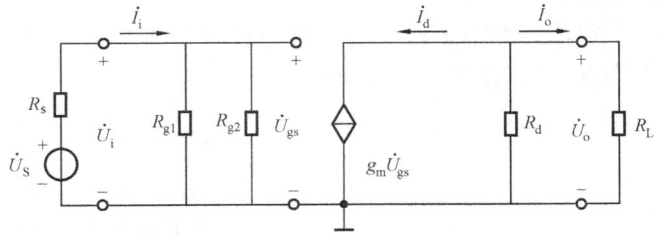

(三) 共源场效应管放大电路动态性能分析

1. 电压放大倍数

输出电压为

$$\dot{U}_o = -g_m\dot{U}_{gs}(R_d /\!/ R_L)$$

$$\dot{A}_u = -\frac{g_m\dot{U}_{gs}(R_d /\!/ R_L)}{\dot{U}_{gs}} = -g_m(R_d /\!/ R_L) = -g_m R'_L \tag{2-12}$$

如果有信号源内阻 R_s 时

$$\dot{A}_u = -g_m R'_L \frac{R_i}{R_i + R_s} \tag{2-13}$$

式中：R_i 是放大电路的输入电阻。

2. 输入电阻

输入电阻 R_i 为

$$R_i = \frac{\dot{U}_i}{\dot{I}_i} = R_{g1} /\!/ R_{g2} \tag{2-14}$$

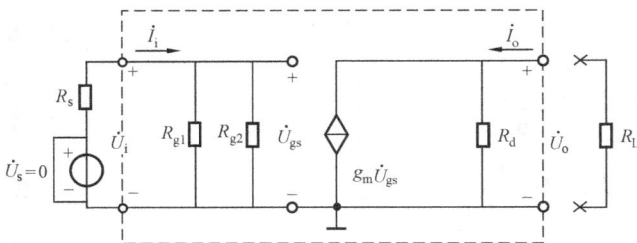

3. 输出电阻

为计算放大电路的输出电阻，可将放大电路的微变等效电路画成图 3-36 的形式。

将负载电阻 R_L 开路，并想象在输出端加上一个电源 $\dot{U}_o$，将输入电压信号源短路，但保留内阻。然后计算 $\dot{I}_o$，于是

图 2-36　计算 R_o 时的微变等效电路

$$R_o = \frac{\dot{U}_o}{\dot{I}_o} \approx R_d$$

【例 2 - 3】 在图 2 - 37 的典型分压式偏置共源电路中，已知场效应管的夹断电压 $U_P = -5V$，饱和漏极电流 $I_{DSS} = 1mA$，跨导 $g_m = 3mS$，求静态工作点、电压放大倍数、输入和输出电阻。

解 （1）静态工作点为

$$U_G = \frac{R_{g2}}{R_{g2} + R_{g1}} U_{DD} = \frac{50}{50 + 150} \times 20 = 5 \text{ (V)}$$

根据式（2 - 9）和式（2 - 10）有

$$I_{DQ} = \frac{5 - U_{GSQ}}{10^4}$$

$$I_{DQ} = 1 \times \left(1 + \frac{U_{GSQ}}{5}\right)^2$$

联立上式方程求出两组解为

1) $U_{GSQ} = -11.4V$，$I_{DQ} = 1.64mA$
2) $U_{GSQ} = -1.1V$，$I_{DQ} = 0.61mA$

当 $U_{GSQ} < -5V$，管子已夹断，故第 1）组解不符合实际应舍去。所以

$$U_{GSQ} = -1.1V, \quad I_{DQ} = 0.61mA$$

$$U_{DSQ} = U_{DD} - I_{DSQ}(R_d + R_s) = 20 - 0.61 \times (10 + 10) = 7.8 \text{ (V)}$$

（2）电压放大倍数为

$$\dot{A}_u = -g_m R'_L = -3 \times \frac{10 \times 10}{10 + 10} = -15$$

（3）输入电阻与输出电阻为

$$R_i = R_{g1} /\!/ R_{g2} = \frac{150 \times 50}{150 + 50} \approx 38 \text{ (k}\Omega)$$

$$R_o \approx R_d = 10k\Omega$$

图 2 - 37 ［例 2 - 3］图

小 结（二）

（1）放大电路的作用是不失真地放大微弱的电信号，通常由有源器件、直流电源和相应的偏置电路、信号源、负载、耦合电路和公共地构成。

（2）放大电路的主要性能指标有放大倍数（衡量放大能力）、输入电阻（反映放大电路对信号源影响程度）、输出电阻（反映放大电路带负载能力）、通频带（反映放大电路对信号频率的适应能力）等。

（3）放大电路的分析包括静态分析和动态分析。静态分析的分析方法有近似估算法和图解法两种；动态分析也有图解法和微变等效电路法，两种方法各有优缺点，适用场合也不同，小信号放大电路常用微变等效电路法。

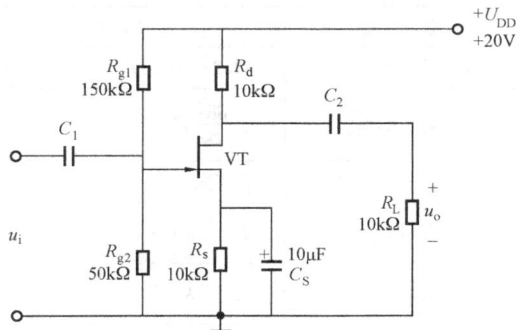

（4）三极管放大电路有共射、共集和共基三种组态，其三种组态电路的特点列于表 2-2。

表 2-2　　　　　　　　　　　　　三极管放大电路三种组态比较

组　态	共射电路	共集电路	共基电路
电路举例	图 2-10（a）	图 2-24（a）	图 2-29（a）
电压放大倍数 $\dot{A}_u$	$-\dfrac{\beta R'_L}{r_{be}}$ 较大	$\dfrac{(1+\beta)R'_L}{r_{be}+(1+R)R'_L}$ 略小于 1	$\dfrac{\beta R'_L}{r_{be}}$ 较大
电流放大倍数 $\dot{A}_i$	β 较大	$1+\beta \gg 1$ 较大	略小于 1
输入电阻 R_i	$R_b /\!/ r_{be}$ 适中	$R_b /\!/ [r_{be}+(1+\beta)R'_L]$ 很大	$R_e /\!/ \dfrac{r_{be}}{1+\beta}$ 很小
输出电阻 R_o	R_c 较大	$R_e /\!/ \dfrac{r_{be}+R_s /\!/ R_b}{1+\beta}$ 很小	R_c 较大
通频带 B_W	较窄	较宽	很宽
相位关系	u_o 与 u_i 反相	u_o 与 u_i 同相	u_o 与 u_i 同相
用途	（放大交流信号）可作多级放大器的中间级	（缓冲、隔离）可作多级放大器的输入级、输出级和中间缓冲级	（提升高频特性）可用作宽带放大器

（5）当静态工作点设置不当时，输出波形将出现非线性失真，即饱和失真和截止失真。为了获得幅度大而不失真的交流输出信号，放大器的静态工作点应选在交流负载线的中点，如果静态工作点不能改变，则只能减小输入信号电流 u_i 的幅值以满足最大不失真输出，必然使最大不失真输出电压减小。

（6）由于三极管参数、温度及电源电压的变化会使电路静态工作点漂移，因此在实际放大电路中必须采取措施稳定静态工作点。比较常用的稳定静态工作点的偏置电路有分压式稳定偏置电路、集电极—基极偏置电路。

（7）场效应管放大电路具有输入阻抗高、噪声低、热稳定性能好等优点，常用于放大器的输入级。场效应管的放大电路与三极管放大电路结构相似，场效应管的直流偏置电路分自给偏压和分压式稳定偏置两种。场效应管放大电路也有共源、共漏和共栅三种组态。分析三极管放大电路所用的方法基本上适用于场效应管放大电路。在应用方面，凡是三极管可以使用的场合，原则上也可以使用场效应管。场效应管的突出优点是输入电阻极高，不足之处是单级增益较低。

知 识 能 力 检 验（二）

一、填空题

1. 共发射极基本放大电路由电源电压 U_{CC}、＿＿＿＿＿＿、＿＿＿＿＿＿、＿＿＿＿＿＿和＿＿＿＿＿＿组成。

2. 共发射极基本放大电路中，输入电压 u_i 与输出电流 i_o 相位＿＿＿＿＿＿，与输出电压 u_o 相位＿＿＿＿＿＿。

3. 交、直流两种通路中，求静态工作点主要根据＿＿＿＿＿＿通路，动态分析主要根据＿＿＿＿＿＿通路。

4. 对直流通路而言，放大器中的电容可视为＿＿＿＿＿＿；对于交流通路而言，容抗小的电容器可视作＿＿＿＿＿＿，内阻小的电源可视作＿＿＿＿＿＿。

5. 交、直流两种负载线中，观察 Q 点设置是否恰当应根据＿＿＿＿负载线，观察波形是否失真应根据＿＿＿＿负载线。

6. 某放大器不带负载时，测得其输出端开路电压 1.5 V，而带上负载电阻 5.1kΩ 时，测得输出电压 1V，则该放大器的输出电阻 R_o＿＿＿＿＿。

7. 放大器的非线性失真有：①＿＿＿＿＿②＿＿＿＿＿③＿＿＿＿＿三种。

8. 有一固定偏置共发射极放大器，若 R_b 减小则静态工作点 Q 往＿＿＿＿＿移，可能出现＿＿＿＿＿失真，若 R_b 不变 R_c 增大，则可能出现＿＿＿＿＿失真。

9. 射极输出器 A_u＿＿＿＿，输入阻抗较＿＿＿＿，输出阻抗较＿＿＿＿。

二、选择题

1. 在三极管组成的单管放大电路中，若输入信号（非地端）接至基极，输出信号（非地端）取自集电极，则该放大电路为＿＿＿＿。

　　(A) 共射组态　　　(B) 共基组态　　　(C) 共集组态

2. 放大电路的输出电阻 R_o 是反映其带负载能力的一项指标。输出电阻越小，则当负载变动时，放大电路输出电压的变动＿＿＿＿。

　　(A) 越大　　　　(B) 也越小　　　　(C) 为零（即不变）

3. 分析图 2 - 38 所示的电路，设电容 C_1、C_2 对交流信号的影响可以忽略不计。

(1) 在 $u_i＝0$ 时，用直流电压表分别测量管压降 U_{CE} 和输出电压 U_o，设晶体管工作在线性放大区，则测出的两个数值应该＿＿＿＿。

　　(A) 相等　　　　(B) 不等　　　　(C) 近似相等

(2) 用示波器观察交流输出波形 u_o 和集电极电压波形 u_c，则二者应该＿＿＿＿。

　　(A) 相同　　　　(B) 不同　　　　(C) 反相

(3) 输入 $f＝1kHz$ 的正弦电压信号后，用示波器观察 u_o 和 u_i，二者的波形应该＿＿＿＿。

　　(A) 同相　　(B) 相差 45°　　(C) 相差 90°　　(D) 相差 180°

4. 放大器电压放大倍数 $A_u＝-40$，其中负号代表＿＿＿＿。

　　(A) 放大倍数小于 0　　　　　　(B) 衰减

　　(C) 同相放大　　　　　　　　(D) 反相放大

5. 一个由 NPN 硅管组成的共发射极基本放大电路，若输入电压 u_i 的波形为正弦波，而用示波器观察到输出电压的波形如图 2 - 39 所示，那是因为＿＿＿＿造成的。

　　(A) Q 点偏高出现的饱和失真　　　(B) Q 点偏低出现的截止失真

　　(C) Q 点合适，u_i 过大　　　　　(D) Q 点偏高出现的截止失真

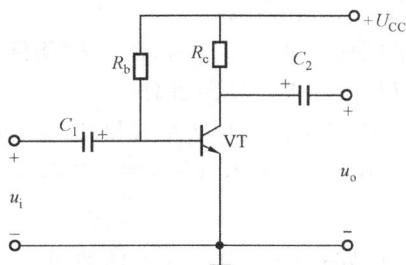

图 2 - 38　选择题 3 图　　　　　　　图 2 - 39　选择题 5 图

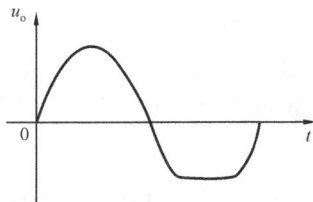

6. 在场效应管组成的单管放大电路中，若输入信号（非地端）接至栅极，输出信号（非地端）取自源极，则该放大电路为_____。

（A）共栅组态　　　（B）共源组态　　　（C）共漏组态

7. 分压式共源放大电路中的栅极电阻一般取得很大，其主要目的是_____。

（A）设置合适的静态工作点　　　　　　（B）提高电路的输入电阻

（C）提高电路的电压放大倍数　　　　　（D）提高电路的输出电阻

8. 有两个放大倍数相同、输入和输出电阻不同的放大电路 A 和 B，对同一个具有内阻的信号源电压进行放大，在负载开路的条件下测得 A 的输出电压小，这说明 A 的_____。

（A）输入电阻大　　　　　　　　　　（B）输入电阻小

（C）输出电阻大　　　　　　　　　　（D）输出电阻小

9. 某放大电路在负载开路时的输出电压为 4V，接入 3kΩ 的负载电阻后输出电压降为 3V，这说明放大电路的输出电阻为_____。

（A）10kΩ　　　　（B）3kΩ　　　　（C）1kΩ　　　　（D）0.5kΩ

三、判断题

1. 放大器通常用 i_B、i_C、u_{CE} 表示静态工作点。　　　　　　　　　　（　　）

2. 共射极基本放大电路输出电压的相位与输入电流的相位相反。　　　　　（　　）

3. 三极管的输入电阻 r_{be} 是一个动态电阻，故它与静态工作点无关。　　（　　）

4. 在基本共射放大电路中，为得到较高的输入电阻，在 R_b 固定不变的条件下，三极管的电流放大系数 β 应该尽可能大些。　　　　　　　　　　　　　　　　　　　　　（　　）

5. 在基本共射放大电路中，若三极管的 β 增大一倍，则电压放大倍数也相应地增大一倍。
　　　　　　　　　　　　　　　　　　　　　　　　　　　　　　　　　　　（　　）

6. 三极管的输入电阻 $r_{be} = U_{BE}/I_B$。　　　　　　　　　　　　　　　（　　）

7. 交流负载线是放大器动态工作时工作点移动的轨迹。　　　　　　　　　（　　）

8. 三极管放大器输出电压在相位上总是与输入电压反相。　　　　　　　　（　　）

9. 一个放大器的输出电阻 R_o 小，意味着该放大器带负载能力差。　　　（　　）

10. 分压式稳定偏置电路的电压放大倍数也随 β 的增大而成正比地增大。（　　）

11. 共集放大电路的电压放大倍数总是小于 1，故不能用来实现功率放大。（　　）

12. 具有内阻的电压源，当外电路电流增加时，电源端电压也增加。　　　（　　）

四、分析与计算题

1. 指出图 2-40 所示各电路有无错误？能否起电压放大作用？若有错误应如何改正？

2. 图 2-41（a）所示电路中，三极管的输出特性曲线如图 2-41（b）所示，试用图解法确定放大器的静点工作点 Q，标出静态参数 I_{BQ}、I_{CQ} 和 U_{CEQ} 值。

3. 求下列三种条件下，图 2-42 所示电路的静态工作点，并指出哪种条件的静态工作点是合适的，哪种是不合适的，为什么？（已知 $U_{CC} = 12V$，$R_c = 2k\Omega$）

（1）$R_b = 400k\Omega$，$\beta = 100$；（2）$R_b = 300k\Omega$，$\beta = 150$；（3）$R_b = 12M\Omega$，$\beta = 50$。

4. 某电路如图 2-43 所示，已知 $\beta = 50$，$r_{be} = 1.4k\Omega$，$U_{BEQ} = 0.7V$，$U_{CES} = 0.3V$，$I_{CEO} = 0$。

求：（1）静态工作点 Q；（2）画出微变等效电路；（3）电压放大倍数 $\dot{A}_u$；（4）输入电阻 R_i；（5）输出电阻 R_o；（6）源电压放大倍数 $\dot{A}_{us}$；（7）最大不失真输出电压幅值 U_{om}。

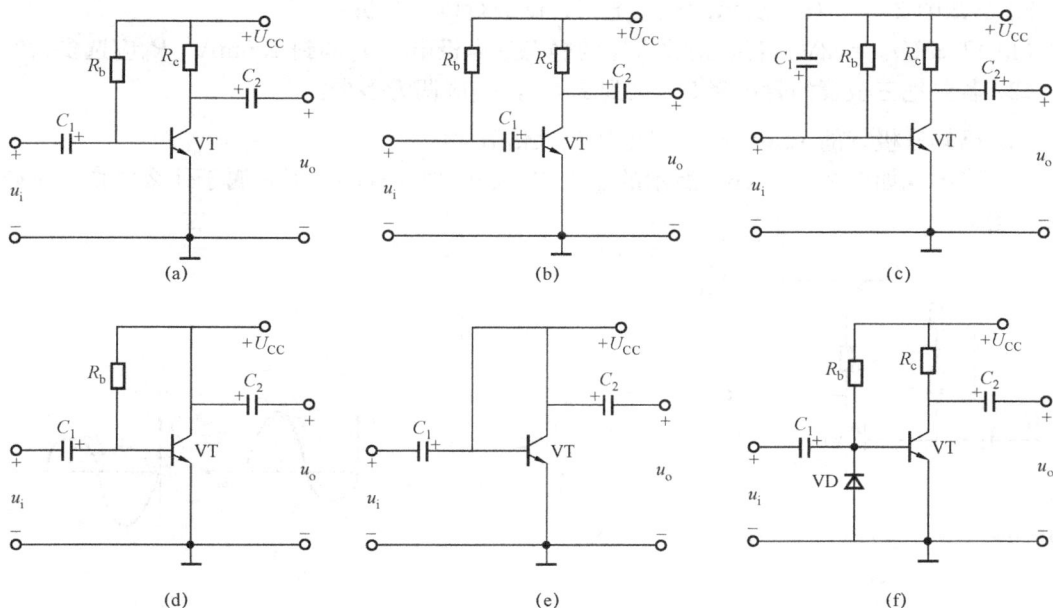

图 2-40 分析与计算题 1 图

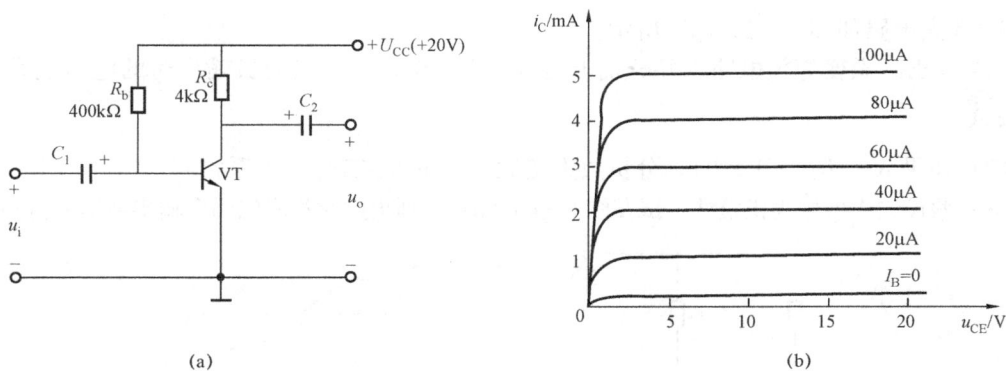

图 2-41 分析与计算题 2 图
(a) 电路；(b) 输出特性

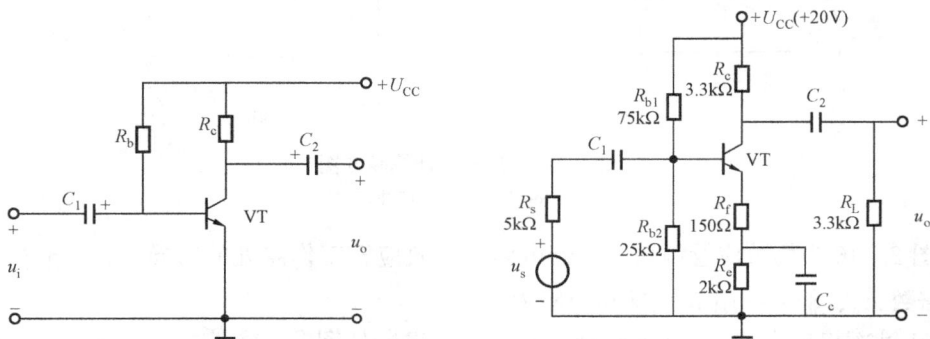

图 2-42 分析与计算题 3 图

图 2-43 分析与计算题 4 图

5. 已知图 2 - 44（a）所示的放大电路，试进行以下分析：

（1）已知 $U_{CC}=12V$，若要把放大器的静态集电极电流 I_C 调到 $1.6mA$，R_b 应选多大？

（2）若要把三极管的管压降 U_{CE} 调到 $2.4V$，R_b 应调为多少？

（3）已知三极管的 $r_{be}=1k\Omega$，求电压放大倍数 $\dot{A}_u$。

（4）当出现如图 2 - 44（b）所示的输入波形和两种失真的波形，属于什么失真？应如何克服失真？

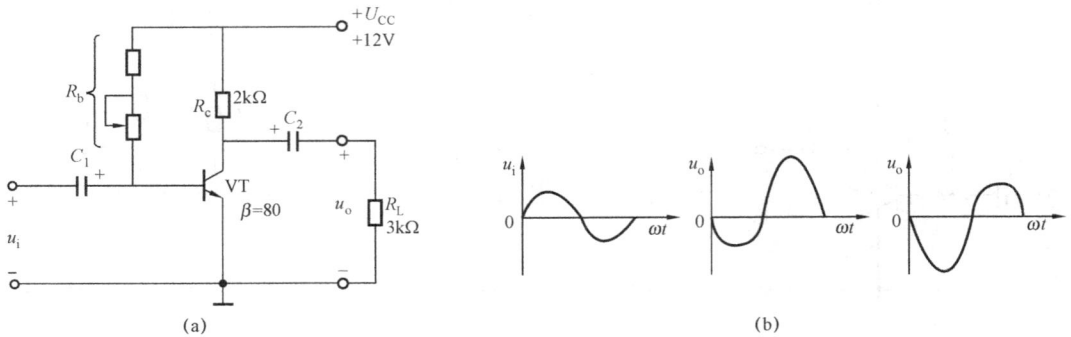

图 2 - 44　分析与计算题 5 图
(a) 电路；(b) 电压波形

6. 放大电路如图 2 - 45（a）所示。

（1）画出的微变等效电路，并分别求出从集电极输出和从发射极输出时的电压放大倍数 $\dot{A}_{u1}$ 和 $\dot{A}_{u2}$。

（2）如果 $R_c=R_e$，且 $\beta\gg1$，分析放大倍数 $\dot{A}_{u1}$ 和 $\dot{A}_{u2}$ 有什么关系？

（3）假设输入信号为正弦波，试在图 2 - 45（b）上画出此时相应的两个输出波形 u_{o1} 和 u_{o2}。

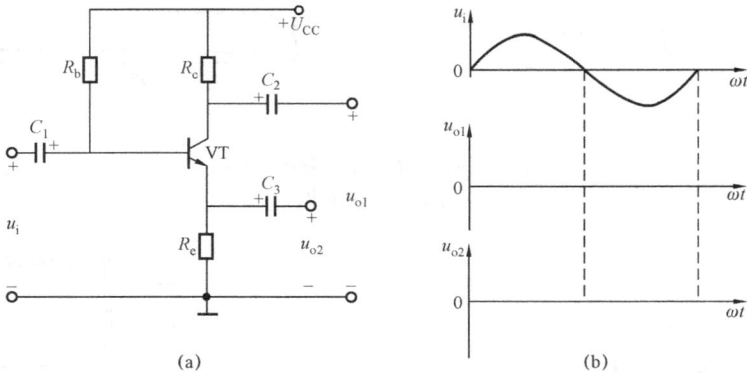

图 2 - 45　分析与计算题 6 图
(a) 电路；(b) 电压波形

7. 图 2 - 46 为场效应管源极输出器电路。场效应管工作点处的跨导 $g_m=1mS$，试求电压放大倍数 $\dot{A}_u$、输入电阻 R_i 及输出电阻 R_o。

8. 由 N 沟道增强型 MOS 管组成的共源放大电路如图 2 - 47 所示。已知 $g_m=2mS$，试画出微变等效电路，并求出 $\dot{A}_u$、R_i 和 R_o。

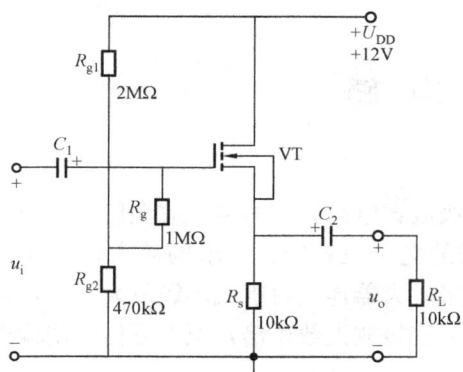

图 2-46 分析与计算题 7 图

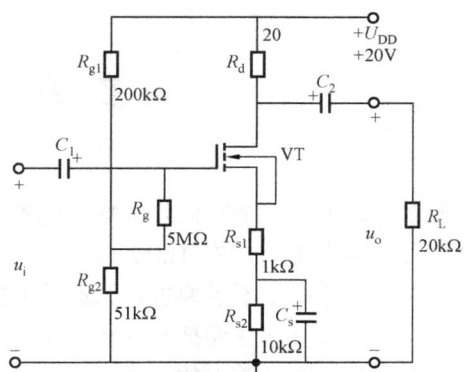

图 2-47 分析与计算题 8 图

第三章

多 级 放 大 电 路

前面讨论了由一个三极管或场效应管组成的单级放大电路，它的电压放大倍数一般为几十倍左右，输出功率常在 1mW 以下。在实际应用的电子设备中，要求的放大倍数往往很大，单级放大器满足不了要求，为此需要把若干单级放大器连接后组成多级放大电路，对微弱信号连续放大，往往要把毫伏级甚至微伏级的微弱信号放大数千倍乃至上万倍，使输出具有一定电压幅值和足够大的功率，推动负载工作。

第一节　多级放大电路的结构及其分析方法

一、多级放大器的电路结构

多级放大电路的一般结构如图 3-1 所示。

根据每级所处的位置和作用的不同，多级放大电路大致可分为输入级、中间级和输出级三部分。信号源由输入级将信号送入放大电路，经放大后输出级得到一定的信号功率去推动负载。

| 信号源 | → | 输入级 | → | 中间级 | → | 输出级 | → | 负载 |

图 3-1　多级放大器的电路结构

输入级是多级放大电路的第一级，有时也称为前置级。这级一般要求有较高的输入阻抗，使它与信号源相接时，索取电流很小，所以常采用高输入阻抗的放大电路，如射极输出器、场效应管放大电路等。

放大电路的中间级，一般承担着主要的电压放大的任务，故称之为电压放大级，常采用共射电路。输入级和中间级都是将输入的微弱信号加以放大，以获得一定的电流、电压放大倍数，它们所放大的信号幅度比较小，因此，又称为小信号放大器。

输出级是放大电路的最后一级，直接与负载相连，通常由推动级（也称末前级）和功率放大级组成，所放大的信号幅度很大，常称为功率放大器。例如扩音机输出推动喇叭，就需要一定的功率，功率小了声音弱，甚至不响。功率放大器在本章的第四节有专门的讨论。

二、多级放大器的耦合方式

在多级放大电路中存在一个级与级之间如何连接问题。实际上，单级放大器也存在着与信号源及负载的连接问题。在多级放大器中各级之间、放大电路与信号源之间、放大电路与负载之间的连接方式称耦合方式。

（一）对级间耦合电路的要求

放大电路前后级一旦连接起来，相互间就会有影响，因为前级的输出就是后级的信号源，而后级的输入阻抗又是前级的负载，因此要合理解决级与级之间的耦合，按不同的需要选择合适的级间耦合电路。

对级间耦合电路的要求：一是耦合电路必须保证信号通畅地、不失真地传输到下一级，尽量减少损失；二是保证各级有合适的静态工作点。

（二）常用的耦合方式

多级放大电路的耦合方式通常有阻容耦合、变压器耦合、直接耦合和光电耦合四种。

1. 阻容耦合多级放大器

多级放大电路级与级之间，通过电阻和电容连接起来传送信号，如图 3-2 所示为两个单级共射电路，是通过耦合电容 C_2 和电阻 R_{c1} 把第一级输出信号传送到第二级输入端的。这种利用电阻和电容将前后级连接起来的耦合方式称阻容耦合。

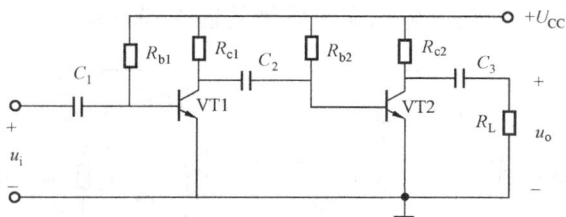

图 3-2　阻容耦合放大器

阻容耦合方式的特点是各级静态工作点彼此独立，互不影响。这给放大电路的各级工作点调整带来很大方便。但由于电容的隔直作用，使它不适于放大缓慢变化的信号，特别不能用于直流信号的放大。在集成电路中由于制造大电容很困难，不宜采用这种耦合方式。不过，这种耦合方式在分立元件交流放大电路中却获得了广泛应用。

2. 变压器耦合多级放大器

变压器耦合多级放大器如图 3-3 所示，级与级之间利用变压器传递交流信号。由于耦合变压器也起到了"隔直通交"的作用，所以各级的静态工作点也彼此独立，互不影响。这种耦合方式的特点是可以进行阻抗变换，使级间达到阻抗匹配，放大电路可以得到较大的功率输出。变压器耦合的不足是：体积大、成本较高，另外频率特性也不够好。在功率输出电路中其已逐步被无变压器的输出电路所代替。

但在高频放大，特别是选频放大电路中，变压器耦合仍具有特殊的地位，耦合的频率不同，变压器的结构有所不同。例如，收音机利用接收天线和耦合线圈得到接收信号，中频放大器中用中频变压器（简称中周）耦合中频信号，达到选频放大的目的。

在功率放大器中，为了得到最大的功率输出，要求放大器的输出阻抗等于最佳负载阻抗，即所谓阻抗匹配。变压器实现阻抗变换的作用如图 3-4 所示。图中 N_1 为一次侧的匝数，N_2 为二次侧的匝数，$k = \dfrac{N_1}{N_2}$ 称为匝数比。

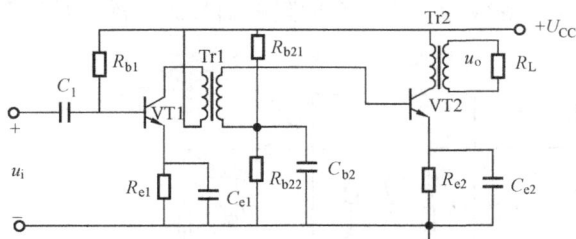

图 3-3　变压器耦合放大器

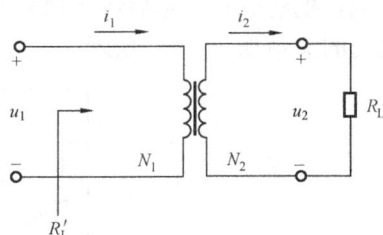

图 3-4　变压器的阻抗变换作用

则有

$$\frac{N_1}{N_2} = \frac{u_1}{u_2} = \frac{i_2}{i_1} = k$$

当认为变压器理想时，其二次侧所接的负载电阻 R_L 从一次侧看进去可等效为

$$R'_L = \frac{u_1}{i_1} = \frac{ku_2}{\dfrac{i_2}{k}} = k^2 \frac{u_2}{i_2} = k^2 R_L$$

由上式可知，只要改变匝数比，即可将负载变成所需的数值，达到阻抗匹配的目的。

3. 直接耦合多级放大器

前级的输出端与后级的输入端直接连在一起的方式称直接耦合，组成的放大器称直流

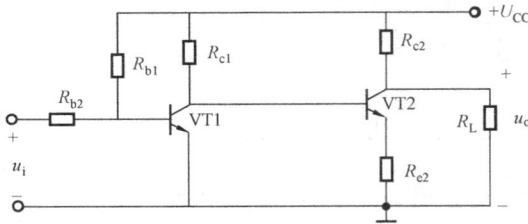

图 3-5　直接耦合放大器

放大器。如图 3-5 所示，直接耦合式放大电路有很多优点，它既可以放大和传递交流信号，也可以放大和传递变化缓慢的信号或者是直流信号，且便于集成。实际的集成运算放大器内部就是一个高增益的直接耦合多级放大电路。显然，直流放大器解决了阻容耦合放大器和变压器耦合放大器低频响应差的问题。

但是，直接耦合多级放大器也会带来一些特殊问题，例如静态工作点相互牵制，互相影响，不易设置且不易稳定，解决这些问题的方法请参阅第四章的内容。

4. 光电耦合多级放大器

级与级之间通过光电耦合器件连接的方式，称为光电耦合。图 3-6 所示放大器，前级的输出信号通过发光二极管转换为光信号，该光信号照射在光电三极管上，还原为电信号输送至后级输入端。光电耦合既可传输交流信号又可传输直流信号，输入输出之间绝缘电阻隔离，具有变压器和继电器的功能，也可作为开关器件使用。光电耦合器的体积

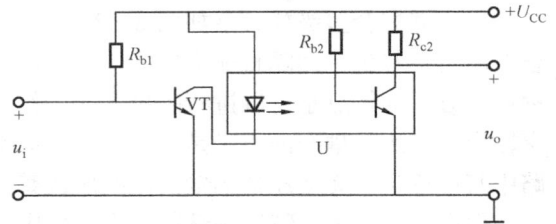

图 3-6　光电耦合放大器

小、重量轻、使用寿命长、开关速度比继电器快，且无触点、耗能少。与变压器比，工作频率范围宽、耦合电容小，故应用日益广泛。

三、多级放大器的动态分析

在分析多级放大器时，必须考虑到级间相互影响。此时可以把后级的输入电阻看成前级的负载，把前级看成是后级的信号源，即前级等效为一个具有内阻的信号源，前、后级和负载之间的关系如图 3-7 所示。

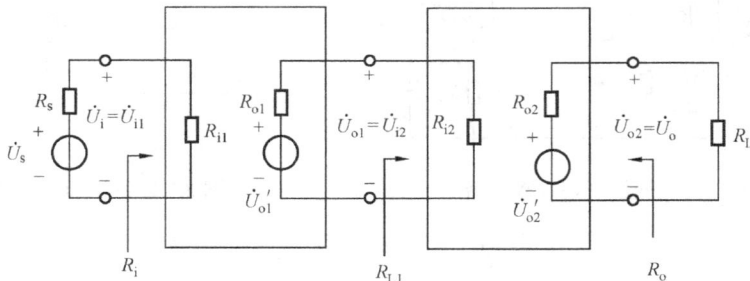

图 3-7　多级放大器的等效结构

从图中可以看出：

(1) $\dot{U}_i = \dot{U}_{i1}$，$\dot{U}_{o1} = \dot{U}_{i2}$，$\dot{U}_{o2} = \dot{U}_o$。

（2）$R_i = R_{i1}$，$R_{L1} = R_{i2}$，$R_o = R_{o2}$

（3）两级总电压放大倍数为

$$\dot{A}_u = \frac{\dot{U}_o}{\dot{U}_i} = \frac{\dot{U}_{o1}}{\dot{U}_i} \cdot \frac{\dot{U}_o}{\dot{U}_{o1}} = \frac{\dot{U}_{o1}}{\dot{U}_{i1}} \cdot \frac{\dot{U}_{o2}}{\dot{U}_{i2}} = \dot{A}_{u1}\dot{A}_{u2}$$

上式表明两级的电压放大倍数 $\dot{A}_u$ 等于各级电压放大倍数的乘积，由此可以推出 n 级放大电路的电压放大倍数为

$$\dot{A}_u = \dot{A}_{u1}\dot{A}_{u2}\dot{A}_{u3}\cdots\dot{A}_{un}$$

如果用分贝表示，则总电压增益等于各单级电压增益之和，即

$$A_u(\text{dB}) = A_{u1}(\text{dB}) + A_{u2}(\text{dB}) + A_{u3}(\text{dB}) + \cdots + A_{un}(\text{dB})$$

这样，在求总电压放大倍数时，可以先分别求出单级电压放大倍数，再把结果相乘。但必须注意，每级电压放大倍数都是带负载后的电压放大倍数，而不能作为开路来处理，即考虑了后级对它的影响。

四、常用的几种多级放大器

1. 共射—共射电路

图 3-9 为图 3-8 两级阻容耦合放大器的交流通路及微变等效电路。由图 3-9（b）可求出

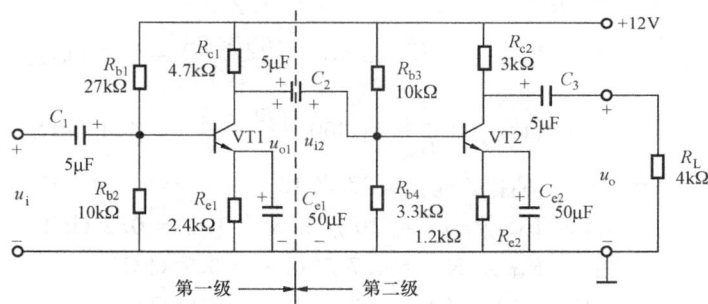

图 3-8 共射—共射放大电路

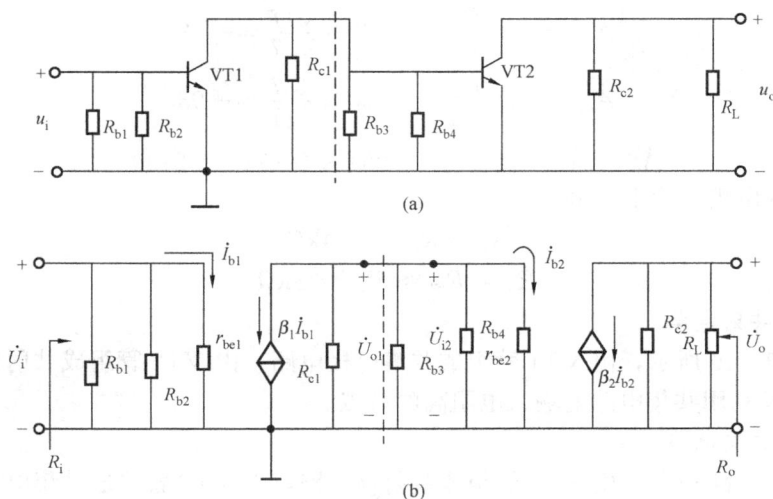

(a)

(b)

图 3-9 共射—共射放大电路的等效电路
（a）交流通路；（b）微变等效电路

$$\dot{A}_{u1} = -\beta_1 \frac{R'_{L1}}{r_{be1}}$$

其中

$$R'_{L1} = R_{c1} /\!/ R_{i2} = R_{c1} /\!/ (R_{b3} /\!/ R_{b4} /\!/ r_{be2})$$

$$\dot{A}_{u2} = -\beta_2 \frac{R'_{L2}}{r_{be2}} = -\beta_2 \frac{R_{c2} /\!/ R_L}{r_{be2}}$$

则

$$\dot{A}_u = \dot{A}_{u1}\dot{A}_{u2} = \left(-\beta_1 \frac{R'_{L1}}{r_{be1}}\right)\left(-\beta_2 \frac{R_{c2} /\!/ R_L}{r_{be2}}\right)$$

$$R_i = R_{i1} = R_{b1} /\!/ R_{b2} /\!/ r_{be1}$$

$$R_o = R_{o2} \approx R_{c2}$$

【例 3-1】 试计算图 3-8 所示放大器的电压放大倍数、输入电阻和输出电阻。已知 $\beta_1 = \beta_2 = 60$，VT1、VT2 为硅管。

解 （1）求有关参数

$$I_{EQ1} = \frac{\dfrac{R_{b2}}{R_{b1}+R_{b2}}U_{CC} - U_{BEQ1}}{R_{e1}} = \frac{\dfrac{10}{27+10} \times 12 - 0.7}{2.4} = 1.1\,(\text{mA})$$

$$I_{EQ1} = \frac{\dfrac{R_{b4}}{R_{b3}+R_{b4}}U_{CC} - U_{BEQ2}}{R_{e2}} = \frac{\dfrac{3.3}{10+3.3} \times 12 - 0.7}{1.2} = 1.9\,(\text{mA})$$

$$r_{be1} = 300 + (1+\beta_1)\frac{26}{I_{EQ1}} = 300 + \frac{60 \times 26}{1.1} = 1.7\,(\text{k}\Omega)$$

$$r_{be2} = 300 + (1+\beta_2)\frac{26}{I_{EQ2}} = 300 + \frac{60 \times 26}{1.9} = 1.1\,(\text{k}\Omega)$$

$$R_{i1} = R_{b1} /\!/ R_{b2} /\!/ r_{be1} = 27 /\!/ 10 /\!/ 1.7 = 1.4\,(\text{k}\Omega)$$

$$R_{i2} = R_{b3} /\!/ R_{b4} /\!/ r_{be2} = 10 /\!/ 3.3 /\!/ 1.1 = 0.8\,(\text{k}\Omega)$$

$$R'_{L1} = R_{c1} /\!/ R_{i2} = 4.7 /\!/ 0.8 = 0.7\,(\text{k}\Omega)$$

$$R'_{L2} = R_{c2} /\!/ R_L = 3 /\!/ 4 = 1.7\,(\text{k}\Omega)$$

（2）求电压放大倍数

$$\dot{A}_{u1} = -\beta_1 \frac{R'_{L1}}{r_{be1}} = -60 \times \frac{0.7}{1.7} = -23$$

$$\dot{A}_{u2} = -\beta_2 \frac{R'_{L2}}{r_{be2}} = -60 \times \frac{1.7}{1.1} = -93$$

$$\dot{A}_u = \dot{A}_{u1} \times \dot{A}_{u2} = (-23) \times (-93) = 2139$$

（3）求输入电阻和输出电阻

$$R_i = R_{i1} = 1.4\text{k}\Omega$$

$$R_o = R_{o2} \approx R_{c2} = 3\text{k}\Omega$$

2. 共集—共射电路

电路如图 3-10 所示，由 VT1 管组成共集电极电路，由 VT2 管组成共射极电路。这种电路组合主要是利用共集电路的输入电阻高的特点。

3. 共射—共集电路

电路如图 3-11 所示，由 VT1 管组成共射极电路，由 VT2 管组成共集电极电路，可以看出电路采用直接耦合，VT2 用 PNP 管可以实现电平移位。这种电路组合主要是利用共集电路的输出电阻低、带负载能力强的优点。

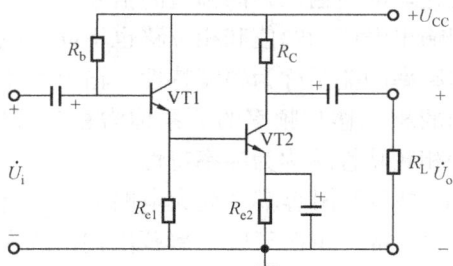

图 3-10　共集—共射放大电路

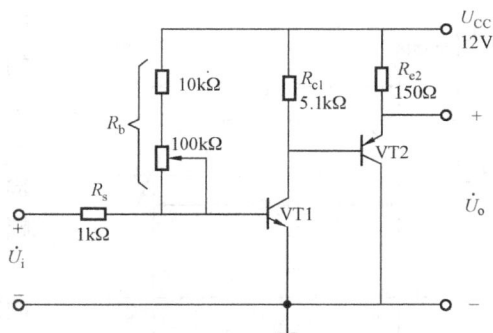

图 3-11　共射—共集放大电路

4. 共射—共基电路

共射—共基电路如图 3-12（a）所示，由 VT1 管构成共射极电路，由 VT2 管构成共基极电路。调整 R_{b1} 和 R_{b3} 使两管都工作在放大区。该单元电路的特点是：电压放大倍数高，通频带较宽。其交流通路如图 3-12（b）所示。

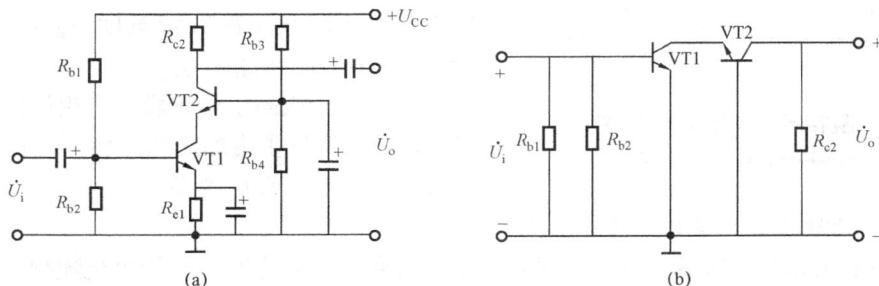

(a)　　　　　　　　　　　(b)

图 3-12　共射—共基放大电路
(a) 电原理图；(b) 交流通路

第二节　放大电路的频率特性

前面分析的放大电路，都认为输入信号是单一频率的正弦波，实际上，在工程应用中所遇到的信号往往不是单一频率的，如无线电广播中的语言和音乐信号频率范围是 20Hz～20kHz，电视中的图像信号频率范围是 0～6MHz，数字系统中的脉冲信号等都含有丰富的频率成分，在实际放大过程中输出端不可能完全无误地重现输入信号的波形。放大电路对信号源的各种频率成分不能等同放大而造成的失真称为频率失真，又称为线性失真。本节讨论频率对放大性能的影响。

一、频率特性

高质量的音响在播放音乐时，不论高音、低音都比较逼真地再现原音乐的效果，说明音响内部放大器对音乐所包含的各种频率信号都按线性比例放大。但劣质的音响播放音乐时，明显地出现高音及低音部分不丰富，效果不佳。说明放大器对音乐中的高、低频率信号未能等同放大。要弄清以上现象，首先要了解放大器的频率特性。

1. 单级阻容耦合放大器的频率特性

在阻容耦合放大电路中存在耦合电容、发射极旁路电容、输出负载电容、线间分布电容

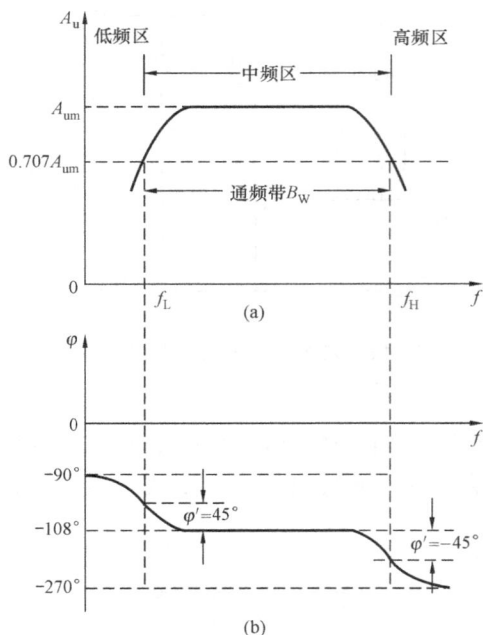

图 3-13　阻容耦合放大器的频率特性
（a）幅频特性；（b）相频特性

以及三极管的极间电容等，这些电容的容抗随频率的变化而变化，即使输入相同幅值的信号，由于频率不同，则输出电压的幅值和相位移也不同。电压放大倍数与频率的关系称为幅频特性；输出电压与输入电压间的相位移与频率的关系称为相频特性，幅频特性和相频特性统称为频率特性。

图 3-13 是单级阻容耦合放大电路的频率特性曲线。当放大电路工作在某段频率范围内，放大倍数几乎与频率无关，这一段频率范围称为中频段（它与无线电中的高中低频的含义不同）。频率低于或高于中频段时，它们的放大倍数都迅速减小。工程上把放大倍数下降到中频段放大倍数的 $\dfrac{1}{\sqrt{2}}$（0.707）倍时的频率，称为下限频率 f_L 和上限频率 f_H。从下限频率到上限频率的频带宽度 B_W 称为通频带。显然，通频带 $B_W = f_H - f_L$。

当频率低于或高于中频段时，相位移也不再是 $-180°$，而是产生了附加的相位移 φ'。频率越低超前越多，频率越高滞后越多。

2. 高、低频段放大倍数下降的主要原因

低频段放大倍数下降的主要原因是：耦合电容和发射极旁路电容的容抗随频率降低而增大，输入信号在耦合电容上的电压降增大，送到三极管基极和发射极之间的电压就降低，因此输出电压下降。同样，输出耦合电容也要产生电压降，使放大倍数下降。另外，频率越低，发射极旁路电容容抗增大，交流旁路的作用减小，射极电阻 R_e 对交流信号变化的限制作用增强，放大倍数也下降。

高频段放大倍数下降的主要原因是：三极管的 β 值随频率升高而减小，三极管 β 与信号频率的关系如图 3-14 所示。当频率升高到特征频率 f_T 时，管子失去了电流放大作用。这是因为三极管中的载流子运动的变化需要一定的时间，频率太高时，载流子运动速度来不及响应信号极性变化的速度。另外，三极管的极间电容、电路分布电容和输出电容，也相当于并联在输入和输出端的 C_i、C_o，如图 3-15 所示，它们的容抗随频率升高而减小，分流作用

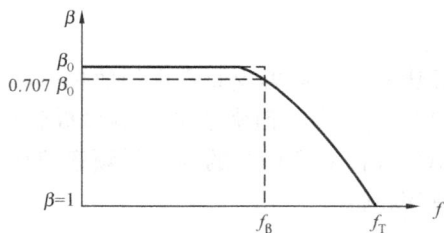

图 3-14　三极管 β 与信号频率的关系

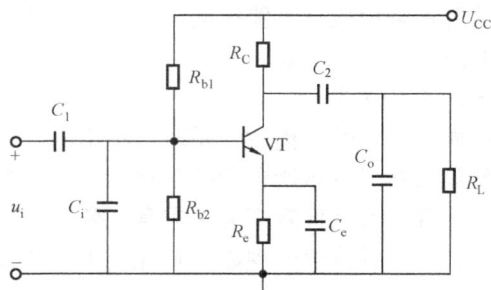

图 3-15　放大倍数下降的主要原因示意图

增大，输出电压也会下降，放大倍数也减小。

二、多级放大器的频率特性

多级放大器的幅频特性如图 3－16 所示。为分析问题的方便，设图 3－16（a）为两级参数完全相同的单级放大器的幅频特性。由于电压放大倍数是各级放大倍数的乘积，中频段的放大倍数大，所以乘积更大。低频段和高频段放大倍数小，所以乘积越小。因此，在低频段和高频段的幅频特性曲线下降得更快，通频带也变窄了，如图 3－16（b）所示。

多级放大电路的附加相位移是各级附加相位移之和，即 $\varphi = \varphi_1 + \varphi_2 + \cdots + \varphi_n$。

多级放大电路的通频带一定比其任何一级都窄，级数愈多，则 f_L 越高、f_H 越低，通频带越窄。故多级放大器总电压放大倍数虽然提高了，但通频带变窄了。为了满足多级放大器通频带的要求，必须把每个单级放大器的通频带选得更宽一些。中频区段电压放大倍数与通频带相乘所得的积称为增益带宽积（$A_u B_w$）。当三极管选定后，增益带宽积就确定，若要拓宽通频带，中频区段 A_u 要下降，也就是要引入负反馈，这是拓宽通频带的更好方法。关于负反馈问题，将在下一节进行介绍。

三、工程应用应注意的问题

1. 通频带宽度要满足信号频率的要求

若放大电路通频带选择过窄，输入信号频率范围较宽，则会出现在通频带范围内的频率信号输出

图 3－16　多级放大器的幅频特性
（a）单级放大器的幅频特性；
（b）多级放大器的幅频特性

较大，而在通频带以外的频率信号输出较小，产生频率失真，反之，若通频带过宽，就会有更多的干扰信号也被放大，影响放大质量。所以确定通频带宽度，并不是越宽越好，尤其是外界干扰最严重的工频电源 50Hz 的频率，应将它排除在通频带之外。

2. 按低频特性要求选择耦合电容及发射极旁路电容

下限截止频率要求越低，这些电容的容量应该越大。但是，输入信号在这些电容上的压降，是由这些电容的容抗与输入电阻 R_i 的分压来决定。输入电阻越大，电容上的分压越小，所以对高输入电阻，耦合电容 C 可选小一些。

可以根据下列公式估算：

耦合电容
$$C \approx \frac{1}{2\pi R_i f_L} \tag{3-1}$$

发射极旁路电容
$$C_e \approx \frac{1}{2\pi f_L (0.1 \sim 0.2) R_e} \tag{3-2}$$

实际使用时，耦合电容一般取 $4.7 \sim 50 \mu F$，发射极旁路电容为 $30 \sim 100 \mu F$。

3. 按高频特性选择三极管

工作频率较高时应选用截止频率 f_β 高的三极管，另外，还应注意元器件的安装工艺，

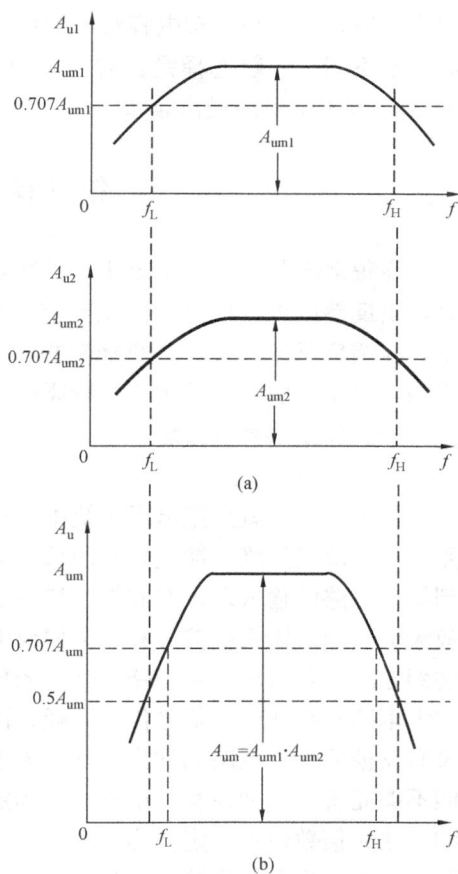

引脚要短，以减小分布电容对高频特性的影响。同一只晶体管在电路中接法不同，上限截止频率也不同。一般选择是：对于共射接法，其 f_β 要大于信号的最高频率；对于共基接法，其 f_β 要大于信号的最高频率。

第三节 放大电路中的负反馈

在很多实际的电子系统中，几乎都要用到反馈。正反馈用于振荡器产生各种波形的信号，负反馈则可以稳定静态工作点、改善放大器的性能。本节从反馈的基本概念和分类入手，介绍负反馈放大电路的分析方法，通过反馈放大器的框图分析负反馈对放大电路性能的影响，总结出引入负反馈的一般原则，最后讨论负反馈电路估算方法。

一、反馈的基本概念

1. 反馈的定义

所谓反馈，就是把电子系统中的输出量（电流或电压）的一部分或全部，经过一定的电路（称为反馈网络）馈送到它的输入端，与原输入信号（电流或电压）相加或相减后再作用到放大电路的输入端，共同控制该电子系统，这种电流或电压的馈送过程称为反馈。在反馈放大电路中，输入端信号经放大器放大后传输到输出端，而输出端信号又经反馈网络反向传输到输入端，形成闭合环路，称为闭环。因此反馈放大电路又称为闭环放大电路。如果一个放大电路只存在放大信号传输途径，而不存在反馈，则不会形成环路，这种情况称为开环，没有反馈的放大电路又称为开环放大电路。反馈的示意图如图 3-17 所示。开环放大电路性能不够完善，例如在第二章学过的固定偏置放大电路，静态工作电流受温度等外界因素的影响，放大倍数也不稳定。为了减小放大电路静态工作点的漂移，介绍了静态工作点稳定电路；另外，为了提高输入电阻和减小输出电阻，又介绍了射极输出器，这些都是应用反馈来改善放大电路性能的例子。

为了分析问题方便，本章有时把一个一般的放大器借用图 3-18 所示的符号来表示。从图中看出，放大器具有同相输入端 u_{ip}、反相输入端 u_{in} 和输出端 u_o。（实际上就是第四章介绍的集成运算放大器符号）。

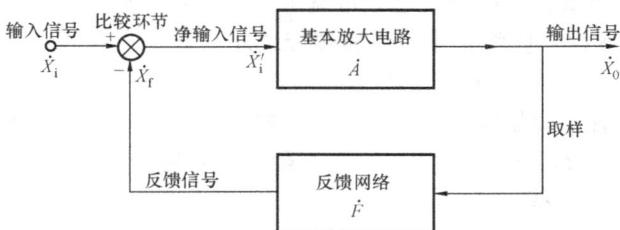

图 3-17 反馈的示意图　　　　图 3-18 放大器的符号

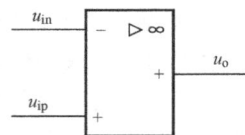

2. 闭环放大倍数的一般表达式

根据图 3-17 可以推导出闭环放大倍数的一般表达式为

$$\dot{A}_f = \frac{\dot{A}}{1+\dot{A}\dot{F}}$$

式中：$\dot{A}$ 为放大电路的开环放大倍数；$\dot{F}$ 为反馈网络的反馈系数；$1+\dot{A}\dot{F}$ 为反馈深度，$1+$

$\dot{A}\dot{F}=\dfrac{\dot{A}}{\dot{A}_f}$反映了反馈对放大电路影响的程度。

(1) 当$|1+\dot{A}\dot{F}|>1$时，$|\dot{A}_f|<|\dot{A}|$，相当于负反馈。

(2) 当$|1+\dot{A}\dot{F}|<1$时，$|\dot{A}_f|>|\dot{A}|$，相当于正反馈。

(3) 当$|1+\dot{A}\dot{F}|=0$时，$|\dot{A}_f|=\infty$，相当于输入为零时仍有输出，故称为"自激状态"。

当$|\dot{A}\dot{F}|\gg1$，即$|1+\dot{A}\dot{F}|\gg1$时，称放大电路处于深度负反馈状态。此时闭环放大倍数为

$$\dot{A}_f = \frac{\dot{A}}{1+\dot{A}\dot{F}} \approx \frac{1}{\dot{F}}$$

上式表明，放大电路引入深度负反馈后，其闭环放大倍数基本上与原来放大电路的放大倍数（开环放大倍数）无关，而主要决定于反馈网络的反馈系数。由于反馈网络常由电阻等无源元件组成，因此反馈系数往往决定于某些电阻值之比，基本上不受温度变化等因素的影响。这是深度负反馈放大电路的突出优点。

(4) 如果信号频率处于放大电路的通频带内（中频段），并且反馈网络具有纯电阻性质，这样可以不考虑放大电路的附加相移，则表达式中的各量用实数表示有

$$A_f = \frac{A}{1+AF}$$

为了简化问题，在以后的讨论中，除讨论频率特性外，均按此情况处理。

3. 反馈的分类

在实际的放大电路中，可以根据不同的要求引入各种不同类型的反馈。按照考虑问题的不同角度，反馈有各种不同的分类方法。

(1) 根据反馈的性质不同分类。

1) 负反馈：反馈信号$\dot{X}_f$与输入信号$\dot{X}_i$叠加的结果使放大器的净输入信号$\dot{X}_i'$减小，电路的放大倍数降低，称为负反馈。

2) 正反馈：反馈信号$\dot{X}_f$与输入信号$\dot{X}_i$叠加的结果使放大器的净输入信号$\dot{X}_i'$增加，电路的放大倍数提高，称为正反馈。

正反馈用于自激振荡器（将在第五章讨论），负反馈用于放大器，提高放大电路的性能。本章只讨论负反馈放大电路。

(2) 根据反馈的成分不同分类。

1) 交流反馈：反馈信号只有交流成分时为交流反馈，交流负反馈多用于改善放大器的性能。本章将主要讨论各种形式的交流负反馈。

2) 直流反馈：反馈信号只有直流成分时为直流反馈，直流负反馈多用于稳定静态工作点。例如，分压式稳定偏置电路就是一个直流负反馈电路。

3) 交、直流反馈：如果反馈回来的信号既有直流分量又有交流分量，则同时存在交、直流反馈。

(3) 根据反馈信号从输出端的取样方式不同分类。

1) 电压反馈：如果反馈信号取自输出电压，即反馈信号与输出电压成正比，称为电压

反馈。

2）电流反馈：如果反馈信号取自输出电流，即反馈信号与输出电流成正比，则称为电流反馈。

（4）根据反馈信号在输入端连接方式的不同分类。

1）串联反馈：如果在放大电路的输入端，反馈信号与外加输入信号以电压的形式相叠加（比较），也就是说反馈信号与外加输入信号二者相互串联，则称为串联反馈。

2）并联反馈：如果反馈信号与外加输入信号以电流的形式相叠加，或者说两种信号在输入回路并联，则称为并联反馈。

（5）根据反馈作用的范围不同分类。

1）本级反馈：把本级的输出信号送回到本级的输入端，本级中出现的负反馈称为本级反馈。

2）级间反馈：把后级的输出信号回送到前级输入端，级间出现的反馈称为级间反馈。

本级负反馈只能改善一个放大级内部的性能，而级间负反馈可以提高反馈环内整个放大电路的性能指标。

4. 反馈放大器的四种组态

综合考虑反馈信号在输出端的取样方式以及在输入回路的连接方式的不同组合，负反馈可以分为电压串联负反馈、电压并联负反馈、电流串联负反馈、电流并联负反馈四种组态，如图 3-19 所示。

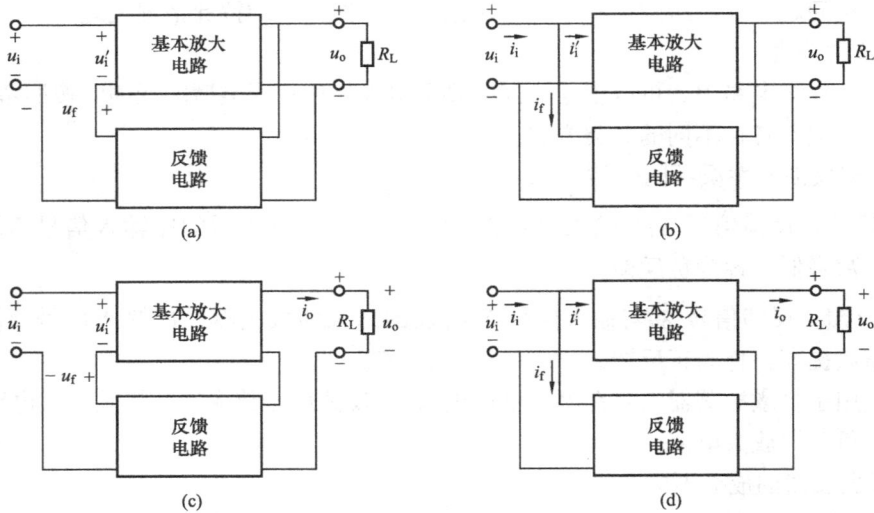

图 3-19　反馈放大器的四种基本组态
（a）电压串联负反馈；（b）电压并联负反馈；（c）电流串联负反馈；（d）电流并联负反馈

二、反馈的识别与分析

在实际放大电路中，负反馈措施有时是在某一级中使用，有时是跨级使用；负反馈信号与外加信号有时是串联连接，有时是并联连接；负反馈信号有时取自输出电压，有时又是取自输出电流。面对这种比较复杂的情况，只有掌握了负反馈的判别方法，才能正确地判别反馈极性和类型。定性地分析反馈放大电路是非常重要的，因为不同种类的反馈对放大电路性能的影响是完全不同的。只有熟练地掌握了反馈的判别方法，才能运用后面即将介绍的反馈理论，更好地去分析和应用工程实际电路。下面结合实例，讨论判别反馈的一般方法。

（一）识别放大电路中有无反馈的方法

在判断反馈性质之前，首先要判断电路中是否引入了反馈。有无反馈关键是看输出回路与输入回路之间是否存在相互联系的元件（包括本级和级间的反馈元件），即是否存在反馈通路。有反馈通路，输出量就会通过这个通路影响净输入量形成反馈；反之，没有反馈通路就没有反馈。

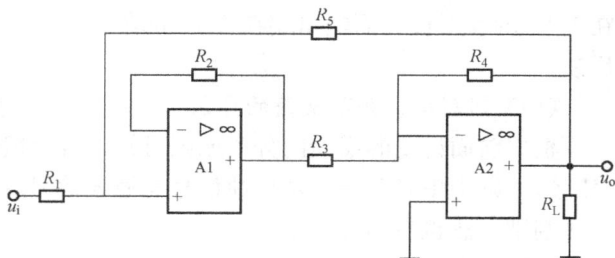

图 3 - 20　判断反馈元件

图 3 - 20 中，R_2 连接运放 A1 的输入回路和输出回路，是 A1 本级反馈元件；同理，R_4 是 A2 的本级反馈元件；R_5 连接 A2 的输出回路与 A1 输入回路，是级间反馈元件。

应用这一方法，必须对基本放大电路的结构和每一个电路元件的作用十分熟悉，这样，才能迅速识别出反馈元件的位置。

（二）判别交、直流反馈的方法

如果作用在输入回路的反馈信号只包含直流成分，则为直流反馈；如果作用在输入回路的反馈信号只包含交流成分，则为交流反馈；若既包含交流成分又包含直流成分，则为交直流两种性质的反馈。

例如，在图 3 - 21 中，R_{e1}、R'_{e1} 和 R_{e2} 分别构成第一级和第二级放大电路的本级反馈，R_f 与 C_f 构成级间反馈。从包含的交、直流成分来看，R_{e1}、R_{e2} 构成交直流反馈，R'_{e1} 仅构成直流反馈，因为 C_{e1} 交流短路。R_f、C_f 仅构成交流反馈，因为 C_f 把反馈的直流隔断。

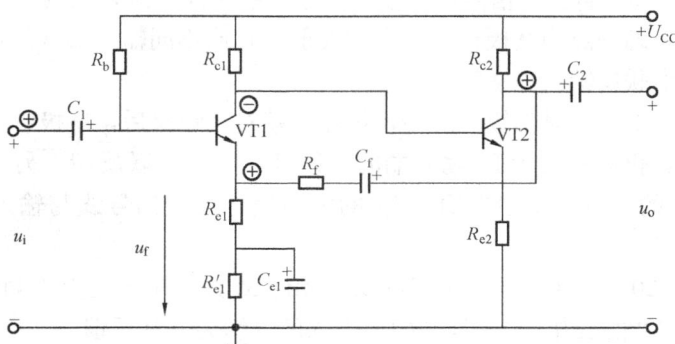

图 3 - 21　判断交直流反馈

（三）判别电压、电流反馈的方法

由于反馈信号与输出电压成正比时为电压反馈，与输出电流成正比时为电流反馈。因此其判定的关键是识别是电压取样还是电流取样。具体判别方法有两种。

（1）将负载短路，若反馈信号消失，则为电压反馈；若反馈信号仍存在，则为电流反馈。这个结论可从图 3 - 22 明显看出。

（2）除公共地线外，若反馈线与输出端接在同一点上，则为电压反馈；若输出端与反馈线接在不同点上，则为电流反馈（这时必然是负载与反馈电路在输出端构成回路）。

例如，在图 3-21 中，R_f、C_f 形成的反馈线接在 VT2 的集电极，R_f、C_f 构成的反馈线与输出端并接在一起，必然为电压取样，故为电压反馈。又如，对本级反馈 VT2 而言，R_{e2} 接在 VT2 的发射极，而输出端在 VT2 的集电极，两者没有以输出端子为公共节点，故为电流反馈。

（四）判别串、并联反馈的方法

根据前面讨论的反馈的分类原则可知，若反馈信号与输入信号串联，以电压形式相叠加（比较），则为串联反馈。若反馈信号与输入信号并联，以电流形式相叠加，则为并联反馈。具体判别方法也有两种。

（1）令输入端短路 $u_i=0$，若反馈信号 u_f 不消失，仍能加到基本放大器输入端则为串联反馈；如果输入端短路 $u_i=0$，反馈信号也被短路而消失，则为并联反馈。这个结论可以从图 3-23 明显看出。

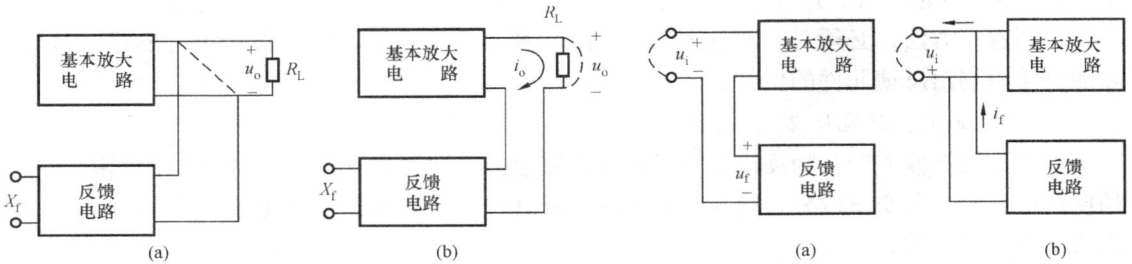

图 3-22 判别电压、电流反馈的方法
(a) 电压反馈；(b) 电流反馈

图 3-23 判别串、并联反馈的方法
(a) 串联反馈；(b) 并联反馈

（2）除公共地线外，若反馈信号线与输入信号线接于同一点，则为并联反馈。若接在不同点（对于三极管来说一点为基极，另一点为发射极）或不同输入端（如运算放大器、差动放大电路等）则为串联反馈。

例如，在图 3-21 中，对于级间反馈，将输入端对地短路后，三极管 VT1 的基极接地，反馈信号 u_f 不消失，仍能加到 VT1 输入端的发射极，故为串联反馈。另外，由图也可以看出，输入端在 VT1 的基极，反馈送回 VT1 的发射极，反馈信号线与输入信号线接于不同点，故为串联反馈。

又如，在图 3-20 中，对于 A2 本级的反馈元件 R_4，反馈回送于 A2 的反相输入端，而输入信号线也接在 A2 的反相输入端，故 R_4 引入的反馈为并联反馈。

（五）反馈极性的判别

判别正负反馈常用的方法是瞬时极性法。假设放大电路的输入端的输入信号的变化处于某一瞬时极性（用符号 ⊕、⊖ 表示），沿闭环系统，逐步标出放大电路各级输入和输出的瞬时极性，这种标示要符合放大电路的基本原理。最后将反馈信号的瞬时极性和输入信号的极性相比较。若反馈量的引入使净输入量增加，则为正反馈；反之，为负反馈。这种比较的结果，可表述为以下判别法则：

如果两个信号加到输入级的同一个电极上，则两者极性相反者为负反馈，相同者为正反馈；如果两个信号加到输入级的两个不同的电极上，则两者极性相同者为负反馈，相反者为正反馈。

需要注意的是：

(1) 分析各级电路输入和输出之间的相位关系时，只考虑通带内的情况，即对电路中各种耦合、旁路电容的影响暂不考虑，可暂将它们短路。

(2) 反馈信号的极性仅决定于输出信号的极性，即在反馈的过程中极性不变。

例如，在前面图 3-21 中，假设输入电压 u_i 的瞬时极性为正（用符号⊕表示，代表该点信号某瞬间的变化趋势为增大；相反，如瞬时极性为负，则用符号⊖表示，代表信号某瞬间的变化趋势为减小），因 u_i 加在三极管 VT1 的基极，且三极管集电极电压与基极电压反相，故 VT1 的集电极瞬时极性为负。同理，VT2 的集电极瞬时极性为正，通过级间反馈元件 R_f、C_f 引回到 VT1 发射极的瞬时极性为正。可以看出，输入信号和反馈信号加到输入级不同的电极上，两者极性相同，因此 R_f、C_f 引入了负反馈。另外，根据上述分析可知，反馈信号 u_f 减小了外加输入信号 u_i 的作用，使净输入信号（$u_{be}=u_i-u_f$）减小，故为负反馈。

（六）负反馈放大电路实例分析

反馈电路类型的判别是一个难点，只有多分析、多练习、多总结才能熟练掌握。下面再举几例。

【例 3-2】 试判断图 3-24 所示电路的反馈组态。

解 (1) 放大器 A2 对 A1 的反馈，反馈元件是 R_5，因反馈线与 A2 输出端接在同一点上，故为电压反馈，又因为反馈信号和输入信号分别加在运放 A1 的两个输入端，故为串联反馈。根据瞬时极性法，如图 3-24 所示，可知是负反馈。

结论：交、直流电压串联负反馈。

(2) 从图中不难看出，A2 的反馈网络 R_3 在输出端的取样是电压，因反馈信号与输入信号在反相输入端相连，为并联反馈。根据瞬时极性法判断，为负反馈。

结论：交、直流电压并联负反馈。

【例 3-3】 试判断图 3-25 所示电路的反馈组态。

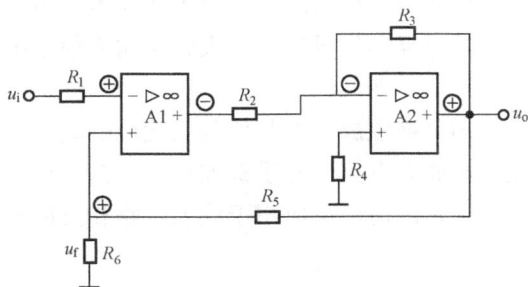

图 3-24 ［例 3-2］图

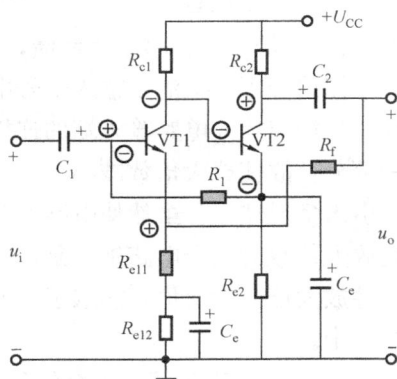

图 3-25 ［例 3-3］图

解 (1) 反馈网络 R_1 从 VT2 发射极取样，输出是集电极，两者不在同一点上，故为电流反馈。反馈信号线与输入信号线同接于输入端的基极，故为并联反馈。电容 C_e 把交流信号旁路，通过 R_1 反馈回输入端的只有直流信号，故为直流反馈。根据瞬时极性法可知，在输入端的基极上，输入信号与反馈信号两者极性相反，应为负反馈。

结论：直流电流并联负反馈。

（2）另一个级间反馈网络请大家自己分析（结论：反馈元件 R_f 引入交流电压串联负反馈）。

【例 3-4】 试判断图 3-26 所示电路的反馈组态。

解 （1）图 3-26（a）是基本放大电路将 C_e 去掉而构成，反馈电压从 R_{e1} 上取出，既有交流也有直流，因输出电压短路时反馈电压仍然存在，可断定为电流反馈。根据瞬时极性和反馈电压接入方式，可判断为电流串联负反馈。

结论：交直流电流串联负反馈。

（2）图 3-26（b）所示电路，反馈网络 R_f，输出端与反馈线接在不同点上，为电流反馈，反馈信号和输入信号分别加在运放的两个输入端，故为串联反馈。根据瞬时极性分析，可看出是负反馈，结论也是交直流电流串联负反馈。

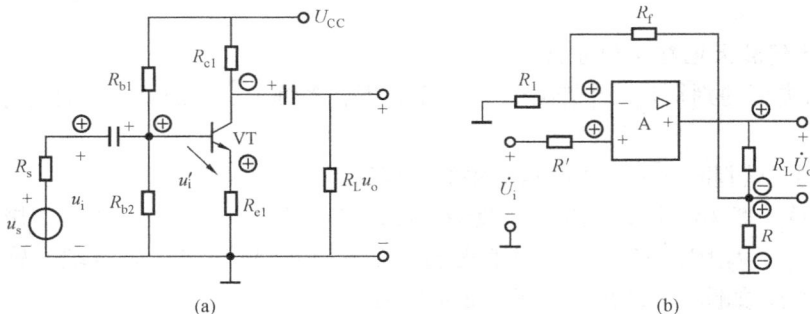

图 3-26　［例 3-4］图

三、负反馈对放大电路性能的影响

1. 负反馈使放大倍数降低

由式 $A_f = \dfrac{A}{1+AF}$ 可知，引入负反馈后，由于 $1+AF>1$，故 $A_f<A$，即闭环放大倍数降低了 $1+AF$ 倍。对于串联负反馈，由于在信号源与放大电路的输入端之间，串联了一个等效的反馈信号源，抵消了输入信号电压的一部分，故使放大倍数减小；对于并联负反馈，由于在信号源与放大电路输入端的连接点并联了一个等效反馈信号源，它吸收了输入信号电流的一部分，故使放大倍数减小。

引入负反馈后，虽然使电路的放大倍数降低，却可换取放大器其他各项性能的改善，而提高放大倍数对电子电路来说是很容易的。因此，在放大电路中几乎都加有负反馈。负反馈以牺牲放大倍数为代价，换取了下面各项性能的改善，因而广泛应用于放大电路和反馈控制系统之中。

2. 负反馈提高了放大倍数的稳定性

放大器开环工作时，在环境温度变化、元件参数变化、电源电压波动以及负载变动等多种情况下，都会使电路参数有所改变，从而使开环放大倍数 A 变化。

前面已经分析过，若加入深度负反馈，使放大器成为闭环工作状态，则其闭环放大倍

数为

$$A_{\mathrm{f}} \approx \frac{1}{F}$$

与基本放大器的内部参数无关。为了衡量放大器放大倍数的稳定程度，将上式对变量 A 求导数、变换后得

$$\frac{\mathrm{d}A_{\mathrm{f}}}{A_{\mathrm{f}}} = \frac{1}{1+AF} \frac{\mathrm{d}A}{A}$$

对于负反馈，$1+AF>1$，所以 $\dfrac{\mathrm{d}A_{\mathrm{f}}}{A_{\mathrm{f}}}<\dfrac{\mathrm{d}A}{A}$。这表明闭环放大倍数的相对变化量比开环放大倍数相对变化量下降了 $1+AF$ 倍，即放大倍数的稳定性提高了 $1+AF$ 倍。

3. 负反馈减小非线性失真并可抑制反馈环内噪声和干扰

无负反馈的放大器虽然设置了静态工作点，但由于三极管（或场效应管）的特性是非线性的，不可避免使输出信号产生非线性失真。引入负反馈后，可减小这种失真。图 3-27 是负反馈改善非线性失真的示意图。以电压串联负反馈为例，假设对于开环放大电路，当输入信号为正弦波时，输出波形的正半周大、负半周小，则负反馈改善非线性失真示意图如图 3-27（a）所示。

引入反馈后，由于反馈系数是线性的，反馈电压正比于输出电压，使反馈电压 u_{f} 的波形也为正半周大、负半周小，将其反馈到输入端，与输入信号电压 u_{i} 串联。由于净输入电压 $u_{\mathrm{i}}'=u_{\mathrm{i}}-u_{\mathrm{f}}$，使净输入信号为正半周小、负半周大，这正好与无反馈时输出信号 u_{o} 的失真相反，因此失真得到补偿，从而改善了输出波形，如图 3-27（b）所示。

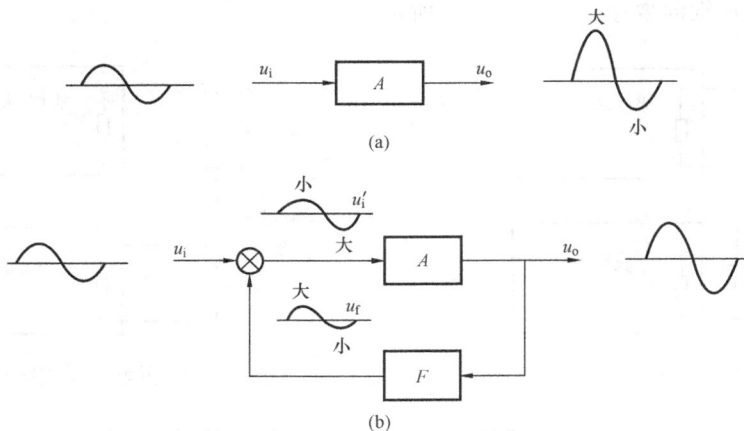

图 3-27　负反馈改善非线性失真示意图
（a）未引入负反馈时波形；（b）引入负反馈后波形

同理，凡是由电路反馈环内部产生的干扰和噪声（可看作与非线性失真类似的谐波），引入负反馈后均可得到补偿。

注意：负反馈只能改善由放大电路本身所引起的非线性失真。对于输入信号中就已存在的非线性失真，负反馈不能改善。同理，负反馈只对反馈环内的噪声和干扰有抑制作用。

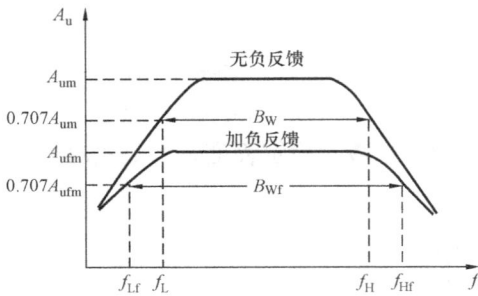

图 3 - 28　负反馈扩展通频带

4. 负反馈展宽了通频带

放大器引入负反馈后，放大倍数将减小，但负反馈对放大器中频区与高频区、低频区的放大倍数减小的程度是不同的。在中频区，放大器的放大倍数大，输出电压高，反馈电压也高，使放大倍数下降得多；在高、低频区，放大倍数相对较小，输出电压和相应的反馈电压也小，因而放大倍数下降得少，幅频特性变得平坦，也就是通频带加宽，如图 3 - 28 所示。

通频带展宽的幅度与反馈深度 $1+AF$ 及电路结构有关。理论和实践证明

$$B_{\mathrm{Wf}} \approx (1+AF)B_{\mathrm{W}}$$

5. 负反馈改变了输入、输出电阻

引入负反馈后，不同的反馈方式和反馈深度，可以不同程度地改变放大器的输入电阻和输出电阻。

（1）串、并联负反馈改变放大器的输入电阻。

1）串联负反馈使放大器的输入电阻增大。由于负反馈信号 u_{f} 与输入信号 u_{i} 串联于输入回路，u_{f} 使 u_{i}' 减小，从而使输入电流减小，这样在相同的 u_{i} 作用下，由于输入电流 i_{i} 比无反馈时的要小，因而串联负反馈具有提高输入电阻的作用，如图 3 - 29 所示。

2）并联负反馈使放大器的输入电阻减小。由于负反馈信号 i_{f} 与输入信号 i_{i} 并联于输入端口，即 $i_{\mathrm{i}} = i_{\mathrm{i}}' + i_{\mathrm{f}}$。因此在相同的 u_{i} 作用下，与无反馈时相比，因 i_{f} 的存在而使 i_{i} 增大，输入电阻显然比无反馈时要小，如图 3 - 30 所示。

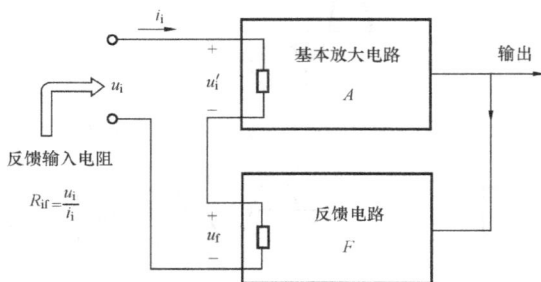

图 3 - 29　串联负反馈提高输入电阻

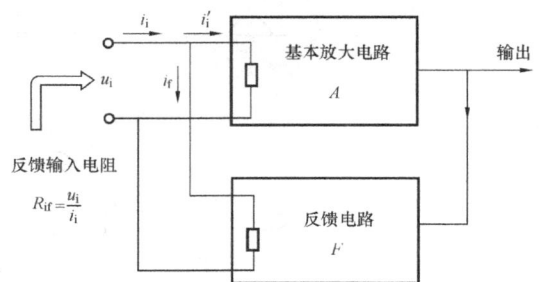

图 3 - 30　并联负反馈减小输入电阻

可以证明，无论输出回路是电压取样还是电流取样，只要输入端是串联比较，放大器的闭环输入电阻都将增大到开环时的 $1+AF$ 倍，即 $R_{\mathrm{if}} = (1+AF)R_{\mathrm{i}}$；只要输入端是并联比较，放大器的闭环输入电阻都将减小到开环时的 $\dfrac{1}{1+AF}$ 倍，即 $R_{\mathrm{if}} = \dfrac{R_{\mathrm{i}}}{1+AF}$。

（2）电压、电流负反馈改变放大器的输出电阻。

1）电压负反馈使放大器的输出电阻减小。电压负反馈具有稳定输出电压 u_{o} 的作用，即在负载电阻变化时，u_{o} 可维持不变或少变。可见，电压负反馈放大器相当于内阻很小的电压源。也就是说，引入电压负反馈使输出电阻比无反馈时减小了。

2）电流负反馈使放大器的输出电阻增大。电流负反馈具有稳定输出电流的作用，即在负载电阻变化时 i_o 可维持不变或少变。可见，电流负反馈放大器与内阻很大的电流源相似。所以说，引入电流负反馈，使输出电阻比无反馈时增大了。

可以证明，无论输入回路是串联比较，还是并联比较，只要输出端是电压取样，放大器的闭环输出电阻都将减小到开环时的 $\dfrac{1}{1+AF}$ 倍，即 $R_{of}=\dfrac{R_o}{1+AF}$；只要输出端是电流取样，放大器的闭环输出电阻都将增大到开环时的 $1+AF$ 倍，即 $R_{of}=(1+AF)R_o$。

四、深度负反馈放大电路 A_{uf} 的估算

对于负反馈放大电路，特别是对多级负反馈放大电路，用微变等效电路法常常要列多个方程联立求解，不仅计算量大，而且物理概念不够清晰。而在深度负反馈条件下，用闭环电压放大倍数的估算将变得十分简单。在实际工程应用中，大多数多级反馈放大电路可以作为深度负反馈放大电路来处理，因此这种估算方法有很大的实用意义。

根据前面的讨论可知，在深度负反馈条件下，即

$$A_f \approx \frac{1}{F}$$

可推出
$$X_f \approx X_i$$

上式表明，在深度负反馈条件下，放大电路的外加输入信号 X_i 与反馈信号 X_f 近似相等。

对于串联负反馈
$$U_i \approx U_f$$
对于并联负反馈
$$I_i \approx I_f$$

利用上述概念就可方便地估算出闭环电压放大倍数 A_{uf}，下面举例说明。

【例 3-5】 设图 3-31 放大电路满足深度负反馈条件，试估算电路的闭环电压放大倍数。

解 该电路是一个分压式稳定偏置电路。由于 R_e 上有旁路电容 C_e，所以 R_e 被短路，只有 R_f 同时引入交、直流电流串联负反馈。直流负反馈可稳定静态工作点。

在深度串联负反馈条件下，可认为 $U_i \approx U_f$。

由图可见

$$U_i \approx U_f = I_e R_f \approx I_c R_f$$

则闭环电压放大倍数为

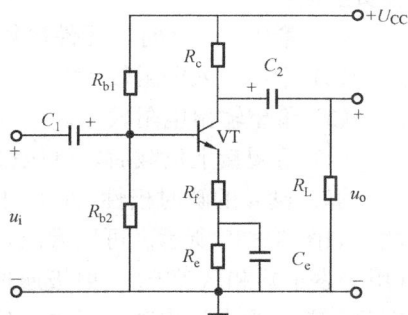

图 3-31 〔例 3-5〕电路图

$$A_{uf} = \frac{U_o}{U_i} \approx -\frac{I_c R_L'}{I_c R_f} = -\frac{R_L'}{R_f}$$

【例 3-6】 设图 3-24 所示电路满足深度负反馈条件，试估算电路的电压放大倍数 A_{uf}。

解 由电路可判断其反馈组态为电压串联负反馈，故有 $U_i \approx U_f$

$$U_f = \frac{R_6}{R_6+R_5}U_o$$

$$A_{uf} = \frac{U_o}{U_i} \approx \frac{U_o}{U_f} = \frac{R_6+R_5}{R_6}$$

五、工程应用中如何引入负反馈

负反馈能够影响和改善放大电路的性能。在工程应用中，往往需要根据不同的信号源和

不同的负载要求，利用负反馈，对放大电路的性能进行调整与改善。下面对负反馈的引入方法及其注意事项作一些说明。

（1）应确定反馈的性质，即如欲稳定静态参数（如静态工作点），则应引入直流负反馈；如欲改善动态性能（如放大倍数、通频带、失真、输入电阻和输出电阻），应引入交流负反馈。

（2）就交流负反馈而言，在负载变化情况下，要稳定输出电压或减小输出电阻，应引入电压负反馈；要稳定输出电流或提高输出电阻，应引入电流负反馈。

（3）要提高输入电阻或减小放大器向信号源索取的电流，应引入串联负反馈；要减小输入电阻，应引入并联负反馈。

（4）如欲得到电压控制的电压源，实现良好的电压放大，则应引入电压串联负反馈；如欲得到电流控制的电流源，实现良好的电流放大，则应引入电流并联负反馈；如欲将电压转换为稳定的电流，实现电压—电流变换，则应引入电流串联负反馈；如欲将电流转换为稳定的电压，实现电流—电压变换，则应引入电压并联负反馈。

（5）要反馈效果好，在信号源为电压源时应引入串联负反馈，在信号源为电流源时应引入并联负反馈。

（6）虽然负反馈愈深，对放大电路性能的改善程度愈大，但对于多级放大电路，过深的负反馈，反而会使放大电路的稳定性变差，极易产生自激振荡。在工程实践中，应根据具体情况，控制合理的反馈深度，采取相位补偿等防振、消振措施。

【例 3 - 7】　图 3 - 32 所示电路中，为了实现下述的性能要求，下列几种情况各应引入何种负反馈？

（1）希望 $u_s=0$ 时，元件参数的改变对末级集电极电流影响小。

（2）希望输入电阻较大。

（3）希望输出电阻较小。

（4）希望接上负载后，电压放大倍数基本不变。

解　设 u_i 的瞬时极性为 ⊕，根据信号传输的途径，依次标出有关各处的相应的瞬时极性，如图 3 - 32 所示。可以看出，只有引入从 VT3 集电极通过 R_{f1} 引到 VT1 发射极的反馈（用①表示）和从 VT3 发射极通过 R_{f2} 引到 VT1 基极的反馈（用②表示）才是负反馈。不难判断，前者为电压串联负反馈，后者为电流并联负反馈。这是最大的跨级负反馈。由于反馈通路只有电阻构成，所以它们是交、直流负反馈。

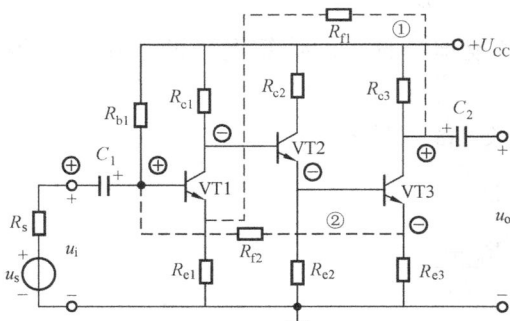

（1）希望 $u_s=0$ 时，元件参数的改变对末级集电极电流影响小，可引入直流电流负反馈，如图 3 - 32 中 R_{f2} 所示。

（2）希望输入电阻较大，可引入串联负反馈，如图 3 - 32 中 R_{f1} 所示。

（3）希望输出电阻较小，可引入电压负反馈，如图 3 - 32 中 R_{f1} 所示。

（4）希望接上负载后电压放大倍数基本不变，可引入电压串联负反馈，如图 3 - 32 中 R_{f1} 所示。

图 3 - 32　［例 3 - 7］电路

第四节 多级放大电路的功率输出级

前面讲过多级放大器由输入级、中间级和输出级组成。输出级要带负载，而负载可以是不同类型的装置，在电子设备中可能是扬声器音圈，或电视机的扫描偏转线圈等。在自动控制系统中，负载可能是电机或继电器，为此输出级不但要输出较高的电压，同时还要提供足够的电流，即要提供给负载以足够大的信号功率。这种用来放大功率的放大器称为功率放大器。互补对称放大电路、集成功率放大器是目前最常用的功率放大器。本节介绍分立元件组成的功率放大器，集成功率放大器留待第四章第四节讨论。

一、功率放大器概述

功率放大器和电压放大器从本质上讲没什么区别，但是电压放大器工作在小信号状态，研究的主要问题是如何使"负载"得到大的不失真电压信号，主要讨论的指标为电压或电流增益、输入电阻和输出电阻。而功率放大器工作在大信号状态下，是研究如何使负载得到尽可能大的功率，主要讨论的指标是输出功率、效率、非线性失真等。由于功放管处于大信号工作状态，功放管不能近似等效为线性元件，小信号放大电路的微变等效电路法在此不再适用，宜采用图解法进行分析。下面分析对功率放大器的基本要求和功率放大器的分类。

（一）功率放大器的基本要求

1. 输出功率足够大

为获得大的输出功率，要求输出电压和输出电流均有较大的幅度，即功放管中的信号在接近截止区与饱和区之间摆动，因此功放管处于大信号运用状态，很容易过载而损坏，所以，选择功放管时要留有一定的余量，不得超越极限参数进入非安全区。因此功率放大器必须在保证功放管安全工作的条件下，输出足够大的功率。输出功率表示为

$$P_o = U_o I_o = \frac{U_{om}}{\sqrt{2}} \frac{I_{om}}{\sqrt{2}} = \frac{1}{2} U_{om} I_{om}$$

式中：U_o和U_{om}为输出正弦信号电压的有效值和幅值；I_o和I_{om}为输出正弦信号电流的有效值和幅值。

2. 非线性失真要小

由于功率放大器工作在大信号状态，功放管的电压、电流变化幅度大，易超出功放管特性曲线的线性范围，产生波顶失真，如图 3-33（a）所示。此外，在常用的乙类推挽功率放大器中，还会产生交越失真，如图 3-33（b）所示。它们本质上都属于非线性失真。关于交越失真下面将有详细讨论。

通常，同一功放管输出功率越大，非线性失真越严重（这里指波顶失真），所以，在功放电路中，输出功率和非线性失真成为一对主要矛盾。要求非线性失真小，就必须限制输出功率。

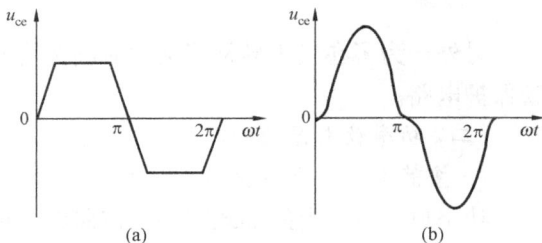

图 3-33 功率放大器的非线性失真
（a）波顶失真；（b）交越失真

3. 效率要高

功率放大器与电压放大器一样，都是将直流电能转变成按照输入信号的变化而变化的交流输出信号。在转换过程中，从直流电源的直流电能一部分转换为所需交流输出功率，其他部分几乎都消耗在功放管中。所谓效率就是放大器输出最大交流功率 P_o 与电源供给的直流功率 P_CC 之比值，即

$$\eta = \frac{P_\text{o}}{P_\text{CC}}$$

显然，功率放大器的效率越高越好。对于不同的功率放大器，有着不同的效率。在功放电路确定后，应尽可能提高功放电路的效率。

4. 功放管的散热要好

为了获得大的输出信号功率，功放管往往工作在极限运用状态，为了保证功放管安全工作，除了限制它的最大集电极电压和电流外，还应限制功放管的结温，为此，必须采取良好的散热措施，否则功放管很容易损坏，通常功放管都具有金属散热外壳，如图 3-34 所示。

在实际使用时，为了提高集电极允许的管耗 P_CM，通常要加散热片以减少热阻，如图 3-35 所示。散热片一般用具有良好导热性能的金属材料制成，因为铝材料经济且轻便，所以通常用它制成铝型材散热片。散热的效果与散热片的面积及表面颜色有关。一般情况下，面积愈大，散热效果愈好，黑色物体比白色物体散热效果好。散热片在安装时，要做到功放管的管壳与散热片之间贴紧靠牢，并可涂上硅胶等导热材料；固定螺钉要旋紧，以保持良好的散热效果。在电气绝缘允许的情况下，可以把功放管直接安装在金属机箱或金属底板上。以 3AD6 为例，不加散热片时，允许的管耗 P_CM 为 1W，加上 120mm×120mm×4mm 的散热片后，允许管耗 P_CM 可增至 10W。

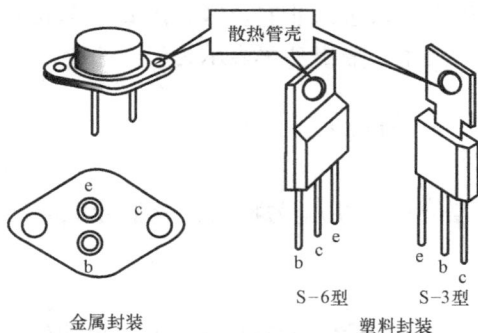

图 3-34　功放管外形

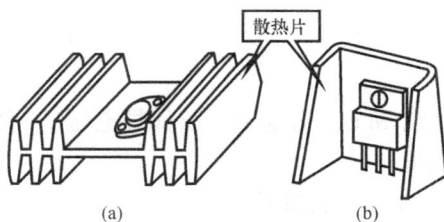

图 3-35　散热片的安装
(a) 卧式安装；(b) 立式安装

另外，为了在发生异常情况时能确保功放管安全工作，功率放大电路一般都设计有功放管保护电路。

(二) 功率放大器的分类

1. 按静态工作点位置不同分类

功率放大器的电路形式很多，按照放大电路静态工作点位置不同，可分为甲类、乙类、甲乙类等工作状态。工作状态的波形如图 3-36 所示。

(1) 甲类放大状态。功放管的静态工作点 Q 的位置较高，一般取在放大区的中间部位。

当输入正弦信号时，功放管在一个信号周期内均导通，电路始终处于导通放大状态，输出波形为完整的正弦波。在这种工作状态下，效率一般只有30%左右，最高只能达到50%，如图3-36（a）所示。

（2）乙类放大状态。功放管的静态工作点Q设在截止区，静态时三极管截止，当输入正弦信号时，电路在半个周期内处于放大状态，另半个周期内截止，输出只有半个正弦波。在这种工作状态下，效率较高，最高可达到78.5%，如图3-36（b）所示。此类放大状态的主要缺点是存在交越失真。

（3）甲乙类放大状态。功放管的静态工作点Q的位置略高于乙类，但低于甲类。静态时，三极管微弱导通，目的是克服三极管开启电压造成的"交越失真"。当输入正弦信号时，功放管导通时间略大于半周，如图3-36（c）所示。

甲类功放具有结构简单、线性好、失真小等优点，但管耗大、输出功率小、效率低，通常使用笨重的变压器耦合，故低频功放已很少

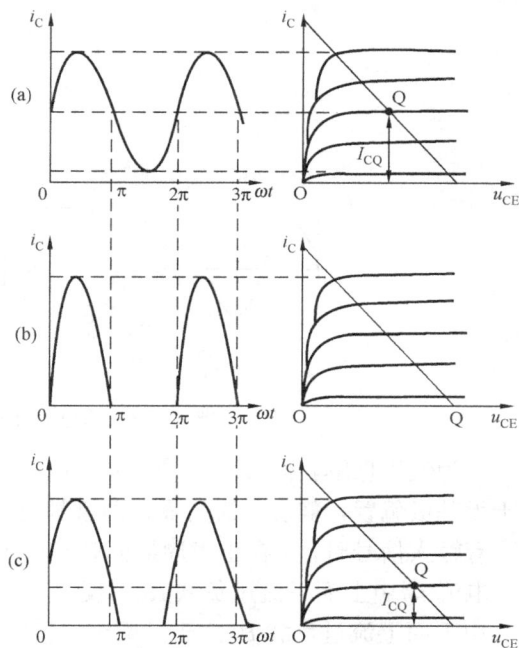

图3-36 功率放大器的工作状态
（a）甲类放大；（b）乙类放大；
（c）甲乙类放大

采用。乙类和甲乙类则是由两个功放管组成的"推挽"功率放大器，静态时电流小，降低了静态损耗，效率较高，理想效率可达78.5%。所以功率放大器常采用双管推挽式电路。推挽功率放大器目前广泛采用OCL、OTL和BTL电路，这些电路具有结构简单、体积小、频率响应好、易于集成等优点。

2. 按耦合方式不同分类

根据功率放大器的耦合方式不同可分为阻容耦合、变压器耦合和直接耦合三种功率放大器。

（1）阻容耦合功率放大器：主要用于甲类的末级放大电路，通常向负载提供的功率不是很大。

（2）变压器耦合功率放大器：通过变压器耦合可起到阻抗匹配的作用，使负载获得最大功率。但由于变压器体积大、笨重、频率特性差，且不便于集成化，这种耦合方式在低频功率放大器中已逐渐被淘汰。

（3）直接耦合功率放大器：包括OCL、OTL和BTL以及集成功率放大器，直接耦合功放电路是目前电子产品末级放大电路中较广泛应用的电路形式。

二、双电源互补对称推挽功放（OCL功放）

（一）电路组成和工作原理

电路如图3-37所示，放大器由一对特性相同、类型不同的互补三极管（NPN、PNP）组成对称的射极输出器电路。输入信号接于两管基极，负载接在两管发射极上，由正、负等值的双电源供电。

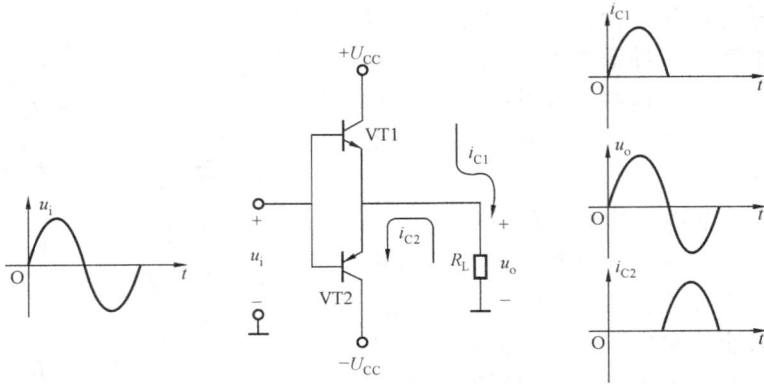

图 3-37　双电源互补对称推挽功放（OCL 功放）

为便于理解，假设三极管的开启电压为零，即 $|u_{BE}| > 0$ 时三极管导通。当 $u_i = 0$ 时，由于无基极偏置，静态电流为零，两管都处于截止，电源不消耗功率，工作在乙类放大状态。当有输入信号时，u_i 在正半周期间，VT1 管发射结正偏导通，VT2 管发射结反偏截止，此时电流 i_{C1} 由上而下流过负载 R_L；反之，u_i 在负半周期间，VT2 管导通，VT1 管截止，电流 i_{C2} 由下而上流过负载 R_L。于是两个三极管一个正半周、一个负半周轮流导电，在负载上将正半周和负半周合成在一起，得到一个完整的不失真波形。这种由 NPN 型管和 PNP 型管交替导通，互相合成而工作的功率放大器称为互补对称推挽功放，又称 OCL 电路（OCL——Output Capacitor Less，无输出电容）。

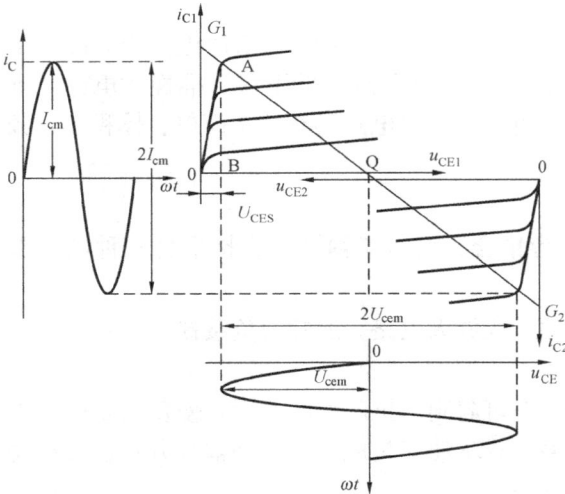

图 3-38　OCL 电路的图解分析

（二）性能分析

图 3-38 表示 OCL 电路的工作情况。为了便于分析，将 VT2 的输出特性曲线倒置在 VT1 的输出特性曲线下方，并令二者在 Q 点，即 $u_{CE} = U_{CC}$ 处重合，形成 VT1 和 VT2 的所谓合成曲线。这时负载线通过 Q 点形成一条斜线，其斜率为 $-\dfrac{1}{R_L}$。显然，允许的 i_C 的最大变化范围为 $2I_{cm}$，u_{CE} 的变化范围为 $2(U_{CC} - U_{CES}) = 2U_{cem} = 2I_{cm}R_L$。如果考虑理想情况，忽略管子的饱和压降 U_{CES}，则 $U_{cem} = I_{cm}R_L \approx U_{CC}$。

根据以上分析，不难求出 OCL 电路的输出功率，直流电源供给的功率、管耗和效率。

1. 输出功率 P_o

在负载 R_L 上得到的输出功率，用 P_o 表示为

$$P_o = U_o I_o = \frac{U_{om}}{\sqrt{2}} \cdot \frac{U_{om}}{\sqrt{2}R_L} = \frac{1}{2} \frac{U_{om}^2}{R_L}$$

在理想情况下，可认为 $U_{om} = U_{cem} = U_{CC} - U_{CES}$、$I_{om} = I_{cm}$，则最大不失真输出功率 P_{om}

可表示为

$$P_{om} = \frac{1}{2} \frac{U_{om}^2}{R_L} = \frac{1}{2} \frac{U_{cem}^2}{R_L} \approx \frac{1}{2} \frac{U_{CC}^2}{R_L}$$

2. 直流电源供给的功率 P_{CC}

直流电源提供的功率为半个正弦波的平均功率，信号越大，电流越大，电源功率也越大。

$$P_{CC} = U_{CC} I_{CC} = U_{CC} \frac{2}{2\pi} \int_0^\pi I_{om} \sin\omega t \, \mathrm{d}(\omega t) = U_{CC} \frac{2}{2\pi} \int_0^\pi \frac{U_{om}}{R_L} \sin\omega t \, \mathrm{d}(\omega t)$$

$$= \frac{2}{\pi} \frac{U_{CC} U_{om}}{R_L}$$

当输出电压幅值达到最大，即 $U_{om} \approx U_{CC}$ 时，电源供给的最大功率近似与电源电压的平方成比例。

$$P_{CCm} = \frac{2}{\pi} \frac{U_{CC}^2}{R_L}$$

3. 效率 η

一般情况下效率为

$$\eta = \frac{P_o}{P_{CC}} = \frac{\pi}{4} \frac{U_{om}}{U_{CC}}$$

理想情况下，当输出电压达到最大（$U_{om} \approx U_{CC}$）时，效率达到最大，其值为

$$\eta = \frac{P_o}{P_{CC}} = \frac{\pi}{4} = 78.5\%$$

这个结论是假定负载电阻为理想值，忽略管子的饱和压降 U_{CES} 和输入信号足够大情况下得来的，实际效率比这个数值要低。

4. 管耗

电源输入的直流功率，有一部分通过三极管转换为输出功率，剩余的部分则绝大部分消耗在三极管上，形成三极管的管耗。显然两个功放管的总管耗

$$P_T = P_{CC} - P_o = \frac{2U_{CC} U_{om}}{\pi R_L} - \frac{U_{om}^2}{2R_L}$$

乙类功放电路中，当无输入信号时，输出电流为零，所以 $P_o = 0$、$P_{CC} = 0$，结果是 $P_T = 0$。但是，当输出为最大时，虽然电源提供的功率和输出功率均达到最大值，但由于转换效率最高，因此此时管耗还不是最大。由实验和理论证明，当输出幅度 $U_{om} = 0.636 U_{CC}$ 时管耗最大，且每只管子的最大管耗为

$$P_{Tmax1} = P_{Tmax2} \approx 0.2 P_{om}$$

（三）功放管的选择

在双电源的互补对称推挽功率放大器中，当 VT1 管导通时，VT2 管截止，这时，VT2 管承受的集电极瞬时电压最大值可达到 $2U_{CC}$，流过 VT1 管的最大集电极电流为 U_{CC}/R_L，因此，功放管的极限参数应满足下列条件

$$P_{CM} \geqslant 0.2 P_{om}$$

$$U_{(BR)CEO} \geqslant 2U_{CC}$$

$$I_{CM} \geqslant \frac{U_{CC}}{R_L}$$

以上三式可作为选择功放管的依据。

（四）交越失真及消除方法

上面讨论中忽略了三极管开启电压的影响。实际使用时，由于三极管的输入特性曲线是非线性的，在输入特性曲线上有一段死区，因此，当输入信号很小时，达不到三极管的开启电压，三极管不导通。因此在负载上合成的输出电压将在两个半波交界处，跨越正、负半波时发生失真，如图 3－39（a）所示，这种使输出电流在正、负半周交接处产生的失真称之为交越失真。

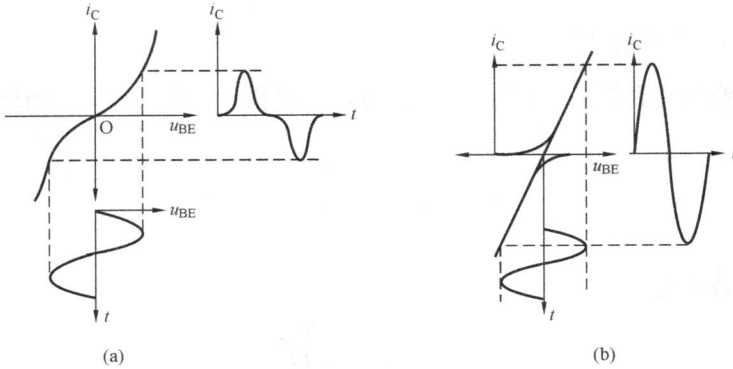

图 3－39　交越失真及其消除

（a）交越失真产生；（b）消除交越失真

为了消除交越失真，必须设置基极偏置电路使互补放大电路工作在甲乙类状态，方法是在两管的基极回路中加一合适的偏置电压，使管子的导通角略大于 180°，在输入信号很小时，功放管也有电流流过。这样，管子特性的弯曲部分相互补偿，合成的特性接近于直线，从而消除了交越失真，如图 3－39（b）所示。但是静态电流不宜过大，否则会使放大器的效率降低。

消除交越失真的静态偏置电路，常用的有二极管串联电路和 U_{BE} 倍增电路。图 3－40（a）二极管串联电路，采用两只硅二极管串联起来接于两功放管基极之间，利用二极管的正向管压降为两功放管提供所需偏置，以避免交越失真。二极管正向导通时交流内阻很小，使两管基极交流信号的幅值基本相等。此外当温度升高时，二极管的正向压降随温度升高而减小，

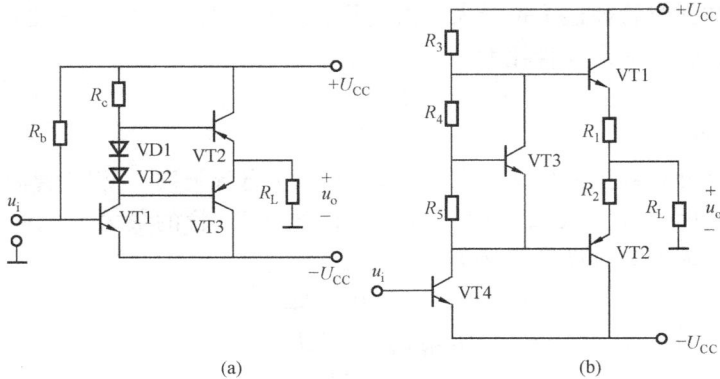

图 3－40　克服交越失真的偏置电路

（a）二极管偏置；（b）三极管偏置

对两只功放管还具有温度补偿作用。图 3－40（b）U_{BE} 倍增电路中，R_4、R_5 为 VT3 管的偏置电阻。利用 VT3 管的压降 U_{CE3} 作为功放管的偏置电压。调整 R_4 的阻值，可使 U_{CE3} 改变，从而克服交越失真。

【例 3－8】 双电源互补对称电路如图 3－40（b）所示。$R_1＝R_2＝16\Omega$，$R_L＝16\Omega$，$U_{CES}＝2V$，$U_{CC}＝15V$。

（1）求直流电源供给的功率、该电路的实际输出最大功率和效率。

（2）三极管 VT1、VT2 的 P_{CM}、$U_{(BR)CEO}$ 和 I_{CM} 应如何选择？

解 因为加在 R_1（或 R_2）和 R_L 两个电阻上的信号电压最大可能值为 $U_{CC}-U_{CES}$，所以

$$U_{om} = \frac{R_L}{R_1+R_L}(U_{CC}-U_{CES}) = \frac{16}{0.5+16}\times(15-2) \approx 12.6 \ (V)$$

$$P_{CC} = \frac{2}{\pi}\frac{U_{CC}U_{om}}{R_L} = \frac{2}{3.14}\times\frac{15\times12.6}{16} = 7.5 \ (W)$$

$$P_o = \frac{1}{2}\frac{U_{om}^2}{R_L} = \frac{1}{2}\times\frac{12.6\times12.6}{16} \approx 5.0 \ (W)$$

$$\eta = \frac{P_o}{P_{CC}} = \frac{5}{7.5} = 66.7\%$$

管子参数的选择

$$P_{CM} \geqslant 0.2P_{om} = 0.2\times\frac{U_{CC}^2}{2R_L} = \frac{0.2\times15^2}{2\times16} \approx 1.4 \ (W)$$

$$U_{(BR)CEO} \geqslant 2U_{CC} = 30V$$

$$I_{CM} \geqslant \frac{U_{CC}}{R_L} = \frac{15}{16} = 0.94 \ (A)$$

从上面的计算可以看出：电源提供了 7.5W 的直流功率，只有 5W 转换成交流输出功率，从而进一步推出，大约有 2.5W 消耗在功放管上，每个功放管的实际管耗是 1.25W。

三、单电源互补对称推挽功放（OTL 功放）

1. 电路组成及工作原理

在 OCL 电路中，要用两个电源，且一正一负，这会给使用者带来不便。单电源供电的 OTL 基本电路可以克服这个问题。如图 3－41 所示，电路中放大元件仍是两个互补对称的

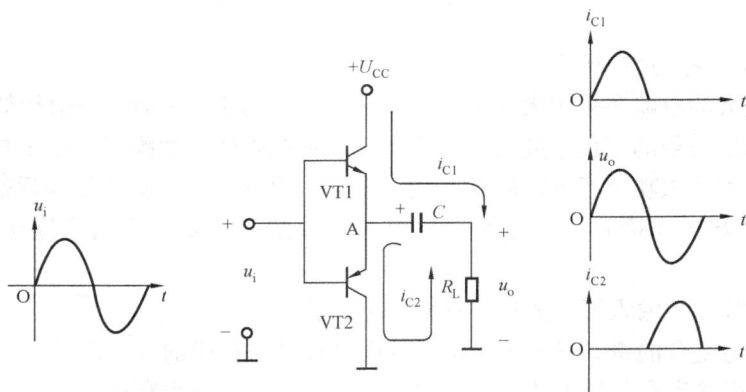

图 3－41 单电源互补对称推挽功放（OTL 功放）

功放管。与 OCL 电路相比，它省去了负电源，输出端加接了一只大容量电容器。没有信号输入时，电源 U_{CC} 经 VT1、R_L 对电容器 C 充电，极性为左正右负，由于两管对称，参数相同，静态时电容器两端电压充为电源电压的一半，即 $U_{CC}/2$。

当加入输入信号后，正半周 VT1 管导通、VT2 管截止，电源向 C 充电并在 R_L 两端输出正半周；当负半周时，VT2 导通 VT1 截止，电容器 C 通过 VT2 管形成放电回路，并在 R_L 上输出负半周波形。这样，负载 R_L 上得到一个完整的信号波形，电路工作在乙类放大状态。

电容器 C 的容量应选得足够大，使电容器 C 的充放电时间常数远大于信号周期，这样，在信号变化过程中，电容器两端电压基本维持 $U_{CC}/2$ 不变，因此 VT1 管和 VT2 管的直流供电电压均为 $U_{CC}/2$。对信号而言，C 的容量足够大可使容抗接近于零，能无衰减地把信号传送给负载，一般电容器的容量应大于 $300\mu\mathrm{F}$，若容量太小，功率放大器的低频响应不好。另外，电容的耐压应大于电源电压 U_{CC}。

2. 性能分析

OTL 功放电路的输出功率、效率、管耗等计算方法与 OCL 功放电路完全相同。它们之间的差别仅是 OTL 为单电源供电，加在每个功放管的电源电压均为 $U_{CC}/2$。OCL 为双电源供电，加在每个功放管的电源电压均为 U_{CC}。因此在理想情况下它的最大输出电压为

$$U_{om} = \frac{U_{CC}}{2}$$

则最大输出功率为

$$P_{om} = \frac{1}{2}\frac{U_{om}^2}{R_L} \approx \frac{1}{2}\frac{(U_{CC}/2)^2}{R_L} = \frac{1}{8}\frac{U_{CC}^2}{R_L}$$

选管条件为

$$P_{CM} \geqslant 0.2P_{om}$$

$$U_{(BR)CEO} \geqslant U_{CC}$$

$$I_{CM} \geqslant \frac{1}{2}\frac{U_{CC}}{R_L}$$

3. 采用复合管的 OTL 功放

输出功率较大的电路多采用大功率三极管，一般大功率三极管的 β 值较低，同时为使乙类功率放大器输出信号的正负半周对称，应保证两推挽管的参数配对。由于异型大功率管的参数很难接近，为此大功率互补电路常采用复合管作为放大管。所谓复合管就是把两个及以上三极管按一定方式连接起来，等效为一个三极管使用。复合管组合连接时应遵守如下规则：

(1) 小功放管作为输入管，大功放管作为输出管。

(2) 保证参与复合的每只管子三个电极的电流按各自正确的方向流动。

(3) 由于三极管存在穿透电流，常采用硅管作输入管以减小穿透电流。

图 3-42 是几种典型的复合管组合方式。

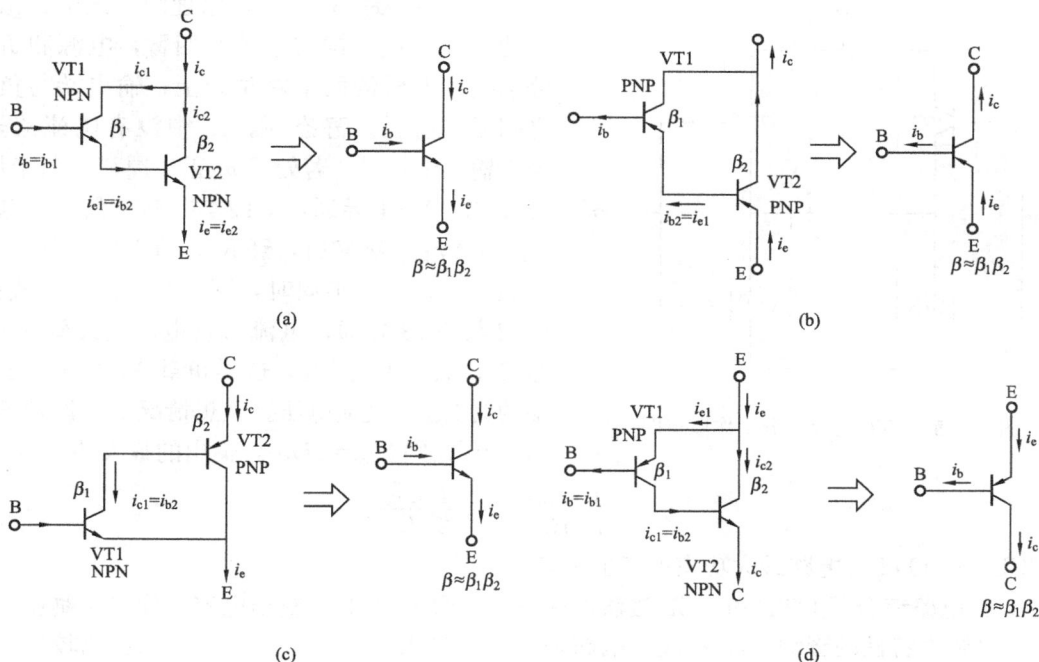

图 3-42 复合管的构成

复合管提高了电流放大倍数，也增大了穿透电流，使其热稳定性变差。为克服这一缺点，可在 VT1 射极接入电阻 R_{e1}，将 VT1 的穿透电流 I_{CEO1} 分流，从而减小总的穿透电流 I_{CEO}，其电路如图 3-43 所示。

*四、平衡式桥接推挽功放（BTL 功放）

虽然 OCL 和 OTL 电路的效率都不低，但其电源的利用率却不高。其原因是在输入正弦信号的每半个周期中，电路只有一个功放管和一半的电源在工作，若用两组对称和互补电路组成 BTL 电路，则输出功率可增大好几倍。BTL 电路组成框图如图 3-44 所示。该电路也称为平衡式桥接推挽功放。它是由两路功率放大器和反相比例电路组合而成，负载接在两输出端之间。两路功率放大器的输入信号是反相的，所以负载一端的电位升高时，另一端则降低，因此在相同电源电压和负载的情况下，理论上负载上获得的信号电压要增加一倍。

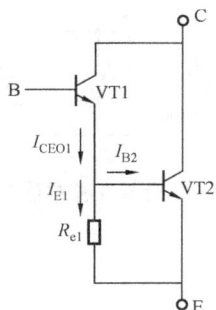

图 3-43 减小穿透电流的方法

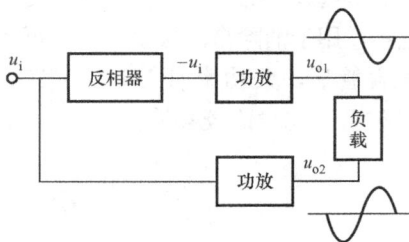

图 3-44 BTL 电路组成框图

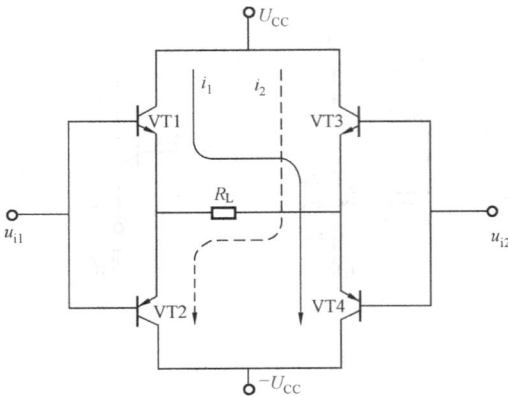

图 3-45　BTL 功放部分工作原理图

图 3-45 是 BTL 电路原理图。该电路由四只功放管组成，构成电桥的四臂，电源和负载分别接在电桥的两个对角线上，输出端与负载之间无电容器。静态时，R_L 中没有电流流过。当有输入信号时，若处于 u_{i1} 正半周，u_{i2} 负半周，管 VT1、VT4 导通，VT2 与 VT3 截止，电流 i_1 自电源流过管 VT1，经 R_L、管 VT4 到地；当 u_{i1} 负半周，u_{i2} 正半周时，管 VT1 与 VT4 截止，VT2 与 VT3 导通，电流 i_2 自电源流过管 VT3，经 R_L、管 VT2 到地。这样负载 R_L 上获得了振幅约为 U_{CC} 的交流电压。理想情况下，设管子的 $U_{CES}=0$，则 $U_{om}=2U_{CC}$，输出的最大功率为

$$P_{om} = \frac{1}{2}\frac{U_{om}^2}{R_L} = 4\left(\frac{1}{2}\frac{U_{CC}^2}{R_L}\right)$$

比 OCL（或 OTL）电路最大功率提高了 4 倍。

BTL 电路综合了 OTL 和 OCL 接法的优点，吸取了 OCL 无输出电容的优点，避免了电容对信号频率特性的影响，BTL 放大电路输出功率较大，频响、失真等性能也比较好，负载可以不接地，既可以使用单电源也可以使用双电源。这些改进的措施使它逐渐成为当代功放电路的主流，并为功率放大器的集成化创造了条件。

五、功放电路实例

实用的单电源复合管互补对称功放电路如图 3-46 所示。图中 VT2、VT4 管组成 NPN 型复合管，VT3、VT5 管组成 PNP 型复合管。VT1 为前置电压甲类放大电路。R_4、VD 为偏置电路，其上的压降使复合管工作在甲乙类状态，以消除交越失真，同时 VD 还起到温度补偿作用。R_P 为 VT1 管的偏置电阻，同时起交、直流负反馈的作用，调整它使中点电压 $U_B=U_{CC}/2$。R_7、R_8 为穿透电流分流电阻。R_9、R_{10} 为输出限流电阻，用于稳定静态工作点、减少非线性失真。C_2、R_6 组成自举电路，以使 VT2、VT4 尽最大限度导通，提高负半周的输出幅度，从而扩大输出的动态范围。C_3、C_6 分别为交流负反馈电容，用于消除自激振荡。由图可见，采用复合管后，大功率管 VT4、VT5 为同一导电类型，配对比较容易。

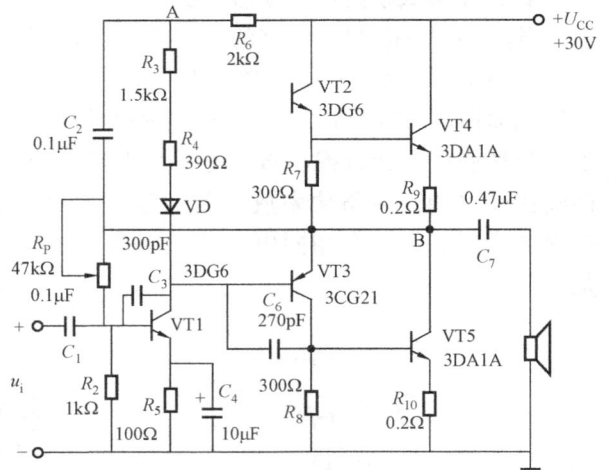

图 3-46　实用的复合管互补对称 OTL 功放电路

小　结（三）

（1）放大器一般是由多级电路所组成，多级放大器内部通常可分为输入级、中间级和输

出级三部分。多级放大电路常用的耦合方式有：直接耦合、阻容耦合、变压器耦合和光电耦合。多级放大电路总的电压放大倍数为各级电压放大倍数之乘积，即 $\dot{A}_u = \dot{A}_{u1}\dot{A}_{u2}\dot{A}_{u3}\cdots\dot{A}_{un}$。在计算多级电压放大倍数时，要注意后级的输入电阻就是前级的负载。本章以阻容耦合电路为例介绍了多级放大电路的分析方法。

（2）放大电路的频率特性又称频率响应，包括幅频特性和相频特性两种。放大器的通频带由上限频率和下限频率之差决定，放大器对通频带范围内的信号实现正常放大。放大电路低频段放大倍数下降的主要原因是耦合电容和发射极旁路电容的影响；高频段放大倍数下降的主要原因是三极管的 β 值、三极管的极间电容、电路分布电容的影响。多级放大器的通频带比其单级放大器的通频带窄。工程应用中应注意通频带宽度要满足信号频率的要求。

（3）在放大电路中，把输出信号馈送到输入回路的过程称为反馈。反馈放大器主要由基本放大电路和反馈网络两部分组成。

（4）负反馈是电子电路中一项非常重要的技术措施，负反馈虽然牺牲了部分放大倍数，但却换来放大器的性能的改善。引入直流负反馈可以稳定静态参数，引入交流负反馈可以改善动态性能，如稳定放大倍数、展宽通频带、减小非线性失真、抑制反馈环内噪声和干扰、增大或减小输入和输出电阻等。实际应用中可根据不同的要求引入不同的反馈方式。

（5）负反馈放大电路主要有四种基本类型，即电压并联、电压串联、电流并联、电流串联负反馈放大电路。表 3-1 是四种基本反馈类型交流性能的比较。

表 3-1　　　　　　　　　　　　四种基本反馈类型交流性能的比较

交流性能	电压串联负反馈	电压并联负反馈	电流串联负反馈	电流并联负反馈
输入电阻	增大	减小	增大	减小
输出电阻	减小	减小	增大	增大
稳定性	稳定输出电压，提高增益稳定性	稳定输出电压，提高增益稳定性	稳定输出电流，提高增益稳定性	稳定输出电流，提高增益稳定性
通频带	展宽	展宽	展宽	展宽
环内非线性失真	减小	减小	减小	减小
环内噪声、干扰	抑制	抑制	抑制	抑制

（6）深度负反馈时，可利用反馈信号约等于外加输入信号的关系来估算电压放大倍数；利用深度负反馈对输入、输出电阻的影响来估算输入、输出电阻。

（7）对功率放大器的要求是：在允许的非线性失真范围内，给负载提供尽可能大的输出信号功率，同时尽量减小管耗以提高功率放大器的效率，并保证功放管安全可靠地工作。

（8）常用的功率放大器按静态工作点的设置不同分为甲类、乙类和甲乙类。按耦合方式不同可分为阻容耦合、变压器耦合和直接耦合三种方式。目前，普遍采用的功率放大器是双电源甲乙类互补对称功率放大器（OCL 功放）、单电源甲乙类互补对称功率放大器（OTL 功放）和平衡式桥接推挽功放（BTL 功放）。为改善功放电路的性能，减小非线性失真，功放电路采取了增加正向偏置、自举、复合管等措施。

知 识 能 力 检 验 （三）

一、填空题

1. 一个两级电压放大器，工作时测得 $\dot{A}_{u1}=-20$，$\dot{A}_{u2}=20$，则该放大器的总电压放大倍数 $\dot{A}_u=$ _____。

2. 多级放大电路常用的耦合方式有 _____。

3. 多级放大电路的电压放大倍数应是各级电压放大倍数的 _____，通频带总是比每一级的通频带 _____。

4. 当输入不同频率的信号时，放大器的放大倍数将有所不同，这种函数关系叫做 _____ 特性，放大倍数的幅值与频率的函数关系称为 _____ 特性。

5. 将放大电路 _____ 的一部分或全部，通过反馈网络回送到电路的 _____ 并影响输入信号称之为反馈。

6. 放大电路中，为了稳定 Q 点，应该引入 _____ 负反馈，为了改善放大器的性能，应该引入 _____ 负反馈。

7. 在负反馈放大电路中，将 $1+AF$ 称为 _____，当 $1+AF\gg1$ 时，称为 _____。

8. 负反馈虽然 _____ 了电路的放大倍数，但可提高放大倍数的 _____，改善输出波形的 _____，展宽放大电路的 _____。

9. _____ 负反馈提高输入电阻，_____ 负反馈降低输入电阻；_____ 负反馈提高输出电阻，_____ 负反馈降低输出电阻。

10. _____ 负反馈稳定输出电压，_____ 负反馈稳定输出电流。

11. 已知某负反馈放大器的 $A_{uf}=9.09$，$F=0.1$，则它的开环放大倍数 $A_u=$ _____。

12. 如果要求稳定输出电压，并提高输入电阻，则应该对放大器施加 _____ 反馈。

13. 输入端串联型反馈要求信号源的内阻 _____，并联型反馈要求信号源的内阻 _____。

14. 功率放大器的主要任务是 _____，它的主要指标有 _____、_____ 和 _____。以工作点在直流负载线上的位置分类有 _____、_____、_____；按耦合方式分类有 _____、_____、_____。

15. 乙类 OTL 功率放大器的主要优点是提高 _____。若不设偏置电路，OTL 电路输出信号将出现 _____ 失真。

16. 互补对称式 OTL 功放电路在正常工作时，其输出端中点电压应为 _____。

17. 在互补对称式推挽功放电路中，自举电路的作用是 _____。

18. OTL 电路中的功率三极管在输出最大不失真信号的使用状态下，输出功率 $P_{om}=$ _____，简称 _____，OTL 电路的效率在理想情况下 $\eta=$ _____。

二、选择题

1. 阻容耦合放大电路能放大 _____。

　　（A）直流信号　　　（B）交流信号　　　（C）交直流信号

2. 两个相同的单级共射放大电路，不带负载，其电压放大倍数均为 30，现将其级联后组成一个两级放大电路，则总的电压放大倍数 _____。

　　(A) 等于 60　　　　　(B) 等于 900　　　　(C) 小于 900　　　　(D) 大于 900

3. 放大电路的幅频特性是指对于不同频率的输入信号电压放大倍数的变化情况。高频段电压放大倍数的下降，主要是因为_____的影响。

　　(A) 耦合电容和旁路电容　　　　　　(B) 三极管的非线性特性

　　(C) 三极管的极间电容和分布电容

4. 多级放大电路与其中每一级相比，频带_____。

　　(A) 变宽　　　　　　(B) 变窄　　　　　　(C) 基本不变

5. 要使输出电压稳定又具有较高输入电阻，放大器应引入_____负反馈。

　　(A) 电压并联　　　(B) 电流串联　　　(C) 电压串联　　　(D) 电流并联

6. 基本放大器的电压放大倍数 A_u 为 200，加入负反馈后放大器的电压放大倍数降为 20，则该电路的反馈系数为_____。

　　(A) $F=0.045$　　(B) $F=0.45$　　(C) $F=0.9$　　(D) $F=1$

7. 直流负反馈对电路的作用是_____。

　　(A) 稳定直流信号，不能稳定静态工作点

　　(B) 稳定直流信号，也能稳定交流信号

　　(C) 稳定直流信号，也能稳定静态工作点

　　(D) 不能稳定直流信号，能稳定交流信号

8. 交流负反馈对电路的作用是_____。

　　(A) 稳定交流信号，改善电路性能

　　(B) 稳定交流信号，也稳定直流偏置

　　(C) 稳定交流信号，但不能改善电路性能

　　(D) 不能稳定交流信号，但能改善电路性能

9. 射极输出器属_____负反馈。

　　(A) 电压串联　　(B) 电压并联　　(C) 电流串联　　(D) 电流并联

10. 能使输出电阻降低的是_____负反馈。

　　(A) 电压　　　　(B) 电流　　　　(C) 串联　　　　(D) 并联

11. 能使输入电阻提高的是_____反馈。

　　(A) 电压负　　　(B) 电流负　　　(C) 串联负　　　(D) 并联负

12. 能使输出电压稳定的是_____负反馈。

　　(A) 电压　　　　(B) 电流　　　　(C) 串联　　　　(D) 并联

13. 能稳定放大器增益的是_____反馈。

　　(A) 电压　　　　(B) 电流　　　　(C) 正　　　　　(D) 负

14. 能改善放大器动态性能的是_____反馈。

　　(A) 直流负　　　(B) 交流负　　　(C) 直流电流负　　(D) 交流电压负反馈

15. 负反馈可以抑制_____的干扰和噪声。

　　(A) 反馈环路内　　(B) 反馈环路外　　(C) 与输入信号混在一起

16. 为了提高反馈效果，对串联负反馈应使信号源内阻 R_s_____。

　　(A) 尽可能大　　(B) 尽可能小　　(C) 大小适中

17. 需要一个阻抗变换电路，要求 R_i 大，R_o 小，应选_____负反馈放大电路。

　　(A) 电压串联　　　　(B) 电压并联　　　　(C) 电流串联　　　　(D) 电流并联

18. 已知负反馈放大器的 $A_u = 300$，$F = 0.01$，则闭环增益 A_{uf} 应为 _____。

　　(A) 3　　　　　　　　(B) 4　　　　　　　　(C) 75

19. 与三极管处于甲类工作状态比较，工作在乙类状态的主要优点是 _____。

　　(A) 没有输出变压器　　　　　　　　(B) 没有输出大电容

　　(C) 效率高　　　　　　　　　　　　(D) 没有交越失真

20. 克服乙类推挽功率放大器交越失真的有效措施是 _____。

　　(A) 选择一对特性相同的推挽管　　　(B) 加上合适的偏置电压

　　(C) 使输出变压器的中心抽头严格对称　(D) 加自举电路

21. OTL 功率放大电路中，要求在 8Ω 负载上获得 9W 最大不失真功率，应选的电源电压为 _____ V。

　　(A) 6　　　　　　　　(B) 9　　　　　　　　(C) 12　　　　　　　　(D) 24

22. OCL 功放电路中，输出端中点静态电位为 _____。

　　(A) U_{CC}　　　　　(B) $U_{CC}/2$　　　　(C) 0　　　　　　　　(D) $2U_{CC}$

23. 对功放管上装置散热片，下列说法中 _____ 是正确的。

　　(A) 散热片应垂直放并涂成白色　　　(B) 散热片应水平放并涂成黑色

　　(C) 散热片应垂直放并涂成黑色　　　(D) 散热片应水平放并涂成白色

24. OCL 电路中，为保证功放管的安全工作，P_{CM} 应大于 _____。

　　(A) P_{om}　　　　　(B) $0.2P_{om}$　　　　(C) $0.1P_{om}$　　　　(D) $2P_{om}$

25. 若 OTL 功放电路的电源电压是 12V，则中点电压是 _____ V。

　　(A) 0　　　　　　　　(B) 6　　　　　　　　(C) 12　　　　　　　　(D) 24

三、判断题

1. 负反馈技术可改善放大器性能，提高放大倍数。　　　　　　　　　　　　（　　）

2. 在深度负反馈的条件下，闭环放大倍数与反馈系数有关，而与放大器开环时的放大倍数无关，因此可以省去放大通路，仅留下反馈网络，来获得稳定的闭环放大倍数。　（　　）

3. 在深度负反馈的条件下，由于闭环放大倍数与管子参数几乎无关，因此可以任意选用三极管来组成放大级，管子的参数也就没有什么意义了。　　　　　　　　（　　）

4. 直流负反馈是直接耦合放大电路中的负反馈，交流负反馈是阻容耦合或变压器耦合放大电路中的负反馈。　　　　　　　　　　　　　　　　　　　　　　　　　　（　　）

5. 直流负反馈是存在于直流通路中的负反馈，交流负反馈是存在于交流通路中的负反馈。　　　　　　　　　　　　　　　　　　　　　　　　　　　　　　　　　　　（　　）

6. 交流负反馈不能稳定静态工作点。　　　　　　　　　　　　　　　　　　（　　）

7. 串联负反馈可以增大输出电阻。　　　　　　　　　　　　　　　　　　　（　　）

8. 直流负反馈可以改善放大器性能。　　　　　　　　　　　　　　　　　　（　　）

9. 交流放大器不能放大直流信号。　　　　　　　　　　　　　　　　　　　（　　）

10. 放大电路引入负反馈后，电压放大倍数一定会减小。　　　　　　　　　（　　）

11. 把输入的部分信号送到放大器的输出端称为反馈。　　　　　　　　　　（　　）

12. 放大器的负反馈深度越大，放大倍数下降越多。　　　　　　　　　　　（　　）

13. 射极输出器的 $A_u \approx 1$，故无功率放大作用。　　　　　　　　　　　（　　）

14. 电压串联负反馈放大器可以提高输入电阻，稳定放大器输出电流。 （　　）

15. 功率放大电路的主要作用是向负载提供足够大的功率信号。 （　　）

16. 由于功率放大电路中的三极管处于大信号工作状态，所以微变等效电路方法已不再适用。 （　　）

17. 功率放大器的主要矛盾是如何获得较大的不失真输出功率，同时又有较高的效率。 （　　）

18. OCL 功率放大器采用单电源供电。 （　　）

19. 采用 OTL 功率放大器可以提高放大器的输出功率。 （　　）

20. 复合管的共发射极电流放大倍数 β 等于两管的 β_1、β_2 之和。 （　　）

四、分析与计算题

1. 图 3-47 所示放大电路，已知 $\beta_1 = \beta_2 = 50$，$U_{BEQ} = 0.6V$，其他电路参数见图。

(1) 求两级的静态工作点 Q。

(2) 画出微变等效电路。

(3) 求各级的电压放大倍数 $\dot{A}_{u1}$、$\dot{A}_{u2}$ 及总电压放大倍数 $\dot{A}_u$。

(4) 求输入电阻 R_i 和输出电阻 R_o。

(5) 当 R_L 开路时，总电压放大倍数 $\dot{A}_u$ 变为多少？

(6) 从本题计算的结果说明后级采用射极输出器的好处。

2. 在图 3-48 所示放大电路中，已知 $\beta_1 = \beta_2 = 50$，$U_{BEQ} = 0.6V$，VT1 和 VT2 均为 3DG8B。

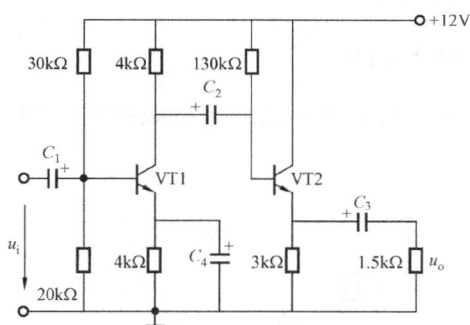

图 3-47　分析与计算题 1 图

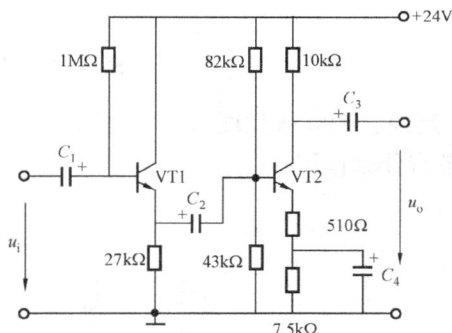

图 3-48　分析与计算题 2 图

(1) 求两级的静态工作点 Q。

(2) 画出微变等效电路。

(3) 求各级的电压放大倍数 $\dot{A}_{u1}$、$\dot{A}_{u2}$ 及总电压放大倍数 $\dot{A}_u$。

(4) 求输入电阻 R_i 和输出电阻 R_o。

(5) 前级采用射极输出器有什么好处？

3. 图 3-49 是两级放大电路，已知 $g_m = 1.5\text{mA/V}$，$U_{BEQ} = 0.6V$，$\beta = 80$，试求：(1) 放大电路的总电压放大倍数；(2) 放大电路的输出电阻和输入电阻。

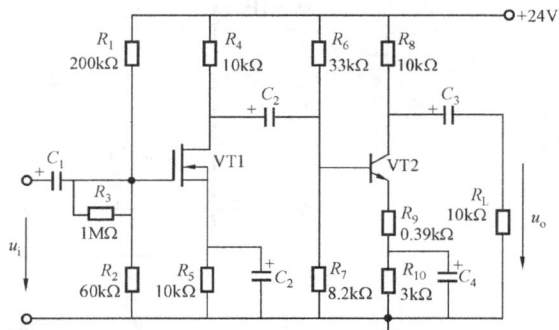

图 3-49　分析与计算题 3 图

4. 判断图 3-50 所示电路的反馈组态。

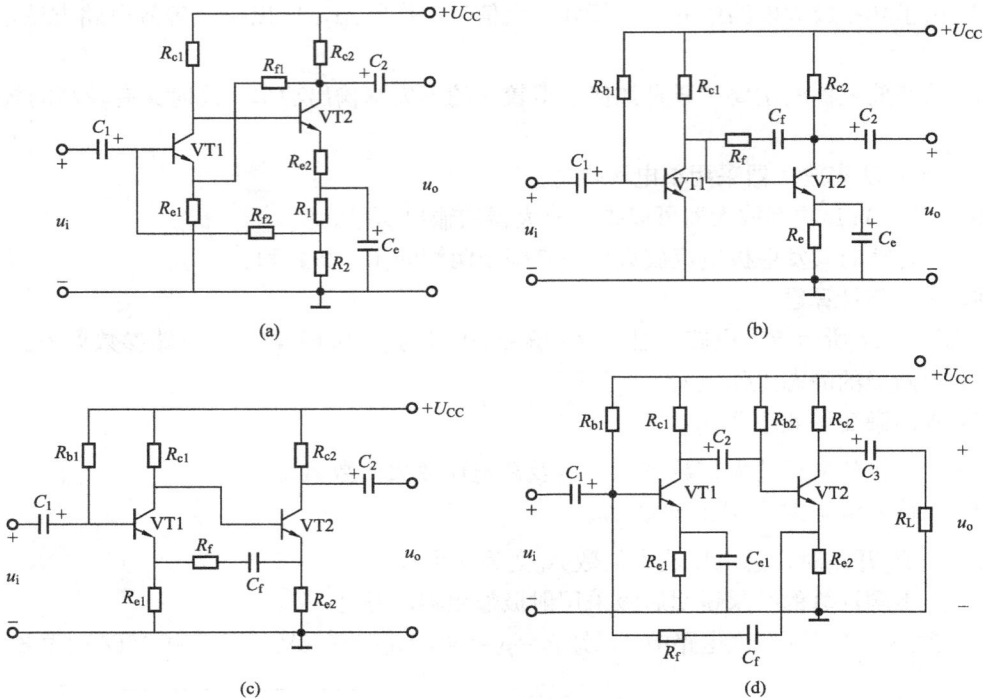

(a)　　　　　　　　　　　　　　(b)

(c)　　　　　　　　　　　　　　(d)

图 3-50　分析与计算题 4 图

5. 反馈放大电路如图 3-51 所示，说明电路中有哪些反馈（包括级间反馈和本级反馈）？各有什么作用？

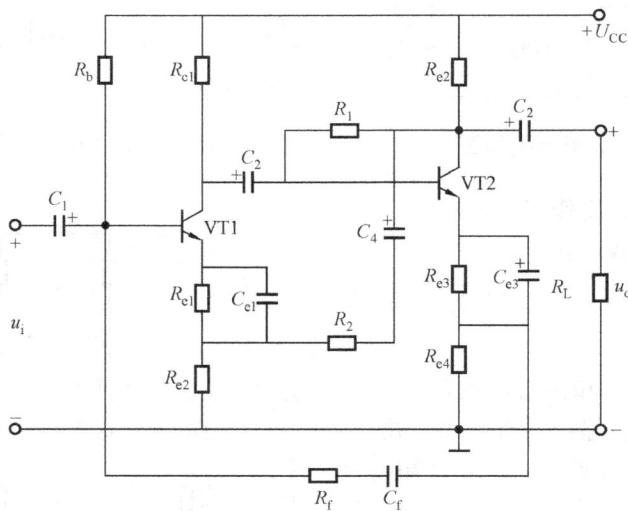

图 3-51　分析与计算题 5 图

6. 试估算图 3-52 所示各电路在深度负反馈条件下的电压放大倍数。

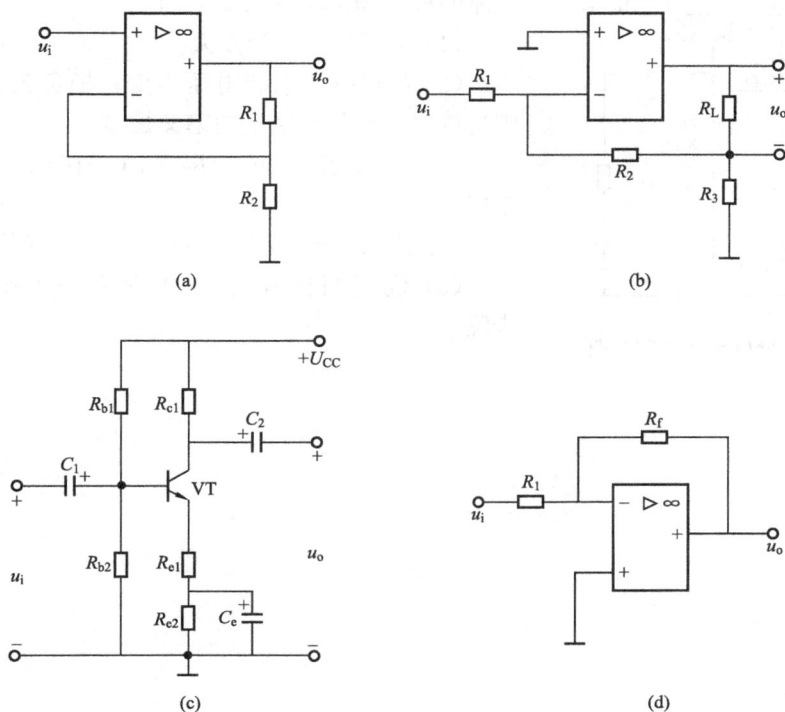

图 3-52 分析与计算题 6 图

7. 根据图 3-53 解答以下问题：

(1) 分析电路各元件的作用。

(2) 理想情况下，负载 R_L 上的最大输出功率是多少？

(3) 说明该电路静态工作点的调整方法。

(4) 指出该电路的"自举"元件，并分析自举原理。

8. 在图 3-54 所示的复合管中，哪些组合方式是合理的？哪些是不合理的？指出连接正确的复合管的管型和管脚，并改正错误的连接。

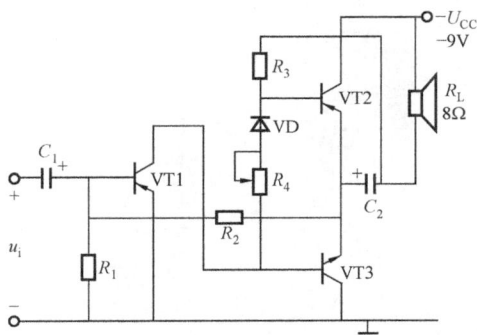

图 3-53 分析与计算题 7 图

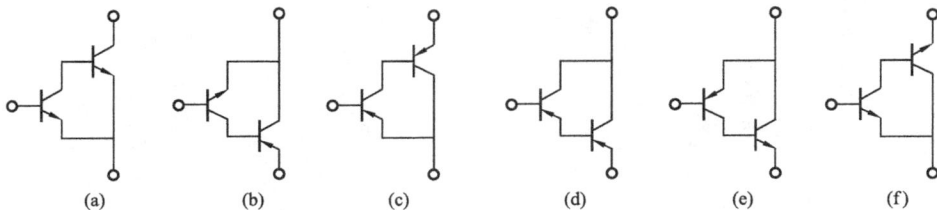

图 3-54 分析与计算题 8 图

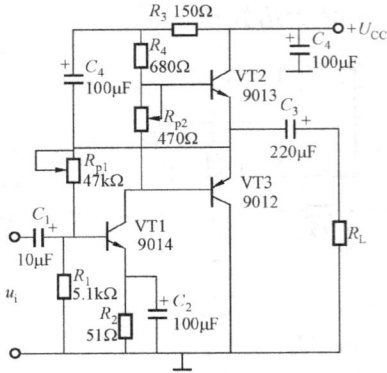

图 3 - 55　分析与计算题 9 图

9. 如图 3 - 55 所示的 OTL 电路，若负载 $R_L = 4\Omega$，电路的最大输出功率为 2W，问：

（1）电源电压应为多大？

（2）如保持该电源电压不变，把负载 R_L 换为 16Ω，则功放电路的最大输出功率又是多少？

（3）R_{p1}、R_{p2}、R_3、R_4 和 C_4 在电路中各起什么作用？

（4）当 $R_{p2} = 0$ 或 $R_{p2} = \infty$ 时各会出现什么情况？

（5）说明调整该 OTL 电路静态工作点的方法与步骤。

第 四 章

集 成 运 算 放 大 器

集成电路是把具有特定电路功能的整个电子电路中的绝大部分元器件制作在一块芯片上，它体积小，性能优越。集成电路种类繁多，一般分为数字集成电路和模拟集成电路两大类。集成电路目前已经发展到超大规模集成电路阶段，它给电子技术的发展提供了很好的元器件平台和发展空间。

集成运算放大器是一个采用多级直接耦合放大，电压放大倍数很高的模拟集成电路，通常简称为集成运放，是目前应用极为广泛的一种集成放大器，因其能够实现各种数学运算而得名，它在各种放大器、比较器、振荡器、信号运算、变换控制电路中得到了极为广泛的应用。

第一节 直 流 放 大 器 概 述

直流放大器的作用是放大直流信号或随时间变化极其缓慢的电信号。多级直流放大器采用直接耦合方式，因此零点漂移问题尤为突出，为了解决这一难题，出现了多种电路形式，其中最重要的就是差分放大器（或称差动放大器）。本节主要讨论差分放大器。

一、零点漂移

一个理想的直流放大器，当输入信号为零时，其输出端的电位应稳定于某一额定值（零点值）。但在实际的多级直流放大器中，即使输入端不加信号时，由于任何一级工作点非正常电位的变化，都会被逐级放大，使末级输出电压偏离零点值而上下漂动，即零点漂移（简称零漂）。显然，这是一种干扰。由于采用直接耦合，前级零漂被后级放大，故级数越多、放大倍数越高零漂越严重，当输入信号比较微弱时，零点漂移所形成的干扰信号极有可能会把有用信号淹没，使放大电路无法正常输出有用信号。因此，零点漂移就成为直流放大器必须克服的特殊问题。

产生零点漂移的原因有很多，如电源电压波动、温度变化、三极管工作的非线性、湿度、振动以及负载的变化等。但最主要的原因是温度的变化，因为三极管的参数对温度变化的反应极为灵敏，而三极管的工作温度又极难维持稳定不变，因此，温度变化就成为产生零点漂移的最主要原因。

抑制或减小直流放大器零点漂移的方法很多，通常有：

（1）选择高稳定性元器件，安装前进行认真的筛选与老化处理，以确保元件质量和参数稳定性。

（2）采用温度补偿的办法，即用一个具有相同温度系数的热敏元件去抵消三极管参数受温度变化的影响。

（3）采用负反馈的方法来稳定静态工作点，以达到抑制零漂的目的。

（4）采用调制式直流放大器。首先用调制器把直流信号转换为交流信号，然后，用交流放大器进行放大，最后，再用解调器检出放大了的直流信号，从而达到减小零点漂移的目的。

（5）采用差分放大器。利用对称式结构来达到有效抑制零点漂移的目的。这是一种较好抑制零点漂移的方法，差分放大器在集成电路中有着广泛的应用，下面主要讨论差分放大器抑制零点漂移的原理。

*二、差分放大器

（一）基本差分放大器

1. 电路组成

差分放大器的基本形式（双入—双出）如图 4-1 所示，它由两个特性、结构完全对称的单管基本放大电路组合而成。其中，三极管 VT1、VT2 的特性相同，外接电阻 R_{b1}、R_{b2}、R_c 对称相等，一般有 $R_{b1} \gg R_{b2}$，R_{b2} 的阻值较小，其作用是给 VT1，VT2 设置一个适当的基极偏置，使输入 u_i 较小时，VT1、VT2 也能够处于放大工作状态。

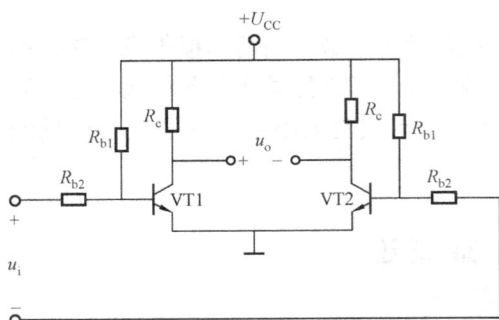

图 4-1　基本差分放大器

2. 工作原理分析

（1）静态工作情况分析。所谓静态，即当 $u_{i1} = u_{i2} = 0$（u_{i1} 为 VT1 级的输入，u_{i2} 为 VT2 级的输入）时电路的工作状态。由于电路完全对称，因此有 $I_{CQ1} = I_{CQ2}$，$U_{CQ1} = U_{CQ2}$，$U_0 = U_{CQ1} - U_{CQ2} = 0$，即静态时，输出电压值为零，电路不存在零点漂移。

（2）动态工作情况分析。在分析差分放大器动态工作情况时，应先了解差分放大器信号的输入特性。

1）差模输入信号：定义为大小相等，相位相反的一对信号，即 $u_{i1} = -u_{i2}$，通常用下标 d 表示。

2）共模输入信号：定义为大小相等，相位相同的一对信号，即 $u_{i1} = u_{i2}$，通常用下标 c 表示。

差分放大器动态工作情况分以下三种情况：

1）差模输入情况，即 $u_{i1} = -u_{i2}$ 时，则有 $u_{id} = u_{i1} - u_{i2} = 2u_{i1} = -2u_{i2}$，因两边对称，所以有 $i_{c1} = -i_{c2}$，$u_{c1} = -u_{c2}$，$u_{od} = u_{c1} - u_{c2} = 2u_{c1} = -2u_{c2}$，由以上分析可知，电路的差模放大倍数 A_{ud} 为

$$A_{ud} = \frac{u_{od}}{u_{id}} = \frac{2u_{c1}}{2u_{i1}} = A_{u1} = \frac{-2u_{c2}}{-2u_{i2}} = A_{u2} \tag{4-1}$$

由此可知，完全对称的双端输入、双端输出差分放大器的差模输入信号可以得到放大，其电压放大倍数 A_{ud} 等于单管的电压放大倍数。

2）共模输入情况，即 $u_{i1} = u_{i2}$ 时，由于两边对称，故此有 $i_{c1} = i_{c2}$，$u_{ic} = u_{c1} = u_{c2}$，所以，共模输出电压 $u_{oc} = u_{c1} - u_{c2} = 0$，电路的差模放大倍数 A_{uc} 为

$$A_{uc} = \frac{u_{oc}}{u_{ic}} = 0 \tag{4-2}$$

由此可知，共模输入信号在完全对称的双端输入、双端输出差分放大器中不能得到放大。

3）比较输入情况，即 u_{i1} 和 u_{i2} 为做任意值，则此时在电路中既有差模输入信号的存在又有共模输入信号的存在，若电路不是完全对称，又不是双端输出情况，则有 $A_{uc}\neq0$，因此，电路的输出电压 $u_o=u_{od}+u_{oc}=A_{ud}u_{id}+A_{uc}u_{ic}$，若电路是完全对称又是双端输出，则 $A_{uc}=0$，$u_o=u_{od}$。

3. 抑制零点漂移

从以上分析可知，若电路完全对称，又是双端输出时，由温度等因素引起的电路变化情况相当于共模输入信号的工作情况或静态工作情况，它总是使 $\Delta u_{c1}=\Delta u_{c2}$，最后使得 $\Delta u_o=0$。换句话说，差分放大器是利用两边管子输出量的变化量相同从而使其在负载上互相抵消的办法来抑制零点漂移的。

而在实际电路中，很难做到两边完全对称，也就是说在一般情况下，$A_{uc}\neq0$。因此，衡量一个差分放大器对零点漂移的抑制能力，通常用共模抑制比来表示，其定义为差模信号的电压放大倍数 A_{ud} 与共模信号的电压放大倍数 A_{uc} 之比的绝对值，即

$$K_{CMR}=\left|\frac{A_{ud}}{A_{uc}}\right| \tag{4-3}$$

K_{CMR} 越大则抑制零点漂移的能力越强，差分放大器性能越好。

（二）提高共模抑制比的差分放大器

因实际的差分放大器不可能完全对称，因此，零点漂移不能完全被抑制。为了提高对零点漂移的抑制能力，通常在基本差分放大器的公共发射极增加发射极电阻 R_e，电路如图 4-2 所示。下面分析 R_e 对电路的影响。

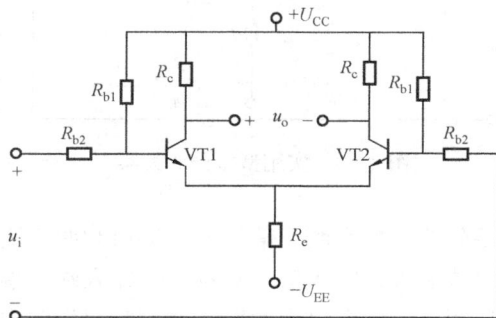

图 4-2　加 R_e 和补偿电源的差分放大器

1. R_e 对静态工作点的影响

因两边对称，所以由图 4-2 所示电路可知，静态值 $I_{C1}=I_{C2}$，$I_{E1}=I_{E2}$，$U_{C1}=U_{C2}$，因此，流过 R_e 的直流电流为

$I_E=I_{E1}+I_{E2}=2I_{E1}=2I_{E2}$，各三极管集电极的直流工作电压 U_{C1}、U_{C2} 值分别为

$$U_{CE1}=U_{CC}-I_{C1}R_c-I_ER_e=U_{CC}-I_{C1}R_c-2I_{E1}R_e$$

$$U_{CE2}=U_{CC}-I_{C2}R_c-I_ER_e=U_{CC}-I_{C2}R_c-2I_{E2}R_e$$

$$U_o=U_{C1}-U_{C2}=0$$

由上可见，增加 R_e 后，R_e 对三极管 VT1、VT2 的负反馈作用增强了很多，静态时，输出电压仍为零。

2. R_e 对共模信号的影响

当输入共模信号时，即 $u_{i1}=u_{i2}$，因电路两边对称，所以有 $i_{c1}=i_{c2}$，$i_{e1}=i_{e2}$，$u_{c1}=u_{c2}$，流过 R_e 的电流 $i_e=i_{e1}+i_{e2}=2i_{e1}=2i_{e2}$，所以，共模输入时，$u_{Re}=2i_{e1}R_e=2i_{e2}R_e$。由此可见，$R_e$ 对三极管 VT1、VT2 的负反馈作用相当于 $2R_e$ 的作用，给差分放大器增加了很强的

负反馈，使其单管的共模放大倍数减小，从而减少了整个电路的零点漂移量，由此可以看出，发射极电阻 R_e 提高了对共模信号的抑制能力，使零点漂移减小。

3. R_e 对差模信号的影响

当输入差模信号时，即 $u_{i1} = -u_{i2}$，因电路两边对称，因而 $i_{c1} = -i_{c2}$，$i_{e1} = -i_{e2}$，$u_{c1} = u_{c2}$，则流过 R_e 的电流 $i_e = i_{e1} - i_{e2} = 0$，即 R_e 上无差模电流，其等效电位也为 0，由此可见，R_e 对差模信号不会产生任何影响。

综上所述，增加 R_e 后，差分放大器提高了对零点漂移的抑制能力，同时对差模输入信号的工作情况不会产生任何影响。但由于 R_e 上压降使 U_E 电位升高，三极管 U_{CE} 值的变小造成放大器的最大不失真输出电压 U_{Om} 下降。故此，一般电路在增加了 R_e 后，还必须在三极管的发射极再增加一个负电源 $-U_{EE}$，用以补偿 R_e 对静态值 U_{CE} 的影响以及补偿 R_e 对最大不失真输出电压的影响，实际电路如图 4-2 所示，在电路中，电阻 R_e 的一端与电源 $-U_{EE}$ 相连。

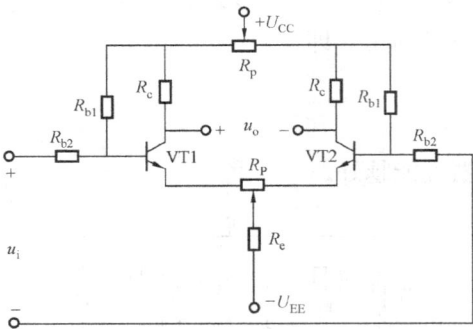

图 4-3　实用型差分放大器

实际的差分放大器，虽说增加了发射极电阻 R_e 和负电源 U_{EE}，但是，电路两侧的参数不可能绝对一样，这就很难使电路做到零输入时零输出。为了使实际应用的差分放大器电路达到这一要求，通常在差分放大器中又增加了调零电位器，以补偿电路元器件参数不对称而引起的零点漂移。调零电位器分上调零电位器（集电极调零）和下调零电位器（发射极调零）。有调零电位器的实用型差分放大器电路如图 4-3 所示。

（三）差分放大器的几种电路形式

从上面讨论的差分放大器中，我们可以看出，差分放大器有两个信号输入端口和两个输出端口，输入信号从两个输入端口同时输入时，叫双端输入；输入信号只从一个输入端口输入而另一输入端口接地时，叫单端输入。输出信号从两个输出端口同时取出时，叫双端输出；而输出信号只从一个输出端口取出，另一输出端口接地，叫单端输出。由此可见，差分放大器有四种不同的电路形式。

1. 双入—双出的差分放大器

前面讨论的电路，如图 4-1～图 4-3 所示，均为双入—双出的差分放大器电路，在这里不再重述。

2. 单入—双出的差分放大器

单入—双出的差分放大器电路如图 4-4 所示，信号只从 VT1 管的基极输入，而 VT2 管的基极支路则接地。由于 R_e 支路电阻一般远大于三极管发射结支路的等效动态电阻 $(R_b + r_{be})/1 + \beta$，因此，R_e 支路对输入信号的分流工程上一般可以忽略不计，所以，输入回路的信号流程为：输入端到三极管 VT1 基极电阻 R_b，再到其基极 b1，然后到发射极 e1，经 e2，再经 b2，到 VT2 的基极电阻 R_b，最终回到公共地端。因电路两端对称，所以，三极管 VT1、VT2 基极支路的输入信号仍分别为 $u_i/2$ 和 $-u_i/2$，它与双端输入时各单管的输入情况相同，因而，无论是哪种输入方式，对电路的特性不会产生影响，它们的分析方法相同，即单入—双出差分放大器的特性与双入—双出差分放大器的特性相同。

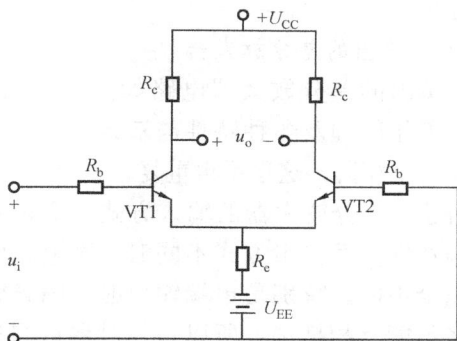

图 4-4　单入—双出差分放大器

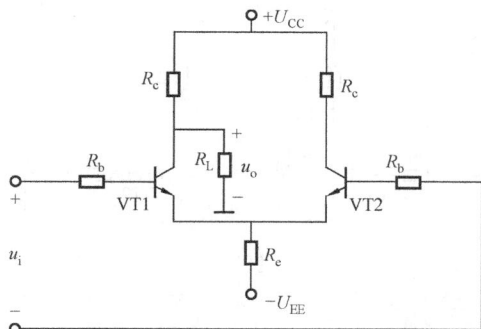

图 4-5　双入—单出差分放大器

3. 双入—单出的差分放大器

双入—单出差分放大器电路如图 4-5 所示，其中，输出电压只从一只三极管（如图中的 VT1 管）的集电极输出，电路差模输出电压 $u_{od} = u_{od1}$，只等于双端输出时的一半，因此，其差模电压放大倍数如下

$$u_{od1} = A_{ud1} u_{id1}, \quad u_{id1} = \frac{1}{2} u_{id}$$

$$A_{ud} = \frac{u_{od}}{u_{id}} = \frac{u_{od1}}{2u_{id1}} = \frac{1}{2} A_{ud1} = -\frac{1}{2} \frac{\beta(R_c // R_L)}{R_b + r_{be}} \tag{4-4}$$

同理，若输出电压只从三极管 VT2 的集电极输出，则 $u_{id2} = -\frac{1}{2} u_{id}$，电路差模输出电压 $u_{od} = u_{od2}$，所以，此时差模电压放大倍数如下

$$A_{ud} = \frac{u_{od}}{u_{id}} = \frac{u_{od2}}{-2u_{id2}} = -\frac{1}{2} A_{ud2} = \frac{1}{2} \frac{\beta(R_c // R_L)}{R_b + r_{be}} \tag{4-5}$$

由以上分析可知，单端输出的差分放大器的差模电压放大倍数等于双端输出时的一半，并且，左边输出时为正，右边输出时为负。而差模输入电阻 $R_{id} = 2(R_b + r_{be})$，输出电阻 $R_{oc} = R_c$。

单端输出时，输出电压从 VT1 取出，则其共模输出电压为 $u_{oc} = u_{oc1}$，不等于 0，所以，其共模电压放大倍数 A_{uc} 也不等于 0，若输出电压从 VT2 取出，电路共模工作情况与从 VT1 取出时一样，所以有

$$A_{uc} = \frac{u_{oc}}{u_{ic}} = \frac{u_{oc1}}{u_{ic1}} = A_{ud1} = -\frac{1}{2} \frac{\beta(R_c // R_L)}{R_b + r_{be} + 2(1+\beta)R_e} \tag{4-6}$$

显然，单端输出时，其零点漂移就无法互相抵消，因而，单端输出时，差分放大器电路就必然存在着零点漂移，但其值一般较小。电路共模输入电阻 R_{ic} 为

$$R_{ic} = \frac{1}{2}[R_b + r_{be} + 2(1+\beta)R_e]$$

输出电阻 $R_{oc} = R_c$。

单端输出时，两管的静态工作点 I_{BQ1} 与 I_{BQ2}、I_{CQ1} 与 I_{CQ2} 相同，而集电极电位则不相同，一般情况下，接有负载的管子的集电极电位较另一只管子的集电极电位低些，具体情况请同

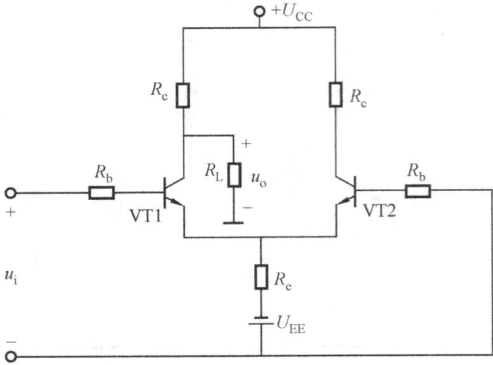

图 4-6　单入—单出差分放大器

学们自己分析。

4. 单入—单出的差分放大器

单入—单出的差分放大器电路如图 4-6 所示，电路的工作原理及各种特性与双入—单出的差分放大器完全相同，这里不再重复。

综上所述，差分放大器的输入方式不会影响电路的工作特性；而输出方式不同时，则电路的工作特性完全不同。特别是单端输出时，因各管的零点漂移不能互相抵消，所以，其对零点漂移的抑制能力大大小于双端输出的电路。

第二节　集成运算放大器的基本构成

一、集成运放的基本构成及电路符号

集成运放是一种高放大倍数、高输入电阻、低输出电阻的直接耦合放大电路，其内部电路一般分为输入级，中间级，输出级及偏置电路。输入级为了更好地抑制零点漂移，一般均采用差分放大器形式；中间级为了得到较大的放大倍数，一般采用共发射极放大电路；输出级为了提高带负载能力，通常采用射极输出器电路，偏置电路为各级提供合适的静态工作点。电路组成方框图如图 4-7 所示。

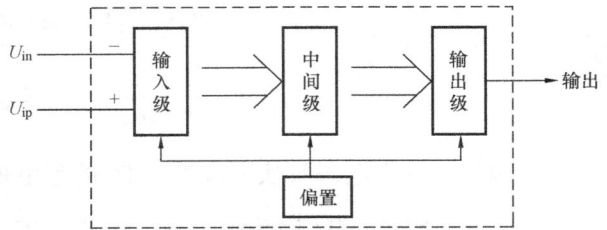

图 4-7　集成运放组成框图

下面以 5G23 为例，简单介绍其内部组成。5G23 内部电路如图 4-8 所示，它分别由四个部分所组成：其中，三极管 VT1、VT2 构成普通的输入差分放大电路，电阻 R_1、R_2 为其集电极负载，二极管 VD1 和三极管 VT4、VT5、VT6 组成中间放大级，其中，VT4、VT5 为射随器，其发射极电阻为 R_4、R_5，两个射随器的输出分别加至 VT6 的发射极和基极上，完成双端输入变为单端输出的作用，同时，VT6 作为 PNP 管，还兼起电平位移的作用；二极管 VD1 则给三极管 VT6 偏移一定量的电平，使 VT6 有一个合适的偏置，从而保证它工作在放大区；VT7、VT8 组成复合管射极输出器的输出极；VT3、VT10、VT9 组成镜像恒流源，其中，VT10 产生参考电流并与两个恒流源建立镜像关系；VT3 作为输

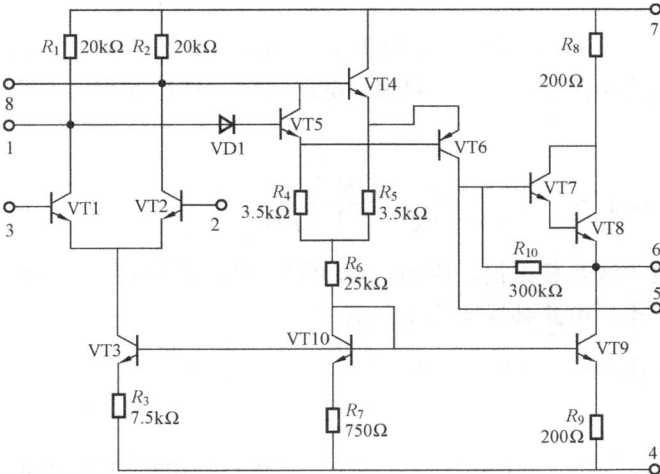

图 4-8　5G23 电路图

入级差分电路的恒流源偏置，VT9 作为输出射随器的恒流源偏置。电路各部分引出各种用途的接线端子，其中，2 端为反相输入端；3 端为同相输入端；4 端为负电源端；7 端为正电源端；6 端为输出端；1 端和 8 端为调零端；5 端为相位补偿端。5G23 的典型接线图如图 4-9 所示，其中，调零电位器阻值为 1MΩ，R_q 和 C_q 为相位补偿网络。

集成运算放大器的电路符号如图 4-10 所示，其中，图 4-10（a）为新国标电路符号，表示集成运放，∞表示开环放大倍数很大；它有两个输入端，一个叫同相输入端"＋"端，通常用 u_{ip} 或 u_{i+} 表示，它表示输入信号只从同相端输入时（此时，反相端接地），电路的输出信号总是与输入信号保持相位相同；另一个叫反相输入端"－"端，用 u_{in} 或 u_{i-} 表示，它表示输入信号只从反相输入端输入时（此时，同相输入端接地），则电路的输出信号与输入信号总是保持相位相反。它有一个输出端 u_o 端。图 4-10（b）为运放的旧电路符号。

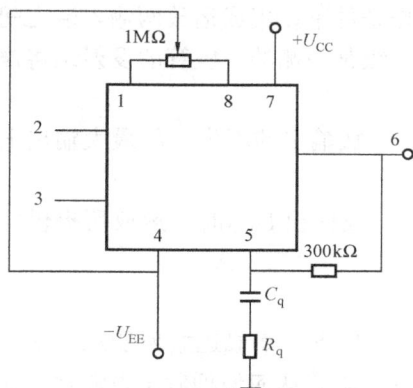

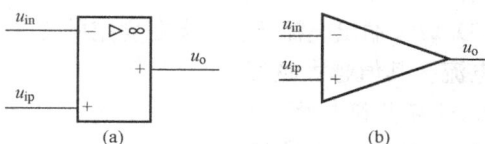

图 4-9 5G23 典型接线图

图 4-10 集成运放电路符号
（a）新符号；（b）旧符号

二、集成运放的种类及主要参数

（一）集成运放的主要参数

集成运放的性能优劣，主要由各种参数来衡量，下面分析其主要参数。

1. 输入信号误差参数

（1）输入失调电压 U_{IO}：指在室温（25℃），一个气压下，在标称电源电压作用下，当输入电压为零时，为使输出电压 U_O 为零，而在其输入端所加的补偿电压值，它反映了集成运放输入级差分放大参数的不对称程度，其值一般为 $\pm(1\sim10)$mV 左右，越小，则说明集成运放的对称程度越好。电路一般可以通过调零电路进行补偿，工作条件发生变化，其值也变。

（2）输入失调电压温漂 dU_{IO}/dT：指在规定的温度范围内，U_{IO} 随温度变化的平均变化率，它反映了 U_{IO} 随温度的变化情况。其值越小越好，一般在 $1\sim20\mu V/℃$。

（3）输入偏置电流 I_{IB}：指在室温和标称电源电压作用下，使集成运放输出电压 U_O 为零时，两个输入端输入偏置电流的平均值，其值越小越好，一般为 10nA～1μA。

（4）输入失调电流 I_{IO}：指在室温和标称电源电压下，使集成运放的输出电压 U_O 为零时，两输入端偏置电流之差。其值越小越好，一般为 1～0.1nA。

（5）输入失调电流温漂 dI_{IO}/dT：指在规定的工作温度范围内，I_{IO} 随温度变化的平均变化率。它反映了 I_{IO} 随温度变化的情况，其值越小越好。

2. 开环差模参数

所谓开环参数，是指集成运放无外加反馈时的工作情况。

（1）开环差模电压放大倍数 A_{ud}：指在室温和标称电源电压及规定的负载电阻（$R_L = 2k\Omega$）下，无外加反馈时，集成运放对差模信号的电压放大倍数。它反映了集成运放本身的放大能力，一般在 $10^3 \sim 10^7$ 左右，它对温度、电源电压等因素的变化十分敏感。

（2）开环差模输入电阻 R_{id}：指在室温下，输入差模信号时，输入的动态电阻。其值一般为几十千欧至几十兆欧左右，越大越好。

（3）开环差模输出电阻 R_{od}：指在室温下，开环工作时的输出电阻。其值一般在几十至几百欧左右。它反映了集成运放的带负载能力，其值越小越好，越小，说明带负载能力越强。

（4）最大开环差模输入电压 U_{IDM}：指在规定的工作条件下，集成运放两输入端之间所承受的最大差模输入电压。越过该值时，则集成运放输入级某一侧的三极管的发射结将被反向击穿。其值越大越好。

（5）最大输出电压 U_{OM}：指在规定的工作条件下，运放输出的不失真的最大输出电压峰值。其值越大越好。

（6）最大输出电流 I_{OM}：指在规定的工作条件下，运放输出 U_{OM} 时，运放所提供的最大输出电流。其值越大越好。

3．开环共模参数

（1）最大开环共模输入电压 U_{icm}：指在规定的工作条件下，集成运放所能承受的最大输入共模电压。若超过此值，则运放的共模抑制比将显著下降，从而使抑制零点漂移的能力大大下降。其值越大越好。

（2）共模抑制比 K_{CMR}：指集成运放开环差模电压放大倍数 A_{ud} 与其开环共模放大倍数 A_{uc} 之比值。$K_{CMR} = \left| \dfrac{A_{ud}}{A_{uc}} \right|$，此值越大越好，$K_{CMR}$ 越大，则说明集成运放对零点漂移的抑制能力越强。

（3）开环共模输入电阻 R_{ic}：指在室温下，集成运放每一个输入端对地的电阻值。一般有 $R_{ic} \gg R_{id}$。

（4）开环带宽 B_W：指在规定的工作条件下，集成运放所允许的输入信号频率的最大值（上限值）f_H 与最小值（下限值）f_L 之差。$B_W = f_H - f_L$，一般在几千赫至几百千赫，越大越好。

（5）静态功耗 P_D：指在规定的工作条件下，输入信号为零，输出端开路时，集成运放本身所消耗的功率。

（二）集成运放的分类

集成运放的种类繁多，通常根据各种参数的不同可分为下面几种：

（1）通用型：其性能指标适合一般情况下使用，如 CF741 等。

（2）低功耗型：静态功耗 $\leqslant 2mW$，如 FX253 等。

（3）低漂移型：失调电压温漂 $< 2\mu V/℃$，如 OP-07，CF725 等。

（4）高输入阻抗型（或叫低输入偏置电流型运放）：输入电阻 $\geqslant 10^{12}\Omega$，如 LF356，F55 等。

（5）程控型：把内偏置电阻改为外偏置电阻，从而可改变各级的偏置电流，如 LM346 等。

第三节　集成运算放大器的分析方法

集成运放的应用极其广泛，它除了具有运算功能外，还常应用于诸如信号的测量、处理、产生、变换等方面。集成运放实际的电路功能决定于其外部施加的反馈网络，因此，集成运放的电路实质是反馈放大器，反馈理论是集成运放的分析基础。

一、集成运算放大器的理想特性

在分析实际的集成运放电路时，工程上常常将它的特性理想化，然后再考虑实际特性引起的误差。理想的集成运放有以下几个特性：

(1) 开环差模电压放大倍数 A_{ud} 趋于无穷大，即 $A_{ud} \to \infty$。

(2) 开环差模输入电阻 R_{id} 趋于无穷大，即 $R_{id} \to \infty$。

(3) 开环差模输出电阻 R_{od} 趋于零，即 $R_{od} \to 0$。

(4) 共模抑制比 K_{CMR} 趋于无穷大，即 $K_{CMR} \to \infty$。

(5) 开环共模输入电阻 R_{ic} 趋于无穷大，即 $R_{ic} \to \infty$。

(6) 开环的频带宽度 B_W 趋于无穷大，即 $B_W \to \infty$。

(7) 输入失调电压、电流及其温漂均趋于零。

二、分析实际理想运放电路的一些法则

集成运放可以工作于线性区，也可以工作于非线性区，当它工作于不同的工作区时，其工作特性不尽相同，因此，其理想特性也不尽相同。

(一) 理想运放工作于线性区的两个法则

集成运放工作于线性区时，其输出信号与输入信号的关系为 $u_o = A_{ud}(u_{ip} - u_{in})$ 为线性关系，因此，根据理想运放的理想特性，可以推导出以下两个法则：

(1)"虚短"法则：即理想运放的同相端和反相端可视为"虚短"的法则，是指同相输入端和反相输入端的电位总是保持相等，即 $u_{ip} = u_{in}$。这是因为理想运放 $A_{ud} \approx \infty$，故有 $u_{ip} - u_{in} = u_o / A_{ud} \approx 0$，即有 $u_{ip} \approx u_{in}$，通常把这一结论叫做理想运放电路工作于线性区时的"虚短"法则。

(2)"虚断"法则：即理想运放的同相端和反相端可视为"虚断"的法则，是指同相输入端和反相输入端的输入电流总是等于零，即 $i_{ip} = i_{in} = 0$。这是因为理想运放的 $R_{id} \approx \infty$，$R_{ic} \approx \infty$，故有 $i_{ip} \approx i_{in} \approx 0$，通常把这一结论叫做理想运放电路工作于线性区时的"虚断"法则。

这样，对于工作于线性区的理想运放电路，就可以应用这两个法则和其他电路理论进行分析。

(二) 理想运放工作于非线性区的两个法则

如果集成运放的输入信号超出了线性工作区所允许的输入范围，则其输出电压就不再满足 $u_o = A_{ud}(u_{ip} - u_{in})$，而将达到饱和。另一方面，由于集成运放的差模开环电压放大倍数 A_{ud} 很大，若集成运放处于开环状态，或存在正反馈时，只要有微小的差模信号输入，则集成运放即将处于非线性工作状态而达到饱和，其输出电压也将达到正的最大值 U_{om} 或负的最大值 $-U_{om}$。因此，理想运放工作于非线性状态时，也有两个法则：

(1) 理想运放的输出电压 U_o 总是为正的最大值 U_{om} 或负的最大值 $-U_{om}$。即当 $u_{ip} > u_{in}$

时，$u_o=+U_{om}$，当 $u_{ip}<u_{in}$ 时，$u_o=-U_{om}$。这一特性也叫比较特性或转换特性。运放工作于非线性状态时，其两输入端的电压 u_{ip} 与 u_{in} 不相等，但 $u_{ip}=u_{in}$ 时，其输出电压 u_o 产生跳变，即 $u_{ip}=u_{in}$ 点为输出电压的转折点。

（2）理想运放的输入电流总是等于零，即 $i_{ip}=i_{in}=0$。这是由于理想运放的 $R_{id}\approx\infty$ 的缘故。由此可见，理想运放的"虚断"法则在任何情况下均会满足。

综上所述，理想运放工作于线性区和非线性区的电路特性各有不同。若要使理想运放工作于线性工作状态，则电路需引入深度的负反馈，如若不然，则集成运放将工作于非线性工作状态。

第四节　集成运算放大器的基本应用

集成运放的应用极其广泛，可实现诸如比例运算、加法运算、减法运算、微积分运算、对数运算、指数运算等，还可构成电压比较器、有源滤波器等。

一、集成运算的三种基本输入形式

运放电路的基本输入形式有反相输入、同相输入和差动输入三种形式。

（一）反相输入形式和反相器

1. 反相输入形式

集成运放反相输入形式电路如图 4-11 所示，输入信号从反相端输入，而同相端通过 R_2 接地，R_f 为反馈电阻，构成深度电压并联负反馈，R_1 为输入电阻，R_2 为平衡电阻，取 $R_2=R_1/R_f$，它的作用是保证集成运放两输入端的对地电阻相等，从而保证输入端的对称，使两输入端不会产生因输入偏置电流不同而引起的附加差模输入电压。下面分析其输出电压与输入电压之间的关系。

根据理想运放工作于线性区的两个法则为

$$i_{ip}=i_{in}=0, \quad u_{ip}=u_{in}$$

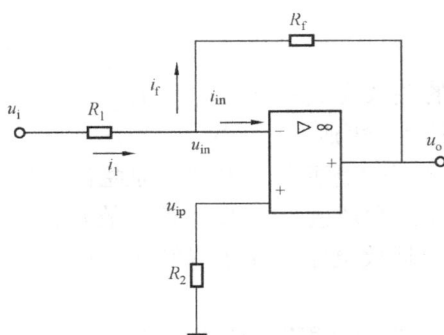

图 4-11　反相输入形式　　　　　　所以由图 4-11 可知

$$u_{ip}=u_{in}=0, \quad i_1=i_f+i_{in}=i_f$$

$$i_1=\frac{u_i-u_{in}}{R_1}=\frac{u_i}{R_1}, \quad i_f=\frac{u_{in}-u_o}{R_f}=-\frac{u_o}{R_f}$$

所以有 $\dfrac{u_i}{R_1}=-\dfrac{u_o}{R_f}$

由此可得

$$u_o=-\frac{R_f}{R_1}u_i \tag{4-7}$$

由此可见，集成运放输入信号反相输入时，输出与输入总是保持相位相反，而大小则成比例，所以，此电路通常也叫做反相比例运算电路，电路的比例系数也即电路的闭环电压放大倍数 A_{uf}，它与运放本身的参数无关，其值为

$$A_{uf}=\frac{u_o}{u_i}=-\frac{R_f}{R_1} \tag{4-8}$$

该电路的输入电阻为 $R_{if} = \dfrac{u_i}{i_1} = R_1$，而作为深度电压负反馈，其输出电阻 R_{of} 很小，趋于零。

2. 反相器

集成运放组成的反相器电路如图 4-12 所示。当图 4-11 中取 $R_1 = R_f = R$，$R_2 = R/2$ 时，则有 $u_o = -\dfrac{R_f}{R_1}u_i = -u_i$，由此可见，输出电压与输入电压大小相等、相位相反，故此电路叫做反相器。

（二）同相输入形式和电压跟随器

1. 同相输入方式

集成运放同相输入方式电路如图 4-13 所示，输入信号只从同相输入端输入，而反相输入端则没有输入信号。其中，R_f 为反馈电阻，构成深度电压串联负反馈，R_2 为平衡电阻，其值为 $R_2 = R_1 / R_f$，作用与反相输入方式中的 R_2 一样。下面分析其输出电压与输入电压之间的关系。

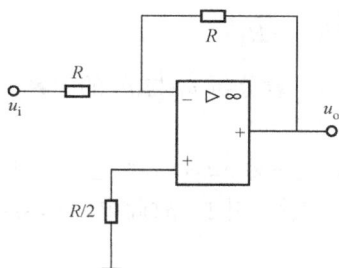

图 4-12 反相器

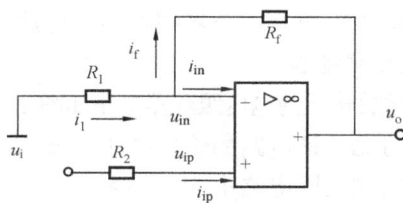

图 4-13 同相输入方式

根据 $i_{ip} = i_{in} = 0$，$u_{ip} = u_{in}$，由电路可得

$$u_i = u_{ip} = u_{in}, \quad i_1 = i_f + i_{in} = i_f$$

又因为

$$i_1 = \frac{0 - u_{in}}{R_1} = -\frac{u_{in}}{R_1}, \quad i_f = \frac{u_{in} - u_o}{R_f}$$

所以

$$-\frac{u_{in}}{R_1} = \frac{u_{in} - u_o}{R_f}$$

则由上式可得

$$u_o = \left(1 + \frac{R_f}{R_1}\right)u_{in} = \left(1 + \frac{R_f}{R_1}\right)u_{ip} = \left(1 + \frac{R_f}{R_1}\right)u_i \tag{4-9}$$

式（4-9）表明：输入信号从同相端输入时，集成运放的输出电压与输入电压总是保持相位相同，大小成比例。所以，通常也叫同相比例运算电路。

从深度负反馈放大器角度来看，其电压放大倍数为

$$A_{uf} = \frac{u_o}{u_i} = 1 + \frac{R_f}{R_1} \tag{4-10}$$

该电路的输入电阻为 $R_{if} = \dfrac{u_i}{i_{ip}} = \infty$，输出电阻 $R_{of} = 0$。

对于同相输入方式的运放电路，需特别指出的是，输出电压是直接与 u_{ip} 成正比而不是直接与 u_i 成正比。u_{ip} 不一定都等于 u_i，两者之间的关系与实际的同相端输入支路有关，输

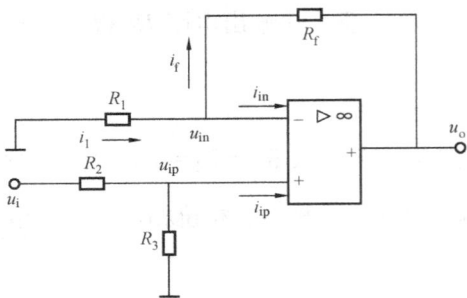

图 4 - 14　实际同相输入方式

入电路不同，则它们的关系也不同。也就是说，对于同相输入方式的集成运放电路，其输出电压的表达式应是

$$u_o = \left(1 + \frac{R_f}{R_1}\right) u_{ip} \qquad (4-11)$$

下面以图 4 - 14 电路为例来说明这一问题。同时，为使电路平衡，要求 $R_1 \ /\!/ R_f = R_2 \ /\!/ R_3$。根据两个法则和节点电流法可以求得

$$u_o = \left(1 + \frac{R_f}{R_1}\right) u_{in} = \left(1 + \frac{R_f}{R_1}\right) u_{ip}$$

又因为 $i_{ip} = 0$，所以，由电路可以求得

$u_{ip} = \dfrac{R_3}{R_2 + R_3} u_i$，所以有

$$u_o = \left(1 + \frac{R_f}{R_1}\right) u_{ip} = \left(1 + \frac{R_f}{R_1}\right) \frac{R_3}{R_2 + R_3} u_i \qquad (4-12)$$

由此可以看出，在分析同相输入运放电路时，应特别注意分析 u_i 与 u_{ip} 的关系。

2. 电压跟随器

集成运放构成的电压跟随器电路如图 4 - 15 所示，由于 $u_{ip} = u_i = u_{in}$，$u_o = u_{in}$，所以，$u_o = u_i$。

由此可见，该电路的输出电压与输入电压大小相等，极性相同。故此电路通常叫做电压跟随器，它在实际电路中应用很多。

（三）差动输入形式

电路如图 4 - 16 所示，集成运放同相端和反相端均有输入信号，故这种电路形式叫做差分输入方式。

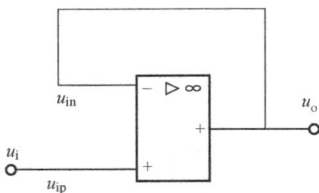

图 4 - 15　电压跟随器

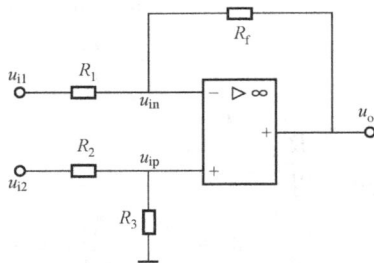

图 4 - 16　差动输入方式

分析该电路，可以采用两种方法：利用运放工作于线性状态的两个法则和一些电路理论来分析（请读者自己分析）；也可以采用线性叠加原理，根据同相输入方式和反相输入方式电路已有的结论进行分析。

所谓线性叠加原理，是指在线性电路中，若有多个输入信号同时工作时，则可以先等效为各个输入信号单独工作，然后，再把它们的输出结果相加，所得结果就是多个输入信号同时工作的结果。

线性叠加原理在分析多输入而且各个输入信号可以等效为同相输入方式或反相输入方式

的运放电路中，使用方便。下面利用此原理来分析图 4-16 的差动输入方式电路。

只有 u_{i1} 单独工作，此时，令 $u_{i2}=0$，电路相当于一个反相输入方式的运放电路，所以，此时电路产生的输出电压 $u_{o1}=-\dfrac{R_f}{R_1}u_{i1}$。

只有 u_{i2} 单独工作时，此时，令 $u_{i1}=0$，则电路相当于一个同相输入方式的运放电路，所以，此时电路产生的输出电压 $u_{o2}=\left(1+\dfrac{R_f}{R_1}\right)u_{ip}=\left(1+\dfrac{R_f}{R_1}\right)\dfrac{R_3}{R_2+R_3}u_{i2}$。

因此，当 u_{i1}、u_{i2} 同时工作时，电路的总输出电压 u_o 值为

$$u_o = u_{o1} + u_{o2} = -\frac{R_f}{R_1}u_{i1} + \left(1+\frac{R_f}{R_1}\right)u_{ip}$$

$$= \left(1+\frac{R_f}{R_1}\right)\frac{R_3}{R_2+R_3}u_{i2} - \frac{R_f}{R_1}u_{i1} \tag{4-13}$$

若取 $R_f=R_1=R_2=R_3$，则有 $u_o=u_{i2}-u_{i1}$，所以，此电路通常也作为减法电路使用。

二、基本运算电路

集成运放在实现运算功能时，需外加一定的负反馈电路，反馈电路不同，则其实现的运算功能也不同。此时，集成运放工作于线性工作状态，因此，在分析此类电路时，可以利用集成运放工作于线性区的两个法则和线性叠加原理来分析。下面介绍几种常用的运算电路。

（一）加法器

所谓加法运算，就是对多个输入信号进行求和。根据电路不同，可分为反相加法和同相加法。

1. 反相加法运算电路（反相单端多输入形式）

反相加法运算电路如图 4-17 所示，其中，R_4 为平衡电阻，其值为 $R_4=R_1/\!/R_2/\!/R_3/\!/R_f$；电路有三个输入信号，分别从电阻 R_1、R_2、R_3 输入。根据线性叠加原理可得：

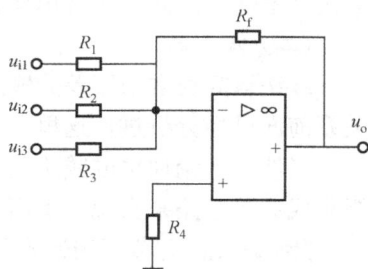

图 4-17 反相加法电路

u_{i1} 单独作用，$u_{i2}=u_{i3}=0$ 时的输出电压 $u_{o1}=-\dfrac{R_f}{R_1}u_{i1}$。

u_{i2} 单独作用，$u_{i1}=u_{i3}=0$ 时的输出电压 $u_{o2}=-\dfrac{R_f}{R_2}u_{i2}$。

u_{i3} 单独作用，$u_{i1}=u_{i2}=0$ 时的输出电压 $u_{o3}=-\dfrac{R_f}{R_3}u_{i3}$。

所以

$$u_o = u_{o1} + u_{o2} + u_{o3} = -\left(\frac{R_f}{R_1}u_{i1} + \frac{R_f}{R_2}u_{i2} + \frac{R_f}{R_3}u_{i3}\right) \tag{4-14}$$

由式（4-14）可以看出，该电路反映了 u_{i1}、u_{i2}、u_{i3} 的比例相加结果，若取 $R_1=R_2=R_3=R_f$，则有 $u_o=-(u_{i1}+u_{i2}+u_{i3})$，实现了反相求和的目的。

反相求和电路简单，调节方便。当改变某一支路的输入电阻时，不会影响其他支路的工作情况。而且，由于"虚地"，所以，运放输入端的共模电压较小，是一种较为广泛使用的反相求和电路形式。

此电路也可以利用理想运放的两个法则、节点电流法以及欧姆定律分析，读者可以自己求解，验证结果。

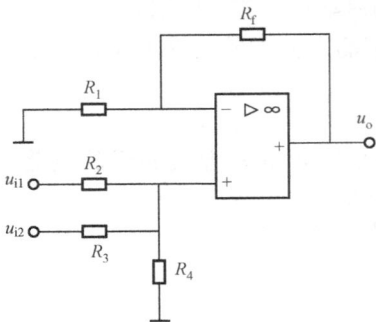

图 4 - 18　同相加法运算电路

2. 同相加法运算电路（同相单端多输入形式）

同相加法运算电路如图 4 - 18 所示，其中，为了使电路平衡，要求 $R_1 /\!/ R_f = R_2 /\!/ R_3 /\!/ R_4$，输入信号分别从 R_2、R_3 支路输入。根据线性叠加原理可知：

u_{i1} 单独作用，$u_{i2} = 0$ 时，电路相当于同相输入方式，其输出电压 u_{o1} 为

$$u_{o1} = \left(1 + \frac{R_f}{R_1}\right) u_{ip1} = \left(1 + \frac{R_f}{R_1}\right) \frac{u_{i1}}{R_2 + R_3 /\!/ R_4} (R_3 /\!/ R_4)$$

u_{i2} 单独作用，$u_{i1} = 0$ 时，其输出电压 u_{o2} 为

$$u_{o2} = \left(1 + \frac{R_f}{R_1}\right) u_{ip2} = \left(1 + \frac{R_f}{R_1}\right) \frac{u_{i2}}{R_3 + R_2 /\!/ R_4} (R_2 /\!/ R_4)$$

所以总输出电压 u_o 为

$$u_o = u_{o1} + u_{o2} = \left(1 + \frac{R_f}{R_1}\right) \left(\frac{R_3 /\!/ R_4}{R_2 + R_3 /\!/ R_4} u_{i1} + \frac{R_2 /\!/ R_4}{R_3 + R_2 /\!/ R_4} u_{i2}\right) \tag{4-15}$$

若取 $R_2 = R_3 = R_4$，$R_f = 2R_1$，则有 $u_o = u_{i1} + u_{i2}$。

这里，需特别指出的是，u_{i1} 单独作用时，它在同相输入端产生的等效输入 u_{ip1} 与 u_{i2} 单独作用时，它在同相输入端产生的等效输入 u_{ip2} 并不相同，解题时，应特别注意理解。

同相加法电路若改变某一支路输入电阻时，则会影响到其他支路的工作情况，因此，调节极其不便。故此，通常用反相加法电路来实现加法运算。

（二）减法器

减法运算通常采用差分输入方式实现，此种电路如图 4 - 16 所示，其输出与输入之间的关系前面已经分析过，这里不再重复。

当然，无论加法或减法运算，均可采用如前所述的单级集成运放电路实现，也可采用多级集成运放电路来实现。下面举例说明。

【例 4 - 1】 已知两级运放电路如图 4 - 19 所示，试分析 u_o 与 u_{i1}，u_{i2} 的关系，并求 R_4，R_5 的值。

解　因为第一级运放组成反相输入方式电路，所以其输出电压为

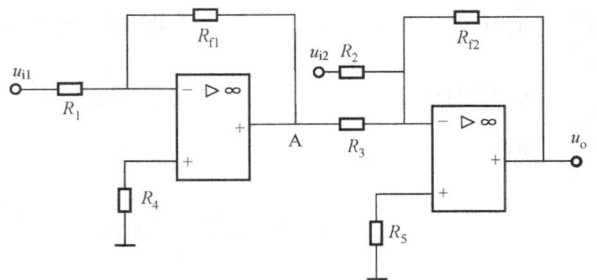

图 4 - 19　两级运放电路

$$u_{oA} = -\frac{R_{f1}}{R_1} u_{i1}$$

而第二级运放组成单端反相双输入方式电路，根据线性叠加原理，由电路可得

$$u_o = u_{o1} + u_{o2} = -\frac{R_{f2}}{R_3} u_{oA} - \frac{R_{f2}}{R_2} u_{i2}$$

$$= -\frac{R_{f2}}{R_3} \left(-\frac{R_{f1}}{R_1} u_{i1}\right) - \frac{R_{f2}}{R_2} u_{i2}$$

$$= \frac{R_{f2}}{R_3} \frac{R_{f1}}{R_1} u_{i1} - \frac{R_{f2}}{R_2} u_{i2} \tag{4-16}$$

为保持电路平衡，$R_4=R_1\mathbin{/\!/}R_{f1}$，$R_5=R_3\mathbin{/\!/}R_2\mathbin{/\!/}R_{f2}$。

若再取 $R_1=R_2=R_3=R_{f1}=R_{f2}$，则有

$$u_o=u_{i1}-u_{i2}$$

*（三）积分器

积分电路也是一种应用较为广泛的基本运放电路，在控制和测量系统中，通常用它来产生各种波形，实现定时、延时。积分电路是利用电容作为运放电路的反馈元件，电路如图 4-20 所示，其中，C_f 为反馈元件，R_2 为直流平衡电阻，$R_2=R_1$。

根据理想运放工作于线性区的两个法则，可推出 $u_{ip}=u_{in}=0$，$i_{ip}=i_{in}=0$，$i_1=i_f+i_{in}=i_f$

又因为

$$i_1=\frac{u_i-u_{in}}{R_1}=\frac{u_i}{R_1}$$

图 4-20 积分运算电路

$$i_f=C_f\frac{\mathrm{d}u_c}{\mathrm{d}t}=C_f\frac{\mathrm{d}(u_{in}-u_o)}{\mathrm{d}t}=-C_f\frac{\mathrm{d}u_o}{\mathrm{d}t}$$

所以有

$$\frac{u_i}{R_1}=-C_f\frac{\mathrm{d}u_o}{\mathrm{d}t}$$

$$u_o=-\frac{1}{R_1C_f}\int u_i\mathrm{d}t \tag{4-17}$$

由式（4-17）可以看出，u_o 与 u_i 满足积分关系，$\tau=R_1C_f$ 为积分时间常数，其值越大，则 u_o 达到指定值的时间就越长，积分作用就越弱。若 u_i 为直流电压时，则 u_o 值随时间作线性变化；u_i 为正值时，u_o 值线性下降，$u_{omin}=-U_{om}$；u_i 为负值时，u_o 值则线性增加，$u_{omax}=+U_{om}$。也就是说，积分电路中输出电压值不会随着时间的无限增加而一直变化，而是受到集成运放正负最大输出电压值的限制，当 u_o 值达到正或负的最大值时，即使时间再增加，则积分电路的输出电压 u_o 值将不再改变。

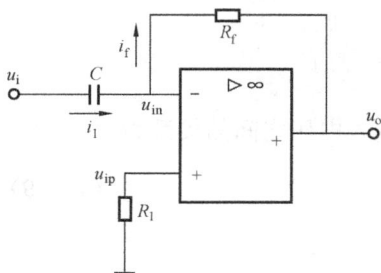

*（四）微分器

微分运算为积分运算的逆过程，电路如图 4-21 所示。它是把积分电路中反馈电容和输入电阻的位置互换而得。其中，R_1 为直流平衡电阻，$R_1=R_f$。

图 4-21 微分运算电路

由图 4-21 可知

$$u_{ip}=u_{in}=0,\ i_{ip}=i_{in}=0$$

则 $i_1=i_f+i_{in}=i_f$

又因为

$$i_1=C\frac{\mathrm{d}u_c}{\mathrm{d}t}=C\frac{\mathrm{d}(u_i-u_{in})}{\mathrm{d}t}=C\frac{\mathrm{d}u_i}{\mathrm{d}t},\ i_f=\frac{u_{in}-u_o}{R_f}=-\frac{u_o}{R_f}$$

即有

$$C\frac{\mathrm{d}u_i}{\mathrm{d}t}=-\frac{u_o}{R_f}$$

所以

$$u_o=-R_fC\frac{\mathrm{d}u_i}{\mathrm{d}t} \tag{4-18}$$

由式（4-18）可以看出，u_o 与 u_i 满足微分关系，$\tau=R_fC$ 为时间常数，其值越大，则微分作用越强。若 u_i 为直流，则 $u_o=0$。

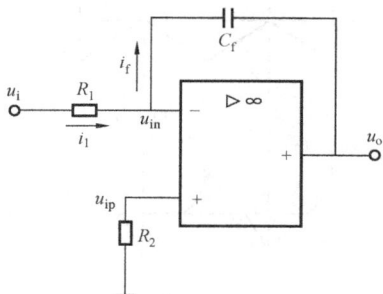

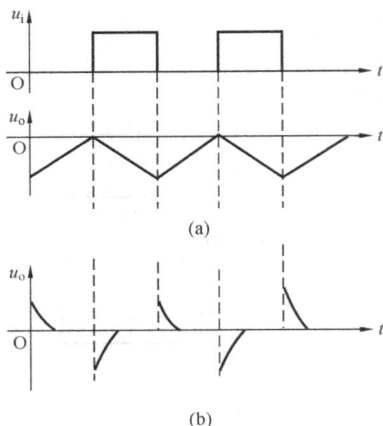

图 4-22　微积分电路波形图
（a）积分波形；（b）微分波形

总之，积分和微分电路均可作为波形变换电路，若积分电路的时间常数 $\tau = R_1 C_f$ 大于输入脉宽，则可把矩形波变换为三角波，波形变换图如图 4-22（a）所示。若微分电路的时间常数 $\tau = R_f C$ 小于输入脉宽，则可把矩形波变换为正负尖脉冲波形，波形变换图如图 4-22（b）所示。

三、集成交流放大器

前面介绍的几种运放电路，虽说既可放大直流，也可放大交流，但如果仅用来放大交流，则不太适合。其原因是：

（1）直流放大器采用直接耦合方式，要求有较高的直流增益，而交流放大器，则要求有较高的交流增益，如若也采用直接耦合，则其失调和漂移对输出动态电压范围影响较大。

（2）采用阻容耦合的交流放大器，则不必考虑前后级之间的电位配合，而且构成多级放大器，各运放的漂移不会被逐级放大，工作点较稳定。

因此，仅放大交流信号场合，宜采用集成交流放大器。

1. 反相交流放大器

μA741 构成的反相交流放大器电路如图 4-23 所示，其中，C_1 为输入耦合电容，C_2 为输出耦合电容，对于交流信号而言，C_1 和 C_2 可视为短路（通频带内）。R_2、R_3 用来设置静态工作点，为获得最大动态范围，通常设静态时 $U_O = U_+ = U_- = \frac{1}{2} U_{CC}$，由图中可以看出

$$U_+ = \frac{R_3}{R_2 + R_3} U_{CC} = \frac{1}{2} U_{CC}$$

故通常取 $R_2 = R_3$。

根据运放线性工作状态的两个法则，可求得输出电压和输入电压之间的关系为

$$u_o = -\frac{R_f}{R_1} u_i \tag{4-19}$$

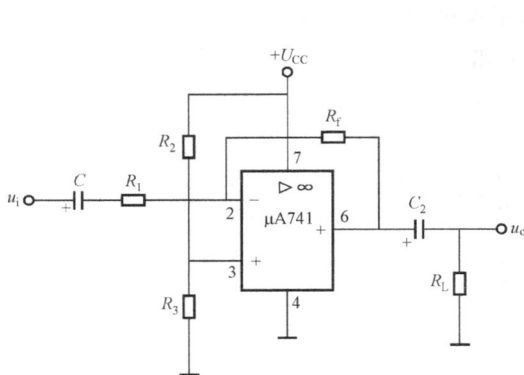

图 4-23　反相交流放大器

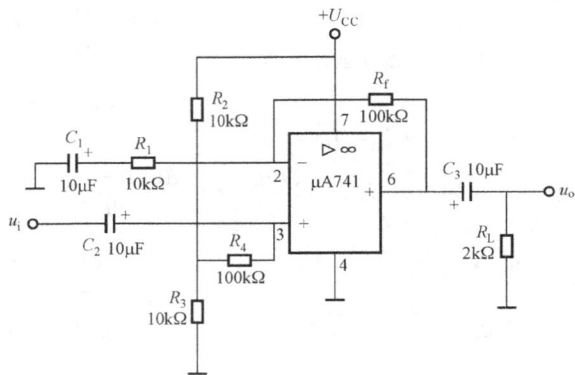

图 4-24　自举式同相交流放大器

2. 同相交流放大器

同相交流放大器电路如图 4-24 所示，其中，C_2 和 C_3 分别为输入、输出耦合电容，C_1 为旁路电容，对于通频带内的交流信号，C_1、C_2 和 C_3 可视为短路。该电路接 R_4 的目的是为了提高放大器的输入电阻。此时

$$R_i = (R_4 + R_2 /\!/ R_3) /\!/ R_{ic} \approx R_4$$

可见，改变 R_4 的大小可改变放大器的输入电阻，静态时，R_4 两端的电位几乎相等，R_4 提高了同相输入端的电位，故称 R_4 为自举电阻，该放大器称为自举式同相交流放大器。

根据运放线性工作状态的两个法则，可求得输出电压和输入电压之间的关系为

$$u_o = \left(1 + \frac{R_f}{R_1}\right)u_i \qquad (4-20)$$

由以上分析可知，在输入交流信号的通频带内，交流放大器与直流放大器的特性相同，而在通频带以外，特性就有一定的区别。

*四、电压比较器

电压比较器在自动控制、自动测量、模数转变以及波形的产生与变换等方面的应用十分普遍。它是用来比较两输入信号电压的相对大小，是根据输入信号电压大于还是小于参考电压而决定电路的输出状态。在电压比较电路中，集成运放工作在非线性区，因此，在分析电路时，可以利用理想运放工作在非线性状态的两个法则来分析。

1. 过零电压比较器

过零电压比较器电路如图 4-25（a）所示，其中，同相输入端接地，其基准电压 $U_{REF} = 0$；反相输入端输入比较电压 u_i。根据理想运放工作于非线性工作状态的两个法则，由电路可知：

当 $u_i > 0$ 时，$u_o = -U_{om}$（运放输出负的最大值）。

当 $u_i < 0$ 时，$u_o = +U_{om}$（运放输出正的最大值）。

其电压传输特性如图 4-25（b）所示，运放的输出状态在 $u_i = 0$ 时翻转。故此电压比较器电路就叫做过零比较器。

同理，过零电压比较器比较电压也可以从同相端输入，而反相端接地作为基准端，请读者自己分析其电压传输特性。

2. 单限电压比较器

单限电压比较器电路如图 4-26（a）所示，其基准电压 U_{REF}（通常也叫阀值电压或叫门限电平）接于同相端，比较输入电压 u_i 由反相端输入。根据理想运放非线性的两个法则，由电路可知：

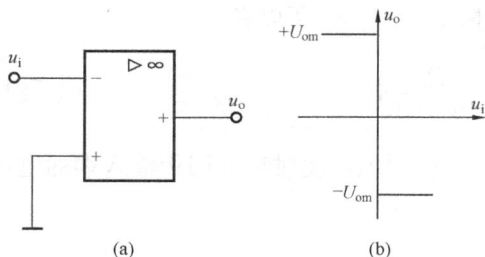

图 4-25 过零电压比较器
（a）电路；（b）传输特性

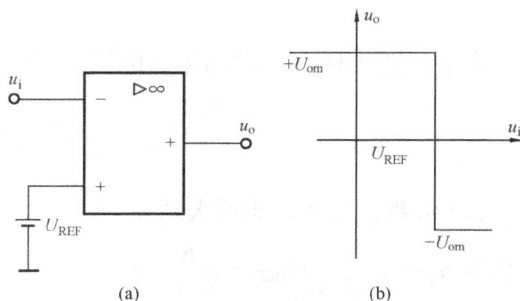

图 4-26 单限电压比较器
（a）电路；（b）传输特性

当 $u_i > U_{REF}$ 时，$u_o = -U_{om}$。

当 $u_i < U_{REF}$ 时，$u_o = +U_{om}$。

此电路的电压传输特性如图 4-26（b）所示，运放的输出状态在 $u_i = U_{REF}$ 时翻转。电路只有一个基准电压，故叫单限电压比较器。

同理，若把比较输入电压 u_i 与基准电压 U_{REF} 互换，则电路也是一种单限电压比较器。

*3. 迟滞电压比较器（施密特触发器）

上面介绍的单限电压比较器电路简单，灵敏度较高，但其抗干扰能力较差。若输入电压 u_i 受到干扰而使其值在基准电压附近上下波动，则其输出电压 u_o 将会在正、负最大值之间来回翻转从而出现错误。这在自动控制、检测系统是不允许的，因此，为了克服这一缺点，通常在比较器电路中引入 R_f 构成电压串联正反馈，如图 4-27（a）所示，图中，双向稳压二极管的作用是使输出电压 u_o 稳定于稳压管的稳压值 $\pm U_Z$ 上。下面分析电路的工作原理。

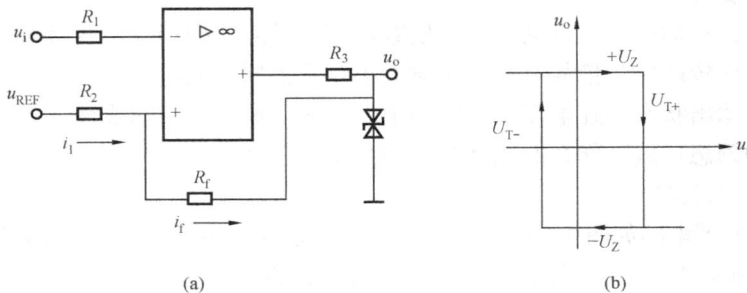

图 4-27 迟滞电压比较器
(a) 电路；(b) 电压传输特性

（1）$u_i < u_{ip}$ 时，$u_o = +U_Z$。

因为 $I_{ip} = 0$，所以，由电路可知 $I_1 = I_f$，即有

$$\frac{U_{REF} - u_{ip}}{R_2} = \frac{u_{ip} - u_o}{R_f}$$

由上式可得

$$u_{ip} = \frac{R_f U_{REF}}{R_2 + R_f} + \frac{R_2 u_o}{R_2 + R_f} = \frac{R_f U_{REF}}{R_2 + R_f} + \frac{R_2 U_Z}{R_2 + R_f}$$

通常，把此时的 u_{ip} 值叫迟滞电压比较器的上门限电压 U_{T+}，所以有

$$U_{T+} = \frac{R_f}{R_2 + R_f} U_{REF} + \frac{R_2}{R_2 + R_f} U_Z \tag{4-21}$$

（2）u_i 继续增大，当增大到 $u_i > U_{T+}$ 时，$u_o = -U_Z$。同理，此时运放同相输入端的电压 u_{ip} 值为 $u_{ip} = \frac{R_f}{R_2 + R_f} U_{REF} - \frac{R_2}{R_2 + R_f} U_Z$。

显然，此时电路的同相输入端的电压 u_{ip} 值与 U_{T+} 值是不同的。此时的 u_{ip} 值叫迟滞电压比较器的下门限电压 U_{T-}，所以有

$$U_{T-} = \frac{R_f}{R_2 + R_f}U_{REF} - \frac{R_2}{R_2 + R_f}U_z \tag{4-22}$$

若 u_i 再继续增大，则运放输出电压 u_o 值继续保持 $-U_z$ 不变。

（3）若 u_i 不再增大，反而开始减小，但其值仍保持 $u_i > U_{T-}$ 时，则 u_o 仍保持 $-U_z$ 不变，即 $u_o = -U_z$。

（4）若 u_i 再继续减小到使 $u_i < U_{T-}$ 时，则运放输出电压 u_o 开始由 $-U_z$ 跳变为 $+U_z$，即 $u_o = +U_z$。

由以上分析可知，迟滞电压比较器的传输特性如图 4-27（b）所示，运放的输出电压 u_o 的状态在 U_{T+} 和 U_{T-} 时发生变化。两门限电压之差通常把它叫做门限宽度或回差电压 ΔU_T，因此有

$$\Delta U_T = U_{T+} - U_{T-} = \frac{2R_2}{R_2 + R_f}U_z \tag{4-23}$$

由式（4-23）可以看出，回差电压 ΔU_T 与基准电压 U_{REF} 无关，而只与电阻 R_2、R_f 和双向稳压管的稳压值 U_z 有关；但若改变基准电压 U_{REF} 值，则可以改变门限电压 U_{T+} 与 U_{T-} 值的大小。

*五、有源滤波器

滤波器是一种能够选择有用的信号频率输出而把无用的信号频率尽量衰减的电子装置。滤波器的种类繁多，有由电阻、电容、电感组成的无源滤波器和由放大电路、RC 网络组成的有源滤波器。

1. 滤波器分类及幅频特性

通常用频率响应的幅频特性来描述滤波器的特性，如图 4-28 所示。滤波器按频率特性的不同可分为：

（1）低通滤波器（LPF）。该类滤波器允许低频信号通过，将高频信号衰减；

（2）高通滤波器（HPF）。该类滤波器允许高频信号通过，将低频信号衰减；

（3）带通滤波器（BPF）。该类滤波器允许某一频带范围内的信号通过，将此频带以外的信号衰减；

（4）带阻滤波器（BEF）。该类滤波器阻止某一频带范围内的信号通过，而允许此频带之外的信号通过。

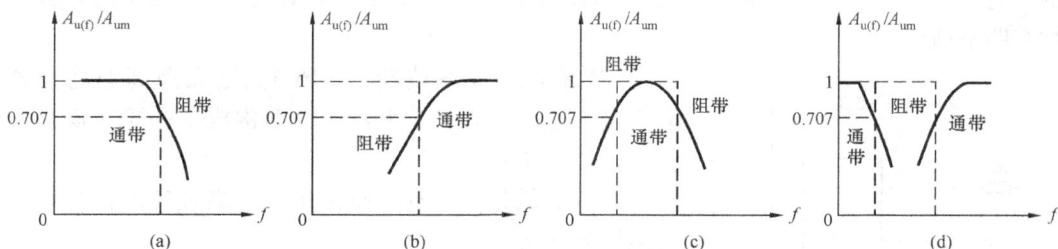

图 4-28 滤波器的幅频特性

（a）低通滤波器（LPF）；（b）高通滤波器（HPF）；（c）带通滤波器（BPF）；（d）带阻滤波器（BEF）

对滤波器的要求是：①阻带内的输出信号幅度要小；②通带与阻带之间的过渡要窄。图 4-28 中的虚线表示理想情况下的滤波器特性。

2. 有源滤波器

由于集成运放具有开环电压放大倍数大、输入电阻大、输出电阻小等优点，因此常用集成运放、RC 网络构成有源滤波器。在有源滤波器中，集成运放起隔离和放大作用，由于输入电阻高，对 RC 网络的影响小；输出电阻低，大大提高了带负载的能力。下面介绍有源低通和高通滤波器，其余的读者可以自行查阅有关书籍。

(1) 有源低通滤波器（LPF）。电路如图 4-29（a）所示是一阶有源低通滤波器，实质是一个同相放大器，把 RC 无源低通滤波器接于同相输入端，分析可得：

电压放大倍数为

$$\dot{A}_u = \frac{\dot{U}_o}{\dot{U}_i} = \frac{1 + \dfrac{R_f}{R_1}}{1 + j\omega RC} = \frac{A_{uf}}{1 + j\dfrac{\omega}{\omega_o}} = \frac{A_{uf}}{1 + j\dfrac{f}{f_o}}$$

$$A_{uf} = 1 + \frac{R_2}{R_1}$$

截止频率为

$$f_o = \frac{1}{2\pi RC}$$

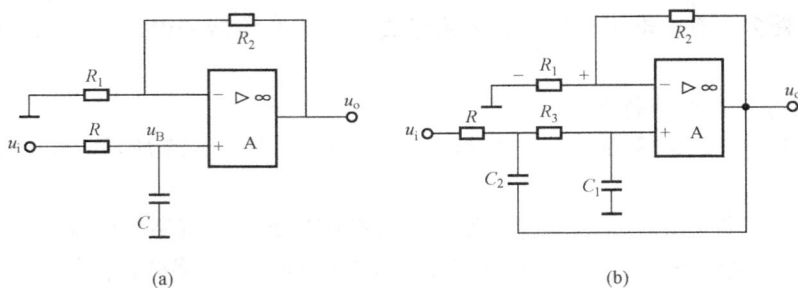

图 4-29　有源低通滤波器
（a）一阶有源低通滤波器；（b）二阶有源低通滤波器

一阶有源滤波器缺点是过渡带不够陡峭，滤波效果并不理想，改进电路如图 4-29（b）所示，它是一个二阶有源低通滤波器，即在 RC 前面再增加一级 RC 低通滤波电路，其幅频特性有明显改善。

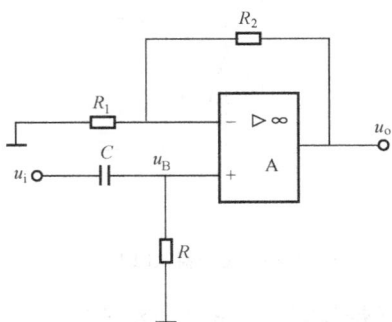

图 4-30　一阶有源高通滤波器

(2) 有源高通滤波器（HPF）。把无源高通滤波器的输出接至运放的同相放大器中，即构成了一阶有源高通滤波器，如图 4-30 所示。

电容对低频信号有衰减作用，较高频率的信号可以有效地得到放大。

电压放大倍数为

$$\dot{A}_u = \frac{A_{uf}}{1 - j\dfrac{f_0}{f}}, \quad A_{uf} = 1 + \frac{R_2}{R_1}$$

截止频率为

$$f_。= \frac{1}{2\pi RC}$$

有源滤波器不用电感，所以它体积小、重量轻、选择性好，也不需要加磁屏蔽；而且，谐振频率、放大倍数和品质因数容易控制，还可使所处理的信号得以放大，工程上常用于信息处理、数据传送和抑制干扰等方面。但有源滤波器需有直流工作电源，工作电流较大时会出现饱和现象，且在高频下运放的增益会下降，故在高频下使用受到一定的限制，一般最大的工作频率可达 1MHz。有源滤波器的可靠性较差，一般不适合在高电压或大电流条件下使用。

六、集成功率放大器

（一）集成功率放大器概述

集成功率放大器（简称集成功放）是采用平面集成工艺，把功率放大器中的晶体管和电阻都制作在同一硅片上。集成功放与分立元件的功放相比有许多突出的优点，它性能好、体积小、管耗低、可靠性高、电源利用率高、价格便宜，安装调试简单、方便，只需外接负载和电容器即可。除此之外，由于集成功放把所有晶体管制作在一块硅片上，晶体管的对称性和静态电流都处于最佳状态，所以失真度小，温度稳定性好，大多还设置有过热、过流、过压保护电路，器件损坏率低，被广泛应用在收音机、录音机、对讲机、电视机和直流伺服系统中的功率放大部分。

集成功放从内部结构上看主要有输入级、中间放大级和功率输出级。输入级由差分放大器组成，可以减少直接耦合造成的直流工作点的不稳定；中间放大电路要求有高的电压放大倍数，所以由共射电路构成，它为输出级提供足够大的信号电压；输出级要驱动负载，所以要求其输出电阻小，输出电压幅度高，输出功率大，因此采用互补对称功率放大器。下面，从工程应用的角度介绍两种常用的集成功率放大器。

（二）LM386 小功率音频集成功放

1. 外形、管脚排列及内电路

LM386 是美国国家半导体公司生产的一种颇为流行的低电压通用型音频集成功率放大器，突出的优点是频带宽、功耗低、电源电压适应范围大、外围元件使用少，广泛应用于收音机、对讲机和信号发生器等各种便携式电子设备中。LM386 的外形与管脚图如图 4-31 所示，它采用8 脚双列直插式塑料封装。

LM386 有两个信号输入端，2 脚为反相输入端，3 脚为同相输入端；每个输入端的输入阻抗均为 $50k\Omega$，而且输入端对地的直流电位接近于

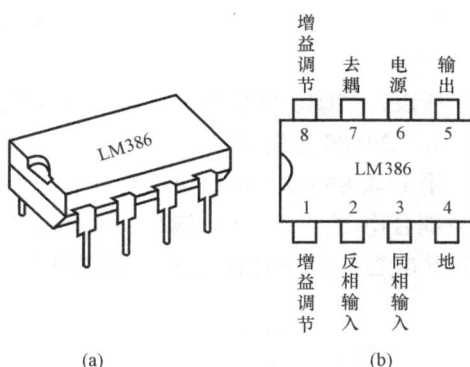

图 4-31 LM386 外形与管脚排列
(a) 外形图；(b) 管脚排列图

零，即使输入端对地短路，输出端直流电平也不会产生大的偏离，上述的输入特性使 LM386 使用起来极为灵活。LM386 的内部电路如图 4-32 所示。

2. 主要性能指标及估算

（1）主要性能指标。LM386 的额定工作电压范围为 $4\sim16V$，当电源电压为 6V 时，静态工作电流为 4mA，因而极适合用电池供电。当 $U_{CC}=16V$，$R_L=32\Omega$ 时输出功率为 1W。

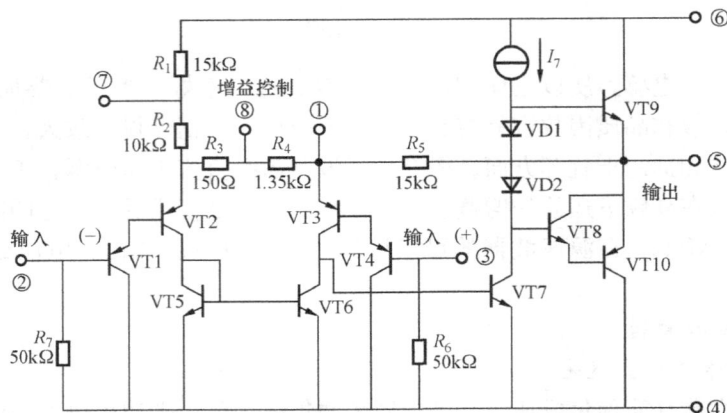

图 4-32　LM386 内部电路原理图

①、⑧脚开路时带宽 300kHz，总谐波失真为 0.2%，输入阻抗为 50kΩ。最大允许功耗（25℃）为 660mW。一般使用时不需散热片。在电源电压为 6V，负载阻抗为 8Ω 时的输出功率（$THD=10\%$）为 325mW，当电源电压为 9V，负载阻抗为 8Ω 时，输出功率可达 1.3W。

（2）估算。设引脚①、⑧脚间外接电阻 R，则

$$A_{uf} \approx \frac{2R_5}{R_3 + R_4 /\!/ R}$$

当引脚①、⑧之间对交流信号相当于短路时

$$A_{uf} \approx \frac{2R_5}{R_3} = 200$$

所以，当①、⑧脚外接不同阻值电阻时，A_{uf} 的调节范围为 20~200（26~46dB）。

3. LM386 应用电路

用 LM386 组成的 OTL 功放电路如图 4-33 所示，信号从 3 脚同相输入端输入，从 5 脚经耦合电容（220μF）输出。7 脚所接电容 C 是直流电源去耦电容。输出端的 10Ω 串接 0.1μF 电容是频率补偿电路，用以抵消扬声器音圈电感在高频时的不良影响，改善高频特性和防止高频自激。1、8 脚之间所接阻容网络是为设定电路增益而加的，调节 1 脚上的电位器可使电路的电压放大倍数在 20~200 之间变化。5 脚外接 220μF 电容为功放输出电容，以便构成 OTL 电路。

（三）LM1875 音频集成功放

1. LM1875 音频集成功放简介

LM1875 音频功率放大器是美国 NS 公司推出的性能优良的集成音频功率放大器，其失真低、音色诱人、输出功率高、内部保护功能完善、工

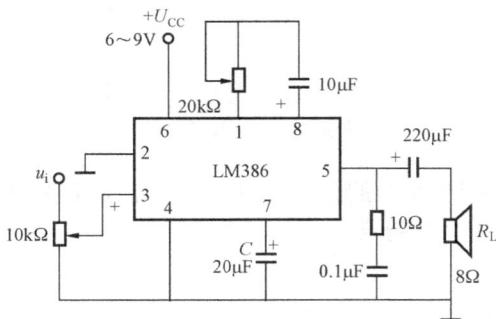

图 4-33　LM386 典型应用

作稳定可靠、外围电路元件少且有较高的性能价格比。主要技术指标如下：电源电压范围20～60V，静态电流70mA，直流输出电平0V，输出功率25W，失调电压±1mV，输入失调电流±0.5μA，带宽增益积5.5MHz（$f_0=20$kHz），功率带宽70kHz，开环电压增益90dB，输出电流3A，工作温度范围0～70℃。LM1875采用塑料封装，具有5个引脚，其外形和引脚位置如图4-34所示。

2. LM1875音频集成功放典型应用举例

（1）OTL方式应用电路。图4-35所示是LM1875单电源供电功率放大器。该电路接成OTL方式，R_1、R_2、R_3组成分压式偏置电路，使同相输入端（引脚1）的静态电位值为$U_{CC}/2$；C_7为OTL输出电容；信号从同相输入端输入，R_4、R_5和C_5构成交流电压串联负反馈，其闭环电压放大倍数为

$$A_u = 1 + \frac{R_4}{R_5} \approx 33$$

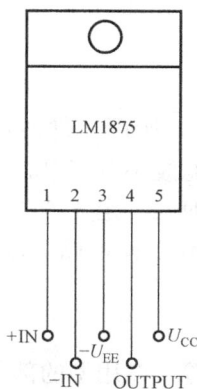

图4-34 LM1875外形和引脚位置图

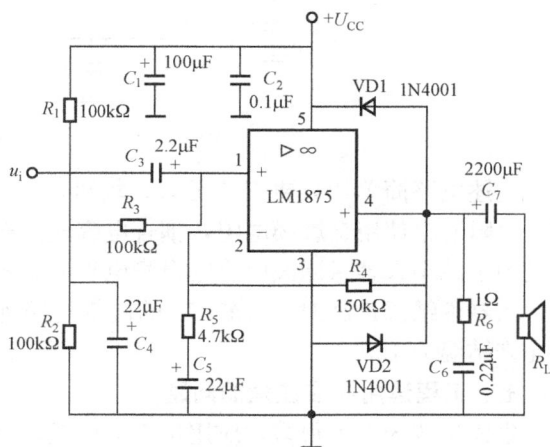

图4-35 LM1875构成OTL功放电路

R_6、C_6组成移相消振电路，以便抑制电路可能出现的高频自激振荡。VD1、VD2组成过压保护电路，用以泄放感性负载上的自感电压，避免集成电路受过电压的冲击而损坏。

（2）OCL方式应用电路。图4-36所示是双电源供电OCL方式应用电路。其输入端、输出端的静态电位均为零，无需外接偏置电路。其他元件的作用与上述OTL应用电路中的相同。其闭环电压放大倍数为

$$A_u = 1 + \frac{R_1}{R_2} \approx 33$$

*（3）BTL方式应用电路。图4-37是采用两个LM1875组成的平衡式桥接推挽功放电路，简

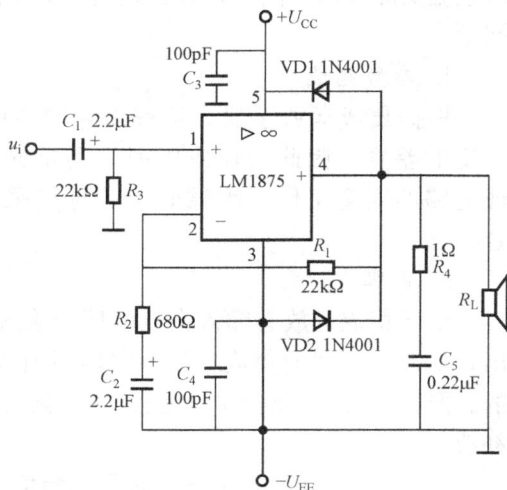

图4-36 LM1875构成OCL功放电路

称 BTL 功放电路。它将负载 R_L 桥接在两个集成电路的输出端之间。负载 R_L 两端的信号电压大小相等，极性相反，输出电压为单个集成功放输出电压的两倍，输出功率则可提高到 4 倍。

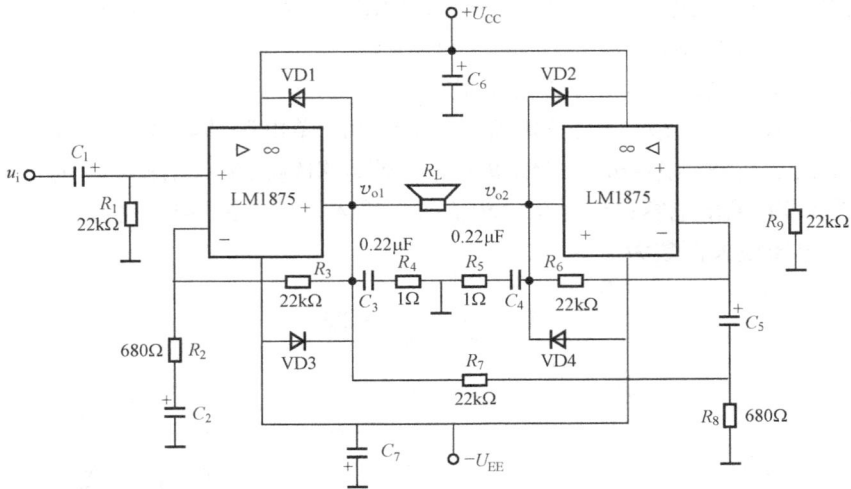

图 4 - 37　LM1875 构成 BTL 功放电路

上述电路简单，只要安装无误，均可成功。为保证电路质量，所用元件的选择十分重要。电阻通常使用金属膜电阻，耦合电容全部选用钽电容。电源滤波小电解电容的接入，目的是为了减小大容量滤波电容的自身电感的影响。使用 LM1875 时，一定要加装散热器，否则，当器件结温过高时，LM1875 的内部过热保护电路将开始工作，使电路关断，LM1875 的允许结温为 150℃。

七、工程运用中应注意的问题

集成运放的种类很多，应用也极为广泛，有通用型和专用型等。专用型的部分性能比通用型好得多，如高输入阻抗型、高精度型、高速型、低功耗型等。具体选用何种集成运放，应根据实际要求。同时，为了达到要求和精度，避免在调试过程中损坏，还应注意以下几个问题。

1. 参数测试

根据集成运放手册，可查出它的种种参数，但手册中的参数与实际的元器件参数有一定的差异，因此，在使用前需测量元器件的实际参数值，以便更好地调试电路和保证电路的安全工作。测试时，应尽量采用专用的测试仪器，也可以用一些常用仪器组合测试。

2. 调零

由于集成运放有输入失调电压和输入失调电流的存在，使得在零输入时无法实现零输出。所以，一般的集成运放电路均设有调零电路，以使运放在零输入时达到零输出的目的。但有时按规定调零时，仍无法达到目的，因此，电路中通常又采用以下几种措施加以补偿。

（1）可以适当加大调零电位器的阻值。但应注意，这可能使温度指标变差，还可能影响级间的耦合。

（2）可以使用辅助调零。辅助调零电路如图 4 - 38 所示。但应注意电源电压不稳定等因素而使输出增加附加漂移。

3. 消除自激振荡

由于集成运放实质是放大倍数很大的多级直接耦合放大电路，因此，容易产生自激振荡而使电路无法正常工作。所以，在使用中通常设有补偿电路，以消除自激振荡。

4. 保护措施

使用时，如电源电压极性接反或电压太高，输出端对地短路或接到另一电源造成电流过大；输入信号过大，超出额定值等都容易造成集成运放损坏。因此，在使用中，通常采用以下几种保护措施。

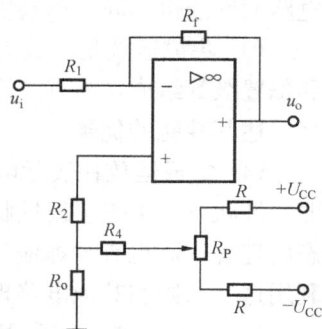

图 4 - 38　辅助调零电路

（1）输入保护。输入级的损坏通常是因为差模或共模信号电压过大而造成的。当输入超过规定值时，会造成集成运放内部输入对管的不平衡，使指标变坏，甚至会使输入级三极管损坏。因此，一般在输入端采用两个二极管反向并联的钳位电路，限制加到集成运放两输入端之间的信号幅度，从而达到保护输入级的目的。电路如图 4 - 39 所示。这种电路的缺点是增加了输入失调电流所造成的误差。

（2）输出保护。输出端要防止由于负载短路或其他原因造成输出过电流，或者由于输出过电压而使输出级造成击穿等现象。输出端保护的方法很多，较简单的办法是在运放的输出端加上限幅保护电路，电路如图 4 - 40 所示。

（3）电源端保护。为了防止电源极性接反而造成集成运放的损坏，通常在运放的电源输入端接入二极管加以保护。电路如图 4 - 41 所示。

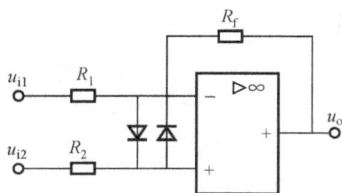

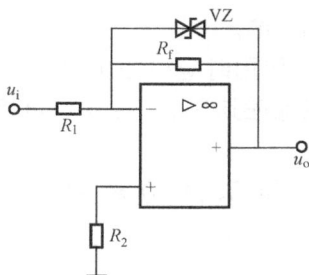

图 4 - 39　输入保护　　　　　图 4 - 40　输出保护　　　　　图 4 - 41　电源端保护

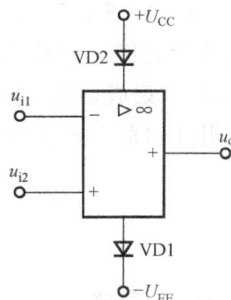

小　　结（四）

（1）直流放大器既能放大直流信号，也能放大交流信号，但存在着零点漂移现象，在实际电路中，通常采用差分放大器来抑制零点漂移。

（2）差分放大器的输入信号可分为共模信号和差模信号，它对差模信号有较强的放大能力，而对共模信号有很强的抑制能力，可以较好地抑制零点漂移。根据电路输入、输出方式的不同，差分放大器可一般分为四种电路形式，分别为双入—双出、单入—双出、双入—单出、单入—单出。其输入方式的不同对电路的性能指标不会产生影响，但输出方式的不同，电路的性能也不同。单端输出的差分放大器性能比双端输出的差。

（3）集成运放是高放大倍数的直接耦合多级放大电路。通常由输入级、中间级、输出级和偏置级等组成，为有效抑制零漂，输入级通常组成差分放大器。集成运放可以用各种参数来表述其性能的优越。

（4）集成运放在实际电路中通常看作理想状态来分析，理想运放可以工作在线性状态和非线性状态。工作于线性状态的理想运放有"虚短"和"虚地"两个法则；工作于非线性状态的理想运放也有"虚地"和"运放的输出总是处于正或负的最大输出电压值"两个法则。利用这些法则和其他电路理论就可以分析各种各样的运放电路。

（5）集成运放有三种基本输入方式：反相输入、同相输入和差动输入方式，其输入与输出之间的关系可用理想运放工作于线性状态的两个法则来分析。差动输入方式是反相输入方式和同相输入方式的叠加，因此，也可以利用线性叠加原理来分析。

（6）集成运放若外接不同的负反馈网络，则可以实现诸如加、减、积分、微分、对数和指数等各种数学运算。电路均可用理想运放"虚短"和"虚地"两个法则分析，减法电路也可利用线性叠加原理来分析。

（7）电压比较器是一种信号变换电路，它可以对两个或多个模拟量进行比较，常用于各种控制电路。单限电压比较器是输入电压与标准电压的比较；迟滞电压比较器是输入电压与输出电压在同相输入端的分压的比较，输出电压不同时，其标准电压也不同。

（8）有源滤波器可以选择所需的频率信号输出而把不需要的频率信号滤除。它有低通、高通、带通、带阻等形式，是一种常用的滤波电路。

（9）集成功放也是一种模拟集成器件，加上少量外部元件，可构成性能良好的音频放大器，使用方便、工作稳定，适用电压范围广。集成功放产品的种类繁多、使用灵活，可组成OTL、OCL 或 BTL 等各类功率放大电路，读者可以通过查阅产品手册，了解各引脚功能，确定外接元件，达到正确使用的目的。

（10）集成运放的种类繁多，使用时应根据实际需要进行选择，同时，还应采取诸如调零、消除自激和各种保护措施以保证其安全、稳定、可靠地工作。

知 识 能 力 检 验 （四）

一、填空题

1. 差分放大器的差模电压放大倍数越大，则表示其抑制_____的能力越强。

2. 差分放大器的组成特点是_____结构。

3. 单入—双出差分放大器的共模电压放大倍数等于_____。

4. 理想运放工作在线性区的两个法则是_____；
工作在非线性区的两个法则是_____。

5. 反相比例运算电路的输入电流和流过反馈电阻的电流大约_____。

6. 同相过零比较器当 $u_i > 0$ 时，其输出电压 $u_o = $_____。

7. 集成功率放大器通常由_____、_____、_____三部分构成。

二、选择题

1. 直接耦合放大电路存在的主要问题是_____。

（A）电流放大能力不大 （B）电压放大倍数太小

（C）存在零点漂移

2. 差分放大器的主要作用是_____。

（A）稳定静态作用点 （B）降低输出电阻

（C）克服零点漂移

3. 理想运放处于_____状态时，可运用"虚短"和"虚断"概念。

（A）非线性工作 （B）线性工作 （C）开环工作

4. _____电路可将方波信号变换为三角波信号。

（A）比例运算 （B）积分 （C）微分

5. 电压比较器的输出状态总是处于_____状态。

（A）高或低电平 （B）开环 （C）深度负反馈

6. 若要求电路的有用输出信号频率低于 10Hz，则应选择_____滤波器。

（A）BEF （B）LPF （C）HPF

7. 集成运放组成的电压跟随器的输出电压 $u_o =$_____。

（A）u_i （B）1 （C）A_u （D）A_{uf}

三、判断题

1. 直流放大器能放大直流信号和交流信号。 （ ）

2. 直流放大器抑制零点漂移的主要措施是使用差分放大器。 （ ）

3. 理想运放，不论它工作在线性状态还是非线性状态，均有"虚断"特性。 （ ）

4. 理想的集成运放电路输入电阻为无穷大，输出电阻为零。 （ ）

5. 集成运放只能放大直流信号，不能放大交流信号。 （ ）

6. 直流放大器有零点漂移，而交流放大器没有零点漂移。 （ ）

7. 电压比较器中集成运放一定工作于非线性状态。 （ ）

四、分析与计算题

1. 电路如图 4-42 所示，已知三极管 VT1 和 VT2 的 $\beta_1 = \beta_2 = 60$，$r_{be} = 1k\Omega$，$U_{BE1} = U_{BE2} = 0.7V$，下调零电位器 $R_P = 100\Omega$，且其滑动触头在中间位置。试求：

（1）计算电路的静态 U_{CE1} 和 U_{CE2} 值。

（2）计算电路的电压放大倍数。

（3）计算电路的共模抑制比 K_{CMR}。

（4）计算电路的输入电阻和输出电阻。

2. 图 4-43 所示两个电路均可将输入电流转换为输出电压，试用理想运放的两个法则分析各电路的输出电压 u_o 与输入电流 i_1 之间的关系式；并求当 $i_1 = 5\mu A$ 时 u_o 的值。

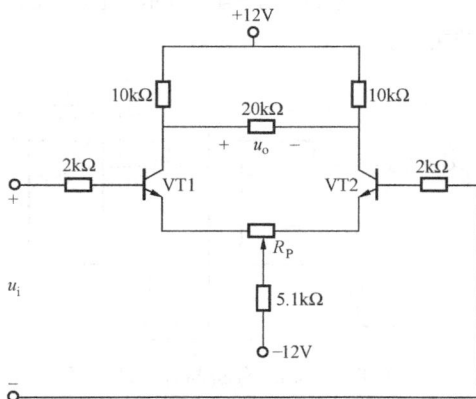

图 4-42 分析与计算题 1 图

3. 已知图 4-44 中的集成运放是理想的，试求其输出电压与输入电压之间的关系式。

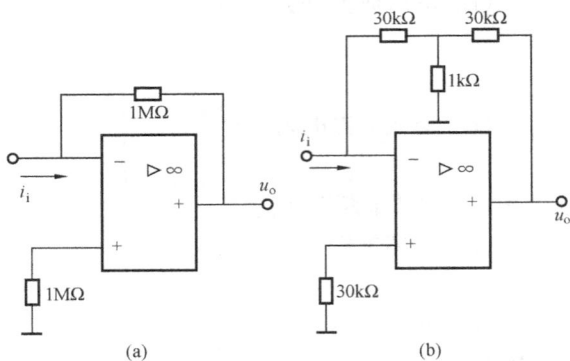

图 4-43　分析与计算题 2 图

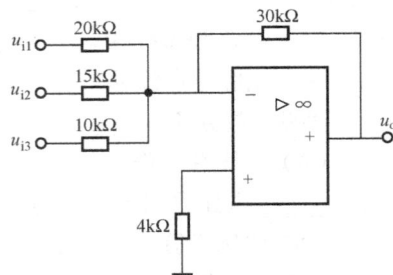

图 4-44　分析与计算题 3 图

4. 在图 4-45 各电路中的集成运放均为理想的，试求它们各自的输出电压与输入电压之间的关系式。

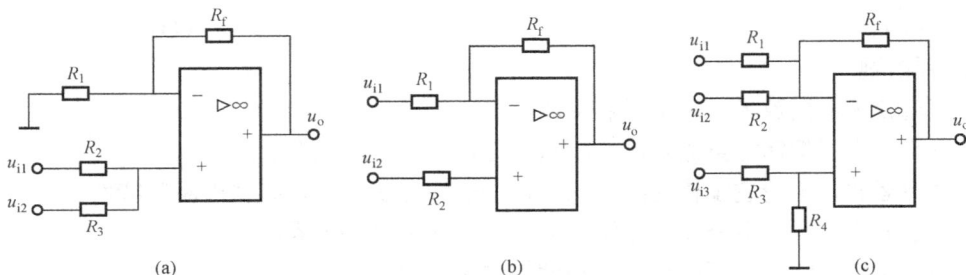

图 4-45　分析与计算题 4 图

5. 已知图 4-46 电路中的集成运放是理想的，试求电路中的 u_o 与 u_i 的关系式。

6. 电路如图 4-47 所示，已知集成运放为理想的，试求输出电压 u_o 与输入电压 u_{i1}、u_{i2} 的关系式。

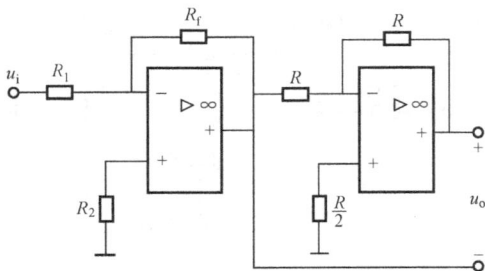

图 4-46　分析与计算题 5 图

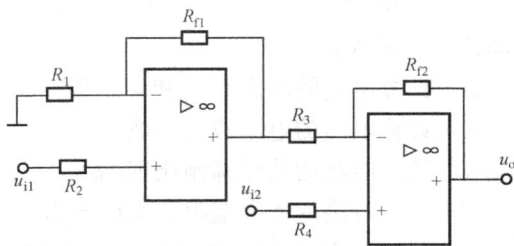

图 4-47　分析与计算题 6 图

7. 电路如图 4-48 所示，已知集成运放是理想的，输入电压波形如图 4-48（c）所示，且当 $t=0$ 时，电容上的电压 $u_C=0$，集成运放的最大输出电压为 $\pm15V$，试分别画出积分电路与微分电路的输出电压波形。

8. 电路如图 4-49 所示，试求此电压比较器的阈值电压，并画出其电压传输特性。

9. 已知同相过零比较器输入电压的幅值为 $+5V$，输出电压的幅值为 $\pm6V$，试画出输出

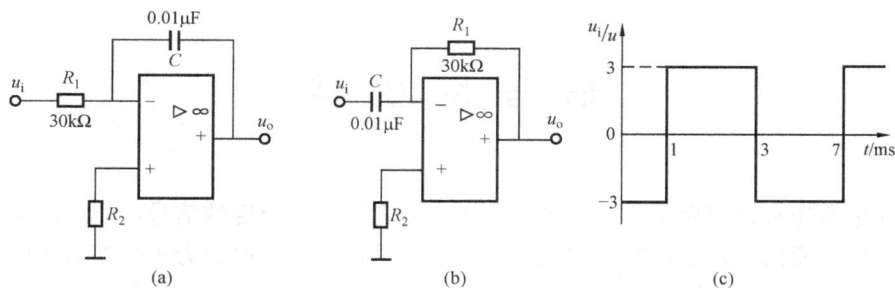

图 4-48 分析与计算题 7 图

电压波形。

10. 已知迟滞电压比较器的传输特性和输入电压波形如图 4-50 所示，试画出它的输出电压波形。

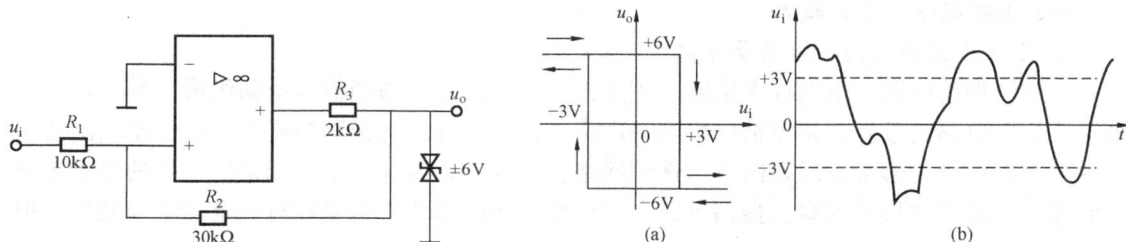

图 4-49 分析与计算题 8 图

图 4-50 分析与计算题 10 图
(a) 传输特性；(b) 输入波形

11. 试设计能够实现下例运算关系的运算电路。

(1) $u_o = 2.5u_i$

(2) $u_o = -(4u_{i1} + 2u_{i2} + 0.5u_{i3})$

(3) $u_o = 3u_{i1} + 2u_{i2} - 4u_{i3}$

12. 根据图 4-51 所示的集成功率放大电路。

(1) 说明集成电路 DG4100 第 1、2、9、14 脚的功能。

(2) 分析电路中元器件 C_1、C_3、C_5、C_6 的作用。

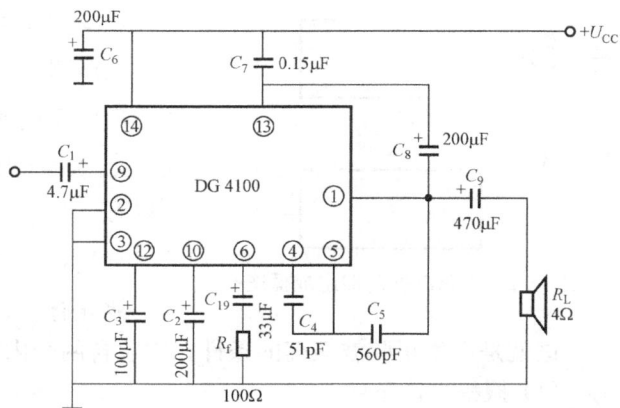

图 4-51 分析与计算题 12 图

第 五 章

信 号 发 生 器

信号发生器通常也叫做振荡器，是用来产生一定频率和幅度的信号，它广泛应用于各个领域，如广播、通信、自动控制、仪表测量等电子设备中。一般分为正弦波振荡电路和非正弦波振荡电路，它们的共同特点是：电路不需要外加输入信号就能产生各种周期性的输出信号波形，如正弦波、方波、三角波和锯齿波等。

第一节　信号发生器概述

一、正弦波振荡电路概述

1. 正弦波振荡电路的组成及分类

正弦波振荡电路一般由放大电路、正反馈网络、选频网络和稳幅电路组成。其中，放大电路是振荡电路的基础；正反馈网络则是产生振荡的条件；选频网络则是能够正常输出所需信号频率的保证，通常正反馈网络与选频网络合二为一；而稳幅电路则是使产生的信号幅值能够保持稳定且波形不失真。振荡电路中三极管工作的非线性本身就有一定的稳幅效果，但为了达到更好的稳幅效果，一般可外设稳幅电路。

正弦波振荡电路的种类很多，按照选频网络的不同可分为 RC 振荡器、LC 振荡器和石英晶体振荡器。

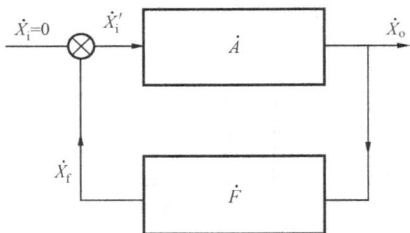

图 5-1　正弦波振荡器组成框图

2. 正弦振荡的条件

根据图 5-1 所示，其中，$\dot{A}$ 为放大电路的放大倍数，$\dot{F}$ 为反馈网络的反馈系数，$\dot{X}_i'$ 为放大电路的净输入，$\dot{X}_f$ 为反馈信号。因为振荡电路的输入信号 $\dot{X}_i = 0$，所以有

$$\dot{X}_i' = \dot{X}_f, \quad \dot{F} = \dot{X}_f / \dot{X}_o, \quad \dot{X}_o = \dot{A}\dot{X}_i' = \dot{A}\dot{X}_f = \dot{A}\dot{F}\dot{X}_o$$

故此有
$$\dot{A}\dot{F} = 1 \qquad (5-1)$$

这就是产生正弦波振荡的条件，它包含两个内容：

（1）振幅平衡条件

$$|\dot{A}\dot{F}| = 1 \qquad (5-2)$$

也就是放大倍数与反馈系数的乘积之模等于1。

（2）相位平衡条件

$$\varphi_A + \varphi_F = 2n\pi \quad (n = 0, 1, 2, 3, \cdots) \qquad (5-3)$$

也就是放大电路的相移与反馈网络的相移之和等于 $2n\pi$，保证引入的是正反馈。

3. 振荡的产生和稳定

放大电路中存在着噪声或瞬间的扰动，它们的频率成分很多，在接通电源的瞬间，电路中微弱的噪声或扰动，就成了放大器的初始输入信号，它被放大后又经正反馈网络反馈至输入端，且幅度比前一时刻要大，如此周而复始放大、正反馈，振荡就产生了。经过选频网络的选择，只有其中的某一频率 f_0 的信号可以得以反复地放大，且幅度越来越大，而其余成分却逐渐衰减至零。由此可见，振荡要建立，则反馈电压必须大于产生此反馈电压的净输入电压，因此，振荡电路的起振条件为：

（1）振幅起振条件，即

$$|\dot{A}\dot{F}| > 1 \qquad\qquad (5-4)$$

（2）相位起振条件

$$\varphi_A + \varphi_F = 2n\pi \quad (n = 0, 1, 2, 3, \cdots) \qquad\qquad (5-5)$$

但起振后，若幅值一味地增大下去，势必会造成波形的失真，甚至放大电路不能正常地工作。下面分析电路是如何自动稳定输出电压。

众所周知，由于三极管工作的非线性，起振后，随着幅值的迅速增大，三极管很快进入到非线性区，放大倍数下降，从而使得 $|\dot{A}\dot{F}| = 1$，电路进入稳定状态；若有出现 $|\dot{A}\dot{F}| < 1$ 的情况，则三极管就又重新进入线性工作状态，电路的输出电压幅度又重新再次增大，最终使电路又处于稳定状态。因此，利用三极管本身工作的非线性，振荡电路可以达到稳幅的目的，但是，这种直接靠三极管的非线性来稳幅，输出波形会存在失真，因此，实际电路一般还需要有稳幅措施，通常可采用负反馈等方法。

二、非正弦波振荡电路概述

1. 非正弦波振荡电路组成及分类

非正弦波振荡电路一般由以下几部分电路组成：

（1）具有开关特性的器件。这是组成非正弦波振荡电路的基础。

（2）正反馈网络。它是实现产生非正弦波的保证，能使具有开关特性的器件改变状态。

（3）延迟环节。它是获得所需振荡频率的保证。

（4）积分环节。它是用于产生三角波或锯齿波的积分电路。

常见的非正弦波有矩形波、三角波和锯齿波等。

2. 非正弦波振荡电路的振荡条件

要产生周期性的非正弦振荡，则开关器件的输出无论为高电平或低电平时，经过一定的延迟时间后，开关器件的输出状态能够自动发生改变，这就是非正弦波振荡电路的振荡条件。

第二节 *RC* 桥式正弦波振荡器

常用的 *RC* 正弦波振荡器是利用 *RC* 串、并联网络作为选频网络的振荡电路。常见的有：文氏电桥振荡器、移相式振荡器和双 T 网络式振荡器。其中，文氏电桥振荡器是应用最广泛的 *RC* 振荡器，本节主要介绍它的基本工作原理。

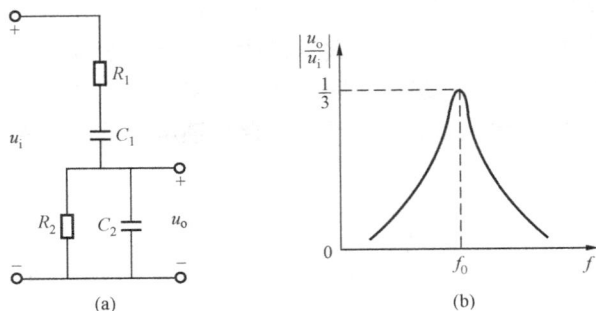

图 5-2　RC 串并联网络

(a) 电路；(b) 幅频特性

一、RC 文氏电桥振荡器

RC 文氏电桥振荡器是由 RC 串并联网络作为正反馈网络和选频网络，下面先介绍 RC 串并联网络的特性。

1. RC 串并联谐振网络

RC 串并联谐振网络如图 5-2 (a) 所示，它是由电阻 R_2、电容 C_2 并联后再与电阻 R_1、电容 C_1 串联组成，其幅频特性如图 5-2 (b) 所示。当输入电压 u_i 的幅度一定时，输入信号的频率变化会引起输出电压 u_o 幅度的变化。

根据图 5-2 (a) 电路可求得

$$\frac{\dot{U}_o}{\dot{U}_i} = \frac{R_2 /\!/ \dfrac{1}{j\omega C_2}}{\left(R_1 + \dfrac{1}{j\omega C_1}\right) + R_2 /\!/ \dfrac{1}{j\omega C_2}} = \frac{1}{\left(1 + \dfrac{R_1}{R_2} + \dfrac{C_2}{C_1}\right) + j\left(\omega R_1 C_2 - \dfrac{1}{\omega R_2 C_1}\right)}$$

由上式可以看出，若要使 RC 串并联网络的相移为零，则需使其虚部为零，由此可求得满足此条件的信号频率 f_o 为

$$f_o = \frac{1}{2\pi\sqrt{R_1 R_2 C_1 C_2}} \tag{5-6}$$

为方便起见，一般取 $R_1 = R_2 = R$，$C_1 = C_2 = C$，则

$$f_o = \frac{1}{2\pi RC} \tag{5-7}$$

同时有

$$\frac{\dot{U}}{\dot{U}_i} = \frac{1}{3 + j\left(\dfrac{f}{f_o} - \dfrac{f_o}{f}\right)}$$

由上式可知，当 $f = f_o$ 时，幅频特性出现峰值，且其值为 1/3，此时，RC 串并联网络的相移为零，频率 f_o 叫做 RC 串并联网络的谐振频率。

从上面分析可知，RC 串并联网络具有选频特性。

2. 电路组成及作用

RC 文氏电桥振荡器电路如图 5-3 所示。

(1) 集成运放。集成运放作为振荡电路的放大器，起放大作用，它是整个振荡电路的基础。

(2) RC 串并联网络。RC 串并联网络接在运放输出端与同相输入端之间，构成正反馈网络，以保证振荡器的相位平衡条件，同时，由于 RC 串并联网络的选频特性，它兼作振荡器的选频网络，可以选择出某一频率输出。

(3) R_f、R_1 网络。R_f、R_1 接于运放输出与反相输入

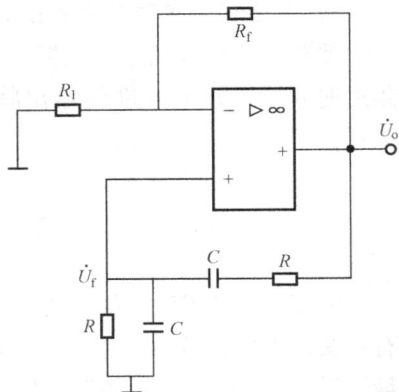

图 5-3　RC 文氏电桥振荡器

端之间，构成负反馈网络，其作用是保证幅度平衡条件以获得稳定的正弦波波形输出。但效果有限，因此，通常用具有负温度系数的热敏电阻作为 R_f，以便更好地改善振荡波形，稳定振荡幅度。

电路中，因为 R_f、R_1、RC 串联网络、RC 并联网络组成文氏电桥的四个臂，因此，该电路叫做文氏电桥振荡电路。

3. 振荡输出频率

由图 5 - 3 可知，正反馈电压为

$$\dot{U}_f = \frac{R /\!/ \frac{1}{j\omega C}}{R + \frac{1}{j\omega C} + R /\!/ \frac{1}{j\omega C}} \dot{U}_\circ$$

电路的反馈系数为

$$\dot{F} = \frac{\dot{U}_f}{\dot{U}_\circ} = \frac{R /\!/ \frac{1}{j\omega C}}{R + \frac{1}{j\omega C} + R /\!/ \frac{1}{j\omega C}} = \frac{1}{3 + j\left(\omega RC - \frac{1}{\omega RC}\right)} = \frac{1}{3 + j\left(\frac{\omega}{\omega_\circ} - \frac{\omega_\circ}{\omega}\right)}$$

$$= \frac{1}{3 + j\left(\frac{f}{f_\circ} - \frac{f_\circ}{f}\right)}$$

式中：$f_\circ = \frac{1}{2\pi RC}$ 为 RC 串并联网络的固有频率或称为谐振频率。

由以上分析可知，当 $f = f_\circ$ 时，$\dot{F} = 1/3$，为正实数且最大，此时，相移 $\varphi_f = 0$，$\dot{U}_f$ 与 $\dot{U}_\circ$ 同相。因此，当 $f = f_\circ$ 时，RC 串并联网络谐振回路呈纯阻特性，不会产生附加相移，可以满足振荡电路的相位条件；同时，其正反馈的幅值也达到最大，也可满足幅值条件。而当 $f > f_\circ$ 或 $f < f_\circ$ 时，串并联网络表现为容性或感性负载，存在着附加相移，且其反馈幅值也较小。综上所述，只有 $f = f_\circ$ 的信号才可以稳定输出，因此，RC 文氏电桥振荡电路的输出信号频率为

$$f = f_\circ = \frac{1}{2\pi RC} \tag{5 - 8}$$

此时，其反馈系数 $F = 1/3$，集成运放的闭环放大倍数 $A_{uf} = 3$。

4. 电路特点及应用范围

RC 文氏电桥振荡器电路简单，输出波形较好，频率调节范围较宽。它一般用于产生 1Hz～1MHz 范围的低频信号，而 1MHz 以上的频率信号通常由 LC 振荡器产生。

＊二、RC 移相式振荡器

RC 移相式正弦波振荡器是采用 RC 移相电路作为振荡器的正反馈网络和选频网络。RC 移相电路可分为超前移相电路和滞后移相电路，其基本结构如图 5 - 4 所示。RC 移相网络除具有移相功能外，还具有选频功能，其谐振频率 $f_\circ$ 为

$$f_\circ = \frac{1}{2\pi RC} \tag{5 - 9}$$

RC 移相式振荡器电路如图 5 - 5 所示，其中，运放组成反相输入方式，其输出信号与输入信号的相移为 180°；因一节 RC 电路的最大相移量不会超过 90°，所以，需至少采用三节 RC 移相电路才能保证在特定的频率下实现移相 180°，使电路通过 RC 电路形成正反馈，从而产生正弦振荡输出；电路中负反馈电阻 R_f 可保证振荡信号幅度的稳定性，只要适当调节电阻 R_f 的值，就可使电路同时满足相位和振幅条件，产生正弦波信号输出，通过电路可以求得振荡器输出正弦波的信号频率 f 为

$$f = f_o = \frac{1}{2\pi\sqrt{6}RC} \tag{5-10}$$

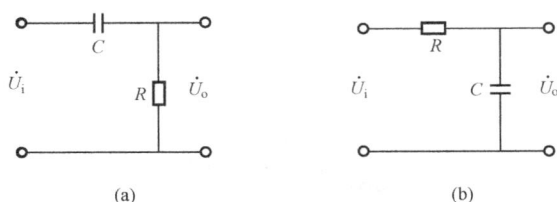

图 5 - 4　RC 移相网络
(a) 超前移相网络；(b) 滞后移相网络

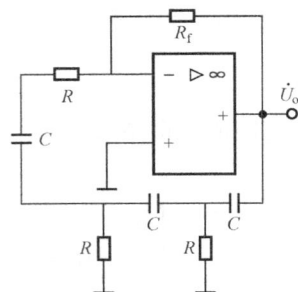

图 5 - 5　RC 移相式振荡器

RC 移相式正弦波振荡器结构简单，但选频作用较差，频率调节不方便，输出幅度不太稳定，输出波形较差，因此，一般用于振荡频率固定或频率调节范围不大且稳定性要求不高的场合，其频率范围一般为几赫兹到几十千赫兹。

综上所述，RC 正弦波振荡器电路简单，其振荡频率基本取决于 R 和 C 的数值。若要得到较高的振荡频率，则必须选择较小的 R 和 C 值，而减小电阻 R 将使放大电路的负载加重；减小电容 C 也不能超过一定的限度，且有电路分布参数的影响，因此，RC 振荡器只适用于产生低频信号，一般用于产生 1Hz～1MHz 范围的低频信号，1MHz 以上的频率信号通常由 LC 振荡器或石英晶体振荡器产生。

第三节　LC 正弦波振荡器

LC 正弦波振荡器是以 LC 谐振回路作为振荡器的选频网络，它一般用于产生 1MHz 以上的高频正弦波信号，电路形式较多，通常分为变压器反馈式振荡器、电感三点式振荡器和电容三点式振荡器三种，通常用 LC 并联谐振网络来作为 LC 正弦波振荡器的选频网络。

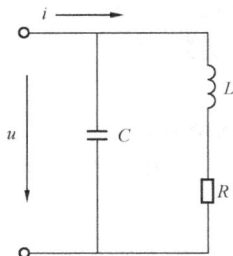

一、LC 并联谐振回路的选频特性

LC 并联回路等效电路如图 5 - 6 所示，图中 R 表示回路总等效损耗电阻，其值较小；u 为幅值不变、频率可变的正弦波信号。

1. 谐振频率

图 5 - 6　LC 并联谐振回路

由电路理论可知，LC 并联回路的总阻抗

$$Z = \frac{1}{j\omega C} // (j\omega L + R) = \frac{\frac{1}{j\omega C}(j\omega L + R)}{\frac{1}{j\omega C} + (j\omega L + R)} = \frac{\frac{L}{C} + \frac{R}{j\omega C}}{R + j\left(\omega L - \frac{1}{\omega C}\right)}$$

一般情况下 $R \ll \omega L$，故上式简化为

$$Z = \frac{\frac{L}{C}}{R + j\left(\omega L - \frac{1}{\omega C}\right)}$$

当虚部为零，即 $\omega L - (1/\omega C) = 0$ 时，回路产生并联谐振，呈纯电阻特性。令并联谐振角频率 $\omega_0 = \frac{1}{\sqrt{LC}}$，则谐振频率为

$$f_0 = \frac{1}{2\pi \sqrt{LC}} \tag{5-11}$$

2. 谐振阻抗

并联谐振时阻抗 Z 最大，其值为

$$Z_0 = \frac{L}{RC}$$

设谐振回路品质因素 Q，定义为

$$Q = \frac{\omega_0 L}{R} = \frac{1}{R\omega_0 C} = \frac{1}{R}\sqrt{\frac{L}{C}}$$

则

$$Z_0 = Q\omega_0 L = \frac{Q}{\omega_0 C} = Q\sqrt{\frac{L}{C}}$$

由上述分析可知，LC 并联回路谐振时，阻抗呈纯电阻特性，Q 值越高，谐振时阻抗 Z_0 越大。

3. 选频特性

引入 Q 后，Z 的表达式可改写为

$$Z = \frac{\frac{L}{C}}{R + j\left(\omega L - \frac{1}{\omega C}\right)} = \frac{Z_0}{1 + jQ\left(\frac{\omega}{\omega_0} - \frac{\omega_0}{\omega}\right)}$$

相应的频率特性如图 5-7 所示。

由图可见：

(1) 当 $f = f_0$ 时，Z 最大且呈纯电阻性，$\varphi = 0°$。

(2) 当 $f < f_0$ 时，Z 呈感性，$\varphi > 0°$。

(3) 当 $f > f_0$ 时，Z 呈容性，$\varphi < 0°$。

同时，Q 值越大，并联谐振阻抗 Z_0 也越大，幅频特性越尖锐，相位随频率变化的程度也越急剧，电路选择 f_0 有用信号的能力也越强，即选频效果好。

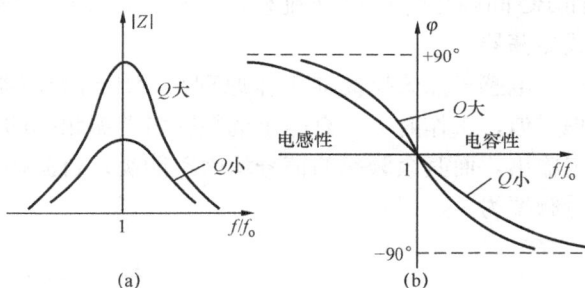

图 5-7 LC 并联回路频率特性

(a) 幅频特性；(b) 相频特性

二、变压器反馈式 *LC* 振荡器

变压器反馈式振荡器电路如图 5-8 所示。其中，变压器一次绕组 L_1 与电容 C 组成选频网络，且作为三极管的集电极负载，它与三极管 VT、电阻 R_{b1}、R_{b2}、R_e 以及电容 C_e 组成分压式共发射极放大电路。变压器二次绕组 L_3 作为正反馈网络。

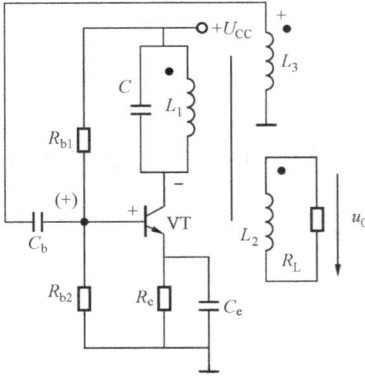

图 5-8 变压器反馈式振荡器

电源刚一接通，电路马上就会起振，而只有 $f = f_o$ 的信号频率才能在 L_1、C 回路产生谐振，从而使 L_1、C 回路呈纯阻特性且阻值最大，从而使得 $f = f_o$ 的信号可以满足振荡的条件，它在集电极产生的电压 u_{ce} 幅度最大且无附加相移，它再经电感 L_2 的正反馈作用，就使得 $f = f_o$ 的信号越来越大，直至满足要求而稳定输出为止。这一过程是利用三极管本身工作的非线性而实现的。而对于其余频率的信号则因其在 L_1、C 回路上产生有附加相移且幅度较小，无法满足振荡条件而逐步衰减。因而振荡电路稳定的信号输出频率为

$$f = f_o = \frac{1}{2\pi \sqrt{L_1 C}} \tag{5-12}$$

电路的瞬时极性如图 5-8 所示。只要电路连接正确，变压器的变比及耦合度选择适当，振荡电路就可以正常起振工作。

变压器反馈式振荡电路由于变压器耦合的漏感等影响，且变压器体积较大，损耗也较大，工作频率不太高，因此，现在已较为少用。

三、电感三点式振荡器

电感三点式振荡器也叫哈脱来（Hartley）振荡器，其结构如图 5-9 所示。其中，电感 L_1、L_2 和电容 C 组成选频网络，它同时又兼作正反馈网络和三极管的集电极负载。三极管 VT 及电阻 R_{b1}、R_{b2}、R_e 以及电容 C_e 组成分压式共发射极放大电路。从图中可以看出，L_1、L_2 和电容 C 组成的选频网络的三个端口分别与三极管 VT 的 B、C、E 三极相连接。正反馈电压取自电感 L_2 两端的电压。即 $u_{be} = u_{L2} = u_f$。同时，从电路中也可以分析出，三极管 BE 间与 L_2 交流相连，CE 间与 L_1 交流相连，而 BC 间则与电容 C 交流相连，故此，该电路叫电感三点式振荡器。

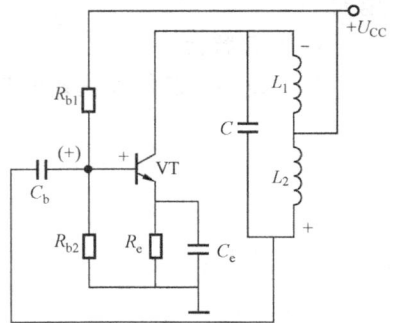

图 5-9 电感三点式振荡器

电感三点式振荡器工作原理与变压器振荡器的工作原理类似，工作时，只有等于选频网络谐振频率的信号才能满足自激振荡的两个条件而得到稳定输出，而其余频率的信号均因不能满足自激振荡条件而逐渐消失。故此电路的稳定输出信号频率为

$$f = f_o = \frac{1}{2\pi \sqrt{LC}} = \frac{1}{2\pi \sqrt{(L_1 + L_2 + 2M)C}} \tag{5-13}$$

式中：M 为线圈 L_1 和 L_2 的互感系数；$L = L_1 + L_2 + 2M$ 为 LC 选频网络总的等效电感量。

瞬时极性如图 5-9 中所示，只要电路连接正确，L_1 和 L_2 的匝数选择适当$\left(\text{一般取}\right.$

$\left.\dfrac{N_2}{N_1+N_2}=\dfrac{1}{8}\sim\dfrac{1}{4}\right)$，电感三点式振荡电路就很容易起振，而且频率调节方便，只需改变电容

量即可。但是，由于正反馈电压取自电感 L_2 的两端电压，而 L_2 对高次谐波呈现出较高的阻抗，因此，就会使输出信号中含有较多的高次谐波成分，从而使波形较差，频率稳定性也较差。电感三点式振荡器一般用于产生 1MHz 以上，几十兆赫兹以下的频率信号。

四、电容三点式振荡器

电容三点式振荡器也叫考毕兹（colpitts）振荡器，其电路结构如图 5-10 所示，其中，电容 C_1、C_2 及电感 L 组成选频网络，它又兼作正反馈网络；而三极管 VT 及其偏置电阻组成放大电路。电容 C_1、C_2 及电感 L 组成的选频网络的三个端口分别与三极管的 B、C、E 三个电极交流相连接；正反馈电压取自电容 C_2 的两端电压，即 $u_{be}=u_{c2}=u_f$。同时，从电路中可以看出，三极管 BE 间与电容 C_2 交流相连接，CE 间与电容 C_1 交流相连接，而 BC 间则与电感 L 交流相连接。故此，把该电路叫做电容三点式振荡器。

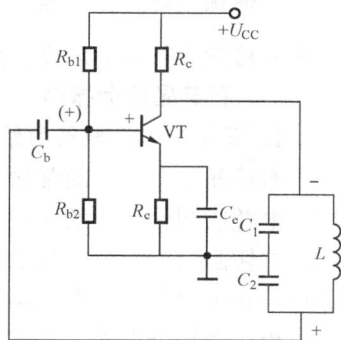

图 5-10　电容三点式振荡器

电容三点式振荡器的工作原理与电感三点式的振荡器相类似，只有频率为 $f=f_o$ 的信号才能够满足自激振荡的两个条件而稳定输出，而其余频率的信号因不能满足自激振荡条件而逐渐消失。故此电容三点式振荡器的稳定输出信号频率为

$$f=f_o=\frac{1}{2\pi\sqrt{LC}}=\frac{1}{2\pi\sqrt{L\dfrac{C_1C_2}{C_1+C_2}}} \qquad (5-14)$$

由于电容三点式振荡器的正反馈电压取自电容 C_2 的两端，而其容抗 $X_C=\dfrac{1}{2\pi f_C}$ 与频率成反比，因此，电容对高次谐波呈较小的容抗，反馈信号中高次谐波的分量也较小，从而使电路的输出信号中高次谐波少，输出信号波形也就较好。

电路的瞬时极性如图 5-10 所示，只需电路连接正确，C_1、C_2 的取值合适（一般取 $C_1/C_2=0.01\sim0.50$ 左右），电容三点式振荡器就容易起振。但是，若通过改变 C_1、C_2 的容量来调节频率，则会改变正反馈量的大小，因此，电容三点式振荡器改变输出频率的方法通常不采用此种办法，而通常采用在电感 L 支路中串接一个小容量的微调电容来改变频率或者采用直接调节电感量 L 的方法也可以。同时，由于电容量可以选取较小，因此，电容三点式振荡器的输出信号频率较高，一般可达 100MHz 以上。

电容三点式振荡器和电感三点式振荡器通常统称为三点式振荡器。它们的共同特点是：选频网络的三个引出端分别与三极管的三个电极交流相连接，其中，与发射极相接的为两个同性质的电抗，而集电结（BC 结）则并联连接一个与发射极相接的电抗特性相反的异性电抗。三点式振荡电路起振容易，只要连接方式正确，就可起振。

LC 振荡器通常用于接收机中的选频电路和工业上的高频加热等。

第四节　石英晶体正弦波振荡器

对于振荡器，一般要求其输出信号应具有一定的频率稳定度。一般无线电广播发射机要求其频率稳定度为 10^{-5} 数量级，无线电通信的发射机频率稳定度要求其达到 $10^{-10} \sim 10^{-8}$ 数量级。而前面介绍的 RC 振荡器频率稳定度较差，LC 振荡器的频率稳定度比 RC 振荡器好些，但一般也只能达到 $10^{-4} \sim 10^{-2}$ 数量级，显然，满足不了要求。而若采用石英晶体振荡器，则由于石英晶体具有压电效应、极高的品质因数和极高的稳定性，因此，可获得较高的频率稳定度，一般可达到 $10^{-8} \sim 10^{-6}$ 数量级，有的可高达 $10^{-11} \sim 10^{-9}$ 数量级。

所谓频率稳定度，通常是指频率的相对变化量，即 $\dfrac{\Delta f}{f_o}$。其中，f_o 为振荡频率，Δf 为频率偏移量。频率稳定度有附加时间条件，如一小时或一日内的频率相对变化量。

一、石英晶体谐振器

1. 石英晶体谐振器的结构

石英晶体谐振器通常简称为"晶振"，是利用石英晶体即二氧化硅（SiO_2）结晶体特殊的压电效应制作而成的一种谐振器件。石英晶体具有各向异性的电特性，即从石英晶体不同的方位切割出的切片，其电特性各不相同。从一块石英晶体上按一定方位角切下的薄片称为晶片，它可以是正方形、矩形或圆形等，然后在石英晶片的两个对应表面上镀上银层作为一对极板，在每个电极上各焊一根引线接到管脚上作为电极，再用金属或玻璃封装而成石英晶体谐振器。

2. 石英晶体谐振器的压电效应

若在石英晶体的两个电极加上一定的电场，晶片就会发生机械变形；反之，若在石英晶体的两片的两侧施加机械压力，则在晶片相应的方向上会产生正、负电荷，形成电场，石英晶体的这种特性就叫做压电效应。

如果在石英晶片上外加交变电压时，石英晶片会产生机械振动，同时，晶片的机械振动又会产生交变电场。当外加交变电压的频率等于石英晶体的固有机械频率时，晶片会发生谐振（共振）现象，此时，其机械振动的幅度达到最大，同时，晶体上产生的电场也达到最大，这种现象就叫做压电谐振。

因为石英晶体的物理性能和化学性能都很稳定，很少受温度、气压等环境条件的影响，因此，它的固有机械振动频率十分稳定。所以说，石英晶体谐振器具有极高的频率稳定度，从而使石英晶体构成的振荡器具有极高的频率稳定度。

3. 石英晶体谐振器的电路符号及等效电路

石英晶体的电路符号及其等效电路如图 5-11 所示，它相当于一个 LC 的串并联网络。其中，电容 C_o 表示晶体不振动时的静电电容和支架接线、电极等的接线电容和分布电容的总和，C_o 的大小与晶片的几何尺寸、电极面积有关，一般为几个皮法至几十皮法。电感 L 表示晶体振荡时的机械振动的惯性，一般为几十毫亨至几百毫亨。电容 C 表示晶片的弹性，C 值很小，一般只有

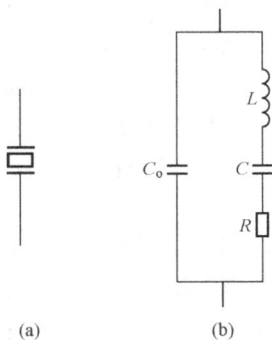

图 5-11　石英晶体谐振器
（a）电路符号；（b）等效电路

$0.002\sim0.1\mathrm{pF}$。电阻 R 则表示晶片振动时因摩擦而造成的损耗,其值一般较小,在 100Ω 左右。由于晶片的等效电感 L 值较大,而等效电容 C 值很小,等效电阻 R 值也较小,所以,石英晶片的等效品质因数 Q 值很大,它的选频特性很好。

4. 石英晶体谐振器的电抗特性

从石英晶体的等效电路可知,它具有串联谐振和并联谐振两个特性,也即它有串联谐振和并联谐振两个谐振频率。

(1) 串联谐振频率。当石英晶体等效电路中的 L、C、R 支路发生串联谐振时,则此时有 $\omega L=\dfrac{1}{\omega C}$,因此,它的等效阻抗 $Z=R+\mathrm{j}\omega L+\dfrac{1}{\mathrm{j}\omega C}=R$,阻抗最小且呈纯阻特性,所以,石英晶体串联谐振频率为

$$f_{\mathrm{s}}=\frac{1}{2\pi\sqrt{LC}} \tag{5-15}$$

而由于等效电容 C_{o} 的值很小,因此它的容抗值比等效电阻 R 值大得多,所以,当石英晶体发生串联谐振时,近似认为石英晶体对于串联谐振频率 f_{s} 呈纯阻特性且阻值最小,其值等于 R。

(2) 并联谐振频率。当频率高于 f_{s} 时,因 $\omega L>\dfrac{1}{\omega C}$,所以 L、C、R 支路呈电感特性,它与等效电容 C_{o} 发生并联谐振,因此,石英晶体的并联谐振频率为

$$f_{\mathrm{p}}=\frac{1}{2\pi\sqrt{L\dfrac{CC_{\mathrm{o}}}{C+C_{\mathrm{o}}}}}=f_{\mathrm{s}}\sqrt{1+\frac{C}{C_{\mathrm{o}}}} \tag{5-16}$$

因为,$C_{\mathrm{o}}\gg C$,所以,因此 f_{s} 和 f_{p} 非常接近(f_{p} 略大于 f_{s})。

(3) 电抗频率特性。根据石英晶体的等效电路,可定性画出石英晶体的电抗特性如图 5-12 所示。可见当频率低于串联谐振频率 f_{s} 或高于并联谐振频率 f_{p} 时,石英晶体都呈容性,仅在 $f_{\mathrm{s}}<f<f_{\mathrm{p}}$ 极窄的频率范围内,石英晶体呈感性。

综上所述,石英晶体谐振器具有选频特性,它在电路中对于不同的频率信号可以表现出不同的阻抗特性,它既可作为电阻元件使用,又可作为电容元件或电感元件使用。

由于石英晶体谐振器具有很好的选频性能和极高的频率稳定性,因此,它在高性能的振荡器中得到极为广泛的使用。

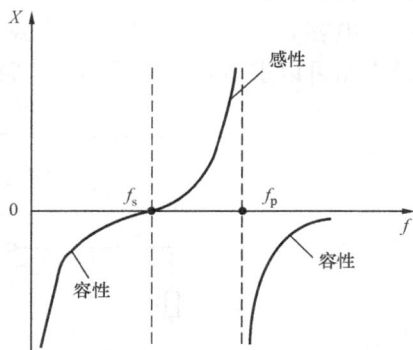

图 5-12 石英晶体电抗频率特性

二、石英晶体正弦波振荡器

由于石英晶体谐振器具有两个谐振频率,因此,石英晶体振荡器就有串联型和并联型两种电路形式。

1. 串联型石英晶体振荡器

串联型石英晶体振荡器是利用石英晶体发生串联谐振时呈纯阻且阻值最小、相移为零的特性而把石英晶体作为振荡电路的正反馈网络,并起选频作用而构成的,电路如图 5-13 所

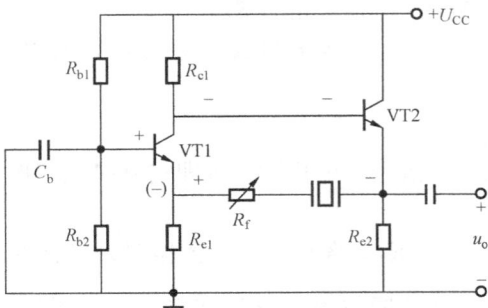

图 5‑13　串联型石英晶体振荡器

示。其中，三极管 VT1、VT2 组成两级放大电路，石英晶体作为 VT1、VT2 的正反馈网络，当石英晶体串联谐振时，呈纯阻且阻值最小，相移为零，可保证相位平衡条件，且其反馈量最大，电位器 R_P 用来调整振荡器正反馈的反馈量大小，以保证振幅平衡条件。电路的瞬时极性如图 5‑13 中所示。

由电路可以看出，只有频率为 f_s 的信号才能够满足自激振荡的条件而在电路中得到稳定输出，而其他频率的信号，因为在石英晶体中得到较大的衰减，反馈量减小且有附加相移，因而无法满足自激振荡条件。由以上分析可知，电路中稳定输出的信号频率为 $f=f_s$，并且频率稳定度很高。

2. 并联型石英晶体振荡器

并联型石英晶体振荡器是利用石英晶体在 f_s 与 f_p 之间的频率范围内呈电感特性而与其外加的电容组成谐振网络，从而达到选频的目的。因为石英晶体的 f_s 近似等于 f_p，因此，使石英晶体呈感性的频率范围极窄，所以，并联型石英晶体振荡器的振荡频率也是极其稳定的。

并联型石英晶体振荡器电路如图 5‑14 所示，三极管 VT 及其偏置电阻组成分压式的电流串联负反馈放大电路，石英晶体与电容 C_1、C_2 组成选频网络，它们一起构成电容三点式振荡电路。只有频率介于 f_s 与 f_p 之间的信号，才可使石英晶体等效为一个电感，电路才有可能产生振荡；而其余频率的信号因只能使石英晶体等效为电阻或电容而不能与电容 C_1、C_2 组成符合振荡电路要求的选频网络，无法满足振荡条件，因此，并联型石英晶体振荡器的振荡频率就被限制在 f_s 与 f_p 之间。分析电路输出频率的等效电路如图 5‑15 所示，其中，电容 C_1、C_2 叫做石英晶体振荡器的负载电容，用 C_L 表示，$C_L=C_1C_2/(C_1+C_2)$，由等效电路可以求出并联型石英晶体振荡器的振荡频率为

$$f=f_o=\frac{1}{2\pi\sqrt{L\dfrac{C(C_o+C_L)}{C+(C_o+C_L)}}}=f_s\sqrt{1+\frac{C}{C_o+C_L}} \tag{5-17}$$

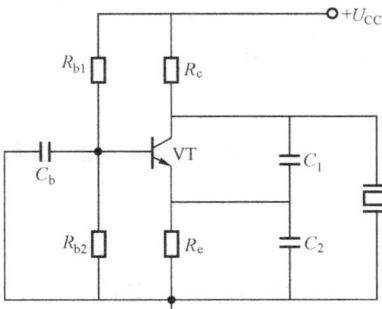

图 5‑14　并联型石英晶体振荡器

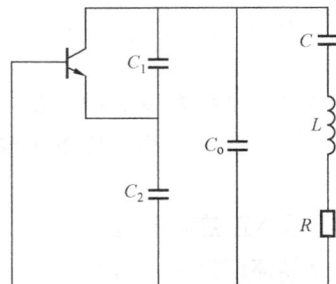

图 5‑15　并联石英晶体振荡器等效电路

一般有 $C_o+C_L\gg C$，因此，振荡器的输出频率基本取决于石英晶体谐振器的串联谐振频率 f_s，所以，它的频率稳定性也很高。然而，石英晶体振荡器的实际输出频率还需根据其

负载电容 C_L 而定。

由于石英晶体特性良好，且安装简单、调试方便，目前晶体振荡器已广泛应用于各种电子设备中，用来产生稳定度极高的正弦波和非正弦波信号。

三、应用实例

由于生产工艺不一致性或石英晶体老化等原因，振荡器频率往往与标称频率略有偏差，在工程应用中，常采用微调电容来改变石英晶体振荡器的振荡频率，以满足做精密测量、测频装置的信号源。如图 5-16 所示，C_T 和 C_3 并联与石英晶体串接，以减弱三极管与石英晶体的耦合，从而进一步减小三极管参数变化对回路的影响，改变 C_T 可在小范围内改变振荡器的振荡频率。

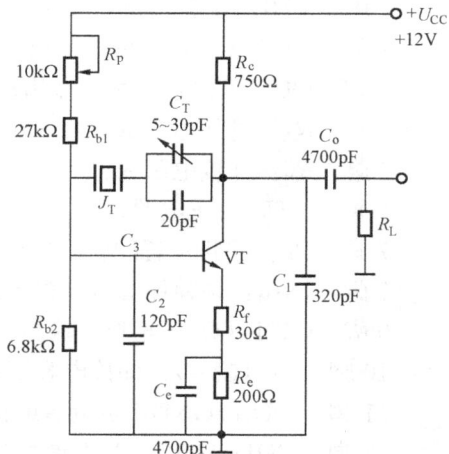

图 5-16　采用微调电容的石英晶体振荡器

第五节　8038 多功能集成函数信号发生器

前面介绍了正弦波振荡电路，非正弦波振荡电路请大家查阅相关资料。下面介绍一种多功能集成信号发生器 8038，如图 5-17 所示，它既可产生正弦波，也可产生非正弦波。

多功能集成函数发生器 8038 既可以产生方波信号，也可以同时产生三角波和正弦波信号，而且可以通过外部控制电路，产生占空比可调的矩形波和锯齿波信号，并且，它们的振荡频率可以通过外加直流电压进行调节，是一种压控集成信号产生器，它广泛应用于各种领域。

一、8038 集成电路结构及管脚排列

由图 5-17 可以看出，8038 内部由运放 A1、A2 组成的两个电压比较器、恒流源 I_1、I_2（$I_2 > I_1$）以及 RS 触发器、反相器、电压跟随器、正弦波变换器等组成。其管脚排列及各管脚的功能如图 5-18 所示。下面简要说明其各管脚的功能。

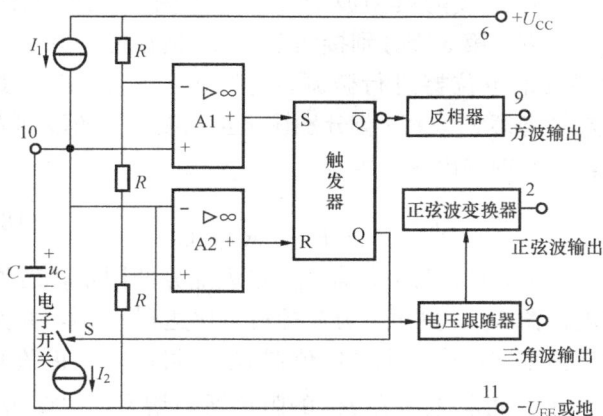

图 5-17　8038 结构原理图

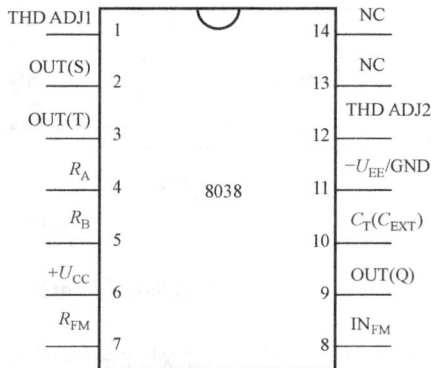

图 5-18　8038 管脚排列图

1 脚，THD ADJ1：正弦波失真度调整；

2 脚，OUT（S）：正弦波输出；

3 脚，OUT（T）：三角波输出；

4 脚，R_A：外接电阻 R_A；

5 脚，R_B：外接电阻 R_B；

6 脚，$+U_{CC}$：正电源；

7 脚，R_{FM}：调频偏置电压输出；

8 脚，IN_{FM}：调频偏置电压输入；

9 脚，OUT（Q）：矩形波输出；

10 脚，C_T（C_{EXT}）：外接电容 C；

11 脚，$-U_{EE}$/GND：负电源或接地；

12 脚，THD ADJ2：正弦波失真度调整；

13 脚、14 脚，NC：空脚。

第 4 脚和第 5 脚是通过外接电阻 R_A 和 R_B 来改变恒流源 I_2 和 I_1 的值，以控制输出脉冲的占空比。当输出方波时，通常在第 4 脚和第 5 脚接两个 10kΩ 的电阻，为调节方波占空比为 50%，可以外接一个微调电位器来进行调整。第 7 脚和第 8 脚是用来通过外加电压来控制振荡频率的，改变第 8 脚的电压就可以改变对电容 C 的充放电时间，从而达到改变各输出波形的目的。第 1 脚和第 12 脚是用来调整正弦波的失真度，第 10 脚外接定时电容 C。

二、8038 集成多功能信号发生器电路特点

8038 是一种数字与模拟兼容的集成多功能信号发生器，其工作频率可在 0.001Hz～300kHz 范围内调节，输出三角波线性度优于 0.1%；正弦波输出的失真度小于 1%；矩形波输出的占空比可在 1%～99% 范围内可调，输出电平可从 4.2V 至 28V，各类输出波形的频率漂移小于 50ppm/℃。它具有外接元件少，引出比较灵活，适应性强等特点，既可用单电源供电，也可双电源供电，因此，使用十分方便。

三、8038 集成多功能信号发生器的应用

1. 波形发生器

8038 组成的典型波形发生器如图 5-19 所示，其第 4 脚、第 5 脚分别接两个 10kΩ 的电阻，并用一个 1kΩ 的电位器进行微调，电阻 R_L 作为负载。此时，管脚第 2、3、9 脚分别输出正弦波、三角波和方波，它们的输出频率为

$$f = \frac{1}{0.3(R_A + R_{P1A})C} \qquad (5-18)$$

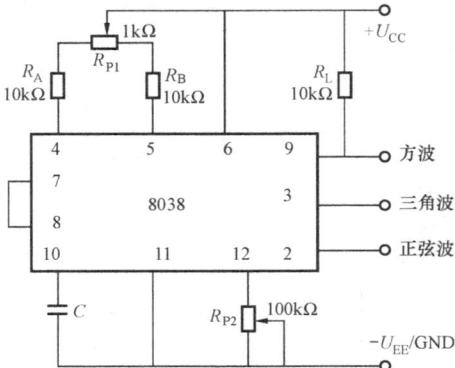

图 5-19 8038 组成的波形发生器电路

其中，R_{P1A} 为电位器 R_{P1} 左边部分的阻值，若调节电位器 R_{P1}，则可使方波的占空比达到 50%，并使输出频率 f 改变；调节电位器 R_{P2}，可以减小正弦波的失真度。若要产生不对称的矩形波和锯齿波，可将电位器 R_{P1} 的阻值适当增大，电阻 R_A 和 R_B 的阻值适当减小，调节 R_{P1} 可改变输出波形的占空比，获得所需的输出波形。因此，通过调节 R_{P1} 和 R_{P2}，就可获得失真度较小的较理想的波形。

2. 频率扫描

为了产生在某一范围内可循环连续变化的扫描信号，可以使用 8038 波形发生器，如图 5-20（a）所示，在第 8 脚加一扫描电压 u_{SW}，则能使内部横流源的充放电电流随之相应变化，因而输出信号的频率能在较大范围内摆动。

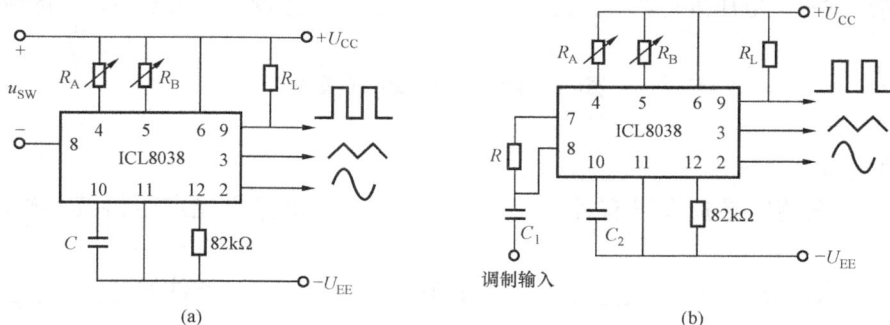

图 5-20 8083 的频率应用电路

（a）频率扫描；（b）频率调制

3. 频率调制

如图 5-20（b）所示，对于较小范围（$-10\%\sim+10\%$）内的频率摆动，调制电压可以从隔直电容直接加到第 8 脚进行频率调制，输出信号的频率将随调制信号的变化规律相应变化。由于内部三极管偏置的需要，第 7、8 脚之间要有直流通路，可以短接，但为提高输入阻抗，可串接电阻 R，则输入阻抗约为 $(R+8)$ kΩ。

小　结（五）

（1）信号发生器一般称为振荡器，它是用于产生一定频率和幅度的电信号。一般分为正弦波振荡器和非正弦波振荡器两大类。正弦波振荡器一般分为 RC 振荡器、LC 振荡器和石英晶体振荡器。非正弦波振荡器一般分为方波振荡器、三角波振荡器和锯齿波振荡器等。

（2）本章介绍的正弦波振荡器是利用选频网络，通过正反馈产生自激振荡的反馈型电路，它一般由放大电路、正反馈网络、选频网络以及稳幅电路所组成。产生稳定振荡的条件是 $\dot{A}\dot{F}=1$，即相位平衡条件为 $\varphi=\varphi_A+\varphi_F=2n\pi(n=1,2,3,\cdots)$，幅度平衡条件为 $AF=1$；而起振条件为 $\dot{A}\dot{F}>1$，即要求 $\varphi=2n\pi$，$AF>1$。

（3）RC 正弦波振荡器一般用于产生 1MHz 以下的低频信号，通常有文氏电桥振荡器、移相式振荡器和双 T 网络式振荡器。其中，文氏电桥振荡器是最常用的一种 RC 振荡器，它的振荡输出信号频率为 $f=1/2\pi RC$，且有 $A=3$，$F=1/3$。

（4）LC 正弦波振荡器一般用于产生 1MHz 以上的正弦波信号，通常有变压器耦合式、电容三点式和电感三点式三种电路形式，其输出信号频率基本由 LC 谐振回路的谐振频率所决定，三点式振荡电路在实际中较常应用。

（5）三点式振荡电路的组成特点是：三极管的 BE、CE 间接相同性质的电抗，而 BC 间则接与 BE、CE 间电抗特性相反的电抗，只要电路连接正确，一般就可以产生振荡。

（6）石英晶体振荡器是利用频率稳定度极高的石英晶体谐振器作为选频网络，从而使电路输出频率非常稳定。它是一种极为常用的振荡器，一般有串联型和并联型两种电路形式。

（7）8038多功能集成函数发生器既可以产生方波信号，也可以同时产生三角波和正弦波信号，而且可以通过外部控制电路，产生占空比可调的矩形波和锯齿波信号，它们的振荡频率还可以通过外加直流电压进行调节，是一种压控集成信号发生器，8038有着广泛的应用领域。

知 识 能 力 检 验（五）

一、填空题

1. 所谓"振荡"是指在没有外加_____信号，电路也能产生持续的输出信号的过程。

2. 产生自激振荡的条件_____；它包含_____条件和_____条件。

3. 正弦波振荡器主要由_____、_____、_____、_____等几部分电路组成。

4. RC文氏电桥振荡器是由同相放大电路和具有_____作用的_____网络组成，其振荡频率 $f=$_____。

5. 三点式振荡器电路有_____三点式和_____三点式两种形式，它们的共同特点是_____。

6. 石英晶体谐振器具有_____效应和_____特性，它有两个谐振频率，分别为：_____谐振频率和_____谐振频率。

二、选择题

1. 正弦波振荡器中选频网络的作用是_____。
   （A）使电路产生振荡　　　　　　　　（B）产生单一频率的振荡
   （C）增大输出信号的幅度

2. 非正弦波振荡器中正反馈的作用是_____。
   （A）产生单一频率的振荡　　　　　　（B）使具有开关特性的器件能改变状态
   （C）增大输出信号的幅度

3. RC移相式振荡器中至少需要_____节RC移相网络。
   （A）一　　　　　　（B）二　　　　　　（C）三

4. 三点式振荡电路的连接特点是_____。
   （A）射同集反　　　（B）射反集同　　　（C）射反基同

5. LC振荡器一般用于产生_____ Hz以上的正弦波信号。
   （A）100　　　　　　（B）1M　　　　　　（C）1000M

6. 石英晶体振荡器的频率稳定度_____。
   （A）很低　　　　　（B）一般　　　　　（C）极高

三、判断题

1. 放大电路只要满足相位平衡条件就可产生振荡。　　　　　　　　　　　（　　）

2. RC振荡器常用于产生1MHz以上的正弦波信号。　　　　　　　　　　（　　）

3. LC电容三点式振荡器常用于产生中、高频正弦波信号。　　　　　　　（　　）

4. 石英晶体振荡器可产生高频率稳定度的正弦波信号输出。　　　　　　　　（　　）

5. 非正弦波振荡器是指能够产生方波、三角波和锯齿波的电路。　　　　　　（　　）

6. 非正弦波振荡器与正弦波振荡器的振荡条件相同。　　　　　　　　　　　（　　）

四、分析与计算题

1. 试根据相位平衡条件判断图 5-21 所示的各电路是否有可能产生正弦波振荡，若不能产生振荡，则对电路进行改正，使之能够产生正弦波振荡。

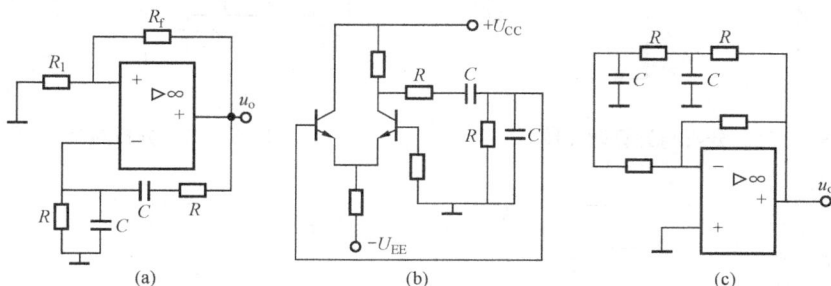

图 5-21　分析与计算题 1 图

2. 试分析图 5-22 所示的振荡电路：（1）为了使电路能够振荡，试在图中标出运放的同相端＋和反相端－；（2）为了使电路能够起振，电阻 R_2 的值应为多少？

3. 试根据相位平衡条件判断图 5-23 所示的各电路能否产生正弦波振荡，如若不能，则改之，使之能够振荡。

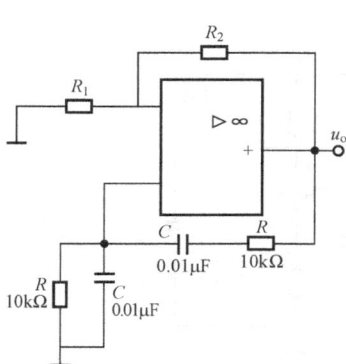

图 5-22　分析与计算题 2 图

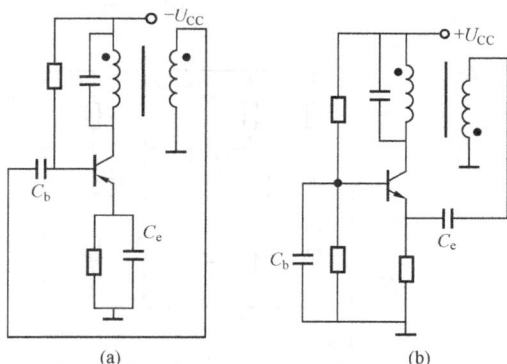

图 5-23　分析与计算题 3 图

4. 试标出图 5-24 所示的各电路中变压器的同名端，使电路能够满足产生正弦波振荡的相位平衡条件。

5. 试判断图 5-25 所示的各 LC 正弦波振荡电路的接线是否正确，如若有错误，请把它指出，并在图中加以改正。

6. 试正确连接图 5-26 所示各电路中的 j、k、m、n 各点，从而使各电路能够产生正弦波振荡，并指出它们分别属于哪种电路类型。

7. 图 5-27 所示各电路均为石英晶体振荡电路，试用相位平衡条件分析各电路能否产生正弦波振荡，如可能振荡，则指出它们是属于并联型还是串联型石英晶体振荡电路；如不能振荡，则请将其改正。图中 C_b、C_e 为旁路电容，C_c 为耦合电容。

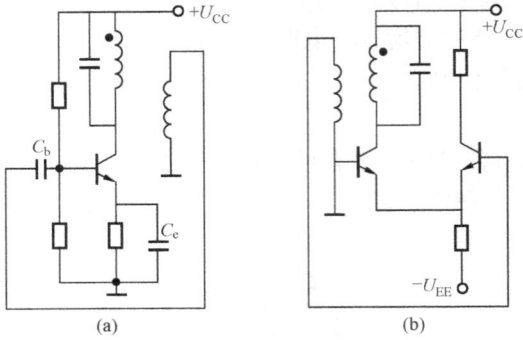

图 5 - 24   分析与计算题 4 图

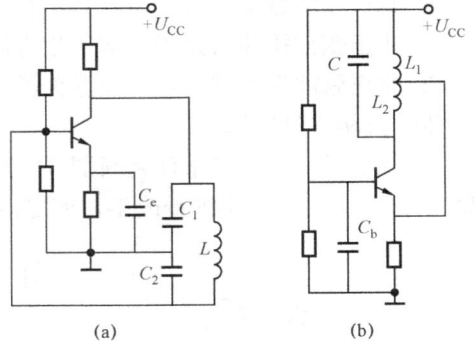

图 5 - 25   分析与计算题 5 图

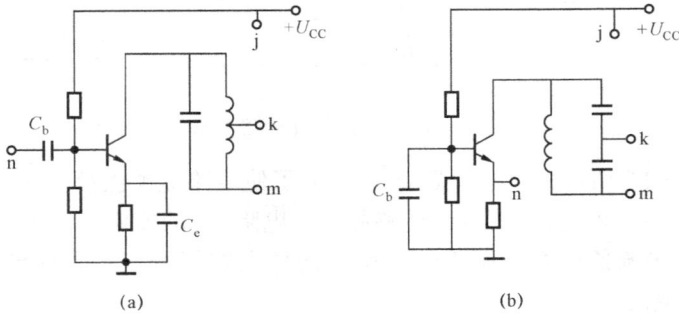

图 5 - 26   分析与计算题 6 图

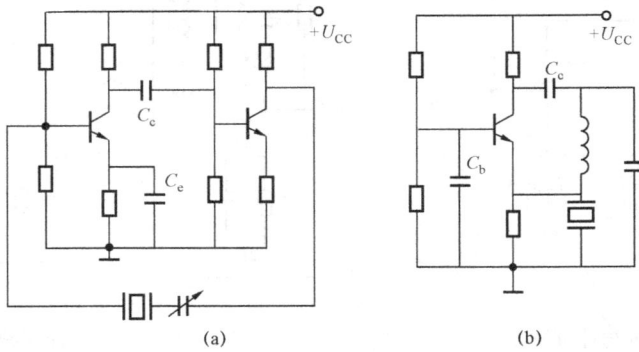

图 5 - 27   分析与计算题 7 图

第 六 章

直 流 稳 压 电 源

众所周知，几乎所有的电子设备均需要稳定的直流电源才能正常工作。常见的稳定直流电源有蓄电池、干电池、太阳能电池等，然而，它们容量有限，使用寿命有限，若把它们作为电子设备的直流电源，其效果并不太理想，也并不经济，特别是在功率较大的场合。所以，一般电子设备中最常用的稳定的直流电源是通过把电网提供的交流电源经过整流、滤波和稳压电路变换后而获得的。本章介绍将交流电变换为稳定直流电的直流稳压电源。

第一节　直流稳压电源的组成

直流稳压电源是一种当电网电压波动或温度、负载改变时，能保持输出直流电压基本不变的电源电路。通常，把交流电转换为稳定的直流电需经过变压、整流、滤波和稳压四个环节。其结构框图及信号变换流程如图 6 - 1 所示。

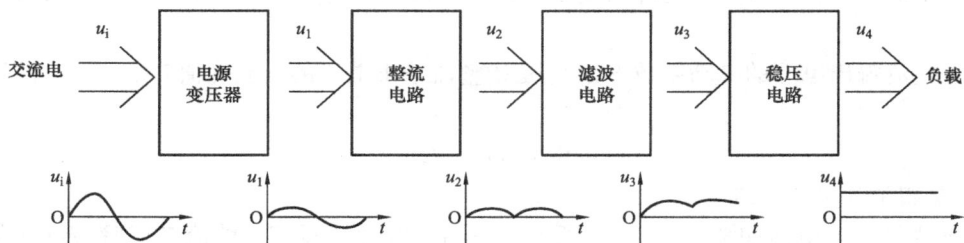

图 6 - 1　直流稳压电源结构框图及信号变换流程图

1. 交流电压变换

一般电网电压提供的电压为：单相交流电有效值为 220V，三相交流电有效值为 380V。而各种电子设备所需的稳定直流电压各不相同，因此，通常利用变压器把输入交流电压变换为所需的合适的交流电。当然，也有些直流电源利用其他方式进行改变输入电压，而不用变压器。

2. 整流电路

整流电路是把经过变压后的交流电通过具有单向导电性能的整流元件（如二极管、晶闸管等），将正负交替的正弦交流电压变换为单方向的脉动直流电压。但是，这种电压直流幅值变化很大，包含有很多的脉动交流成分，还不能作为直流电源使用。

3. 滤波电路

滤波电路通常由具有储能特性的电容、电感等元件组成，它能将脉动直流电中的脉动交流成分尽量滤除掉，而只留下直流成分，使输出电压成为比较平滑的直流电压。但是，当电网电压或负载以及温度发生变化时，滤波器输出直流电压值也将随之变化，因此，此时的直流电压不稳，这种直流电源仅能使用在要求不高的场合。

4. 稳压电路

稳压电路是利用能够自动调整输出电压变化的电路来使输出电压不随电网电压、温度或负载的变化而变化，从而达到稳定输出电压的目的。一般有并联型、串联型线性稳压电路和开关型稳压电路等。开关稳压电路一般用于负载要求功率较大、效率较高的电子设备中。

第二节　单相整流与滤波电路

一、整流电路

1. 整流电路的主要技术指标

整流电路性能的好坏一般可以由以下技术指标来衡量。

（1）输出直流电压平均值 U_0：它是指整流电路输出电压 u_o 在一个周期内的平均值，即

$$U_0 = \frac{1}{2\pi}\int_0^{2\pi} u_o \mathrm{d}(\omega t) \tag{6-1}$$

（2）输出直流电流平均值 I_0：它是指整流电路输出电流 i_o 在一个周期内的平均值，也就是输出直流电压平均值 U_0 与负载电阻 R_L 的比值，即

$$I_0 = U_0/R_L \tag{6-2}$$

（3）整流二极管正向平均电流 I_D：它是指在一个周期内流过二极管的平均电流。

（4）整流二极管的最大反向峰值电压 U_{RM}：它是指整流二极管截止时所承受的最大反向电压。

（5）整流输出电压的脉动系数 S_1：它是指整流输出电压的基波峰值 U_{01M} 与平均值 U_0 之比，即

$$S_1 = U_{01M}/U_0 \tag{6-3}$$

2. 单相半波整流电路

单相半波整流电路如图 6-2（a）所示，它由电源变压器 T，整流二极管 VD 和负载电阻 R_L 组成，其中，电源变压器 T 除了实现变换电压的作用外，还能保证直流电压与交流电压良好的隔离。下面分析其工作原理。

（a）

（b）

图6-2　半波整流电路及工作波形
　　（a）电路；（b）工作波形

设 $u_1 = \sqrt{2}U_1\sin\omega t$，$u_2 = \sqrt{2}U_2\sin\omega t$（$U_1$、$U_2$ 为交流电压的有效值）整流二极管为理想的。由图 6-2（a）可见，当 u_2 极性为上正下负，整流二极管 VD 正向偏置而导通，流过二极管的电流 i_D 同时流过负载 R_L，极性为上正下负，即此时有 $i_o = i_D$，所以负载电阻 R_L 上的电压 $u_o = u_2$。

当 u_2 为负半周时，其极性为上负下正，整流二极管 VD 反向偏置而截止，流过二极管的电流 $i_D = 0$，输出电流 i_o 也为 0，因此，输出电压 u_o 也为 0；此时，u_2 全部加到整流二极管两端，它所承受的反向电压 $u_D = u_2$。电路的工作波形如图 6-2（b）所示。

由以上分析可知，负载上得到的整流电压 u_o 是单方向的，但大小是变化的，因此，通常把此种电压叫做脉动直流电压。显然，单相半波整流电压

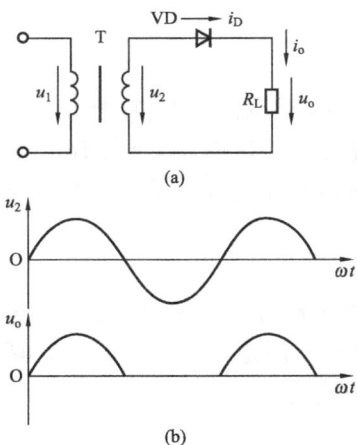

u_o 是一周期性的非正弦波电压，可用傅里叶级数表示为

$$u_o = \sqrt{2}U_2\left(\frac{1}{\pi} + \frac{1}{2}\sin\omega t - \frac{2}{3\pi}\cos 2\omega t - \frac{2}{15\pi}\cos 4\omega t \cdots\right) \tag{6-4}$$

式中：U_2 为变压器二次侧交流电压的有效值；ω 为交流信号的角频率。

由式（6-4）可看出，整流电压 u_o 含有直流分量和交流谐波分量。

由以上分析可计算出，半波整流电路输出直流电压的平均值 U_0 为

$$U_0 = \frac{1}{2\pi}\int_0^{2\pi} u_o \mathrm{d}(\omega t) = \frac{1}{2\pi}\int_0^{\pi}\sqrt{2}U_2\sin\omega t\,\mathrm{d}(\omega t) = \frac{\sqrt{2}}{\pi}U_2 \approx 0.45U_2 \tag{6-5}$$

输出直流电流的平均值 I_0 为

$$I_0 = \frac{U_0}{R_L} = 0.45\frac{U_2}{R_L} \tag{6-6}$$

流过二极管的平均电流 I_D 为

$$I_D = I_0 = \frac{U_0}{R_L} = 0.45\frac{U_2}{R_L} \tag{6-7}$$

二极管承受的最大反向峰值电压 U_{RM} 为

$$U_{RM} = \sqrt{2}U_2 \tag{6-8}$$

脉动系数 S_1 为

$$S_1 = \frac{U_{01M}}{U_0} = \frac{\dfrac{\sqrt{2}U_2}{2}}{\dfrac{\sqrt{2}U_2}{\pi}} = \frac{\pi}{2} \approx 1.57 \tag{6-9}$$

半波整流电路结构简单，但整流效率较低，输出电压脉动较大，因此，它一般只适用于参数要求不高的场合。

通常，为使用安全，选择整流管时，管子最大允许平均电流应当大于 I_D 值，管子最大反向工作电压应大于 U_{RM} 值。

3. 单相全波整流电路

单相全波整流电路的电路形式一般有变压器中心抽头式整流电路和桥式整流电路两种，下面介绍常用的桥式整流电路，而变压器中心抽头式则较少使用，请查阅有关资料。

单相全波桥式整流电路如图 6-3（a）所示，它由电源变压器 T，四个整流二极管 VD1～VD4 及负载 R_L 组成。其中，四个二极管接成电桥形式，故称为桥式整流电路。四个二极管的连接特点是：若由一个二极管的正极与另一个二极管的负极相连接，则这两个端口为电路的交流输入端口，它们与电源变压器相连接，如图中 VD1 与 VD4 相连的端口 a 端及 VD2 与 VD3 相连接的端口 c 端；若由两个二极管的负极相连接的端口，则为整流输出的正极，如图中 VD1 与 VD2 相连接的端口 b 端；若是由两个二极管的正极相连接

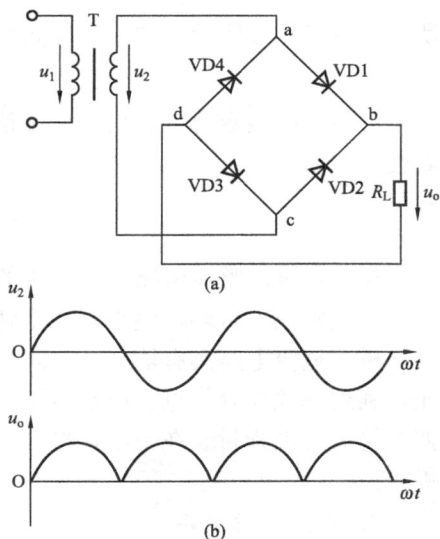

图 6-3 桥式全波整流电路及工作波形
(a) 电路；(b) 工作波形

的端口，则为整流输出电压的负极 d 端，b 端和 d 端与负载 R_L 相连接。

当 u_2 为正半周时，其极性为上正下负，整流二极管 VD1 与 VD3 正偏导通，而 VD2 与 VD4 反偏截止，整流电路中的电流从 a 端开始，流经二极管 VD1 至 b 端，再经负载 R_L 至 d 端，然后经过二极管 VD3 至 c 端，再经变压器 T 最后又回到 a 端形成回路，因此，负载 R_L 上产生一上正下负的输出电压，此时，输出电压 $u_o = u_2$。

当 u_2 为负半周时，其极性为上负下正，整流二极管 VD2、VD4 正偏导通，而二极管 VD1 与 VD3 反偏截止，整流电路中的电流从 c 端开始，流经二极管 VD2 至 b 端，再经负载 R_L 至 d 端，然后经过二极管 VD4 至 a 端，再经变压器 T 最后又回到 c 端形成回路，因此，负载 R_L 上也同样产生一上正下负的输出电压，但此时，输出电压 $u_o = -u_2$。其工作波形如图 6 - 3（b）所示。

单相全波桥式整流交流电转变为脉动直流电可用傅里叶级数表示，其函数表示式为

$$u_o = \sqrt{2}U_2\left(\frac{2}{\pi} - \frac{4}{3\pi}\cos2\omega t - \frac{4}{15\pi}\cos4\omega t - \frac{4}{35\pi}\cos6\omega t - \cdots\right) \tag{6-10}$$

由以上分析可求得单相全波桥式整流电路输出直流电压的平均值 U_0 为

$$U_0 = \frac{1}{\pi}\int_0^\pi \sqrt{2}U_2\sin\omega t\,\mathrm{d}(\omega t) = \frac{2\sqrt{2}}{\pi}U_2 \approx 0.9U_2 \tag{6-11}$$

输出直流电流的平均值为

$$I_0 = \frac{U_0}{R_L} = 0.9\frac{U_2}{R_L} \tag{6-12}$$

由于二极管 VD1、VD2 轮流导通，所以流过每只二极管的平均电流 I_D 为

$$I_D = \frac{1}{2}I_0 = 0.45\frac{U_2}{R_L} \tag{6-13}$$

由电路可以看出，当 u_2 为正半周时，VD1、VD3 导通，相当于短路，因此，VD2、VD4 的阴极接于 a 点，而其阳极接于 c 点，VD2、VD4 所承受的最高反向峰值电压就是 u_2 的幅值；同理，当 u_2 为负半周时，VD1、VD3 所承受的最高反向峰值电压也是 u_2 的幅值。所以，每只二极管承受的最大反向峰值电压为

$$U_{RM} = \sqrt{2}U_2 \tag{6-14}$$

由傅里叶级数可以看出，全波整流的基波分量的角频率为 2ω，所以，全波整流的脉动系数 S_1 为

$$S_1 = \frac{U_{01M}}{U_0} = \frac{2}{3} \approx 0.67 \tag{6-15}$$

显然，全波整流电路输出电压的脉动比半波整流电路输出电压的脉动小得多，输出电压也比半波整流大得多，整流效率得到很大的提高。

桥式整流电路具有输出电压高，纹波电压小，管子所承受的最大反向电压较低，电源变压器利用率较高等优点。但它需用四个整流二极管，连接较为麻烦，且容易出错。通常，把四个整流二极管封装在一起，再引出四个端口，叫做"整流桥"或"桥堆"代替四个整流二极管。

*4. 倍压整流电路

在直流电压要求较大而电流不大的场合，如示波器中示波管的高压直流电，若仍采用前面介绍的整流电路，显然须把电源变压器二次侧绕组的电压 u_2 升高才行，这就势必增加二

次侧绕组的匝数以及增加二次侧绕组的绝缘等级。同时，整流二极管也须选用耐压很高的管子才行，因此，这不是好办法。通常在输出电流较小（1mA 以下）的情况下，可采用倍压整流电路，以实现用低压交流电源和低耐压的整流元件而获得较高的直流电压的目的。

（1）二倍压整流电路。二倍压整流电路如图 6-4 所示，它由电源变压器 T，电容器 C_1、C_2 以及负载 R_L 组成。在 u_2 开始的第一个正半周内，变压器 a 端的极性为正，b 端为负，二极管 VD1 正偏导通，VD2 反偏而截止，电容 C_1 经 VD1 被充电，C_1 上的充电电压 u_{C1} 最大可达到 u_2 的峰值，即 $u_{C1} = \sqrt{2}U_2$，其极性为左正右负。在 u_2 开始的

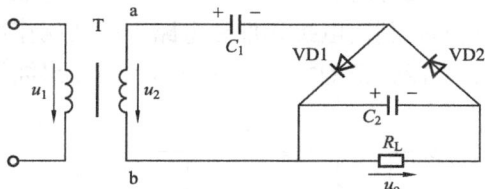

图 6-4　二部压整流电路

第一个负半周内，变压器 a 端的极性为负，b 端为正，二极管 VD1 反偏截止，VD2 正偏而导通。此时，u_2 与 C_1 上的充电电压 u_{C1} 方向一致，它们相叠加后经二极管 VD2 给电容 C_2 充电，而电容 C_1 则放电，因此，电容 C_2 上的充电电压 u_{C2} 最大值可达到 $2\sqrt{2}U_2$，即 $u_{C2} = 2\sqrt{2}U_2$，其极性为右负左正。若负载 R_L 阻值较大，则 C_1 的放电电流 C_2 的充电均很小，C_1、C_2 上的电压变化不大，所以，电容 C_1、C_2 上在被再次充电之前，基本可以保证 $u_{C1} = \sqrt{2}U_2$ 和 $u_{C2} = 2\sqrt{2}U_2$ 不变。以此同时，电容 C_2 向负载 R_L 放电，同理，放电电流也很小，因而，负载 R_L 上的电压 $u_o \approx u_{C2} = 2\sqrt{2}U_2$，正因为如此，该电路叫二倍压整流电路。

应该注意的是上述结论是在负载 R_L 很大，即负载电流很小的前提下得出的。如果负载 R_L 较小，则电容 C_1、C_2 上的充放电电流均较大，C_1、C_2 上的电压势必将变化较快，从而致使 u_{C1}、u_{C2} 很难较长时间保持不变，负载上也得不到所需的二倍压且输出电压的脉动也较大，因而，倍压整流电路只适用于负载电流较小的场合。

二倍压整流电路中的每只二极管所承受的最大反向电压均为 $2\sqrt{2}U_2$，电容 C_1 所承受的最大电压为 $\sqrt{2}U_2$，电容 C_2 所承受的最大电压为 $2\sqrt{2}U_2$。二倍压整流电路应根据这些参数选择合适的元器件。

（2）多倍压整流电路。根据二倍压整流电路的结构原理，可组成任意倍压的多倍压整流电路。其组成原理图如图 6-5 所示。它由电源变压器、电容器、整流二极管组成的倍压环路所组成。其中，每一个整流二极管所承受的最大反向电压均为 $2\sqrt{2}U_2$，电容器除 C_1 承受的最大电压为 $\sqrt{2}U_2$ 外，

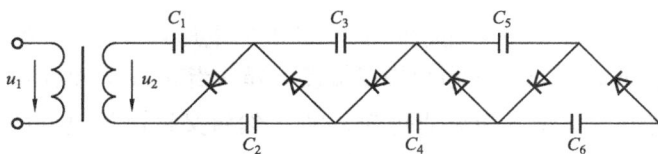

图 6-5　多倍压整流电路

其余各电容器所承受的最大电压均为 $2\sqrt{2}U_2$。因此，只需从不同的节点之间取出电压输出，就可输出任意倍压的输出电压。

与二倍压整流相同，多倍压整流电路也只能适用于负载电流较小的场合。

二、滤波电路

前面介绍的整流电路的输出电压是脉动的直流电压，其中含有直流分量和交流分量，它还不是真正意义上的直流电源。这样的脉动直流电压作为蓄电池充电的电源是允许的，但是

一般不能用作电子设备的直流工作电源。由此，需要在整流电路之后，加接滤波电路，以尽量减小脉动直流电中的交流分量，使它接近于理想的直流电压。在对整流电路进行滤波时，所采用的是由无源元件电感和电容组成的无源滤波器。

　　无源滤波器的电路形式很多，一般分为电容滤波电路、电感滤波电路和 π 型滤波电路。它们是利用电抗元件在电路中的储能作用，使电容器两端的电压不能突变和流过电感器的电流不能突变的特点，从而达到使输出波形基本平滑即抑制交流成分的目的。

1. 电容滤波电路

　　(1) 单相半波整流、电容滤波电路。单相半波整流、滤波电路如图 6-6 (a) 所示，它由电源变压器、整流二极管 VD、滤波电容 C 及负载 R_L 组成。其中，滤波电容 C 起滤除交流成分的作用。

　　当 u_2 为正半周时，二极管 VD 正偏而导通，流过二极管的电流 i_D 分成两部分：i_o 流过负载 R_L；i_C 向电容 C 充电。刚开始时，充电电流很大，电容 C 随着 u_2 的增加，很快地充电至 u_2 的峰值 $\sqrt{2}U_2$。然而，当 u_2 从峰值开始下降时，由于电容上的充电电压大于 u_2，二极管 VD 反偏而截止，滤波电容 C 通过负载 R_L 放电，因此，负载 R_L 上仍有电流流过，电流方向仍然与二极管导通时的方向相同。但是，由于此时负载 R_L 上的电流是由电容 C 放电而形成的，所以，它是指数规律下降的，下降速度由放电时间常数 $R_L C$ 所

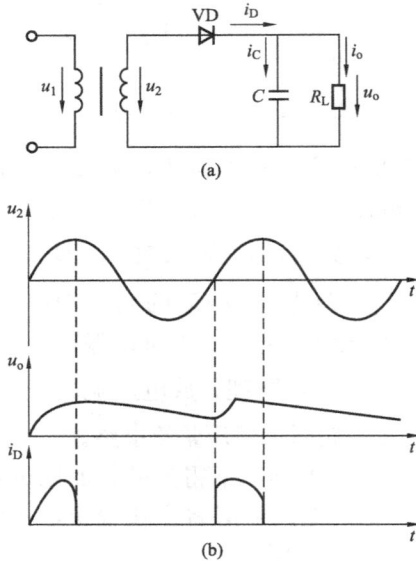

图 6-6　单相半波整流、滤波电路及工作波形
(a) 电路；(b) 工作波形

决定。通常，$R_L C$ 值较大，所以，电容 C 放电很慢。也就是说，输出电压 u_o 的下降速度比 u_2 下降的速度慢很多，即 u_2 下降至 0 时，u_o 值并不为 0。

　　当 u_2 为负半周时，二极管 VD 截止，电容 C 继续向负载 R_L 缓慢放电，因此，在 u_2 为负半周时，u_o 值也并不为 0，u_o 仍按指数规律下降。

　　u_2 的第二个周期又开始时，u_2 仍从 0 开始上升，而这时电容 C 上的电压 u_C 不等于 0，因此，二极管 VD 仍处于截止状态，u_C 即 u_o 仍继续按指数规律缓慢下降。当 u_2 上升至使得 $u_2 > u_C$ 时，VD 又导通，电容 C 又被充电，其充电最大值仍为 $\sqrt{2}U_2$，然后又再次放电。如此周而复始，负载 R_L 就得到一个较为平滑的直流电压，其工作波形如图 6-6 (b) 所示。显然，它与未加滤波电容 C 时相比较，纹波小得多，而且，整流电压 U_o 也提高了。

　　由以上分析可知，放电时间常数 $R_L C$ 愈大，电容 C 放电愈慢，负载 R_L 上的直流电压的纹波就愈小，整流输出电压也就愈高。但是，$R_L C$ 也不能取得过大，这是因为负载 R_L 一定时，放电时间常数大就必须采用大容量的电容，它不但体积较大且不经济，所以，通常情况下，满足设计要求即可。工程运用时，对于单相半波整流滤波电路，通常取 $R_L C \geqslant (3 \sim 5)T$（$T$ 为交流电的周期）。此时，整流滤波电路的输出电压的平均值 U_o 为

$$U_o \approx U_2 \qquad\qquad\qquad (6-16)$$

输出电流平均值 I_o 为

$$I_0 = U_0/R_L \tag{6-17}$$

有了滤波电容后，整流二极管的导通时间变短，同时，由于滤波电容 C 开始充电时，充电电流很大，所以，流过二极管 VD 的瞬时电流也很大。因此，在选择整流二极管时，它的最大整流电流 I_D 应选大些，一般取 3～4 倍的 I_0。

由于加了滤波电容，所以，整流二极管承受的最大反向峰值电压为

$$U_{RM} = 2\sqrt{2}U_2 \tag{6-18}$$

（2）单相全波桥式整流、电容滤波电路。单相全波桥式整流、电容滤波电路如图 6-7
所示。它由变压器 T、整流二极管 VD1～VD4，滤波电容 C 及负载 R_L 所组成。其中，电容 C 起滤波作用。

当 u_2 为正半周时，u_2 由零开始上升，整流二极管 VD1、VD3 导通，VD2、VD4 截止，电容 C 被充电，充电速度很快。当 u_2 达到最大值时，电容的充电电压也迅速达到 u_2 的最大值，即 $u_C = \sqrt{2}U_2$。当 u_2 从最大值

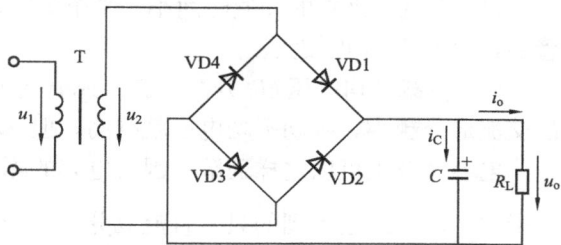

图 6-7 单相全波桥式整流、电容滤波电路

开始下降时，$u_C > u_2$，因此，二极管 VD1、VD3 也同时截止，滤波电容 C 通过负载 R_L 放电，负载上仍有电流通过，其放电电流方向与二极管 VD1、VD3 导通时的电流方向相同。由于时间常数 $R_L C$ 一般很大，因此，电容 C 极为缓慢地按指数规律下降，也即输出电压 u_0 按指数规律下降，但其下降速度远远低于 u_2 的下降速度。所以，当 $u_C = \sqrt{2}U_2$ 后，二极管 VD1、VD2、VD3、VD4 均截止，u_0 值从 $\sqrt{2}U_2$ 开始缓慢指数下降。

当 u_2 为负半周时，$-u_2$ 按正弦规律上升，而 u_C 则按指数规律缓慢下降，当 $-u_2 < u_C$ 时，VD1、VD2、VD3、VD4 均截止，u_C 即 u_0 继续下降；当 $-u_2$ 上升，u_C 下降到使 $-u_2 > u_C$ 时，VD1、VD3 截止，而 VD2、VD4 转为导通，电容 C 再次被充电，很快又达到最大值 $\sqrt{2}U_2$，VD2、VD4 又截止，电容 C 又放电。如此周而复始，负载 R_L 上就得到一较为平滑的直流电。其工作波形如图 6-8 所示。

全波整流滤波比半波整流滤波的输出电压更为平滑，纹波更小，同时，输出电压值也增大了。

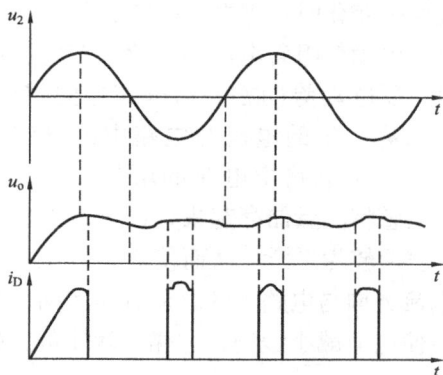

图 6-8 单相全波桥式整流、滤波工作波形

输出电压平均值 U_0 为

$$U_0 = 1.2U_2 \tag{6-19}$$

输出电流平均值 I_0 为

$$I_0 = U_0/R_L \tag{6-20}$$

输出电压的脉动程度与电容放电时间常数 $R_L C$ 有关，$R_L C$ 越大，脉动越小；$R_L C$ 小，脉动大；但 $R_L C$ 也不能太大，一般取经验值为

$$R_L C \geqslant (3 \sim 5)T/2 \tag{6-21}$$

式中：T 为交流电压的周期。

此外，由于只有 $u_2 > u_C$ 时，整流二极管才会导通，因此，其导通时间更短，充电电流瞬时也很大，也即流过二极管的瞬时电流也较大。所以，在选择二极管时，其最大整流电流 I_D 也应选大些，一般选 I_D 为 $I_0/2$ 的 $2 \sim 3$ 倍。

由电路可以求得，二极管承受的最大反向峰值电压为

$$U_{RM} = \sqrt{2} U_2$$

根据对电容滤波电路的分析，可总结出以下特点：

（1）整流二极管的导通时间小于半个周期，且电容充电瞬间电流较大，因此，流过二极管的瞬时电流 i_D 也较大。

（2）负载平均电压 U_0 升高，交流成分减小，且 $R_L C$ 越大，电容放电越慢，输出电压中的交流成分越小，脉动平均电压就越高，但 $R_L C$ 也不能过大。

电容滤波也可以这样理解：因为电容的隔直流通交流特点，把交流分量旁路了，直流不受影响，故负载上得到的只有直流成分。由于 C 的等效阻抗 $X_C = \dfrac{1}{2\pi f C}$，谐波频率愈高，$C$ 值越大，X_C 越小，旁路作用越明显，滤波效果越好。

总之，电容滤波电路的优点是电路简单，负载直流输出电压 U_0 较大，脉动较小等。它的缺点是有较大的冲击电流。电容滤波电路一般适用于要求输出电压较高，而负载电流较小并且变化也较小的场合。

2. 电感滤波电路

电感滤波电路如图 6-9 所示。其中，电感 L 与负载 R_L 相串联。由于电感具有阻止其本身电流变化的特点，即，当流过电感的电流发生变化时，则电感线圈 L 将感应出一个反电动势阻碍电流的变化。若电流增加时，反电动势的方向与电流方向相反，反电动势产生的电流与电路中的电流相反，阻碍了电路中电流的增加，与此同时，电感将能量储存起来，使电流增加缓慢，波形较为平滑，从而使输出电压的波

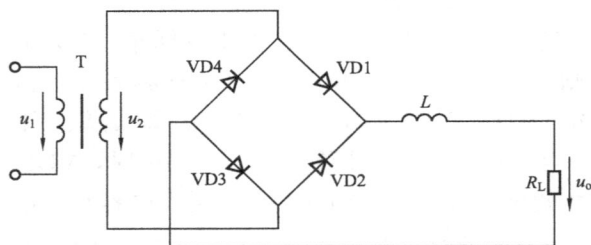

图 6-9　电感滤波电路

形也较平滑。反之，若电流减小时，反电动势产生的电流方向与电路中的电流方向相同，阻止了电流的进一步减小，同时，电感将能量释放出来，使电流减小缓慢，这样，就使负载的输出电压较为平滑，从而起到滤波的效果。

电感滤波也可以这样理解：因为电感线圈等效阻抗 $X_L = 2\pi f L$，所以，对于整流电流的交流分量阻抗较大，且谐波频率愈高，阻抗越大。而对于整流电流中的直流分量，则阻抗几乎为 0，故此，负载 R_L 上输出的只有直流成分。下面简要分析图 6-9 电路的工作原理。

当 u_2 为正半周时且从 0 开始上升至正的最大值时，二极管 VD1、VD3 导通，VD2、VD4 截止，此时，电感 L 储能，整流电流缓慢上升；当 u_2 从最大值开始下降至 0 时，电感 L 则释放能量，整流电流缓慢下降，从而使得输出电压较为平滑。

当 u_2 为负半周时且从 0 开始下降至负的最大值时，二极管 VD2、VD4 导通，VD1、VD3 截止，电路的工作情况与 u_2 正半周时类似，电路也就达到滤波的目的。

由于电感滤波电路中电感反电动势的作用，使得二极管导通的时间比电容滤波长，每个二极管均导通半个周期，而且电流比较平滑，因此，流过二极管的峰值电流减小，输出电压的外特性较好，带负载能力较强。L 值愈大，R_L 愈小，则电流越平滑，滤波效果越好。所以，电感滤波常用于负载电流较大的场合。但是，若 L 值大，则线圈的匝数较多，体积大，比较笨重，直流电阻也较大，因而，电感上也有一定的电压降，会造成输出电压下降。

电感滤波电路的输出电压平均值一般均取

$$U_0 = 0.9U_2$$

3. LC 滤波电路

虽说采用电感滤波后，整流二极管导通角变大，没有大电流的冲击，输出电压波形也较为平滑。但是，为了得到更好的滤波效果通常可采用如图 6-10 所示的复式 LC 滤波电路。

电路中，脉动直流电压经过电感滤波后，交流成分大部分都落在电感线圈 L 上，再经电容 C 滤波后，就可以进一步把交流成分滤除，这样，在负载 R_L 上就可得到更为平滑的直流电。为保证每个

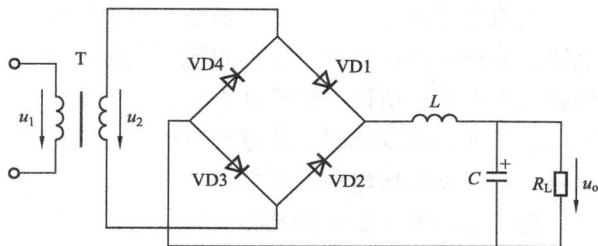

图 6-10　LC 整流、滤波电路

整流二极管导通时间均为半个周期，滤波电感 L 不能太小，如果 L 很小时，则电容 C 的滤波作用就会起决定性的作用，这样，电感就不足以维持整流管中电流有半个周期的导通时间。

LC 复式滤波电路的带负载能力较大，在负载 R_L 变化时，输出电压较为稳定，而且，由于滤波电容 C 接在电感 L 后面，因此，整流二极管不会产生大的冲击电流。

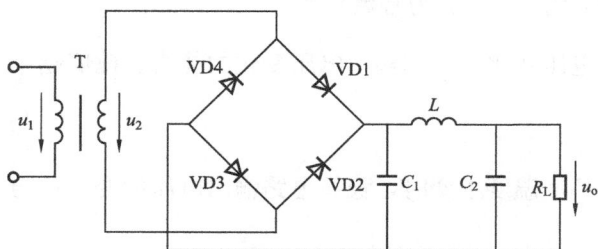

图 6-11　$LC\pi$ 型滤波电路

4. π 型滤波电路

（1）$LC\pi$ 型滤波电路。若要求输出电压的脉动更小，则可采用如图 6-11 所示的 $LC\pi$ 型滤波电路。

$LC\pi$ 型滤波电路能够使输出直流电压的脉动更小。因为脉动直流电先经电容 C_1 滤波后，然后再经电感 L 和电容 C_2 再次滤波，使得电路中的交流成分大大减少，所以，在负载 R_L 上就可得到很平滑的输出电压。

$LC\pi$ 型滤波电路的滤波效果好，但带负载能力较差，而且对整流二极管存在着较大的冲击电流，因此，它一般只适用于要求输出电压脉动较小，负载电流不大的场合。

（2）$RC\pi$ 型滤波电路。由于电感线圈的体积较大，成本较高，因此通常用电阻来代替 π 型滤波电路中的电感 L，从而构成如图 6-12 所示的 $RC\pi$ 型滤波电路。

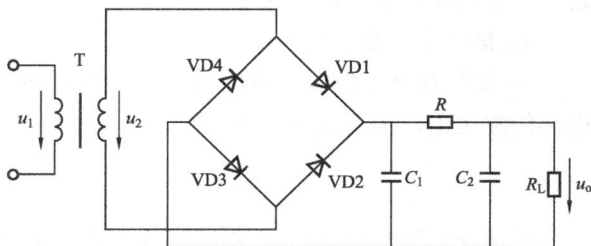

图 6-12　$RC\pi$ 型滤波电路

由于电阻对于交、直流电压都具有降压作用，所以，当它和电容配合使用后，就会使脉动电压的交流分量较多地降落在电阻的两端，而较少地降落在负载 R_L 上，从而起到滤波作用。

电阻 R 愈大，电容 C_2 愈大，则滤波效果愈好。但若 R 太大，则直流电压会下降过多，使负载电流变小，因此，$RC\pi$ 型滤波电路主要适用于负载电流要求较小的场合。但它的滤波效果较 $LC\pi$ 型滤波电路要差些。

第三节 线性直流稳压电路

交流电经过整流、滤波电路后，可以得到平滑的直流电。但是，由于电源变压器、整流电路、滤波电路都具有一定的阻抗，当电网电压波动或负载变化时，输出的平滑直流电压值仍将发生波动，所以，通常在整流、滤波电路后再接上稳压电路。稳压电路的作用就是：当电网电压或负载变化时，能够使得输出的直流电压保持稳定。常用的稳压电路有稳压管稳压电路、串联型稳压电路及开关型稳压电路等。

稳压电路的主要性能指标一般分为特性指标和质量指标两种。特性指标一般有允许的输入电压、输出电压、输出电流和输出电压调节范围等；质量指标是用来衡量输出直流电压的稳定程度，一般包括稳压系数、输出电阻、温度系数以及纹波电压等参数。下面介绍几个主要质量指标。

1. 稳压系数 S

稳压系数 S 是指当环境温度和负载不变时，稳压电路输出电压的相对变化量与稳压电路输入电压的相对变化量之比，即

$$S = \frac{\Delta U_o / U_o}{\Delta U_i / U_i} \quad (R_L \text{ 为常数}, T \text{ 为常数}) \tag{6-22}$$

稳压系数反映了稳压电路克服由于输入电压变化而引起输出电压变化的能力。此值越小越好，S 值越小，说明电路稳压性能越好。

2. 输出电阻 R_o

输出电阻是指当稳压电路的输入电压与环境温度不变时，稳压电路输出电压的变化量与稳压电路输出电流的变化量之比，即

$$R_o = \frac{\Delta U_o}{\Delta I_o} \quad (U_i \text{ 为常数}, T \text{ 为常数}) \tag{6-23}$$

输出电阻 R_o 反映了稳压电路克服由于负载变化而引起输出电压变化的能力。此值越小越好，值越小，这种能力越强。

3. 输出电压的温度系数 S_T

S_T 是指在规定的温度范围内，当稳压电路的输入电压、负载不变时，单位温度变化所引起的输出电压的变化量，即

$$S_T = \frac{\Delta U_o}{\Delta T} \quad (U_i \text{ 为常数}, R_L \text{ 为常数}) \tag{6-24}$$

S_T 反映了稳压电路克服由于温度变化而引起输出电压变化的能力，S_T 值越小，这种能力越强。

4. 输出纹波电压$\tilde{U}_o$

输出纹波电压$\tilde{U}_o$是指稳压电路输出端交流分量的有效值。一般为毫伏数量级，它表示输出电压的微小波动。

当然，衡量稳压电路性能还有其他指标，请参阅其他参考资料。

一、硅稳压二极管稳压电路

（一）硅稳压二极管

1. 伏安特性曲线

硅稳压二极管是应用在伏安特性反向击穿区的特殊二极管。硅稳压二极管的伏安特性曲线与二极管的伏安特性曲线相似，硅稳压二极管伏安特性曲线的反向区、符号和典型应用电路如图6-13所示。

当反向电压超过硅稳压二极管的反向击穿电压U_{BR}时，流过管子的电流急剧增加，硅稳压二极管处于反向击穿状态，但只要采取限流措施，就能保证不至于因工作在反向击穿状态而损坏。由图可以看出，在击穿状态下，流过管子的电流在较大范围内变化时，管子两端电压变化很小，即它具有稳定直流电压的功能。

因此为了利用硅稳压二极管稳压作用，外接的电源电压极性应使管子反偏，且其大小应不低于反向击穿电压。此外，硅稳压二极管的电流变化范围有一定的限制，如果电流太小则工作于反向截止区，失去稳压作用；如果电流太大，则管子将可能发生热击穿而烧坏，详细见参数说明。

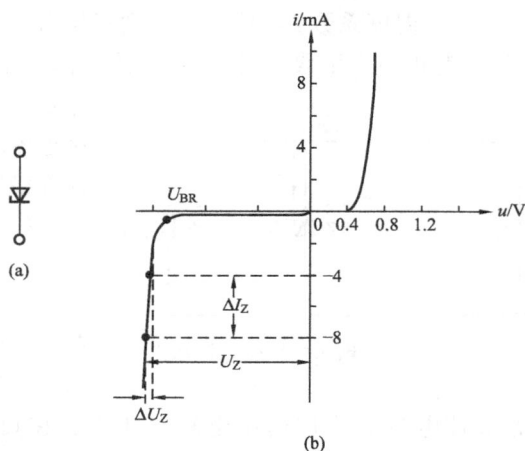

图6-13 硅稳压二极管的伏安特性
(a) 符号；(b) 伏安特性

2. 参数

硅稳压二极管的类型很多，主要有ZCW、ZDW系列，从手册可以查到常用硅稳压二极管的技术参数和使用资料，表6-1为几种典型硅稳压二极管技术参数。

表6-1　　　　　　　　　　　　几种典型硅稳压二极管参数

型号	稳定电压 U_Z（V）	稳定电流 I_Z（mA）	最大稳定电流 I_{Zmax}（mA）	耗散功率 P_M（W）	动态电阻 r_Z（Ω）	温度系数 k（%/℃）
2CW11	3.2～4.5	10	55	0.25	＜70	−0.05～+0.03
2CW15	7.0～8.5	5	29	0.25	≤15	+0.01～+0.08
2DW7A	5.8～6.6	10	30	0.25	≤25	0.05
2DW7C	6.1～6.5	10	30	0.20	≤10	≤0.12

（1）稳定电压U_Z：指稳压管的反向击穿电压。对于同一型号的稳压管，由于制造上的原因，难以使每个管子稳定电压都相同，而是有一个小的数值范围，使用时要注意选择。

（2）稳定电流I_Z：指管子在稳定电压U_Z时的工作电流，其值在稳压区域的最大电流

I_{Zmax} 与最小电流 I_{Zmin} 之间。若 $I_Z < I_{Zmin}$ 则不能稳压。

（3）动态电阻 r_Z：其概念与一般二极管的动态电阻相同，只不过硅稳压二极管的动态电阻是从它的反向特性上求取的。$r_Z \left(r_Z = \dfrac{\Delta U_Z}{\Delta I_Z} \right)$ 愈小，反映稳压管的击穿特性愈陡，稳压性能越好。

（4）最大稳定工作电流 I_{Zmax}：指稳压管的最大工作电流，超过 I_{Zmax} 时管子将过热损坏。

（5）最大耗散功率 P_{Zmax}：指管子不致因热击穿而损坏的最大耗散功率。它近似等于稳定电压与最大稳定电流的乘积，即 $P_{ZM} = U_Z I_{Zmax}$。稳压管的最大功率损耗取决于 PN 结的面积和散热等条件。

（6）温度系数 k：反映由温度变化引起的稳定电压变化，在稳压管中，当 $|U_Z| > 7V$ 时，U_Z 具有正温度系数，反向击穿是雪崩击穿。当 $|U_Z| < 4V$ 时，U_Z 具有负温度系数，反向击穿是齐纳击穿。当 $4V < |U_Z| < 7V$ 时，稳压管可以获得接近零的温度系数，这样的硅稳压二极管最好，可作为标准稳压管使用。

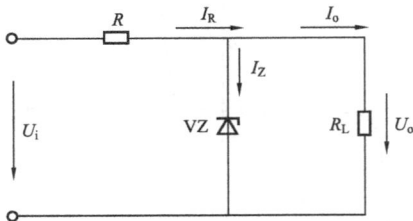

图 6-14 硅稳压二极管稳压电路

（二）硅稳压二极管稳压电路

1. 电路结构

硅稳压二极管稳压电路是最简单的一种直流稳压电源，其电路结构如图 6-14 所示。它由限流电阻 R、稳压二极管 VZ 及负载 R_L 组成。经整流、滤波后得到的平滑直流电 U_i，通过稳压电路稳压后，在负载 R_L 上就能得到一个较为稳定的直流输出电压 U_o。

2. 稳压原理

由于影响输出电压不稳定的因素主要是电网电压波动和负载 R_L 的变化。因此，假设电网电压 U_i 上升或 R_L 增大造成 U_o 增大，通过硅稳压二极管 VZ 的电流急剧增加，从而使限流电阻 R 上的电压 U_R 增大，结果是阻止了输出电压 U_o 的上升，使输出电压 U_o 保持基本稳定不变，即：

$$U_i \uparrow（或 R_L \uparrow）\rightarrow U_o \uparrow \rightarrow I_Z \uparrow \uparrow \rightarrow U_R \uparrow$$
$$U_o \downarrow = U_i - U_R$$
$$U_o \downarrow$$

反之，输入电压 U_i 降低或 R_L 下降引起 U_o 下降时，I_Z 将急剧下降，使 U_R 下降，于是限制了 U_o 的减小，使 U_o 保持基本不变，从而达到稳压的目的。

由以上分析可以看出，稳压二极管稳压电路的稳压作用是由于稳压二极管本身的电流调节作用。而其电流调节作用是通过限流电阻 R 的反应表现为限流电阻自动调整输出电压的变化量，所以，限流电阻 R 通常也称之为调压电阻。

硅稳压二极管稳压电路结构简单、元件少，但是，其稳压输出电压由稳压二极管的稳压值决定，不能调节且输出电流亦受稳压二极管工作电流的限制，因此，输出电流的变化范围很小，一般只适用于电压固定的小功率且负载电流变化不大的场合。

3. 稳压性能估算

（1）稳压电路的输出电阻 R_o。根据输出电阻 R_o 的定义，当温度及输入电压不变时，

$R_o = \Delta U_o / \Delta I_o$，且可以把图 6 - 14 所示的稳压电路根据戴维南定理等效为图 6 - 15 所示的等效电路。其中，r_Z 为稳压二极管的动态电阻，一般为十几欧姆到几十欧姆；而 U_Z 则为稳压二极管起稳压作用时的等效压降。由等效电路可求得输出电阻 R_o 为

$$R_o = R /\!/ r_Z \approx r_Z \qquad (6-25)$$

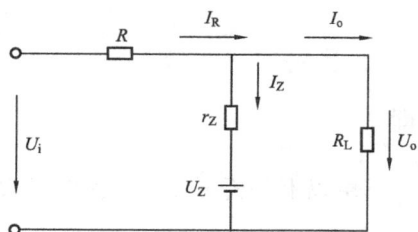

图 6 - 15　硅稳压二极管稳压
电路的等效电路

R_o 也就是稳压电路的内阻。R_o 值越小，表示在负载电流 I_o 变化 ΔI_o 时，输出电压变化的量 ΔU_o 越小，即稳压电路的负载能力越强。

（2）稳压电路的稳压系数 S。根据稳压系数的定义，当温度及负载不变时，$S = (\Delta U_o / U_o) / (\Delta U_i / U_i)$，由等效电路图 6 - 15 可求得

$$\Delta U_o = \frac{\Delta U_i}{R + r_Z /\!/ R_L} (r_Z /\!/ R_L)$$

由此有

$$\frac{\Delta U_o}{\Delta U_i} = \frac{r_Z /\!/ R_L}{R + r_Z /\!/ R_L}$$

所以，稳压系数为

$$S = \frac{\Delta U_o / U_o}{\Delta U_i / U_i} = \frac{\Delta U_o}{\Delta U_i} \frac{U_i}{U_o} = \frac{r_Z /\!/ R_L}{R + r_Z /\!/ R_L} \frac{U_i}{U_o} \approx \frac{r_Z}{R} \frac{U_i}{U_o} \qquad (6-26)$$

因为稳压系数 S 越小，则稳压性能越好，所以，由式（6 - 26）可见，为了减小稳压系数 S，应尽量减小稳压二极管的动态电阻 r_Z，加大限流电阻 R。但是，若 R 过大，则它的压降会过大，也不太经济。

4. 电路元件及参数的选择

为了使稳压二极管工作在反向击穿状态时具有足够小的动态电阻 r_Z，则流过稳压管的工作电流应满足手册上所规定的 $I_{Zmin} < I_Z < I_{Zmax}$，即稳压二极管的工作电流不能太大，也不能过小。也就是说限流电阻 R 必须保证当电网电压波动或负载变化时，能够使得稳压二极管始终工作在它的稳压区内。因此，R 值不能过大，也不能过小。由电路可知，R 值的确定必须考虑稳压电路的两种最不利的极端情况，若出现两种极端情况时，稳压电路能正常稳压，则稳压电路就能正常工作。

一种情况是：当整流滤波后的电压 U_i 达到最大值 U_{imax} 而负载电流 I_o 却为最小值 I_{omin} 时，由图 6 - 14 电路可知，此时流经稳压二极管的电流 I_Z 最大，若电路要能正常稳压，则此时稳压二极管的工作电流 I_Z 必须小于其在稳压范围内的最大工作电流 I_{Zmax}，由电路有

$$\frac{U_{imax} - U_o}{R} - I_{omin} < I_{Zmax}$$

即

$$R > \frac{U_{imax} - U_o}{I_{Zmax} + I_{omin}}$$

另一种情况是当整流滤波后的电压 U_i 为最小值而负载电流 I_o 却为最大值时，流过稳压二极管的电流 I_Z 最小。同理，若电路能正常稳压，则此时稳压二极管的工作电流 I_Z 必须大于稳压二极管稳压范围内的最小工作电流 I_{Zmin}，根据电路可求得

$$\frac{U_{\text{imin}} - U_o}{R} - I_{\text{omax}} > I_{\text{Zmin}}$$

即
$$R < \frac{U_{\text{imin}} - U_o}{I_{\text{Zmin}} + I_{\text{omax}}}$$

由以上分析可知，限流电阻 R 必须满足以下关系式

$$\frac{U_{\text{imax}} - U_o}{I_{\text{Zmax}} + I_{\text{omin}}} < R < \frac{U_{\text{imin}} - U_o}{I_{\text{Zmin}} + I_{\text{omax}}} \qquad (6-27)$$

在这里，应该指出的是，稳压二极管稳压电路应严防限流电阻 R 被短路，也不能随意断开负载 R_L。因为负载断开，就意味着稳压二极管电流在此时所增加的值几乎就等于负载电流 I_o，若此时的稳压管总电流超过其 I_{Zmax}，则稳压管就会损坏。

同时，一般限流电阻 R 的额定功率按下式选择

$$P = (2 \sim 3)\frac{(U_{\text{imax}} - U_o)^2}{R} \qquad (6-28)$$

而通常，稳压二极管的最大反向电流 I_{Zmax} 应大于负载电流最大值 I_{omax}，所以，稳压二极管一般按以下公式选择

$$U_Z = U_o \qquad (6-29)$$
$$I_{\text{Zmax}} = (1.5 \sim 3)I_{\text{omax}} \qquad (6-30)$$

又由于限流电阻 R 上有压降，因此，稳压电路的输入电压 U_i 应大于负载电压 U_o，若 R 上电压降过小，则 R 的电压调节范围也较小，电路的稳压效果就较差；但是，若 R 上压降过大，则能量损失会偏大。一般电路按以下公式确定稳压电路的输入电压 U_i

$$U_i = (2 \sim 3)U_o \qquad (6-31)$$

二、三极管串联型稳压电路

稳压二极管稳压电路是靠改变稳压二极管的工作电流从而达到稳压目的的，因此，它的电流调节范围是 $I_{\text{Zmax}} - I_{\text{Zmin}}$。当电网电压不变时，负载电流的变化范围也就是稳压二极管工作电流的调节范围，所以，这种稳压电路限制了负载 R_L 的变化范围，同时，其稳压性能也不高。因此，为了增加负载电流的变化范围和提高电路的稳压性能，通常采用三极管串联型线性稳压电路。

（一）简单三极管串联型线性稳压电路

最简单的三极管串联型线性稳压电路如图 6-16 所示。其中与负载 R_L 串联的三极管 VT 是调整元件，通常把它称为调整管，稳压二极管 VZ 为稳压电路提供基准电压，R 作为 VZ 的限流电阻，也作为调整管 VT 的偏置电阻。

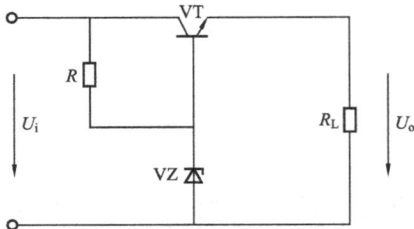

三极管之所以可以作为调整器件，是由于当它工作于线性放大工作状态时，其 C、E 之间的电压降 U_{CE} 随基极电流 I_B 的增大而减小，而随 I_B 的减小而增大。下面分析图 6-16 所示电路的自动稳压原理。

由电路可以看出，当 U_Z 不变，负载 R_L 增大时，输出电压 U_o 随之增大，因为 $U_Z = U_{\text{BE}} + U_o$，所以 U_{BE} 减小，从而使基极电流 I_B 减小，U_{CE} 增大，因而使输出电

图 6-16　简单三极管串联型
线性稳压电路

压 $U_o=U_i-U_{CE}$ 的增大受到限制，从而维持了输出电压 U_o 的稳定。所以，输入电压 U_i 变化时，输出电压 U_o 变化很小。其自动稳压过程可表示为：

$$R_L\uparrow\rightarrow U_o\uparrow\rightarrow U_{BE}\downarrow\rightarrow I_B\downarrow\rightarrow U_{CE}\uparrow\rightarrow U_o\downarrow$$

若 R_L 不变而 U_i 减小时，U_o 随之减小，使 U_{BE} 增大，I_B 跟着增大，U_{CE} 减小，从而使输出电压 U_o 的增大受到限制，维持了 U_o 的稳定。其自动稳压过程可表示为：

$$U_i\downarrow\rightarrow U_o\downarrow\rightarrow U_{BE}\uparrow\rightarrow I_B\uparrow\rightarrow U_{CE}\downarrow\rightarrow U_o\uparrow$$

由以上分析可以看出，稳压电路是将输出电压 U_o 与基准电压 U_Z 进行比较后出现的电压变化来自动调整三极管 VT 的管压降 U_{CE}，从而使输出电压保持稳定的。所以，三极管 VT 称为"调整管"，它工作在线性放大状态，因此这种稳压电路也叫做线性稳压电路。因调整管与负载 R_L 串联，所以这种电路通常叫做三极管串联型线性稳压电路。

（二）带放大环节的三极管串联型线性稳压电路

由于简单的三极管串联型线性稳压电路是用输出电压 U_o 直接去控制调整管的基极电流 I_B，因此，当输出电压变化量 ΔU_o 较小时，引起调整管基极电流的变化量 ΔI_B 很小，三极管集电极的电压变化量 ΔU_{CE} 也很小，因而，三极管的调压作用不明显，即电压的调节作用不灵敏，不能把输出电压 U_o 的变化范围限制得很小。为了提高三极管调压作用的灵敏度，通常将输出电压的变化量 ΔU_o 放大后再去控制调整管，这样，当输出电压有很小的变化时就能够产生很大的调压作用，从而提高了输出电压的稳定性，电路的稳压性能也将会大大地得到改善。

1. 电路组成

带放大环节的三极管串联型线性稳压电路及组成框图如图 6-17 所示，其中，电路由以下几部分组成：

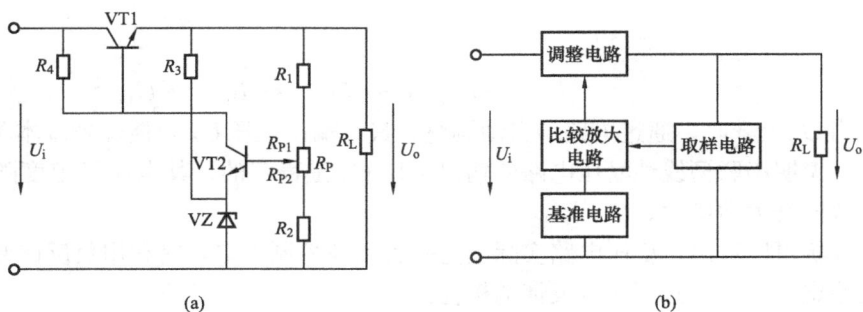

图 6-17　带放大环节的三极管串联型线性稳压电路
(a) 电路；(b) 组成框图

（1）调整电路：由三极管 VT1 和电阻 R_4 组成。

（2）取样电路：由电路 R_1、R_2 及电位器 R_P 组成，其中，电位器 R_P 可调节稳压电路的输出电压 U_o 值。

（3）基准电压电路：由稳压二极管 VZ 及其限流电阻 R_3 组成，作为比较的标准。

（4）比较放大电路：由三极管 VT2 和电阻 R_4 组成直流放大电路。

由电路可以求得，三极管 VT2 的基极电压 $U_{B2}=\dfrac{U_o}{R_1+R_2+R_P}(R_2+R_{P2})$，它与输出电压

U_o 成正比。当 U_o 变化时，U_{B2} 也随之变化，而三极管 VT2 的发射极电位 $U_{E2} = U_Z$，为基准电压，因此，三极管 VT2 的发射结电压 $U_{BE2} = U_{B2} - U_{E2}$ 将随 U_o 的变化而变化，三极管 VT2 的基极电流 I_{B2} 也随之变化，从而去控制调整三极管 VT1，最终达到稳压的目的。

2. 自动稳压原理

带放大环节的三极管串联型线性稳压电路的自动稳压原理分析如下：

当输入 U_i 不变而负载 R_L 变化时，设 R_L 增大，则 U_o 跟着增大，使 U_{B2} 也随之增大，由于 $U_{E2} = U_Z$ 不变，所以 $U_{BE2} = U_{B2} - U_{E2}$ 也跟着增大，从而使三极管 VT2 的基极电流 I_{B2} 也随之增大，其集电极电流 I_{C2} 增大，从而使集电极电压 U_{C2} 下降，即三极管 VT1 的基极电位 U_{B1} 下降，从而使发射结电压 U_{BE1} 下降，基极电流 I_{B1} 下降，集电极电流 I_{C1} 下降，引起其电压 U_{CE1} 增大；由于 $U_o = U_i - U_{CE1}$，所以，引起了输出电压 U_o 的下降，补偿了 U_o 的上升，从而使 U_o 基本保持不变。其稳压过程可表示如下：

$$R_L \uparrow \rightarrow U_o \uparrow \rightarrow U_{B2} \uparrow \rightarrow U_{BE2} \uparrow \rightarrow I_{B2} \uparrow \rightarrow I_{C2} \uparrow \rightarrow U_{C2} \downarrow$$

$$U_o \downarrow \leftarrow U_{CE1} \uparrow \leftarrow I_{C1} \downarrow \leftarrow I_{B1} \downarrow \leftarrow U_{B1} \downarrow$$

同理，若负载 R_L 下降引起输出电压 U_o 的下降，通过电路的自动调整，最终输出电压 U_o 也能保持基本不变。

当 R_L 不变，而 U_i 变化时，设 U_i 减小时，则 U_o 随之减小，从而引起 U_{B2} 减小，U_{BE2} 随之减小，使三极管 VT2 的基极电流 I_{B2} 也随之减小，其集电极电流 I_{C2} 减小，从而使集电极电压 U_{C2} 增大，即三极管 VT1 的基极电位 U_{B1} 上升，其基极电流 I_{B1} 上升，集电极电流 I_{C1} 上升，引起其电压 U_{CE1} 下降，从而使输出电压 U_o 上升，补偿了 U_o 的下降，从而使 U_o 基本保持不变。其稳压过程可表示如下：

$$U_i \downarrow \rightarrow U_o \downarrow \rightarrow U_{B2} \downarrow \rightarrow U_{BE2} \downarrow \rightarrow I_{B2} \downarrow \rightarrow I_{C2} \downarrow \rightarrow U_{C2} \uparrow$$

$$U_o \uparrow \leftarrow U_{CE1} \downarrow \leftarrow I_{C1} \uparrow \leftarrow I_{B1} \uparrow \leftarrow U_{B1} \uparrow$$

同理，当 U_i 上升时，通过电路的自动调整，最终输出电压 U_o 也能保持基本不变。

上述过程说明串联型线性稳压电路的输出电压 U_o 是稳定的，其电压稳定度随比较放大电路放大倍数的增大而增大。

由以上分析可以看出，稳压电路实际上是一种反馈控制电路，它利用负反馈原理来实现输出电压的稳定，因此，必须注意反馈的极性。

3. 输出电压 U_o 的计算

下面分析线性稳压电路输出电压 U_o 与其基准电压 U_Z 之间的关系。由图 6 - 17 （a）电路可求得

$$U_{B2} = \frac{U_o}{R_1 + R_2 + R_P}(R_2 + R_{P2})$$

$$U_{B2} = U_{BE2} + U_Z$$

所以有

$$\frac{U_o}{R_1 + R_2 + R_P}(R_2 + R_{P2}) = U_{BE2} + U_Z$$

即

$$U_o = \frac{R_1 + R_2 + R_P}{R_2 + R_{P2}}(U_{BE2} + U_Z) \tag{6-32}$$

由式（6－32）可以看出，输出电压 U_o 与基准电压 U_Z 成正比，而与取样电路中直接决定取样值大小的电阻 R_2+R_{P2} 值成反比。

当电位器 R_P 调至最低点，即 $R_{P2}=0$，R_{P2} 值最小时，输出电压 U_o 达到最大值 U_{omax}，其值为

$$U_{omax}=\frac{R_1+R_2+R_P}{R_2}(U_{BE2}+U_Z) \tag{6－33}$$

当电位器 R_P 调至最高点，即 $R_{P2}=R_P$，R_{P2} 值最大时，输出电压 U_o 达到最小值 U_{omin}，其值为

$$U_{omin}=\frac{R_1+R_2+R_P}{R_2+R_P}(U_{BE2}+U_Z) \tag{6－34}$$

因此，带放大环节的三极管串联型线性稳压电路可输出的稳定的输出电压 U_o 值的范围为

$$\frac{R_1+R_2+R_P}{R_2+R_P}(U_{BE2}+U_Z)\leqslant U_o\leqslant\frac{R_1+R_2+R_P}{R_2}(U_{BE2}+U_Z) \tag{6－35}$$

从以上分析可以看出，输出电压 U_o 值取决于取样电路和基准电压值，而与输入电压 U_i、负载 R_L 的大小无关。

4. 采用集成运放作为比较放大电路的串联型线性稳压电路

串联型线性稳压电路的比较放大电路可用诸如集成运放等具有放大能力的各种电路来组成。由于集成运放的放大倍数很大，输入电流极小，从而提高了稳压电路的稳压性，所以，用集成运放的稳压电路越来越多。图 6－18 所示电路就是用集成运放组成比较放大电路的串联型线性稳压电路，其自动稳压原理基本与图 6－17 相类似。其自动稳压过程可表示如下：

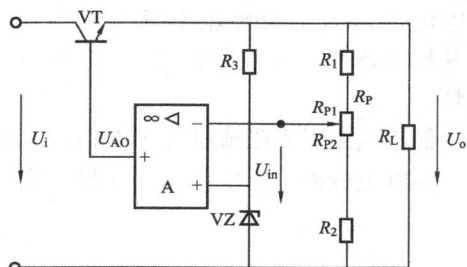

图 6－18　采用集成运放的串联型线性稳压电路

$$U_i\uparrow\rightarrow U_o\uparrow\rightarrow U_{in}\uparrow\rightarrow U_{AO}\downarrow\rightarrow U_B\downarrow\rightarrow I_B\downarrow\rightarrow I_C\downarrow\rightarrow U_{CE}\uparrow\rightarrow U_o\downarrow$$

*5. 保护电路

稳压电路不仅要输出一定数值的电压，还要输出一定数值的电流。在串联型稳压电路中，负载电流全部流过调整管，当发生负载过载或短路时，通过调整管的电流就会超过额定值，甚至可能超过好几倍；同时，调整管上的电压降也将超过正常工作时的压降。因此，负载过载，特别是负载短路时，调整管的功耗就可能超过允许的功耗而被烧毁。所以，必须设置保护措施，对调整管加以保护。

为了对调整管进行有效的保护，应当限制过载电流或让其电流完全截止掉。显然，采用熔丝是不能有效地保护调整管的，这是因为熔丝的保护动作速度太慢。因此，通常采用电路的形式来进行保护，其保护形式很多，这里只介绍最常用的两种：限流型保护电路和载流型保护电路。

（1）限流型保护电路。限流型保护电路的保护原理是：当调整管电流超过一定限度时，对它的基极电流进行分流，以限制调整管的发射极电流不至于太大。

图 6－19（a）电路是一种限流型保护电路。其中，三极管 VT1 为调整管，VT3 为保护管，电阻 R_d 为检测电阻。下面简要分析其自动保护原理。

稳压电路正常工作时，负载电流 I_o 在检测电阻 R_d 上的电压降 U_{Rd} 小于保护管 VT3 发射结导通时所需的电压值，VT3 处于截止状态。因此，保护电路对稳压电路的正常工作

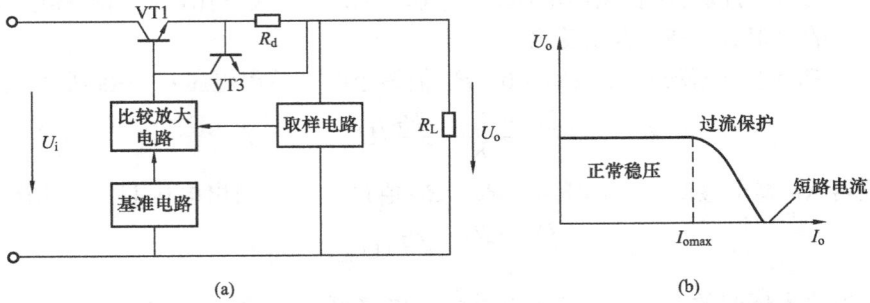

图 6 - 19 限流型保护电路及输出特性曲线
(a) 原理性电路；(b) 输出特性曲线

状态不会产生任何影响，稳压电路正常工作。当输出电流增大并超过额定值时，检测电阻 R_d 上的电压降 U_{Rd} 增大，并且使得其电压值超过保护管 VT3 发射结导通时所需的电压值，VT3 处于导通状态，调整管 VT1 的基极电流 I_{B1} 被分流，使 I_{B1} 减小，从而使其发射极电流 I_{E1} 减小，即输出电流 I_o 减小。因此，当输出电流 I_o 增大到某一额定值时，保护电路开始起作用，从而限制了 I_o 的进一步增大，因而保护了调整管及整个稳压电路免受损坏。

稳压电路引入限流型保护电路后电路的输出特性如图 6 - 19（b）所示。

由以上分析，从电路可以求得，稳压电路正常工作时的最大输出电流为

$$I_{omax} = \frac{U_{BE3}}{R_d}$$

限流型过流保护电路虽然能限制短路电流，使之不致过大以免烧毁调整管。但这时调整管的 U_{CE} 值仍较大，I_C 电流也较大，因此，需选用容量较大的调整管。

（2）截流型保护电路。截流型保护电路的保护原理是：当电路出现过流时，保护电路开始工作，使输出电压和电流都下降到接近于零。

图 6 - 20（a）是采用截流型保护电路的稳压电路。其中三极管 VT3，电阻 R_5、R_6、R_7、R_8、R_9 为保护电路，其中，R_9 为检测电阻；R_{10}、稳压二极管 VZ2 为 VT3 提供基极直流偏置电压。由图可见，$U_{BE3} = U_{R8} + U_{R9} - U_{R6}$。

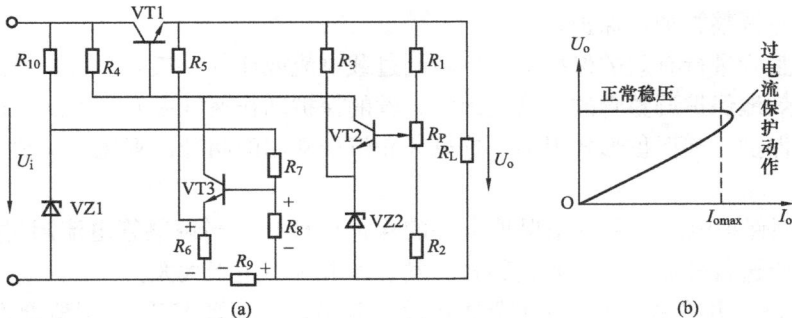

图 6 - 20 截流型保护电路及输出特性曲线
(a) 电路；(b) 输出特性曲线

稳压电路正常工作时，R_9 上的压降 U_{R9} 较低，此时，适当选择 R_5、R_6、R_7、R_8 的值，使 $U_{R8} + U_{R9} - U_{R6} < 0$，保证了三极管 VT3 处于截止工作状态，从而使保护电路不工作，不影响电路的正常稳压作用。

当负载电流过大时，U_{R9} 随之增大，当增大到使 $U_{BE3} = U_{R8} + U_{R9} - U_{R6}$ 的电压值大于保护管 VT3 发射结导通所需的电压时，VT3 管导通，其集电极电位 U_{C3} 下降，也即三极管 VT1 的基极电压 U_{B1} 跟着下降，其基极电流 I_{B1} 减小，U_{CE1} 增大，从而使输出电压 U_o 变小，U_{R6} 也随之减小，U_{BE3} 进一步增大，VT3 管的导通程度进一步增大，输出电压 U_o 继续下降，因而，电路出现以下正反馈过程：

$$I_o \uparrow \rightarrow U_{R9} \uparrow \rightarrow U_{BE3} \uparrow \rightarrow I_{B3} \uparrow \rightarrow I_{C3} \uparrow \rightarrow U_{C3} \downarrow \rightarrow U_{B1} \downarrow$$

$$U_{R6} \downarrow \leftarrow U_o \downarrow \leftarrow U_{CE1} \uparrow \leftarrow I_{C1} \downarrow \leftarrow I_{B1} \downarrow$$

随着 U_{R6} 的继续下降，电流 I_{C3} 急剧增加，三极管 VT3 迅速处于饱和工作状态，调整管 VT1 随之迅速截止，输出电压和电流随之趋于零，由此电路达到了输出过载时截流的目的。

三、三端式集成稳压电路

随着半导体制造工艺的提高，稳压电路也制成了集成器件。集成稳压器具有体积小、可靠性高、性能指标好、使用灵活简单、价格低廉等优点，在工程上得到广泛的应用。集成稳压器的种类很多，按集成工艺和结构一般可分为单片式和混合式；按工作方式可分为串联型稳压器、并联型稳压器和开关稳压器；按输出电压可分为固定式稳压器和可调式稳压器。在这里只介绍部分常用的集成稳压器。

1. 固定输出的三端集成稳压器

固定输出的三端集成稳压器的输出电压固定不变，不用调节，其通用产品有 78×× 系列和 79×× 系列。78 系列为输出正电压系列，而 79 系列则为输出负电压系列。具体的输出电压值由型号中最后两位数 "××" 表示，一般有 5、6、9、12、15、18、24V 等。其最大输出电流大小用字母表示，见表 6 - 2。

表 6 - 2　　　　　　固定输出三端集成稳压器标示字母与最大输出电流对照

字母	L	N	M	无字母	T	H	P
最大输出电流（A）	0.1	0.3	0.5	1.5	3	5	10

例如，CW7805 表示输出电压 +5V，额定输出电流为 1.5A；CW79L12 表示输出电压 -12V，额定输出电流为 0.1A。

固定输出的三端集成稳压器的封装及管脚排列如图 6 - 21 所示。

CW78 系列和 CW79 系列基本接线图如图 6 - 22 所示。

2. 可调输出的三端集成稳压器

可调输出的三端集成稳压器的输出电压在一定范围内连续可调，它是在固定输出三端集成稳压器的基础上发展起来的，其外形及示意图与固定输出式完全相同，只是型号不同而已，其输入电流几乎全部流到输出端而流到公共端的电流非常小。因此，可用少量的外部元件组成较为精密的可调稳压电路，应用十分灵活。

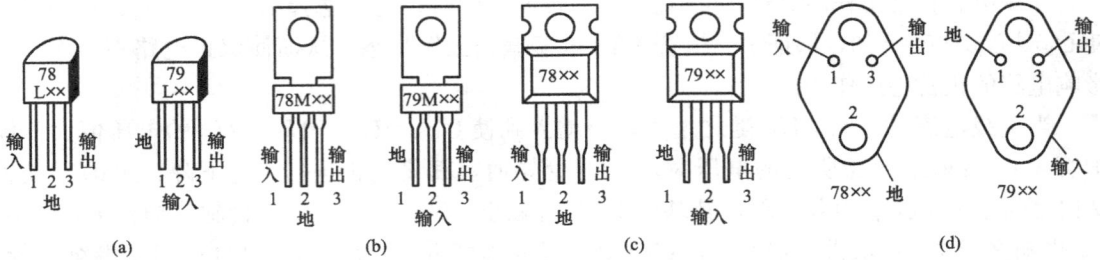

图 6-21　常用固定输出三端集成稳压器封装及管脚排列

(a) TO-92 封装；(b) TO-202 封装；(c) TO-220 封装；(d) TO-3 封装

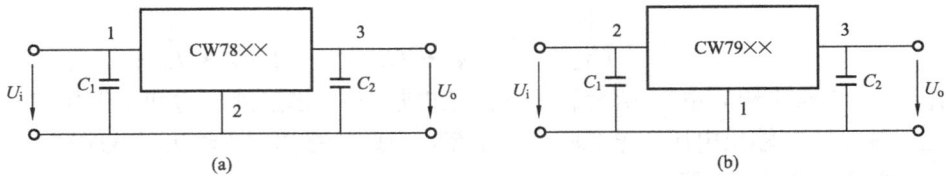

图 6-22　CW78 系列和 CW79 系列稳压器基本接线图

(a) CW78 系列基本接线图；(b) CW79 系列基本接线图

正电压输出的典型产品有 117、217、317 系列；负电压输出的典型产品有 137、237、337 系列。同一系列的产品内部电路和工作原理基本相同，只是工作温度不同，如，CW137 的工作温度为 $-55\sim150\,℃$，CW237 为 $-25\sim150\,℃$，CW337 为 $0\sim125\,℃$。根据工作电流大小，每个系列又分为 L 型系列 $I_o\leqslant0.1A$，M 型系列 $I_o\leqslant0.5A$，无字母系列 $I_o\leqslant1.5A$。三端可调式集成稳压器产品分类见表 6-3。

表 6-3　　　　　　　　　三端可调式集成稳压器产品分类表

类型	产品系列或型号	最大输出电流 I_{omax}（A）	输出电压 U_o（V）
正电压输出	LM117L/217L/317L	0.1	1.2~37
	LM117M/217M/317M	0.5	1.2~37
	LM117/217/317	1.5	1.2~37
	LM150/250/350	3	1.2~33
	LM138/238/338	5	1.2~32
	LM196/396	10	1.25~15
负电压输出	LM137L/237L/337L	0.1	$-1.2\sim-37$
	LM137M/237M/337M	0.5	$-1.2\sim-37$
	LM137/237/337	1.5	$-1.2\sim-37$

三端可调式集成稳压器封装及管脚排列如图 6-23 所示。

可调输出三端集成稳压器基本接线图如图 6-24 所示。

其中，电容 C_1 为输入滤波电容，可消除输入 U_i 中的高频干扰信号；电容 C_2 可消除电位器 R_P 上的纹波电压，使取样电压稳定，一般 C_2 值较大；电容 C_3 起消振的作用；电阻 R_1

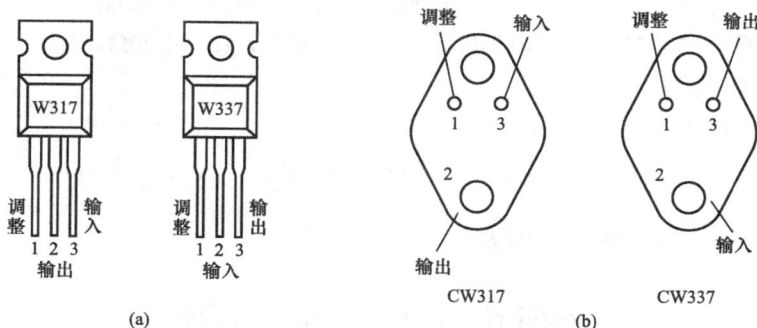

图 6-23 三端可调式集成稳压器封装及管脚排列图

(a) TO-220 封装；(b) TO-3 封装

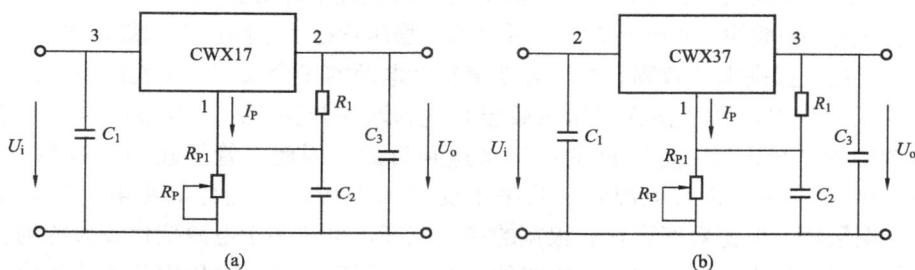

图 6-24 可调输出三端集成稳压器基本接线图

(a) CWX17 系列基本接线图；(b) CWX37 系列基本接线图

和电位器 R_P 构成取样电路。

电路实质上构成串联型稳压电路，调节电位器 R_P 可改变取样比，即可调节输出电压 U_o 的大小。该电路的输出电压 U_o 值为

$$U_o = \frac{U_{REF}}{R_1}(R_1 + R_{P1}) + I_P R_{P1} \approx \frac{U_{REF}}{R_1}(R_1 + R_{P1}) \qquad (6-36)$$

当 $R_{P1}=R_P$ 时，$U_{omax}=\dfrac{R_1+R_P}{R_1}U_{REF}$；当 $R_{P1}=0$ 时，$U_{omin}=U_{REF}$。因此，输出电压 U_o 的调节范围为

$$U_{REF} \leqslant U_o \leqslant \frac{R_1+R_P}{R_1}U_{REF} \qquad (6-37)$$

其中，I_P 为调整端的电流，其值很小，一般约为 $50\mu A$。U_{REF} 为输出端与调整端之间的电压，对于 CWX17 系列，U_{REF} 为第 2 脚与第 1 脚之间的电压值；而对于 CWX37 系列，U_{REF} 为第 3 脚与第 1 脚之间的电压值。通常，取 $U_{REF}=1.25V$。

可调输出三端集成稳压器使用时应注意以下几点：

(1) 必须使输入电压 U_i 高于输出电压 U_o 值 2～3V。

(2) 引脚不能接错，同时应注意接地端不能悬空，否则容易损坏稳压器。

(3) 使用时应加装散热片。

(4) 当 $U_o > 25V$ 或输出滤波电容大于 $25\mu F$ 时，稳压器需外接续流二极管，以防止滤波电容放电引起集成稳压器的损坏。

【例 6-1】 稳压电路如图 6-24（a）所示，已知 CW117 调整端的电流 $I_P = 50\mu A$，输出端"2"端与调整端"1"端之间的电压 $U_{REF} = 1.25V$，$R_1 = 200\Omega$，$R_P = 3k\Omega$。试求输出电压 U_o 的调节范围。

解　当 $R_{P1} = 0$ 时，$U_{omin} = U_{REF} = 1.25$（V）

当 $R_{P1} = R_P$ 时，$U_{omax} = \dfrac{R_1 + R_P}{R_1} U_{REF} = \dfrac{200 + 3 \times 10^3}{200} \times 1.25 = 20$（V）

所以，输出电压 U_o 的调节范围为 $1.25 \sim 20V$。

*第四节　开关式稳压电路简介

线性稳压电路的电路简单、工作可靠，已得到广泛应用。但线性稳压电路的调整管压降大，且必须工作在线性放大状态，同时，调整管还需流过全部的负载电流，管耗较大，因此，其电源效率较低，一般约为 $40\% \sim 60\%$（并联型硅稳压管稳压电路的电源效率更低）。为了降低调整管的管耗，提高电源效率，在需要功率较大电源的场合采用开关稳压电路。

开关稳压电路中，其调整管工作在截止和饱和两种开关状态，其输出电压的稳定主要通过调节调整管的导通和截止时间的比例来达到目的。因此，管耗较小，电源效率较高，一般可达 $80\% \sim 95\%$，而且电源效率几乎不受输入电压大小变化的影响。开关稳压电路的体积小、重量轻、电源效率高，有很宽的稳压范围，可适用于电源变化较大的场合，广泛使用在各种电子设备中。但开关稳压电路的电路较为复杂，输出电压中的纹波较大，对负载的瞬态响应较差，容易对其他设备产生脉冲干扰。但这些缺点均可以采取一定的措施加以克服。

开关稳压电路的种类很多，一般可分为三大类：

（1）利用开关管的控制方式。它是利用开关管的接通或断开控制开关电源的通断。

（2）利用电源变换器的控制方式。它是利用直流变换器作为开关电源的能量变换元件。

（3）利用晶闸管整流元件的控制方式。它是利用控制晶闸管的导通角度，使输出直流电压获得稳定。

其中，应用最广泛、最有代表性的开关电源是利用第一种方法，控制开关调整管通断方式达到稳压的目的。本节只讨论这种电路，其余两种，请读者参阅相关资料。

一、开关稳压电路基本工作原理

图 6-25 为开关稳压电路原理结构图，它由取样电路、基准电路、比较放大电路、控制电路、调整电路、滤波电路等组成。其中，三极管 VT 为开关调整管，电感 L、电容 C 及续流二极管 VD 组成滤波电路。控制电路产生一个受比较放大电路控制的脉冲信号，它控制着开关调整管的导通时间的长短。

当正脉冲到来时，调整管 VT 饱和导通，续流二极管 VD 截止，输入电压 U_i 经过电感 L 对电容 C 充电，并对负载 R_L 供电，R_L 两端电压逐渐增高，电感 L 及电容 C 储存能量。

当负脉冲到来时，调整管 VT 由饱和导

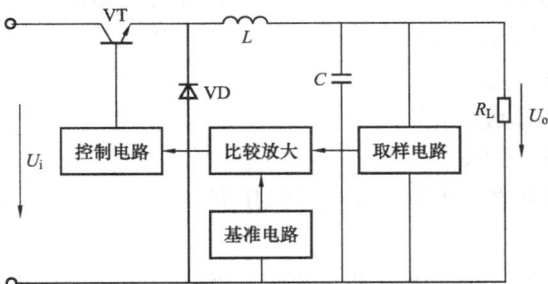

图 6-25　开关稳压电路原理图

通变为截止，电感 L 产生自感电动势，使续流二极管 VD 导通，电感 L 的储能开始释放能量从而使输出电流 I_o 几乎维持不变。与此同时，滤波电容 C 开始对负载 R_L 放电，使输出电压 U_o 也保持基本不变。由此可见，虽然开关调整管 VT 处于开关工作状态，但由于储能元件 L、C 和续流二极管 VD 的作用，负载电流及输出电压几乎保持不变。

当正脉冲再次出现，L、C 又储能；负脉冲又出现，L、C 又释放能量。如此周而复始，输出电压及电流就能保持稳定。

显然，控制开关调整管的脉冲宽度越宽，调整管 VT 的导通时间就越长，L、C 储能就越多，输出电压 U_o 也就越高；反之，脉冲宽度越窄，则调整管 VT 的导通时间就越短，L、C 储能就越少，输出电压 U_o 也就越低。开关稳压电路输出电压 U_o 与输入电压 U_i 的关系为

$$U_o = \frac{t_W}{T} U_i = q U_i \tag{6-38}$$

式中：t_W 为脉冲宽度；T 为脉冲周期；$q = \dfrac{t_W}{T}$ 为脉冲的占空比。

可见，开关稳压电源的调整和稳定，可通过调节开关脉冲的占空比来实现。调节脉冲的占空比方法有两种：一种是周期保持不变而改变脉冲宽度，这种方式的稳压电路称为调宽式稳压电路；另一种方式是改变占空比时，周期也改变，称为调频式开关稳压电路。

由以上分析可知，开关稳压电路自动稳定输出电压的原理是：当输入电压 U_i 或负载 R_L 变化引起输出电压 U_o 发生变化时，脉冲控制电路产生的脉冲信号的占空比 q 发生相应变化，从而使输出电压 U_o 的变化受到抑制，最终达到稳定输出电压 U_o 的目的。

下面简要介绍调宽式开关稳压电路的工作原理。

二、调宽式开关稳压电路

调宽式开关稳压电路原理图如图 6-26 所示，其中，运放 A 为电压比较器，组成比较调制电路。当对称方波加到 R_3、C_1 组成的积分电路后形成一个对称三角波电压，它与基准电压 U_Z 叠加后，加至运放的同相输入端，而取样电压 nU_o 则加至运放的反相输入端。当取样电压低于同相输入端电压时，运放输出高电平，使开关管饱和导通，输出电压 U_o 缓慢上升；而当取样电压高于同相输入端电压时，运放输出低电平，输出电压 U_o 缓慢下降；正常时，U_o 基本保

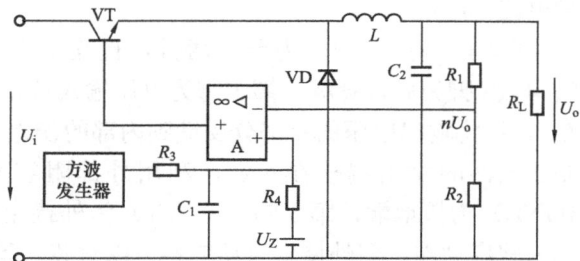

图 6-26　调宽式开关稳压电路原理图

持不变，$U_o = \dfrac{t_W}{T} U_i$，开关稳压电路处于稳定状态。

若由于某种原因使输出电压 U_o 升高并超过额定值时，使得取样电压 nU_o 较早地大于同相输入端电压，运放 A 提前截止，从而使得调整管导通时间减小，输出电压 U_o 下降，使输出电压 U_o 的上升趋势受到限制，最终维持了输出电压 U_o 的稳定。

开关稳压电路的电路形式多种多样，但其控制原理基本相似。目前，随着半导体制造技术的不断提高，无论是线性稳压电路还是开关稳压电路。基本上均以集成电路的形式出现，下面简单介绍集成开关稳压器 CW4960/CW4962。

三、集成开关稳压器

CW4960/CW4962 已将开关功率管集成在芯片内部，因此，构成电路时，只需少量的外围元件。其最大输入电压为 50V，输出电压范围为 5.1～40V 连续可调，变换效率为 90%，脉冲占空比也可以在 0～100% 内调整。它们具有慢启动、过流、过热保护功能，工作频率可高达 100kHz。CW4960 额定输出电流为 2.5A，过流保护电流为 3～4.5A，用很小的散热片，它采用单列 7 脚封装形式，外形图如图 6 - 27（a）所示。CW4962 额定输出电流为 1.5A，过流保护电流为 2.5～3.5A，不用散热片，它采用双列直插式的 16 脚封装形式，其外形图如图 6 - 27（b）所示。

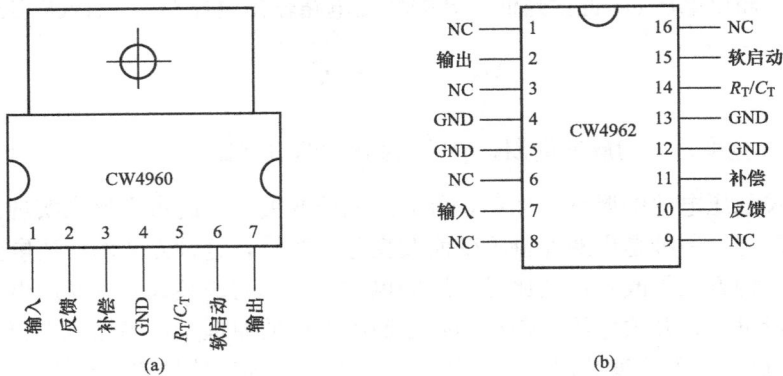

图 6 - 27　CW4960/CW4962 外形图
(a) CW4960 外形图；(b) CW4962 外形图

CW4960 与 CW4962 内部电路完全相同，主要由基准电压源、误差放大器、锯齿波发生器、脉冲宽度调制器 PWM、功率输出器、软启动电路、输出过流保护电路以及芯片过热保护电路等组成。

CW4960 的引脚分为前后两排，且互相错开排列。其中，1、3、5、7 脚为前排管脚；2、4、6 脚为后排管脚。第 1 脚为电压输入端；第 2 脚为反馈端，通过电阻分压器（取样电路），可将输出电压的一部分反馈到内部的误差放大器；第 3 脚为补偿端，该端与内部的误差放大器的输出端接在一起，利用外部阻容元件对误差放大器进行频率补偿；第 4 脚（GND）为接地端；第 5 脚（R_T/C_T）为外接定时电阻和定时电容，以决定开关频率；第 6 脚为软启动端，需外接软启动电容，以对芯片起到保护作用；第 7 脚为稳压输出端，输出稳定的直流电压。

需指出的是：CW4962 各引脚的含义基本与 CW4960 相同，只是有 NC 标识的脚为空脚。

CW4960 的原理接线图如图 6 - 28 所示。其中电容 C_1 为输入滤波电容，可以减小输出电压的纹波；R_2、C_2 用以决定开关电源的工作频率 f，且有 $f = 1/R_2C_2$，一般 $R_2 = 1 \sim 27k\Omega$，$C_2 = 1 \sim 3.3nF$；R_1、C_3 为频率补偿电

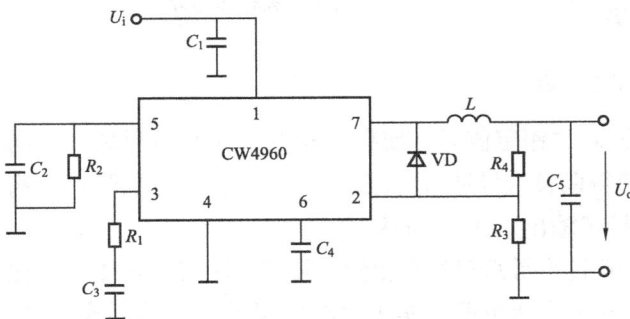

图 6 - 28　CW4960 开关稳压器原理接线图

路，用以防止产生寄生振荡；二极管 VD 起续流作用；电容 C_3 为软启动电容，一般为 $1\sim$ $4.7\mu F$；电感 L 为储能电感，其值一般为 $50\sim300\mu H$，典型值为 $150\mu H$；C_5 为输出滤波电容；电阻 R_3、R_4 为取样电阻，其取值范围一般为 $500\Omega\sim10k\Omega$。由电路可知，输出电压 U_o 为

$$U_o = \frac{R_3 + R_4}{R_3}U_{REF} \qquad (6-39)$$

其工作过程是：输出电压 U_o 经取样电阻 R_3、R_4 取样后，送至误差放大器的反相输入端与加在同相输入端的 5.1V 基准电压进行比较，从而得到误差电压，再用此误差电压去控制 PWM（脉宽调制器）的输出脉冲宽度，最后经过放大和降压式输出电路，使输出电压 U_o 保持稳定。

稳压电路是根据输出电压 U_o 的变化量，通过集成稳压器内部电路的自动调整，从而控制脉冲的占空比，改变开关调整管的导通时间，最后达到自动稳定输出电压的目的。

第五节 直流稳压电源实例

本节介绍一些常用的集成三端式稳压器电源。

一、固定式集成三端稳压器实例

1. 基本应用电路

固定式三端集成稳压器的基本应用电路如图 6-29 所示。其中，电容 C_1 为输入电容，用以抵消输入端较长接线的电感效应，以防止电路产生自激振荡，同时还可抑制电源的调频脉冲干扰，改善纹波电压，一般取值为 $0.1\sim1\mu F$；电容 C_2、C_3 为输出电容，其作用是改善负载的瞬态响应，消除电路的调频噪声，同时也具有消振作用。输入、输出电容应直接接在集成稳压器的引脚处。二极管 VD 的作用是：当输入端短

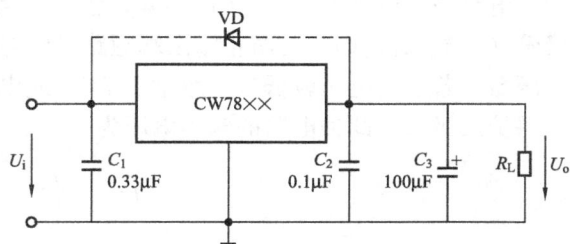

图 6-29 CW78 系列基本应用电路

路时，可使电容 C_2、C_3 所存储的电荷通过二极管放电，防止通过集成稳压器内部放电而损坏内部的调整管，因此，VD 通常也叫做续流二极管。一般，输入直流电压 U_i 应至少比输出电压 U_o 高 2.5V 以上。CW79×× 系列基本相同。

2. 同时输出正、负电压电路

采用一块 CW78 系列和一块 CW79 系列的三端稳压器可以方便地组成同时输出正、负电压的稳压电路，电路如图 6-30 所示。

二、可调式集成三端稳压器电源实例

可调式集成三端稳压器是依靠外接电阻来给定输出电压的，因此，电阻的精度应适当高些，以保证输出电压的精确和稳定。外接电阻应紧靠稳压器，以防止在输出较大电流时，由于连线电阻而产生误差。

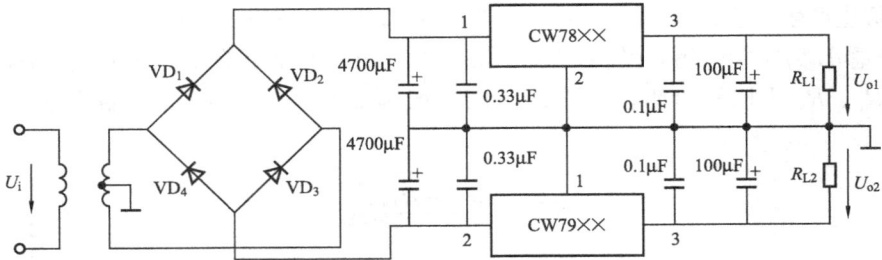

图 6-30 同时输出正、负电压的稳压电路

输出正可调电压稳压电路如图 6-31 所示、输出负可调电压稳压电路如图 6-32 所示。由于 CWX17、CWX37 系列的内部工作电流都要从输出端流出，并构成稳压器的最小负载电流，又因为其输出端与调整端之间的基准电压 $U_{REF}=1.25V$，所以，为保证空载情况下输出电压也能恒定，电阻 R_1 的取值不宜过高，一般取不高于 240Ω，否则，由于稳压器内部工作电流不能从输出端流出，稳压器将不能正常工作。

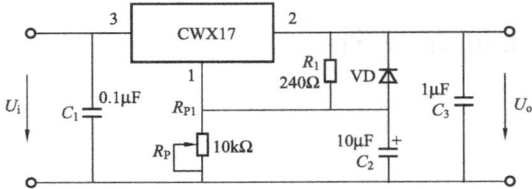

图 6-31 输出正可调电压稳压电路

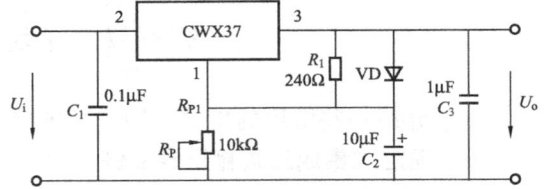

图 6-32 输出负可调电压稳压电路

电路中，电容 C_1、C_2 可以消除自激，C_3 可以减小输出纹波电压；二极管 VD 为保护二极管（续流二极管），可防止输出端短路时电容 C_3 储存的电荷通过稳压器调整管放电而损坏稳压器。若输出电压较低（一般小于 7V）或电容 C_2 值较小时（一般小于 $1\mu F$），则可以不接保护二极管。此种电路的输出电压为

$$U_o = \left(1 + \frac{R_{P1}}{R_1}\right)U_{REF} \tag{6-40}$$

*三、集成开关电源实例

集成开关稳压器 CW4960 的典型应用电路如图 6-33 所示。图中，R_2、C_2 用以决定开关电源的工作频率 f，且有 $f=1/R_2C_2$，一般取 $R_2=1\sim 27k\Omega$，$C_2=1\sim 3.3nF$。如采用图 6-33所示参数，则电路的工作频率为 106kHz。R_1、C_1 为频率补偿电路，用以防止电路产生寄生振荡。R_3、R_4 为取样电阻，R_3 的取值范围一般为 500Ω～10kΩ。二极管 VD 为续流二极管，采用 5A/50V 的肖特基或快恢复二极管。电容 C_3 为软启动电容，一般 C_3 取 1～4.7μF。储能电感 L 的范围大致为 50～300μH，典型值为 150μH。电容 C_4、C_5 为输出滤波电容，采用两个电容的目的是为了减小滤波电容的等效电感，避免由于电容存在的等效电感影响储能电感 L 的正常工作。

当输出端直接与第 2 脚相连接形成闭环时，电路输出的稳压值为 $U_o=5.1V$；当输出端经过电阻分压电路与第 2 脚相连接而形成闭环时，则电路输出的稳压值取决于取样电阻 R_3、R_4 的分压比，图 6-33 所示电路的输出电压 U_o 为

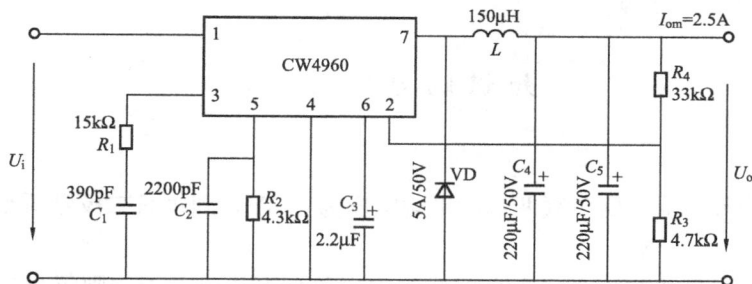

图 6-33 CW4960 典型应用电路

$$U_o = 5.1 \times \frac{R_3 + R_4}{R_3} \qquad (6-41)$$

小 结 （六）

（1）直流稳压电源是电子设备中的重要组成部分，用来将交流电转变为稳定的直流电。它一般由电源变压器，整流、滤波电路和稳压电路等组成。对直流稳压电源的主要要求是：输入电压变化或负载变化时，输出电压应保持稳定。直流稳压电源的性能可用特性指标和质量指标来衡量。

（2）整流电路是利用二极管的单向导电特性，将交流电转变为脉动的直流电。最常用的是桥式整流电路。单相半波整流电路具有结构简单、元件少的优点，但其输出电压脉动较大，输出电压较低，因此，只适用于要求不高的场合，其输出 $U_o = 0.45U_2$。

（3）单相桥式整流电路具有输出电压高、输出电压脉动较小，整流元件承受的反向电压不高等优点，因此，获得了极为广泛的应用，其输出 $U_o = 0.90U_2$。

（4）为了减小整流输出电压的脉动程度，通常在整流电路之后再接入滤波电路。常用的滤波电路有电容滤波、电感滤波、LC 复式滤波、$LC\pi$ 型滤波、$RC\pi$ 型滤波等。

（5）为了保证输出电压不受电网电压、负载和温度的变化而产生波动，一般在整流、滤波后再接入稳压电路，在小功率供电系统中，通常采用串联型稳压电路，而对于中、大功率稳压电源一般则采用开关稳压电路。

（6）硅稳压二极管稳压电路的电路结构简单，但输出电流小，稳压特性不够好，一般用于要求不高的小电流稳压电路中。

（7）三极管串联型线性稳压电路是利用三极管作为电压调整器件与负载串联，从输出电压中取出一部分电压，与基准电压进行比较产生误差电压，该误差电压经放大后去控制调整管，从而使输出电压稳定。它一般由取样电路、基准电路、比较放大电路和调整电路组成。

（8）三端集成稳压器具有体积小、安装方便、工作可靠等优点。它有固定电压输出和可调电压输出以及正电压输出和负电压输出之分。78×× 系列为固定正电压输出，79×× 系列为固定负电压输出，X17 为可调正电压输出，X37 系列为可调负电压输出。使用时应注意稳压器的管脚排列的差异。

（9）开关稳压电源是通过控制开关管的导通时间来使输出电压稳定的，它具有效率高，稳压效果好等优点，在中、大功率电源中得到广泛应用。目前也大多采用开关集成稳压器，常用的有 CW4960/4962 等。

知 识 能 力 检 验（六）

一、填空题

1. 若单相半波整流电路负载两端的平均电压为 4.5V，则每只二极管所承受的最大反向电压应大于_____ V。

2. 若单相全波桥式整流电路中变压器二次侧单相电压为 10V，则每只二极管所承受的最大反向电压应不小于_____ V；若负载电流为 800mA，则每只二极管的平均电流应大于_____ mA。

3. 在整流电路与负载之间接入滤波电路，可以把脉动直流电中的_____成分滤除掉。当负载功率较小时，采用_____滤波方式效果最好。而当负载功率较大时，则应改用_____滤波方式较好。

4. 硅稳压二极管处于正常工作状态时，如果反向击穿电压有微小变化，则流过硅稳压二极管的反向电流将发生_____变化。

5. 具有放大环节的串联型稳压电路基本上由四部分组成：调整元件、比较放大环节和_____以及_____。

6. 三极管串联型稳压电路比硅稳压管稳压电路的输出电流_____，稳压性能_____。

7. 开关稳压电源中的开关调整管工作于_____工作状态。

二、选择题

1. 整流的目的是_____。
   - （A）将交流电变成直流电
   - （B）将正弦波变成方波
   - （C）将高频信号变成低频信号
   - （D）将低频信号变成高频信号

2. 单相半波整流电路中仅用_____二极管，但它的输出电压_____。
   - （A）一个
   - （B）四个
   - （C）两个
   - （D）脉动较大
   - （E）较平滑

3. 某二极管的击穿电压 300V，当直接对有效值 200V 的正弦交流电进行半波整流时，该二极管_____。
   - （A）会击穿
   - （B）不会击穿
   - （C）不一定击穿
   - （D）完全截止

4. 单相桥式整流电路中，若有一只二极管断开，则负载两端的直流电压将_____。
   - （A）变为零
   - （B）下降
   - （C）升高
   - （D）保持不变

5. 单相桥式整流电路中，二极管承受的最大反向电压_____变压器次级电压最大值。
   - （A）等于
   - （B）大于
   - （C）小于
   - （D）2 倍于

6. 单相桥式整流、电容滤波电路中，输出电压平均值为_____。
   - （A）$0.45U_2$
   - （B）$0.9U_2$
   - （C）U_2
   - （D）$1.1 \sim 1.2U_2$

7. 整流电路主要是利用整流元件的_____工作的。
   - （A）非线性
   - （B）单向导电性
   - （C）稳压特性
   - （D）放大性能

8. 稳压二极管起稳压作用时，一般工作在特性曲线的_____区。

    （A）正向导通　　　（B）反向截止　　　（C）反向击穿　　　（D）死区

9. 要获得＋9V 的稳定输出电压，集成稳压器的型号应选用_____。

    （A）CW7812　　　（B）CW7909　　　（C）CW7912　　　（D）CW7809

三、判断题

1. 在整流电路中，整流二极管只有在截止时，才可能发生击穿现象。　　　　（　　）

2. 整流输出电压加电容滤波后，电压波动性减小，故输出电压也下降。　　　（　　）

3. 电容滤波主要用于负载电流小的场合，电感滤波则主要用于负载电流大的场合。

    （　　）

4. 硅稳压二极管在正常稳压时，工作于反向截止状态。　　　　　　　　　（　　）

5. 三极管串联型稳压电路，取样可变电阻的功能是使调整放大管有合适静态电流。

    （　　）

6. 集成稳压器组成的稳压电源的输出电压是不能调节的。　　　　　　　　（　　）

7. 开关稳压电源通过调整脉冲的宽度来实现输出电压的稳定。　　　　　　（　　）

四、分析与计算题

1. 在图 6-34 所示的电路中，已知直流电压表 V2 的读数为 90V，负载电阻 $R_L = 100\Omega$，二极管的正向压降忽略不计。试求：

（1）直流电流表 A 的读数。

（2）交流电压表 V1 的读数。

（3）变压器二次侧电流有效值。

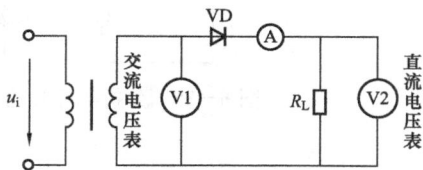

图 6-34　分析与计算题 1 图

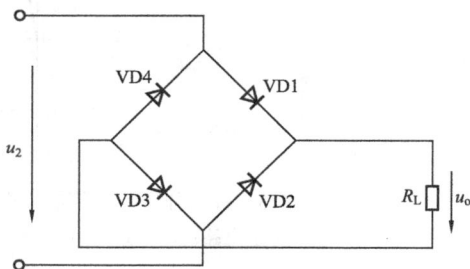

图 6-35　分析与计算题 2 图

2. 桥式整流电路如图 6-35 所示，若电路中的二极管出现下述情况，将会出现什么问题？

（1）二极管 VD1 因虚焊而开路；

（2）二极管 VD2 误接造成短路；

（3）二极管 VD3 极性接反；

（4）二极管 VD1、VD2 极性均接反；

（5）二极管 VD1 开路，VD2 短路。

3. 单相桥式整流电路如图 6-35 所示，已知变压器二次侧电压有效值 $U_2 = 100V$，负载 $R_L = 1k\Omega$，试求输出电压 U_o 值和输出电流 I_o 值，并选择整流二极管的型号。

4. 图 6-36 所示桥式整流、滤波电路中，变压器二次侧电压有效值 $U = 20V$，负载

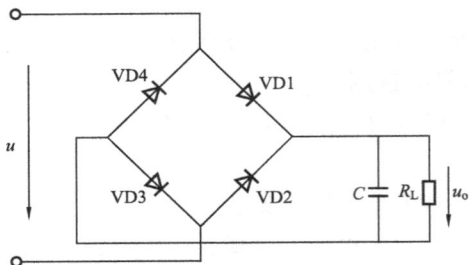

图 6-36　分析与计算题 4 图

$R_L = 40\Omega$，电容 $C = 1000\mu F$，试问：

（1）正常工作时，输出电压 U_o 等于多少？

（2）如果电路有一个二极管开路，则输出电压 U_o 值是否等于正常值的一半？为什么？

（3）如果测得输出电压 U_o 值为下列数值，试分析可能出现的故障所在？

① $U_o = 18V$；② $U_o = 28V$；③ $U_o = 9V$。

5. 单相桥式整流、滤波电路如图 6-36 所示，若已知滤波电容 $C = 100\mu F$，交流电源频率 $f = 50Hz$，负载 $R_L = 1k\Omega$，要求输出电压平均值 $U_o = 10V$，试问：

（1）变压器二次侧电压 u 应为多少？

（2）该电路工作过程中，若负载 R_L 增大，则输出电压平均值 U_o 是增大还是减小？电路中整流二极管的导通角是增大还是减小？

6. 在图 6-37 所示电路中，$u_i = 12\sin(\omega t)V$，稳压管 VZ1、VZ2 的稳定电压均为 6V，正向导通电压均为 0.7V，试画出输出电压 u_o 对应于输入电压 u_i 的波形。

7. 电路如图 6-38 所示，已知，$U = 20V$，$R_1 = 900\Omega$，$R_2 = 1100\Omega$，稳压管 VZ 的稳定电压 $U_Z = 10V$，最大稳定电流 $I_{Zmax} = 8mA$。试求稳压管中通过的电流 I_Z 是否超过 I_{Zmax}。若超过应怎么办？

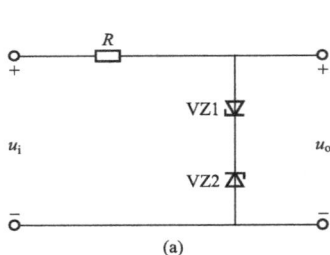

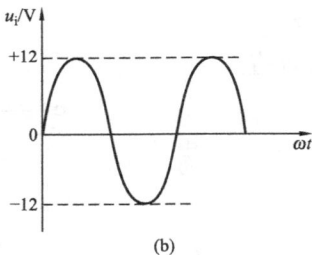

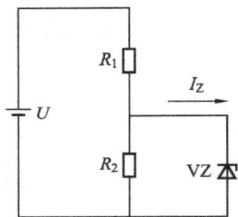

图 6-37　分析与计算题 6 图
(a) 电路；(b) 输入电压波形

图 6-38　分析与计算题 7 图

8. 稳压电路如图 6-39 所示，试问：

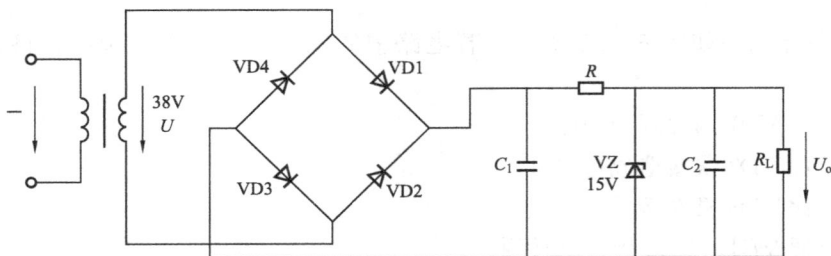

图 6-39　分析与计算题 8 图

（1）输出电压 U_o 的大小及极性如何？

（2）电容 C_1、C_2 的极性如何？它们的耐压应选多高？

（3）负载电阻 R_L 的最小值约为多少？

（4）若稳压管接反，后果如何？

9. 直流稳压电路如图6-40所示，试根据电路回答下列问题：

（1）分析电路中各个元件的作用，从反馈放大电路的角度来看哪个是输入量？三极管 VD1、VD2 各起什么作用？反馈是如何形成的？

（2）若电压 $U_P=24V$，稳压管的稳压值 $U_Z=5.3V$，三极管的发射结电压 $U_{BE}\approx0.7V$，临界饱和电压 $U_{CES}\approx2V$，电阻 $R_1=R_2=R_P=300\Omega$，试计算输出电压 U_o 值的可调范围。

（3）试计算变压器二次侧绕组的电压有效值大约是多少？

（4）若电阻 R_1 改为 600Ω，你认为调节电位器 R_P 时能输出的电压 U_o 的最大值是多少？

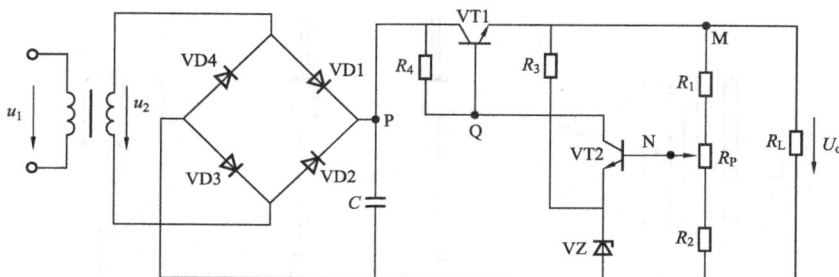

图6-40 分析与计算题9图

10. 在图6-40所示的稳压电路中，若出现下列现象，你认为是哪个（或哪些）元件有问题（短路或开路）？

（1）电压 U_P 比正常值（24V）低，约为18V，且脉动大，调节电位器 R_P 时，输出电压 U_o 值可随之改变，且稳压效果差。

（2）电压 U_P 比正常值（24V）高，约为28V，输出电压 U_o 值很低，且接近于零，调节电位器 R_P 时不起作用。

（3）输出电压 $U_o\approx4.6V$，调节电位器 R_P 时不起作用。

（4）输出电压 $U_o\approx22V$，调节电位器 R_P 时不起作用。

11. 三端集成稳压器 CW7805 组成的稳压电路如图6-41所示，已知静态电流 $I_{st}=5mA$，试求：

（1）输出电压 U_o 值。

（2）当输入电压 $U_i=15V$ 时，求三端稳压器的最大功耗。

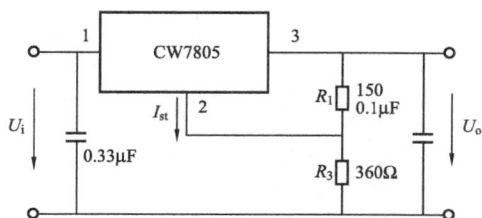

图6-41 分析与计算题11图

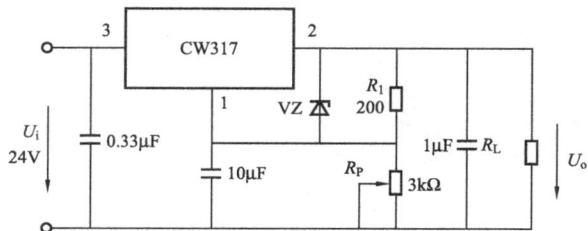

图6-42 分析与计算题12图

12. 由可调三端稳压器 CW317 组成的可调直流稳压电路如图 6 - 42 所示,试求输出电压的调节范围,并求输入电压的最小值。

13. 把图 6 - 43 中元件连接为完整的电源电路。

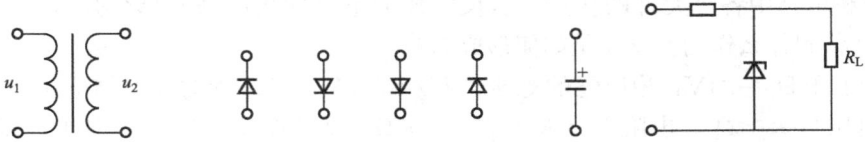

图 6 - 43　分析与计算题 13 图

14. 把图 6 - 44 中元件正确连接,组成一个电压可调的稳压电源。

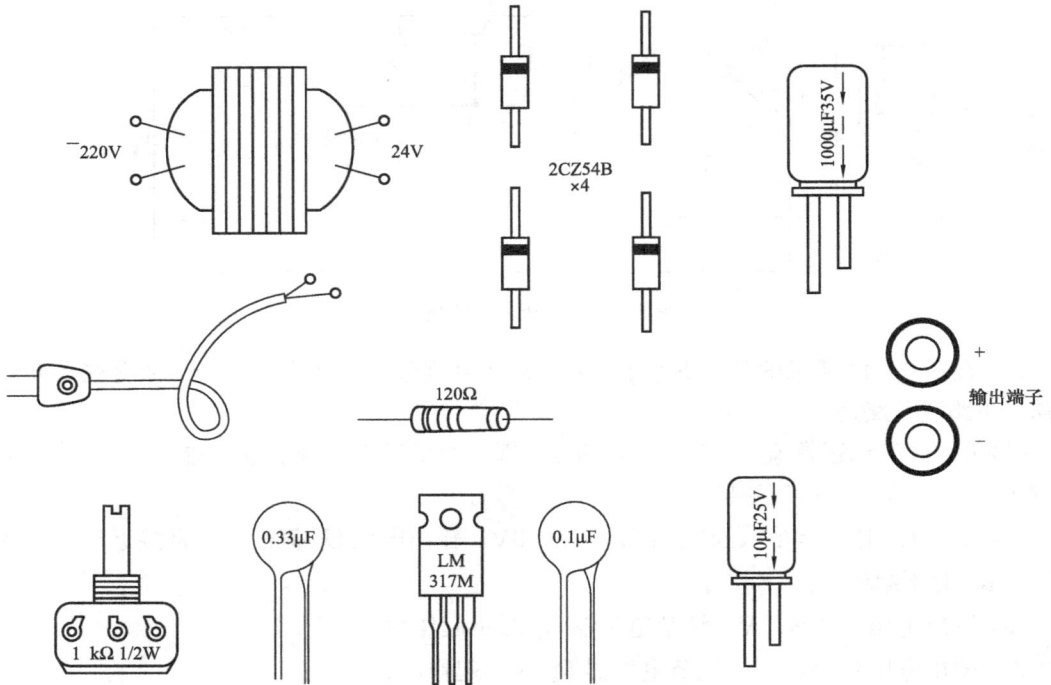

图 6 - 44　分析与计算题 14 图

下篇 数字电子技术基础

第七章 数 字 电 路 基 础

第一节 数 字 电 路 概 述

一、模拟信号、数字信号与数字电路

在电子技术中，被传递和处理的信号可分为两大类：一类是模拟信号，它在时间和数值上均是连续变化的，如收音机、电视机接收到的声音和图像，在模拟电子技术中介绍的放大电路、集成运算放大器、正弦波振荡电路等是模拟信号的放大、产生、处理电路。另一类是数字信号，它在时间上和数值上都是离散的、不连续的，数字电子技术则是研究数字信号的产生、整形、编码、存储、计数和传输的技术，处理数字信号的电子电路称为数字电路或逻辑电路。图7-1所示为模拟电压信号和数字电压信号。

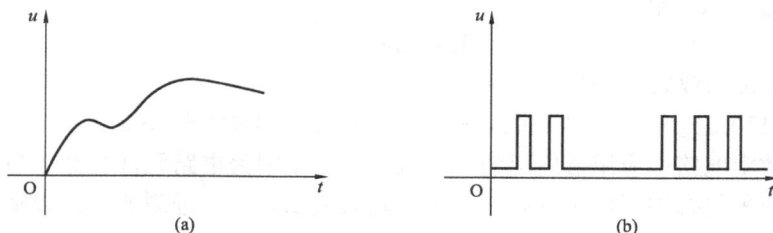

图7-1 模拟电压信号和数字电压信号

(a) 模拟电压信号；(b) 数字电压信号

对数字信号通常只关心信号的有与无，而不太关心其形状。例如，自动化生产线上记录零件个数的信号就是一种数字信号，还有开关的开与闭和灯的亮与灭，也是数字信号，在很多情况下可能不太关心灯的明暗程度，而更关心它们的逻辑关系（因果关系）。

数字电路的输入信号和输出信号之间存在着一定的逻辑关系，若规定高电平（3～5V）为逻辑1，低电平（0～0.4V）为逻辑0，称为正逻辑；反之，若规定高电平为0，低电平为逻辑1，则称为负逻辑。后面的分析以正逻辑为例。

二、数字电路的特点

数字电路与模拟电路相比有许多优点：

（1）电路结构简单，稳定可靠。数字电路只要能区分高电平和低电平就可以，对元件的精度要求不高，因此便于集成化、系列化生产，成本低。

（2）数字信号在传递时采用高、低电平二值信号，因此数字电路抗干扰能力强，不易受外界干扰。

（3）数字电路不仅能完成数值运算，还可以进行逻辑运算和判断，这在控制系统中是不可缺少的，因此数字电路又称为数字逻辑电路。

（4）数字电路便于实现程控；便于采用数字计算机和微处理器来处理信息和参与控制。

（5）数字电路中元件处于开关状态，功耗较小。

由于数字电路具有上述特点，故发展十分迅速，在计算机、数字通信、自动控制、数字仪器及家用电器等技术领域中得到广泛的应用。

三、数制和码制

（一）数制

选取一定的进位规则，用多位数码来表示某个数的值称为数制。数字电路中常采用二进制、八进制、十六进制。下面重点介绍二进制和十六进制及相互间的转换。

1. 十进制

十进制使用的是 0～9 十个数码，计数的基数是 10，进位规则是"逢十进一"。任意一个十进制数 D 可按"权"展开为

$$D=\sum k_i \times 10^i$$

式中：k_i 是第 i 位的数码（0～9 中的任意一个），10^i 称为第 i 位的权。

例如 $103.45=1\times10^2+0\times10^1+3\times10^0+4\times10^{-1}+5\times10^{-2}$

2. 二进制

二进制仅使用 0 和 1 两个数码，计数的基数是 2，进位规则是"逢二进一"。任意一个二进制数 D 可按"权"展开为

$$D=\sum k_i \times 2^i$$

式中：k_i 是第 i 位的数码（0 或 1）。

例如 $(10110.1)_2=1\times2^4+0\times2^3+1\times2^2+1\times2^1+0\times2^0+1\times2^{-1}$

二进制是数字电路中应用最广泛的一种数制，这是因为电路元件的截止与导通，输出电平的高与低这两种状态均可以用 0 和 1 两个数码来表示，且二进制的运算规则简单，可方便通过电路来实现。

3. 十六进制

十六进制使用 0～9、A、B、C、D、E、F 共 16 个数码，计数的基数是 16，进位规则是"逢十六进一"。任意一个十六进制数 D 可按"权"展开为

$$D=\sum k_i \times 16^i$$

例如
$$(3AE.8)16 =3\times16^2+A\times16^1+E\times16^0+8\times16^{-1}$$
$$=3\times16^2+10\times16^1+14\times16^0+8\times16^{-1}$$

采用二进制表达遇到位数较多时比较难于读取和书写，为了减少位数可将二进制数用十六进制数来表示。

（二）数制的转换

1. 二进制转十进制

方法：把二进制数按权展开，再把每一位的位值相加即可得到相应的十进制数。

【例 7-1】 将 $(101101.101)_2$ 转换为十进制数。

解

$$(101101.101)_2 = 1\times2^5+0\times2^4+1\times2^3+1\times2^2+0\times2^1$$
$$+1\times2^0+1\times2^{-1}+0\times2^{-2}+1\times2^{-3}$$
$$=(45.625)_{10}$$

2. 十进制转二进制

方法：对整数部分，把十进制数逐次地用 2 除取余数，一直除到商数为零。然后将先取

出的余数作为二进数的最低位数码；对小数部分采用"乘 2 后取整数，按高位到低位排列"的方法。

【例 7-2】 将 $(19.125)_{10}$ 转换为二进制数。

解 先转换整数部分 $(19)_{10}=(10011)_2$

$$
\begin{array}{rl}
2\ \underline{|\ 19} & \\
2\ \underline{|\ 9} & \text{余 1，即 } k_0=1 \\
2\ \underline{|\ 4} & \text{余 1，即 } k_1=1 \\
2\ \underline{|\ 2} & \text{余 0，即 } k_2=0 \\
2\ \underline{|\ 1} & \text{余 0，即 } k_3=0 \\
0 & \text{余 1，即 } k_4=1
\end{array}
$$

再转换小数部分 $(0.125)_{10}=(0.001)_2$

$$0.125\times2=0.25 \text{ 取 } 0 \quad \text{最高位}$$
$$0.25\times2=0.5 \text{ 取 } 0$$
$$0.5\times2=1 \text{ 取 } 1 \quad \text{最低位}$$

合并整数和小数转换的结果为 $(19.125)_{10}=(10011.001)_2$

3. 二进制转十六进制

方法：将二进制数的整数部分自右向左每 4 位分为一组，最后不足 4 位的，高位用零补足；小数部分自左向右每 4 位分为一组，最后不足 4 位在右面补零。再把每四位二进制数对应的十六进制数写出即可。

【例 7-3】 将 $(11010110101.1100101)_2$ 转换为十六进制数。

解 $(11010110101.1100101)_2=(0110,1011,0101.1100,1010)_2=(6B5.CA)_{16}$

4. 十六进制转二进制

方法：将每个十六进制数用四位二进制数表示，然后按十六进制数的排序将这些四位二进制数排列好就可得到相应的二进制数。

【例 7-4】 将 $(7E5A.5)_{16}$ 转换为二进制数。

解 $(7E5A.6)_{16}=(0111,1110,0101,1010.0110)_2=(0111111001011010.011)_2$

5. 十六进制转十进制

方法：把十六进制数按权展开，再把所有各项按十进制数相加即可。也可先将十六进制数转换成二进制数，再转换成十进制数。

【例 7-5】 将 $(3F)_{16}$ 转换为十进制数。

解 $$(3F)_{16}=3\times16^1+15\times16^0=(63)_{10}$$
或
$$(3F)_{16}=(0011,1111)_2=(11111)_2$$
$$=1\times2^5+1\times2^4+1\times2^3+1\times2^2+1\times2^1+1\times2^0$$
$$=(63)_{10}$$

(三) 码制

数码不仅可以表示大小，还可以表示不同的对象（或信息）。对于后一种情况的数码被称为代码。如邮政编码、汽车牌照、房间号码等，它们都没有大小的含义。为了便于记忆和处理（如查询），在编制代码时总要遵循一定的规则，这些规则就叫做码制。

用 4 位二进制数码表示十进制数有多种不同的码制。这些代码称为二—十进制代码，简称 BCD（Binary Coded Decimal）码。表 7-1 列出了几种常见的 BCD 码。

表 7-1 几种常见的 BCD 码

BCD 码 十进制数	8421 码	5421 码	2421 码	余 3 码	余 3 循环码
0	0000	0000	0000	0011	0010
1	0001	0001	0001	0100	0110
2	0010	0010	0010	0101	0111
3	0011	0011	0011	0110	0101
4	0100	0100	0100	0111	0100
5	0101	1000	1011	1000	1100
6	0110	1001	1100	1001	1101
7	0111	1010	1101	1010	1111
8	1000	1011	1110	1011	1110
9	1001	1100	1111	1100	1010
权	8421	5421	2421	无权码	无权码

8421 码、5421 码、2421 码是有权码。如 8421 码中从左到右的权依次为 8、4、2、1。8421 码是最常用的 BCD 码。

余 3 码是无权码，是将 8421 码加 3（0011）得到的。

余 3 循环码也是无权码，主要特点是：相邻的两个代码之间只有一位取值不同。

除了 BCD 码外，较常用的还有 ASCII 码和和 ISO 码等字符编码，需进一步了解的读者可参考有关书籍。

第二节 逻辑代数基础

一、逻辑变量、逻辑函数与逻辑代数

逻辑就是指因果关系，逻辑代数（Logic Algebra）又称布尔代数，是描述事物逻辑关系的一种数学方法，是研究逻辑电路的数学工具。逻辑代数中用字母表示变量，称为逻辑变量。把决定事物原因的变量（如 A、B、C…）称为逻辑自变量，也叫输入变量；而决定事物结果的变量（如 Z、Y、L…）称为逻辑因变量，也叫输出变量。表达输入变量和输出变量之间因果关系的函数称为逻辑函数，一般表达式为 $L=F(A、B、C、D…)$，也称为逻辑表达式。例如逻辑表达式 $Y=AB+C$。

与普通代数不同，逻辑代数的变量只有 0 和 1 两个取值，表示两种相互对立的逻辑状态。如用"1"和"0"表示事物的是与非、真与假、灯的亮和灭、门的开与关、电平的高与低等。逻辑代数有一系列的定律和规则，用它们对逻辑表达式进行处理可以完成电路的化简、变换、分析和设计。

二、基本逻辑关系

把数字电路的输入信号看作"条件",把输出信号看作"结果",则数字电路的输入与输出信号之间存在着一定的因果关系,即逻辑关系。基本逻辑关系有与逻辑、或逻辑和非逻辑三种,相应的逻辑运算有与运算、或运算和非运算。

1. 逻辑规则

图7-2给出了三个指示灯控制电路,可帮助理解与、或、非三种基本逻辑关系,在图7-2(a)中,只有当两个开关A和B同时闭合指示灯Y才会亮;在图7-2(b)中,只要有任意一个开关A或B闭合指示灯Y就亮;在图7-2(c)中,开关A闭合时指示灯Y不亮,而开关A断开时指示灯Y亮。

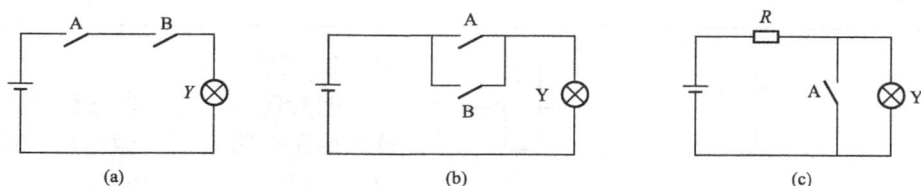

图7-2 指示灯控制电路
(a) 开关A、B串联;(b) 开关A、B并联;(c) 开关A与指示灯Y并联

图7-2(a)表明:只有条件同时满足时结果才发生。这种因果关系叫做逻辑与(逻辑乘)。

图7-2(b)表明:只要条件之一满足时结果就发生。这种因果关系叫做逻辑或(逻辑加)。

图7-2(c)表明:只要条件满足结果就不发生;而条件不满足结果一定发生。这种因果关系叫做逻辑非(逻辑反)。

2. 真值表

在指示灯控制电路中,如果把开关闭合设为1、开关断开设为0;灯亮为1、灯不亮设为0,则可以列出由0、1表示的与、或、非逻辑关系图表,见表7-2。这种图表叫做逻辑真值表简称真值表。

表7-2　　　　　　　　　　与、或、非逻辑关系

与 $Y=A \cdot B$			或 $Y=A+B$			非 $Y=\overline{A}$	
A	B	Y	A	B	Y	A	Y
0	0	0	0	0	0	$\overline{0}$	1
1	0	0	1	0	1		
0	1	0	0	1	1	$\overline{1}$	0
1	1	1	1	1	1		

3. 逻辑表达式及运算法则

以"·"表示与运算、以"+"表示或运算、以变量顶上"─"表示非运算,可得到三种基本逻辑运算的表达式及运算法则,见表7-3。

表 7 - 3 　　　　　　　　　　　　基本逻辑表达式与运算法则

逻辑关系	表 达 式	运 算 法 则
与	$Y=A \cdot B$（或 $Y=AB$、或 $Y=A\times B$）	$0 \cdot 0=0$ $0 \cdot 1=0$ $1 \cdot 0=0$ $1 \cdot 1=1$
或	$Y=A+B$	$0+0=0$ $0+1=1$ $1+0=1$ $1+1=1$
非	$Y=\overline{A}$	$\overline{0}=1$ $\overline{1}=0$

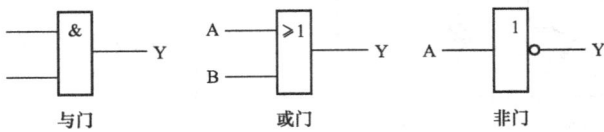

图 7 - 3　与、或、非门逻辑符号

4. 逻辑符号

能实现与、或、非三种基本逻辑运算的单元电路分别叫做与门、或门、非门（也叫反相器），相应用逻辑符号来表示，如图 7 - 3 所示。

三、复合逻辑关系

实际的逻辑问题往往比与、或、非复杂得多，但它们都可以用与、或、非的组合来实现即复合逻辑。最常见的复合逻辑运算有与非、或非、与或非、异或、同或等。图 7 - 4 是它们的逻辑符号，表 7 - 4 给出了与非、或非和异或逻辑的真值表，其余的读者可自行列出。

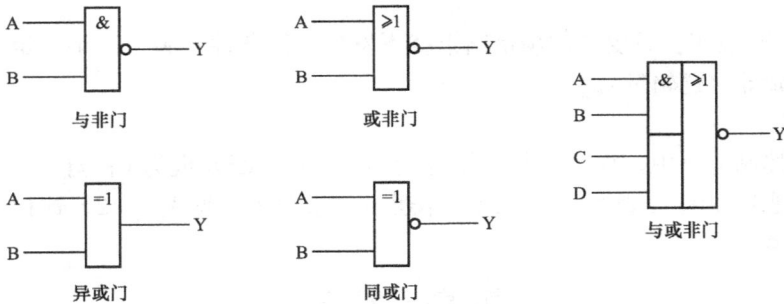

图 7 - 4　常见的复合门逻辑符号

表 7 - 4 　　　　　　　　　　　　与非、或非和异或逻辑关系真值表

与非 $Y=\overline{AB}$			或非 $Y=\overline{A+B}$			异或 $Y=A\oplus B=A\overline{B}+\overline{A}B$		
A	B	Y	A	B	Y	A	B	Y
0	0	1	0	0	1	0	0	0
0	1	1	0	1	0	0	1	1
1	0	1	1	0	0	1	0	1
1	1	0	1	1	1	1	1	0

图 7 - 4 所示逻辑符号对应的表达式：

与非门　$Y=\overline{AB}$

或非门　$Y=\overline{A+B}$

异或门　$Y=A\oplus B=A\overline{B}+\overline{A}B$

同或门 $Y=A\odot B=AB+\overline{A}\,\overline{B}$

与或非门 $Y=\overline{AB+CD}$

四、逻辑运算的基本定律和规则

根据与、或、非三种基本逻辑运算可以推出逻辑运算的基本定律。熟悉这些定律有助于快速分析、化简和变换逻辑电路。其中有些定律与普通代数相似，有些则是逻辑代数特有的，应加以注意。

1. 逻辑运算的基本定律

(1) 0-1律　$0\cdot A=0$　　　　　　　　　　$0+A=A$

　　　　　　$1\cdot A=A$　　　　　　　　　　$1+A=1$

(2) 互补律　$A\cdot\overline{A}=0$　　　　　　　　　　$A+\overline{A}=1$

(3) 同一率　$A\cdot A=A$　　　　　　　　　　$A+A=A$

(4) 交换律　$A\cdot B=B\cdot A$　　　　　　　　$A+B=B+A$

(5) 结合律　$A(B\cdot C)=(A\cdot B)C$　　　　　$A+(B+C)=(A+B)+C$

(6) 分配律　$A(B+C)=AB+AC$　　　　　$A+B\cdot C=(A+B)(A+C)$

(7) 吸收律　$A(A+B)=A$　　　　　　　　$A+AB=A$

(8) 反演律（摩根定律）　$\overline{A\cdot B}=\overline{A}+\overline{B}$　　$\overline{A+B}=\overline{A}\cdot\overline{B}$

(9) 还原律　$\overline{\overline{A}}=A$

以上定律都可以用真值表证明，这里不详细说明。

2. 逻辑运算的基本规则

(1) 代入规则：用一个变量或一个逻辑表达式代入到同一个等式两边同一个变量的位置，该等式仍然成立。

例如，用 AC 取代 A 代入到等式$\overline{A\cdot B}=\overline{A}+\overline{B}$，得$\overline{ACB}=\overline{AC}+\overline{B}$，该等式仍然成立。

(2) 反演规则：一个逻辑表达式 Y 中的"·"换成"+"，"+"换成"·"，原变量换成反变量，反变量换成原变量，就得到$\overline{Y}$（或反函数）。

例如，$Y=AB+\overline{C}\,\overline{D}$，用反演规则后$\overline{Y}=(\overline{A}+\overline{B})(C+D)$。

使用反演规则时要注意保持原式中各个变量之间的运算顺序，如 Y 是一个与或式，而$\overline{Y}$则变成了或与式。

例如，$Y=A+\overline{B+\overline{D}}$，用反演规则后$\overline{Y}=\overline{A}\,(B+\overline{D})$，这个例子将 Y 中的$\overline{B+\overline{D}}$看作一个变量。

(3) 对偶规则：将一个等式两边的"·"换成"+"，"+"换成"·"，保持变量不变，得到一个新的等式，这两个等式互为对偶式。

例如，$Y=AB+\overline{A}\,\overline{B}$，则对偶式$Y'=(A+B)(\overline{A}+\overline{B})=A\overline{B}+\overline{A}B$。

观察逻辑运算的基本定律会发现有许多公式都互为对偶式。

第三节　逻辑函数的表示和化简方法

一、逻辑函数的表示方法

一个逻辑关系可以有几种不同的表达方法，常用的有逻辑表达式、真值表、逻辑电路图和卡诺图四种。

(1) 逻辑表达式：将输入与输出之间的逻辑关系用逻辑运算符号来描述。其特点是简洁、抽象，便于化简和转换。

（2）真值表：将输入变量所有可能的取值和对应的函数值列成表格。其特点是直观、较繁琐（尤其是输入变量较多时），具有唯一性。真值表是将实际的问题抽象为逻辑问题的首选描述方法。

（3）逻辑电路图：将输入与输出之间的逻辑关系用逻辑图形符号来描述。其特点是接近实际电路，是组装、维修的必要资料。

（4）卡诺图：卡诺图是专门用来化简逻辑函数的，将在下面专门介绍。

二、各种表示方法之间的相互转换

既然逻辑表达式、真值表、逻辑图、卡诺图都能用来描述同一个逻辑函数，则它们之间一定能相互转换。学会转换有助于分析和设计逻辑电路。

1.　由真值表推导出逻辑表达式

【例 7 - 6】 将表 7 - 5 所示的真值表转换成逻辑表达式。

解 由真值表可以看出，当 A、B、C 取值为以下三种情况时，Y＝1

ABC＝001，$\overline{A}\,\overline{B}C＝1$

ABC＝101，$A\overline{B}C＝1$

ABC＝111，ABC＝1

因此，Y 的逻辑表达式是上述三个乘积项之和，即 $Y＝\overline{A}\,\overline{B}C＋A\overline{B}C＋ABC$。

通过上例，可以总结出由真值表转换成表达式的一般方法：

（1）找出真值表中 Y＝1 的哪些输入变量取值的组合。

（2）每组组合用乘积项表示，取值为 1 的变量写成原变量，取值为 0 的变量写成反变量。

（3）将这些乘积项相加得到 Y 的与或表达式。

由真值表推导出逻辑表达式是唯一的，称为标准与或表达式。

2.　由逻辑表达式填写出真值表

由逻辑表达式填写出真值表有两种方法。

方法一：将输入变量取值的所有组合逐一代入表达式，求出对应输出变量的值，填入真值表；

方法二：将表达式转化成最小项表达式，再填入真值表。

【例 7 - 7】 已知逻辑表达式 $Y＝\overline{A}＋\overline{B}C＋\overline{A}BC$，求对应的真值表。

解 这里使用方法一。

将 A、B、C 取值的所有组合 000、001、…、111 逐一代入表达式，计算出 Y 的值，填入真值表即可，如表 7 - 6 所示。方法二留待学过逻辑函数的最小项后，由读者自己练习。

表 7 - 5	［例 7 - 6］真值表		
A	B	C	Y
0	0	0	0
0	0	1	1
0	1	0	0
0	1	1	0
1	0	0	0
1	0	1	1
1	1	0	0
1	1	1	1

表 7 - 6	［例 7 - 7］真值表		
A	B	C	Y
0	0	0	1
0	0	1	1
0	1	0	1
0	1	1	1
1	0	0	0
1	0	1	1
1	1	0	0
1	1	1	0

3. 由逻辑表达式画出逻辑电路图

用逻辑符号代替表达式中的运算符号即可得到表达式所对应的逻辑图。

【例 7 - 8】 画出逻辑函数 $Y=(A+B)\overline{AB}$ 的逻辑电路图。

解 从表达式可看出，用一个或门、一个与非门，其输出再用一个与门可实现。画出的逻辑电路如图 7 - 5 所示。

4. 由逻辑电路图写出逻辑表达式

用运算符号代替逻辑图中的逻辑符号即可得到逻辑图所对应的逻辑表达式。

【例 7 - 9】 写出图 7 - 6 所示电路的逻辑表达式。

解 逐级写出每个门输出的表达式 G_1，G_2，G_3，G_4，G_5 后，计算

$$Y=A+G_4+G_5=A+\overline{A}\,\overline{C}+\overline{B}C$$

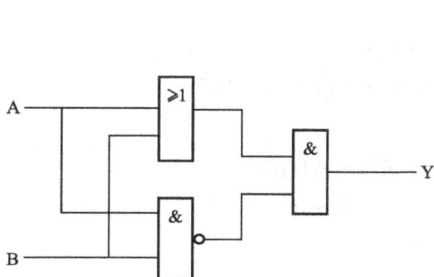 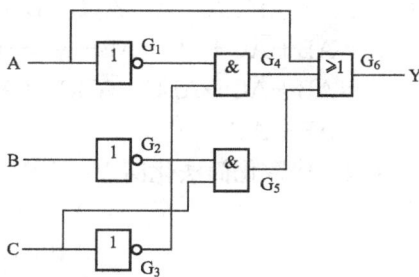

图 7-5 ［例 7-8］图 　　　　图 7-6 ［例 7-9］图

三、逻辑函数的化简

同一个逻辑函数的表达式可以有多种形式，有简有繁，对应的逻辑电路也是有简单有复杂的，逻辑函数的简化就意味着实现该功能的电路简化，不仅有利于节省器件，而且可提高工作的可靠性。例如，有一逻辑函数 $Y=\overline{A}B+\overline{A}BC(D+E)$，经过化简为 $Y=\overline{A}B$，显然，未化简时逻辑函数构成的逻辑电路图［见图 7 - 7（a）］较复杂，而化简后构成的逻辑电路图［见图 7 - 7（b）］结构就大大简化。

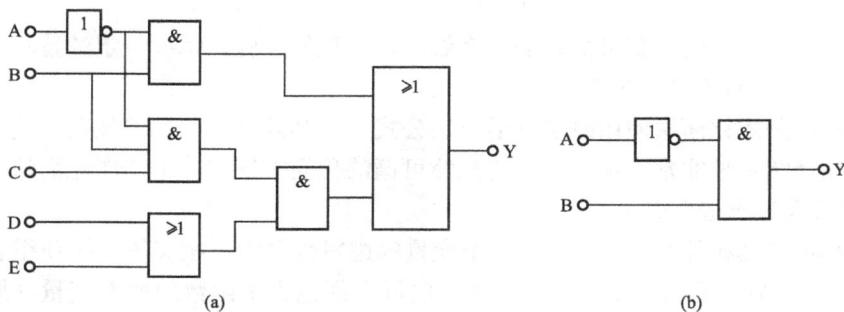

图 7 - 7 化简的意义示例

（a）化简前逻辑电路；（b）化简后逻辑电路

所谓化简逻辑函数，就是使逻辑函数的与或表达式中所含的或项数及每个与项的变量数为最少（最简与或表达式）。一个逻辑函数要化简到：①逻辑函数式中乘积项（与项）的个数最少；②每个乘积项中的变量个数最少。这样才认为化到最简与或表达式了。

　　常用的逻辑函数的化简方法有代数化简法（公式化简法）和卡诺图化简法。

　　（一）逻辑函数的代数化简法（公式化简法）

　　代数化简法就是利用逻辑运算的基本定律和规则来化简逻辑函数，常见的代数化简法有以下几种：

　　（1）并项法：利用公式　$B+\bar{B}=1$

　　例如　$Y=ABC+AB\bar{C}=A(B+\bar{B})C=AC$

　　（2）吸收法：利用公式　$A+AB=A$

　　例如　$Y=A\bar{B}+A\bar{B}C(D+E)=A\bar{B}$

　　（3）消去法：利用公式　$A+\bar{A}B=A+B$

　　例如　$Y=AB+\bar{A}C+BC=AB+(\bar{A}+B)C=AB+\bar{A}BC=AB+C$

　　（4）配项法：利用公式　$A=A(B+\bar{B})=AB+A\bar{B}$

　　例如　$Y=AB+\bar{A}C+BC=AB+\bar{A}C+(A+\bar{A})BC$

$$=AB+\bar{A}C+ABC+\bar{A}BC=(AB+ABC)+(\bar{A}C+\bar{A}BC)$$

$$=AB+\bar{A}C$$

　　【例7-10】　代数化简法化简 $Y=\bar{A}\bar{B}+(AB+A\bar{B}+\bar{A}B)C$。

　　解　　　　　　　　　$Y=\bar{A}\bar{B}+[A(B+\bar{B})+\bar{A}B]C$

$$=\bar{A}\bar{B}+(A+\bar{A}B)C$$

$$=\bar{A}\bar{B}+(A+B)C$$

$$=\bar{A}\bar{B}+AC+BC$$

　　【例7-11】　代数化简法化简 $Y=\overline{\overline{A\bar{B}}+\overline{BC}}+A\bar{B}\bar{C}$。

　　解　　　　　　　　　$Y=\overline{A\bar{B}}\cdot\overline{BC}+A\bar{B}\bar{C}$

$$=(\bar{A}+B)(\bar{B}+\bar{C})+A\bar{B}\bar{C}$$

$$=\bar{A}\bar{B}+\bar{A}\bar{C}+(B\bar{C}+A\bar{B}\bar{C})$$

$$=\bar{A}\bar{B}+\bar{A}\bar{C}+(B+A)\bar{C}$$

$$=\bar{A}\bar{B}+(\bar{A}+B+A)\bar{C}$$

$$=\bar{A}\bar{B}+\bar{C}$$

　　代数化简法无固定的步骤可循，需要多做练习，积累经验，掌握一定的技巧。

　　（二）逻辑函数的卡诺图化简法

　　上面介绍的公式化简法使用时需灵活应用公式，且必须具备一定的技巧，这种方法的直观性差。下面介绍一种非常直观，有一定规律可循的化简方法——卡诺图化简法。

　　1. 逻辑函数的卡诺图表示

　　（1）最小项及其相邻性。在 A、B 两个变量的逻辑函数中，相应的乘积项组合起来有四种情况，即 $\bar{A}\bar{B}$、$\bar{A}B$、$A\bar{B}$、AB，这 4 个乘积项每个都包含了函数的所有变量（原变量或是反变量），这样的乘积项叫做最小项。对于 n 变量就有 2^n 个最小项。

　　如果两个最小项只有一个变量取值不同，则称这两个最小项在逻辑上相邻。

　　例如，$Y(A，B，C)=ABC+AB\bar{C}$中，ABC 和 $AB\bar{C}$ 就是两个逻辑相邻的最小项。用代数化简法可以化简上式得 $Y=AB$。这两个最小项合并成了一项，消去了那个变量取值不同的变量（因子），剩下"公共"变量（因子）。

　　（2）逻辑函数的最小项表达式。由最小项组成的与或表达式叫做最小项表达式，如，

$Y=\overline{A}\overline{B}C+A\overline{B}C+ABC$ 就是最小项表达式。最小项是唯一的，最小项表达式也是唯一的，任何一个逻辑函数都可以化为唯一的最小项表达式。

最小项也可以用标号 m_i 表示，其下标表示最小项的编号。编号的方法是：最小项中的原变量取 1，反变量取 0，则最小项取值为一组二进制数，其对应的十进制数值为该最小项的编号。例如，$Y=\overline{A}\overline{B}C+A\overline{B}C+ABC=m_1+m_5+m_7=\sum m(1,5,7)$。

（3）卡诺图。卡诺图是由许多小方格组成的阵列图，每个小方格对应一个最小项，n 个变量的卡诺图有 2^n 个小方格。例如，2 变量函数有 4 个小方格如图 7-8（a）所示；3 变量函数有 8 个小方格如图 7-8（b）所示；4 变量函数有 16 个小方格如图 7-8（c）所示。在卡诺图的左上角标注变量 A、B、C…。在左边框线和上边框线用 1 和 0 分别代表变量的原变量和反变量。

从图 7-8 发现，卡诺图以小方格的形式，将逻辑上相邻的最小项放在一起，这对化简逻辑函数非常直观、方便。除了几何位置（上下左右）相邻的最小项逻辑相邻外，一行或一列的两端也有相邻性。

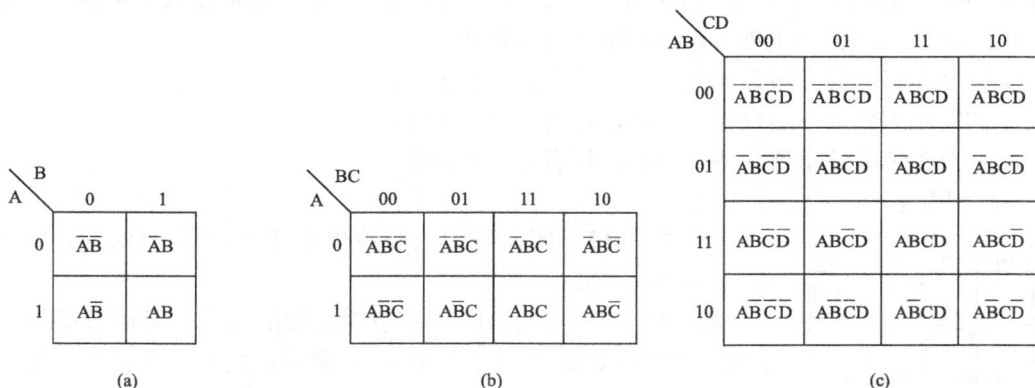

图 7-8 卡诺图
(a) 2 个变量；(b) 3 个变量；(c) 4 个变量

（4）用卡诺图表示逻辑函数。用卡诺图表示逻辑函数的具体方法是：

1）将逻辑函数化成最小项表达式。

2）根据表达式变量个数画出空白格卡诺图。

3）在空白格卡诺图上，与函数最小项对应的小方格填入 1，其余的方格不填。

【例 7-12】 用卡诺图表示逻辑函数 $Y=\overline{A}\overline{B}C+AC+ABC$。

解 先将逻辑函数展化为最小项表达式

$$Y=\overline{A}\overline{B}C+AC+ABC$$
$$=\overline{A}\overline{B}C+A(B+\overline{B})C+ABC$$
$$=\overline{A}\overline{B}C+A\overline{B}C+ABC$$

画出 3 变量空白卡诺图，找出上式中 3 个最小项对应的小方格，并填上 1，就得到图 7-9 所示的卡诺图。

A\BC	00	01	11	10
0	0	1	0	0
1	0	1	1	0

图 7-9 ［例 7-12］的卡诺图

2. 用卡诺图化简逻辑函数

（1）最小项合并规律。化简的依据：逻辑上相邻的最小项合并成一项消去多余因子，如图 7-10 所示。

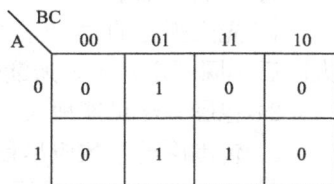

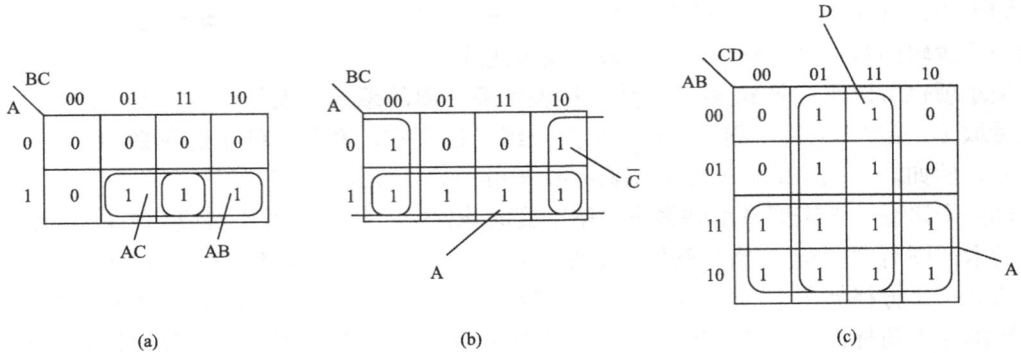

图 7 - 10　最小项的合并

(a) 两个 1 相邻；(b) 四个 1 相邻；(c) 八个 1 相邻

图 7 - 10（a）的两个圈都是两个相邻，合并后分别是 AB 和 AC 项；图 7 - 10（b）的两个圈都是四个相邻，合并后分别是 $\overline{C}$ 和 A 项；图 7 - 10（c）的两个圈都是八个相邻，合并后分别是 D 项和 A 项。从上面分析可归纳出合并规律：

1）两个相邻的最小项合并为一项，并消去一个变量。

2）四个相邻的最小项合并为一项，并消去两个变量。

3）八个相邻的最小项合并为一项，并消去三个变量。

（2）用卡诺图化简逻辑函数。

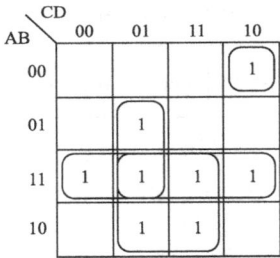

图 7 - 11　[例 7 - 13] 图

【例 7 - 13】　用卡诺图化简逻辑函数 $Y = \sum m(2，5，9，11，12，13，14，15)$。

解　由于 Y 直接给的是最小项之和的形式，可以直接填写卡诺图。从该函数最小项标号出现 15 来看，应有 4 个输入变量，应填入 4 变量的卡诺图，如图 7 - 11 所示。

将相邻带 1 的小方格圈起来，合并最小项（注意：不能漏掉任何一个 "1"），合并后由原来 8 个最小项之和成了 4 个乘积项，分别是 AB、AD、$B\overline{C}D$、$\overline{A}BC\overline{D}$，则化简结果为

$$Y = AB + AD + B\overline{C}D + \overline{A}BC\overline{D}$$

归纳用卡诺图化简逻辑函数的步骤如下：

1）将逻辑函数化为最小项表达的形式。

2）填写逻辑函数的卡诺图。

3）合并相邻方格的最小项。

4）取合并后的乘积项之和作为化简后的结果。

为了化到最简，卡诺图化简还应注意几个问题：

1）先圈孤立的 "1" 方格，再圈仅与另一个 "1" 方格唯一相邻的 "1" 方格，最后再先大圈后小圈圈定。不要遗漏任何一个 "1" 的方格，否则结果会出错。

2）包围圈尽可能地大。圈越大，消去的变量就越多。

3）包围圈的个数应尽量少。圈越少，结果中乘积项个数就越少。

4）同一个 "1" 方格可以被圈多次，但每个圈应包含有未被圈过的 "1"，否则这个圈就是多余的，如图 7 - 12、图 7 - 13 所示。

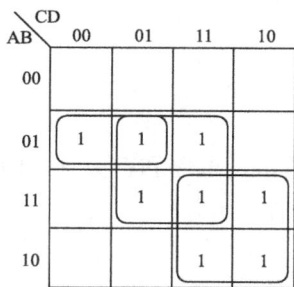

图 7-12 一个方格可被圈多次

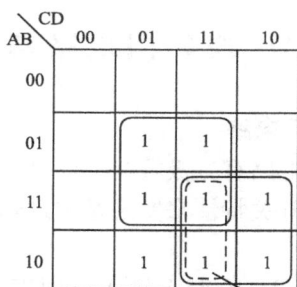

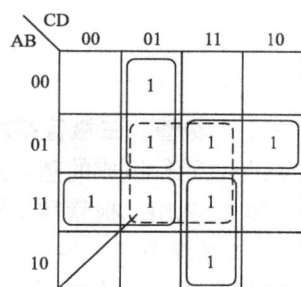

图 7-13 卡诺图上的多余圈

对应一组变量的取值若 $Y=0$，则 $\overline{Y}=1$；反之 $Y=1$，则 $\overline{Y}=0$，因此，$\overline{Y}$ 的卡诺图就是将 Y 卡诺图的 "1" 换成 "0"，"0" 换成 "1"。可以直接圈 Y 的 "0"（相当于圈 $\overline{Y}$ 的卡诺图的 "1"）来求 $\overline{Y}$ 的最简表达式。反过来也一样，可直接圈 $\overline{Y}$ 的 "0"（相当于圈 Y 的卡诺图的 "1"）来求 Y 的最简表达式。

【例 7-14】 用卡诺图化简逻辑函数 $Y=\overline{\overline{BD}+\overline{ABC}+A\overline{C}}$。

解 如果先将 Y 转换成与或式是相当麻烦的。可以填 $\overline{Y}=\overline{BD}+\overline{ABC}+A\overline{C}$ 的卡诺图，如图 7-14 所示。直接对卡诺图取值为 "0" 的最小项合并化简得

$$Y=\overline{A}B+\overline{A}C\overline{D}+AC\overline{D}+\overline{B}C$$

（3）具有约束项的逻辑函数卡诺图化简。所谓约束项是指主观上不允许出现，或客观上不会出现的变量取值组合所对应的最小项。如 8421BCD 编码中，1010～1111 这 6 种代码是不允许出现的，称为约束项。逻辑表达式中用 d 表示约束项的最小项，在卡诺图和真值表中用 "×" 表示约束项。

利用无关项可以化简逻辑函数。因为约束项与逻辑函数输出值无关，所以其值可以为 "1"，也可以为 "0"。画包围圈时可以把约束项圈进去，即令其为 1，使圈里的项更多，化的更简。但要注意的是每一个包围圈里不能全都是约束项，否则表达式会出现多余项。

【例 7-15】 用卡诺图化简逻辑函数 $Y=\sum m(3,6,7,9)+\sum d(10,11,12,13,14,15)$。

解 填写卡诺图如图 7-15 所示。合并化简后得

$$Y=AD+CD+BC$$

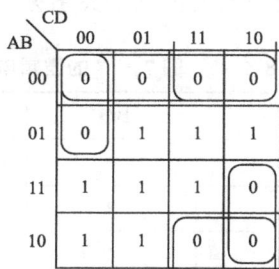

图 7-14 ［例 7-14］$\overline{Y}$ 的卡诺图化简

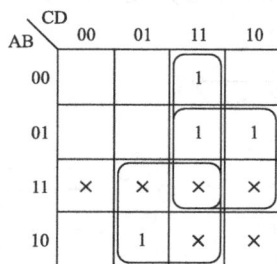

图 7-15 ［例 7-15］的卡诺图化简

第四节　逻辑门电路基础

一、二极管、三极管基本逻辑门电路

用分立元件组成的基本逻辑门电路有二极管与门电路、二极管或门电路和三极管非门电路，它们是利用二极管和三极管的开关特性来实现基本逻辑功能的。

1. 二极管与门电路

二极管与门电路如图 7-16 所示。有两个输入分别用 A、B 表示，输出用 Y 表示。设 $U_{CC} = 5V$，输入高电平 3V，输入低电平 0V，二极管的正向导通压降 $U_F = 0.7V$。

只要 A、B 中有一个低电平（0V）输入，则相应的二极管导通，输出 Y 就为低电平（0.7V），即只要 A、B 有一个或一个以上为 0，Y=0。

当 A、B 同时为高电平（3V）输入时，两个二极管均导通，输出 Y 为高电平（3.7V），即只有 AB=1，才有 Y=1。

显然，Y 和 A、B 之间是与逻辑关系。图 7-16 所示与门的逻辑电平关系见表 7-7。

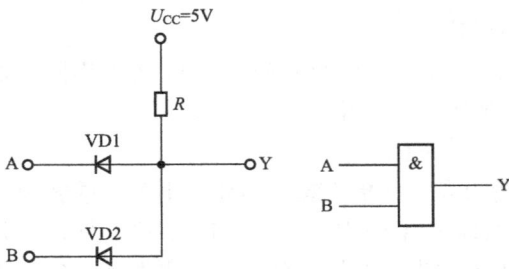

图 7-16　二极管与门

表 7-7	图 7-16 的逻辑电平关系	
A/V	B/V	Y/V
0	0	0.7
0	3	0.7
3	0	0.7
3	3	3.7

2. 二极管或门电路

二极管或门电路如图 7-17 所示。它有两个输入分别用 A、B 表示，输出用 Y 表示。设输入高电平 3V，输入低电平 0V，二极管的正向导通压降 $U_F = 0.7V$。

只要输入 A、B 中有一个为高电平（3V），相应的二极管导通，Y 就是高电平（2.3V），即只要 A、B 中有一个或一个以上为 1，输出 Y=1。

只有输入 A、B 同时为低电平（0V），VD1、VD2 均截止，输出 Y 才为低电平（0V），即只有 A+B=0，才有 Y=0。

显然，Y 和 A、B 是或逻辑关系。图 7-17 所示或门的逻辑电平关系见表 7-8。

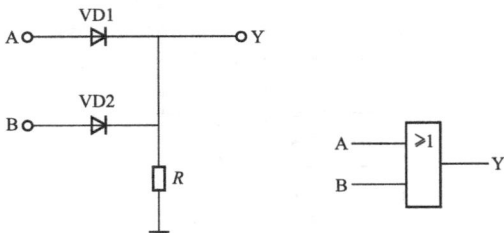

图 7-17　二极管或门

表 7-8	图 7-17 的逻辑电平关系	
A/V	B/V	Y/V
0	0	0
0	3	2.3
3	0	2.3
3	3	2.3

3. 三极管非门电路

三极管的基本开关电路如图7-18所示，输入为高电平时三极管饱和，输出为低电平；输入为低电平时三极管截止，输出为高电平。输出与输入之间是反相关系，即逻辑非。

为使输入低电平时三极管可靠截止，实际使用的是图7-19所示电路。它实现了逻辑 $Y=\overline{A}$，称为三极管非门电路（也称反相器）。

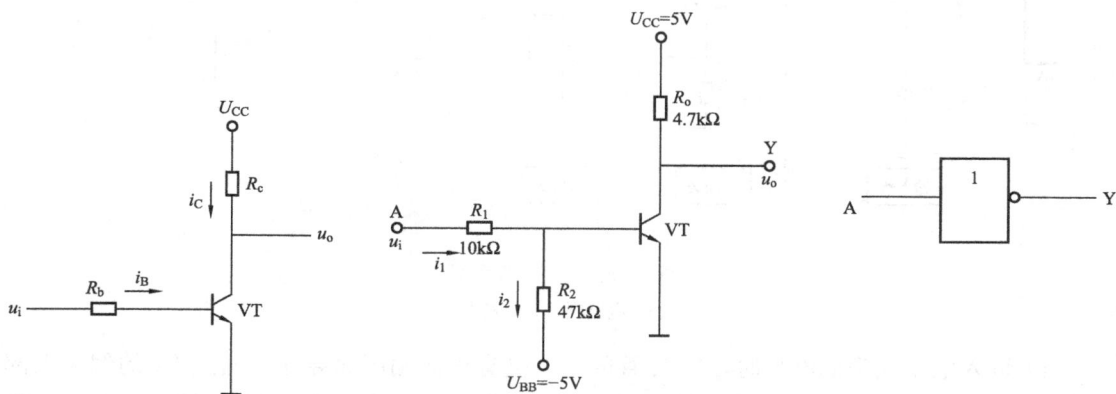

图7-18 三极管基本开关电路 　　　　图7-19 三极管非门

设 $U_{CC}=5V$，$U_{BB}=-5V$，$R_c=4.7k\Omega$，$R_1=10k\Omega$，$R_2=47k\Omega$，三极管的 $\beta=20$，$U_{CES}=0.3V$，$U_{BES}=0.7V$，$U_{iH}=3.6V$，$U_{iL}=0.3V$。

（1）当 $u_i=U_{iL}=0.3V$，即 A=0 时。假设三极管应工作在截止状态，则

$$U_{BE}=U_{iL}-\frac{U_{iL}-U_{BB}}{R_1+R_2}R_1=0.3-\frac{0.3+5}{10+47}\times10=-0.63（V）$$

$U_{BE}=-0.63V<0V$，假设成立，$i_C\approx0$，此时 $u_o=U_{oH}=5V$，即输出 Y=1。

当输入 $u_i=U_{iL}=0.3V$，由于 U_{BB} 负电源的影响，肯定会使 $U_{BE}<0V$，保证三极管可靠截止。

（2）当 $u_i=U_{iH}=3.6V$，即 A=1 时。假设三极管应工作在饱和状态，则临界饱和电流为

$$I_{BS}=\frac{U_{CC}-U_{CES}}{\beta R_c}=\frac{5-0.3}{20\times4.7}=-0.05（mA）$$

$$i_B=i_1-i_2=\frac{U_{iH}-U_{BES}}{R_1}-\frac{U_{BES}-U_{BB}}{R_2}=\frac{3.6-0.7}{10}-\frac{0.7+5}{47}=0.17（mA）\gg I_{BS}$$

假设成立，此时 $u_o=U_{oL}=U_{CES}=0.3V$，即输出 Y=0。

分立元件构成的基本与、或、非门电路，输出电阻比较大，带负载的能力差，开关性能也不理想，一般使用不多，现在大量使用的是集成逻辑门电路。

二、TTL 集成逻辑门电路

集成逻辑门电路是将逻辑电路的元件和连线都制作在一块半导体基片上，若以三极管为主要元件，输入端和输出端都是三极管结构，这种电路称为三极管—三极管逻辑电路，简称 TTL 电路。TTL 电路与分立元件电路相比具有体积小、功耗低、抗干扰能力强、速度高等优点。

（一）TTL 非门（反相器）

TTL 反相器主要由输入级、中间级和输出级三部分所组成，典型电路如图7-20所示，其工作原理分析如下。

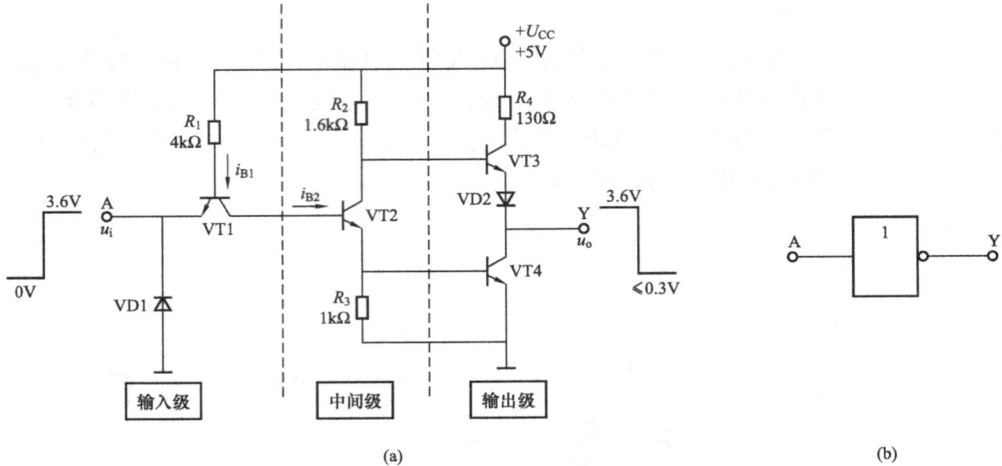

图 7 - 20 TTL 反相器

(a) 电路图；(b) 符号

（1）输入电压 u_i 为低电平时，VT1 管的发射极有正向偏压而导通，通过 R_1 的偏流大部分流汇到 VT1 管的发射极，VT2 管因基极电流 i_{B2} 很小而截止，此时 VT2 管集电极高电位使 VT3 管和 VD2 管导通，VT2 管发射极低电位使 VT4 管截止，u_o 输出高电平。

（2）输入电压 u_i 为高电平时，VT1 管的发射结反偏而不导通，而 VT1 管的集电结处于正偏，通过 R_1 的偏流流向 VT1 管的集电极，为 VT2 管提供 i_{B2}，使 VT2 管饱和导通，进而使 VT4 管饱和导通，VT3 和 VD2 管截止，u_o 输出低电平。

综上所述，图 7 - 20 所示电路在输入低电平时输出为高电平；反之，输入高电平时输出低电平，即实现非门的功能，起了反相器的作用。常用的 TTL 反相器型号是 7404 和 74LS04，芯片中封装了 6 个独立的反相器，其引脚排列、性能指标可查阅相关器件手册。

（二）其他常用的 TTL 门电路

1. 其他逻辑功能的 TTL 门电路

除了 TTL 反相器外，常用的其他功能的 TTL 门电路有与门、与非门、或门、或非门、与或非门、异或门等。74 系列是普通民用产品，其工作温度是 0～70℃。和 74 系列功能一一对应而工作温度为 -55～125℃ 的产品是 54 系列，它主要用于军工产品、汽车电子产品。现在一般使用的是 74 系列的改进型产品，常用的有：

（1）74LS 系列：低功耗中速 TTL，功耗是 74 系列的 1/5，速度与 74 系列相当。

（2）74ALS 系列：先进的 74LS，功耗是 74 系列的 1/10，速度是 74 系列的 4 倍。

（3）74HC 系列：电平与 TTL 兼容的 CMOS 逻辑门电路。

表 7 - 9 列出了常用的 74LS 系列集成门电路，各型号门电路的引脚排列、性能指标可查阅相关器件手册。

表 7 - 9　　　　　　　　　　　　　常用的 74LS 系列集成门电路

型　　号	名　　称	功　能	型　　号	名　　称	功　能
74LS00	四 2 输入与非门	$Y=\overline{AB}$	74LS04	六反相器	$Y=\overline{A}$
74LS01	四 2 输入与非门（OC）	$Y=\overline{AB}$	74LS08	四 2 输入与门	$Y=AB$
74LS02	四 2 输入或非门	$Y=\overline{A+B}$	74LS10	三 3 输入与非门	$Y=\overline{ABC}$

型　　号	名　　　称	功　　能	型　　号	名　　　称	功　　能
74LS11	三3输入与门	$Y=ABC$	74LS30	8输入与非门	$Y=\overline{ABCDEFGH}$
74LS14	六反相器（施密特触发）	$Y=\overline{A}$	74LS32	四2输入或门	$Y=A+B$
74LS20	双4输入与非门	$Y=\overline{ABCD}$	74LS86	四2输入异或门	$Y=A\oplus B$
74LS21	双4输入与门	$Y=ABCD$	74LS136	四2输入异或门	$Y=A\oplus B$
74LS27	三3输入或非门	$Y=\overline{A+B+C}$			

2. 其他输出结构的 TTL 门电路

（1）TTL 集电极开路门（OC 门）。表7-9 中的 74LS01 输出级采用集电极开路输出，简称 OC 门。普通与非门电路不允许输出端直接并联，因为每个与非门输出级的三极管都带有负载电阻 R_L，输出电阻较小，若多个与非门的输出端并联，将叠加产生较大的电流通过输出低电平的与非门，造成功耗过大，甚至损坏门电路，如图7-21 所示。

而 OC 门可以克服上述缺点，它是将原 TTL 电路的输出级的三极管集电极开路，并取消集电极负载电阻 R_L，其电路结构及图形符号如图7-22（a）、（b）所示。使用时为保证正常工作，必须在集成逻辑门电路的输出端外接一个负载 R_L，如图7-22（c）所示。几个 OC 门可以并联在一起，只要外接一个负载电阻即可，如图7-22（d）所示，逻辑关系为 $Y=\overline{AB}\cdot\overline{CD}\cdot\overline{EF}$。

（2）TTL 三态门（TS 门）。三态输出门简称 TS 门，是在普通门的基础上加控制端 EN，三态输出与非门的图形符号如图7-23 所示，它的输出端 Y 除出现高电平和低电平外，还可以出现第三种状态，即高阻状态。

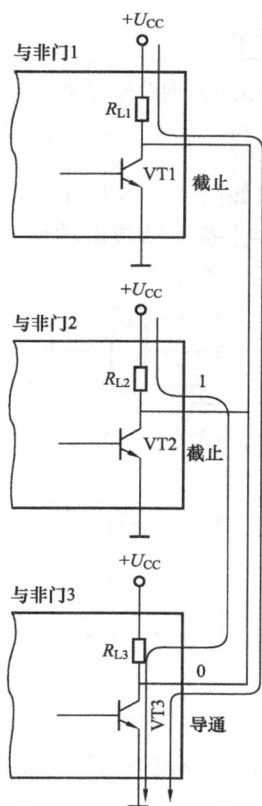

图7-21　与非门输出
端并联时电流分布

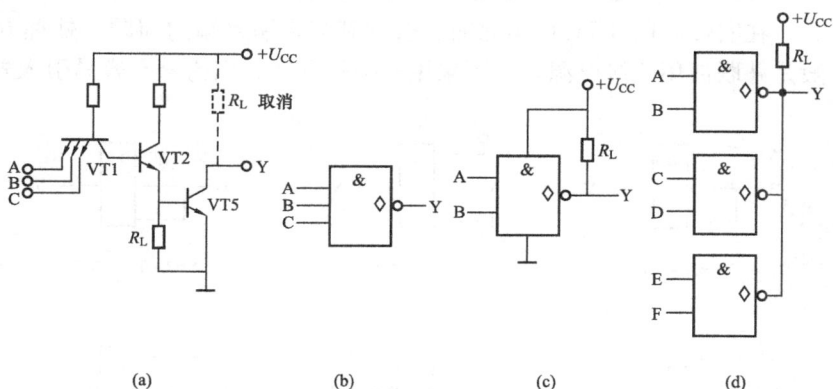

图7-22　OC 门
（a）电路结构；（b）符号；（c）负载 R_L 的连接；（d）并联使用（线与）

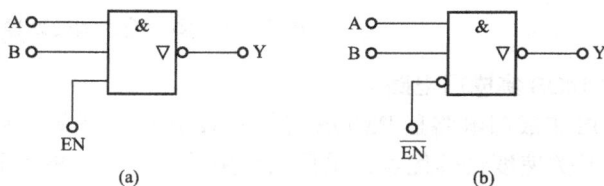

图7-23　三态输出与非门
（a）高电平控制有效；（b）低电平控制有效

有些三态与非门电路当控制端（使能端）EN＝1 时为工作状态，输出与输入为与非关系；EN＝0 时输出为高阻状态，该控制端为高电平有效。另一些三态与非门是 EN＝0 时为工作状态，EN＝1 时为高阻状态，即控制端低电平有效。

在数字系统中，为了减少各单元电路之间的连线常使用"总线"，如图 7 - 24 所示，分时控制电路，依次（且任意时刻使能一个）使三态门 G_0、G_1、G_2、…、G_7 工作，这样就实现了将 D_0、D_1、D_2、…、D_7（以反码的形式）分时送到总线上。

图 7 - 25 是一个双向数据传输系统，当 $\overline{EN}$＝0 时，G_1 工作、G_2 高阻，数据从 A_1 到 A_2；当 $\overline{EN}$＝1 时，G_2 工作、G_1 高阻，数据从 A_2 到 A_1。

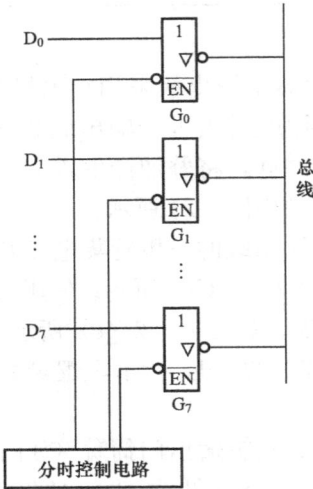

图 7 - 24　用三态门构成数据总线

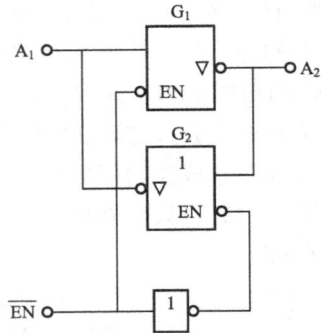

图 7 - 25　用三态门实现双向数据传输

（三）TTL 逻辑门多余输入端的处理

在实际使用 TTL 门电路时，会遇到多余输入端的问题。处理方法如图 7 - 26 所示，一般是并联使用或接电源，而不采用悬空的办法，因为悬空容易引入外界干扰而造成误动作。

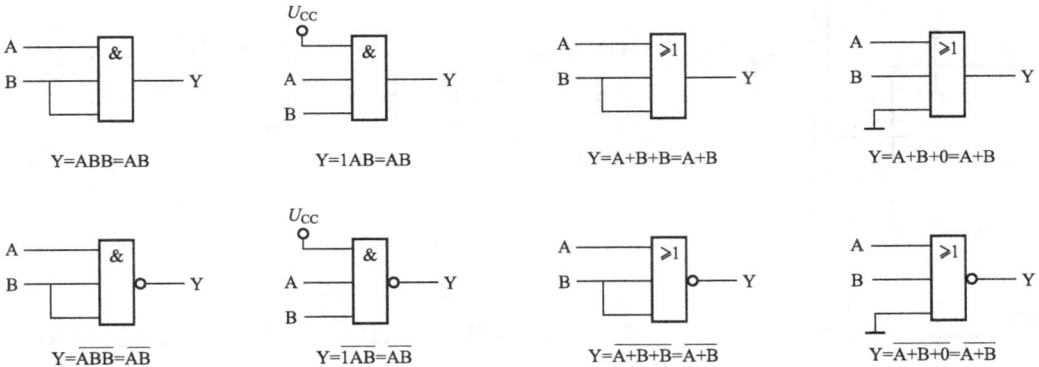

图 7 - 26　多余输入端的处理

三、CMOS 集成门电路

CMOS 集成门电路是 PMOS 管与 NMOS 管组成的互补型集成电路，具有功耗低、抗干扰性强、开关速度快等优点，是目前应用较广的一种集成电路。

1. CMOS 非门（反相器）

反相器是 CMOS 数字电路的基本单元电路，如图 7 - 27 所示。VT1 为增强型 PMOS，

VT2 为增强型 NMOS 管，$u_i = 0V$ 时，VT1 导通、VT2 截止，$u_o \approx U_{DD}$；$u_i = U_{DD}$ 时，VT1 截止、VT2 导通，$u_o \approx 0V$，即输出与输入之间为逻辑非的关系。

由于基本电路静态时 VT1、VT2 总是有一个导通而另一个截止，即工作在互补状态，所以把这种电路结构形式称为互补 MOS，简称 CMOS。CMOS 工作时，无论输出是高电平还是低电平内部总有一个管是截止的，流过 VT1、VT2 的静态电流极小，这就是 CMOS 静态功耗很低（典型值 10nW）的原因。VD1、VD2 称为保护二极管，正常情况下，两管都是截止的，只有当 $u_i > U_{DD}$ 时 VD1 导通，$u_i < 0$ 时 VD2 导通，对 VT1、VT2 管进行保护。

常用的 CMOS 反相器型号有六反相器 CC4007、CC4069 等，图 7-28 所示为 CC4069 的引脚排列图。

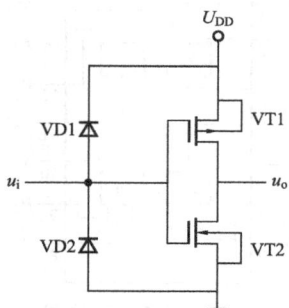

图 7-27　CMOS 反相器基本电路

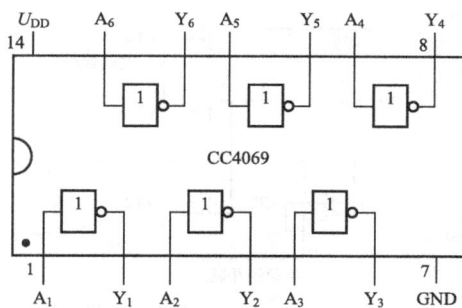

图 7-28　CC4069 引脚排列

2. CMOS 与非门

CMOS 与非门电路如图 7-29 所示，两个 NMOS 驱动管 VT1、VT2 串联起与门作用，两个 PMOS 管 VT3、VT4 并联作为负载。A、B 为输入端，Y 为输出端。当 A、B 均为高电平时，VT1、VT2 管导通，VT3、VT4 管截止，输出端 Y 为低电平；当 A、B 中有一个或全为低电平时，VT1、VT2 管中至少有一个截止，输出端 Y 为高电平，即实现与非门逻辑功能。

常用的 CMOS 与非门有 CC4012、CC4023、CC4011、CC4068 等，图 7-30 所示为 CC4023 与非门引脚排列图。

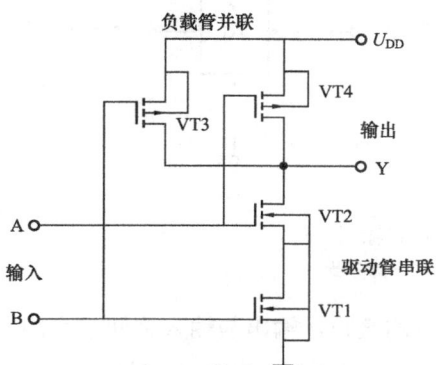

图 7-29　CMOS 与非门电路

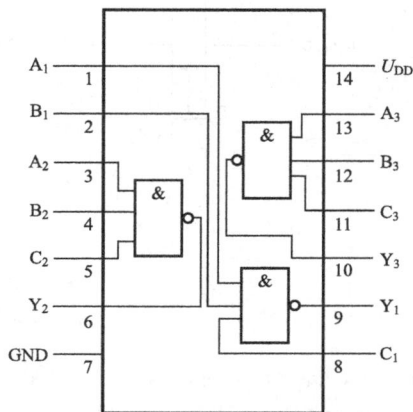

图 7-30　CC4023 引脚排列

3. CMOS 或非门

CMOS 或非门电路如图 7 – 31 所示，电路结构是两个驱动管 VT1、VT2 并联，负载管 VT3、VT4 串联。A、B 为输入端，Y 为输出端。当 A、B 均为低电平时，驱动管 VT1、VT2 均截止，负载管 VT3、VT4 均导通，输出端 Y 为高电平；当 A、B 中有一个或全为高电平时，VT1、VT2 管中至少有一个导通，VT3、VT4 管中至少有一个截止，输出端 Y 为低电平，即实现了或非门逻辑功能。

常用的 CMOS 或非门有 CC4001、CC4002、CC4025、CC4078 等，图 7 – 32 所示为 CC4001 引脚排列图。

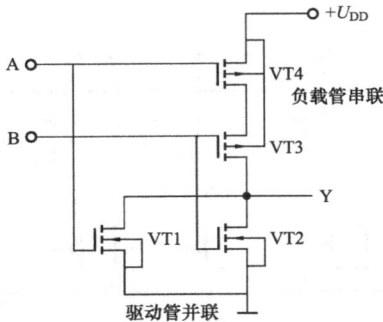

图 7 – 31 CMOS 或非门电路

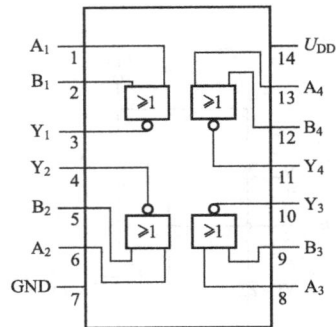

图 7 – 32 CC4001 引脚排列

4. CMOS 传输门（TG 门）

CMOS 传输门是由 NMOS 管与 PMOS 管并联互补构成的可控开关电路，如图 7 – 33 所示，VN 管和 VP 管的源极与漏极相并联构成传输门的输入端或输出端。两管的栅极分别加上反相的控制信号 u_C 和 $\bar{u}_C$。

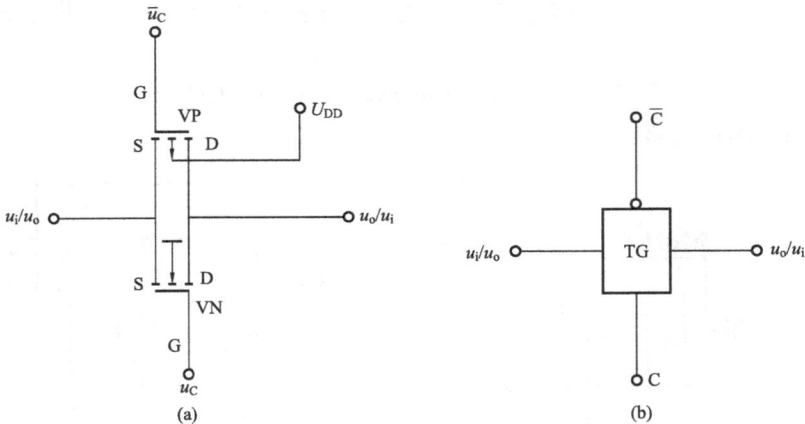

图 7 – 33 CMOS 传输门

（a）基本电路；（b）逻辑符号

当 $u_C = 0$，$\bar{u}_C = U_{DD}$ 时，NMOS 管和 PMOS 管均截止，输出与输入之间呈高阻状态，传输门不能传递信号，相当于开关断开；当 $u_C = U_{DD}$，$\bar{u}_C = 0$ 时，若输入信号在 $0 \sim U_{DD}$ 之间变化，则 VN 和 VP 管中至少有一个管子是导通的，输出与输入之间呈低阻状态，传输门导通，此时 $u_o = u_i$，相当于开关闭合。

用 CMOS 传输门和反相器可组成模拟开关，用来传输连续变化的模拟电压信号，如图 7-34 所示。模拟开关广泛用于多路信号的切换，如电视机的多路音频、视频切换。

CD4066 是常用的四路双向 CMOS 模拟开关，如图 7-35 所示。在 $U_{DD} = 15V$ 时的导通电阻 $R_{ON} < 240\Omega$，且基本不受输入电压的影响。目前精密的 CMOS 双向模拟开关的 $R_{ON} < 10\Omega$。

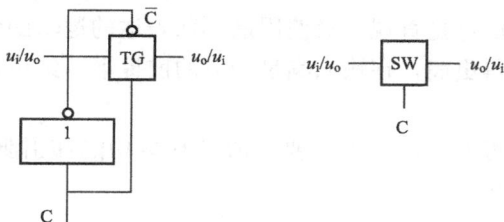

图 7-34 模拟开关

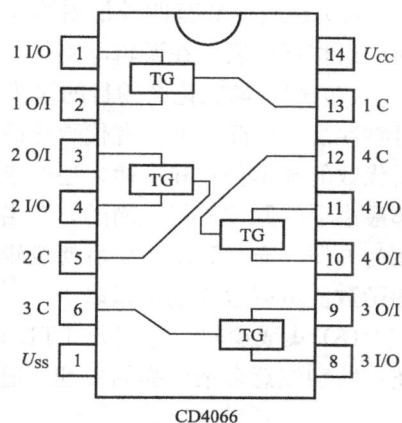

图 7-35 CD4066 内部结构和引脚排列

5. CMOS 逻辑门电路使用注意事项

（1）避免静电损坏。CMOS 电路由于输入电阻高，容易使栅极产生静电击穿，所以保存或存放 CMOS 逻辑门时要注意屏蔽，一般放在金属容器内或用金属把管脚短接起来，组装、焊接时，电烙铁应该接地良好，最好用电烙铁的余热快速焊接，工作台也要良好接地。

（2）多余输入端绝对不允许悬空。因为 CMOS 逻辑门电路的输入电阻高，极易受干扰而破坏其逻辑关系。一般与门和与非门的多余输入端接正电源或固定高电平；或门和或非门的多余输入端则接地；对速度要求不高的场合，也可将多余输入端与其他输入端并联使用，处理方法与图 7-26 所示 TTL 逻辑门相似。

（3）CMOS 逻辑门电源电压的波动范围应该有一定的限度，输入、输出电压不能超过电源电压的范围。

小　　结（七）

（1）在数字电路中，半导体器件一般都工作在开关状态，数字信号在传递时采用高、低电平二值信号，常使用二进制、八进制和十六进制表示，必须掌握它们之间的转换方法。

（2）二进制代码不仅可以表示数值，而且可以表示符号及文字，使信息交换灵活方便。BCD 码是用 4 位二进制代码代表 1 位十进制数的编码，有多种 BCD 码形式，最常用的是 8421BCD 码。

（3）逻辑代数是分析和设计逻辑电路的重要工具。利用逻辑代数，可以把实际逻辑问题抽象为逻辑函数来描述，并且可以用逻辑运算的方法，解决逻辑电路的分析和设计问题。逻辑变量是二值变量，只能取值 0 或 1，0 和 1 仅用来表示两种截然不同的状态。

（4）基本逻辑运算有与（逻辑乘）、或（逻辑加）和非（逻辑非）三种。常用的复合逻辑运算有与非、或非、与或非以及异或和同或，利用这些简单的逻辑关系可以组合成复杂的逻辑运算。

（5）在逻辑代数的公式与定律中，除常量之间及常量与变量之间的运算外，还有交换律、结合律、分配律、吸收律、摩根定律等，摩根定律较为常用。

（6）逻辑函数有四种常用的表示方法：真值表、逻辑函数式、卡诺图、逻辑图。它们之间可以相互转换，在逻辑电路的分析和设计中会经常用到这些方法。

（7）逻辑函数化简的目的是为了获得最简逻辑函数式，从而使逻辑电路简单、成本低、可靠性高。化简的方法有代数化简法和卡诺图化简法。代数化简法要求能熟练和灵活运用逻辑代数的基本公式和定律，还要求具有一定的运算技巧和经验。卡诺图化简法是基于合并相邻最小项的原理进行化简的，卡诺图化简的优点是直观，对使用最小项表达的逻辑函数化简尤为方便。充分利用约束可使逻辑函数化简得更简，在输入满足约束的前提下，约束项对应的函数值可以取 0 也可以取 1。

（8）集成逻辑门电路分 TTL 和 CMOS 两大类，应用时要分清其基本功能和引脚排列，还应特别注意多余引脚的处理，避免静电损坏。

知 识 能 力 检 验 （七）

一、填空题

1. 模拟信号是指在时间和数值上都是_____的信号；而数字信号是指在时间和数值上都是_____的信号。

2. 在数字电路中，常用的计数体制有_____、_____、_____。

3. $(101011.101)_2 = ($　　　$)_{10} = ($　　　$)_{16} = ($　　　　　$)_{8421BCD}$

4. $(223)_{10} = ($　　　　　$)_2 = ($　　　　　$)_{16} = ($　　　　　$)_{8421BCD}$

5. $(100001010110)_{8421BCD} = ($　　　$)_{10} = ($　　　$)_2 = ($　　　　　　$)_{16}$

6. 基本逻辑门电路有_____、_____、_____三种。

7. 与非门电路特点是：输入全为_____输出才为_____，输入有一个或一个以上_____时输出就为_____。

8. 或非门电路特点是：输入全为_____输出才为_____，输入有一个或一个以上_____时，输出就为_____。

9. 逻辑函数的常用表示方法有_____、_____和_____。

10. 逻辑函数的表示方法中具有唯一性的是_____。

11. 化简逻辑函数的方法，常用的有_____和_____。

12. 数字集成电路按开关元件不同可分为_____、_____两大类。

13. 三态门是在普通门的基础上加_____，它的输出有三种状态：_____、_____和_____。

二、选择题

1. 一位十六进制数可以用_____位二进制数来表示。

　（A）一　　　　（B）二　　　　（C）四　　　　（D）十六

2. 四变量逻辑函数的最小项最多有_____个。

　（A）4　　　　（B）8　　　　（C）12　　　　（D）16

3. 利用卡诺图化简逻辑函数，必须先把逻辑表达式写成_____表达式。

    （A）最小项   （B）与非   （C）或非   （D）与或

4. 能控制数据进行单向、双向传递的电路是_____。

    （A）或非门   （B）与非门   （C）OC 门   （D）三态门

5. CMOS 逻辑电路是以_____为基础的集成电路。

    （A）三极管   （B）NMOS 管

    （C）PMOS 管   （D）PMOS 管与 NMOS 管

6. TTL 逻辑电路是以_____为基础的集成电路。

    （A）三极管   （B）二极管

    （C）场效应管   （D）晶闸管

7. 符合图 7-36 所示逻辑关系的表达式是_____。

    （A）$Y=\overline{A}+\overline{AB}$

    （B）$Y=\overline{\overline{A}+\overline{AB}}$

    （C）$Y=\overline{\overline{A}\,\overline{AB}}$

    （D）$Y=A+AB$

8. 在下面的几种逻辑门电路中，哪些电路的输出端可以并联使用_____？

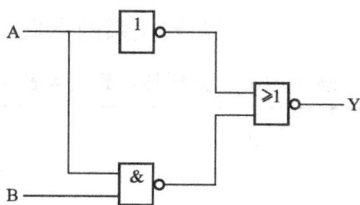

图 7-36 选择题 7 图

    （A）普通的 TTL 逻辑门   （B）OC 门

    （C）三态门   （D）普通的 CMOS 逻辑门

三、判断题

1. 在数字逻辑电路中，信号只有"高"、"低"电平两种取值。   （   ）

2. 负逻辑规定：逻辑"1"代表低电平，逻辑"0"代表高电平。   （   ）

3. 在非门电路中，输入为高电平时，输出则为低电平。   （   ）

4. 逻辑与运算中，输入信号与输出信号的关系是"有 1 出 1，全 0 出 0"。 （   ）

5. 逻辑或运算中，输入信号与输出信号的关系是"有 0 出 0，全 1 出 1"。 （   ）

6. n 个变量的卡诺图共有 $2n$ 个小方格。   （   ）

7. 逻辑函数的表示方法有真值表、逻辑图、逻辑表达式等。   （   ）

8. 组合逻辑电路没有记忆功能，时序逻辑电路有记忆功能。   （   ）

9. 异或门与同或门在逻辑上互为反函数。   （   ）

10. TTL 与非门多余输入端可以接固定高电平。   （   ）

11. OC 门的输出端可以直接相连，实现线与。   （   ）

四、分析与计算题

1. 将下列二进制数转化为十进制数。

    （1）$(1101)_2$ （2）$(11010)_2$

    （3）$(101.1)_2$ （4）$(10101.01)_2$

2. 将下列十进制数转化为二进制数。

    （1）$(13)_{10}$ （2）$(55)_{10}$

    （2）$(13.25)_{10}$ （3）$(106.12)_{10}$

3. 写出图 7-37 所示各逻辑电路的表达式，并列出它们的真值表。

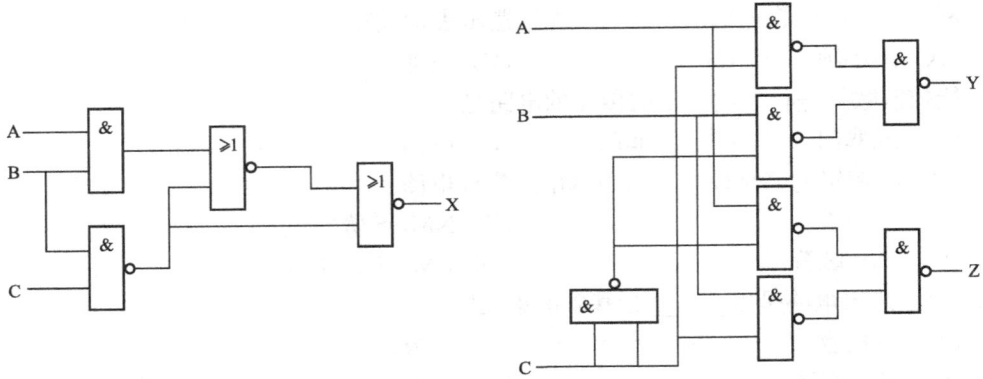

图 7-37　分析计算题 3 图

4. 已知逻辑关系的真值表见表 7-10、表 7-11，试写出对应的逻辑表达式。

<table>
<tr><th colspan="3">表 7-10　分析与计算题 4 表（一）</th></tr>
<tr><th>A　B　C</th><th>Y</th></tr>
<tr><td>0　0　0</td><td>0</td></tr>
<tr><td>0　0　1</td><td>1</td></tr>
<tr><td>0　1　0</td><td>0</td></tr>
<tr><td>0　1　1</td><td>0</td></tr>
<tr><td>1　0　0</td><td>1</td></tr>
<tr><td>1　0　1</td><td>0</td></tr>
<tr><td>1　1　0</td><td>0</td></tr>
<tr><td>1　1　1</td><td>1</td></tr>
</table>

表 7-11　分析与计算题 4 表（二）

A　B　C　D	Y
0　0　0　0	0
0　0　0　1	0
0　0　1　0	0
0　0　1　1	0
0　1　0　0	0
0　1　0　1	1
0　1　1　0	0
0　1　1　1	1
1　0　0　0	0
1　0　0　1	0
1　0　1　0	1
1　0　1　1	1
1　1　0　0	0
1　1　0　1	0
1　1　1　0	1
1　1　1　1	1

5. 画出下列逻辑函数的逻辑图

（1）$Y = A + B\overline{C} + \overline{A}C$　　（2）$Y = \overline{\overline{A} + \overline{B}C + \overline{\overline{A}DB}}$

6. 画出图 7-38 中各门电路对应的输出波形。

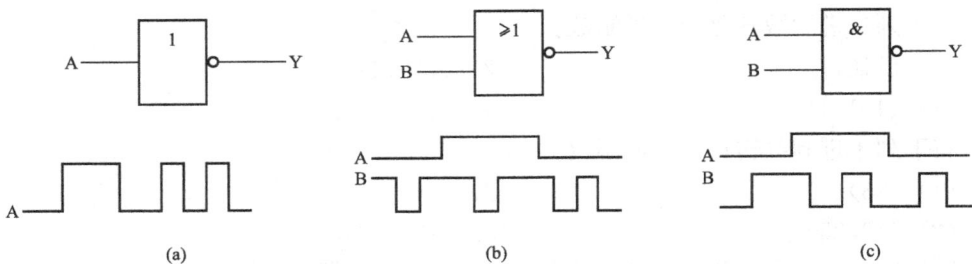

(a)　　　　　　　　　　(b)　　　　　　　　　　(c)

图 7-38　分析与计算题 6 图

7. 用代数法化简逻辑函数。

(1) $Y=\overline{A}B\overline{C}+A+\overline{B}+C$

(2) $Y=\overline{A}BC+A\overline{B}\overline{C}+A\overline{B}C+AB\overline{C}$

(3) $Y=\overline{\overline{A}BC}(B+\overline{C})$

(4) $Y=\overline{A}BC+A\overline{B}C+AB\overline{C}+ABC$

(5) $Y=A\overline{B}\overline{C}+AC+\overline{A}\overline{B}\ \overline{C}+\overline{A}C$

(6) $Y=A+\overline{B}+\overline{CD}+\overline{A\overline{D}B}$

8. 用卡诺图化简逻辑函数。

(1) $Y=A\overline{B}+\overline{B}\overline{C}+AC$

(2) $Y=A\overline{C}+ABC+AC\overline{D}+CD$

(3) $Y=B\overline{C}+\overline{A}B+\overline{A}\ \overline{B}\ \overline{D}+BCD+AB\overline{C}\ \overline{D}$

(4) $F(ABCD)=\sum m(0,\ 1,\ 2,\ 5,\ 8,\ 9,\ 14)+\sum d(4,\ 7,\ 12,\ 13,\ 15)$

(5) $Y(ABCD)=\sum m(3,\ 5,\ 8,\ 9,\ 11,\ 13,\ 14,\ 15)$

(6) $F(ABCD)=\sum m(0,\ 1,\ 2,\ 5,\ 8,\ 9,\ 10,\ 14)+\sum d(4,\ 12,\ 13)$

9. 画出用 74LS00 集成电路（见图 7-39）实现 $Y=A+BC$ 逻辑功能的引脚接线图。

10. 画出用 CD4001 集成电路（见图 7-40）实现 $Y=A+BC$ 逻辑功能的引脚接线图。

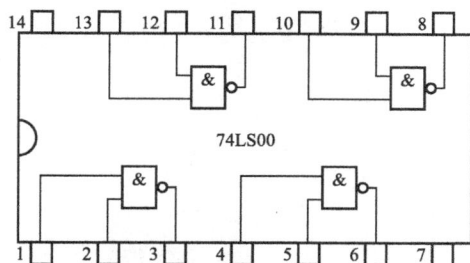

图 7-39 分析与计算题 9 图

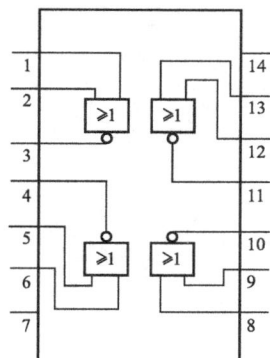

图 7-40 分析与计算题 10 图

11. 图 7-41 所示为 TTL 电路，若要实现规定的逻辑功能，各图的连接是否正确？如有错误，请改正之。

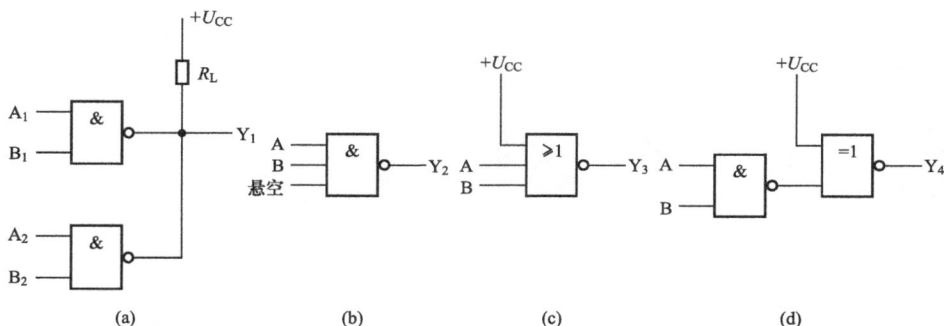

图 7-41 分析与计算题 11 图

12. 图 7 - 42 (a) 所示为 TTL 电路，已知输入 A、B、C 的波形如图 7 - 42 (b) 所示，试画出输出 Y 的波形。

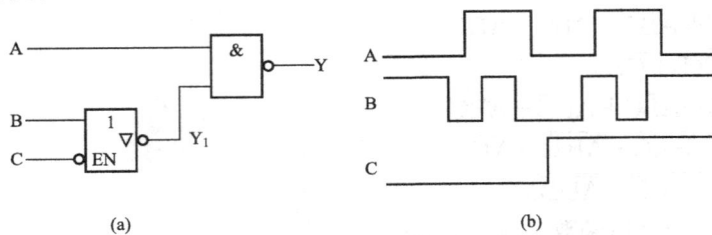

(a)

(b)

图 7 - 42 分析与计算题 12 图

第 八 章

组 合 逻 辑 电 路

逻辑电路按其逻辑功能和结构特点可分为两大类：一类为组合逻辑电路，该电路的输出状态仅取决于该时刻的输入状态，而与电路原来所处的状态无关；另一类为时序逻辑电路，这种电路的输出状态不仅与输入状态有关，而且还与电路原来的状态有关。本章仅学习组合逻辑电路，时序逻辑电路将在后面的章节中介绍。

第一节　组合逻辑电路的分析

学会组合逻辑电路的分析是学好数字电路的重要环节，只有看懂理解电路图，才能明确电路的基本功能，进而才能对电路进行应用、测试和维修。通过分析，同时还能评估其设计方案的优劣，以便考虑改进和完善该组合逻辑电路。组合逻辑电路的分析一般按以下步骤进行：

（1）根据给定的逻辑原理电路图，由输入到输出逐级推导出输出逻辑函数表达式。

（2）对所得到的表达式进行化简和变换，得到最简表达式。

（3）由最简表达式列出真值表。

（4）根据真值表分析、确定电路所完成的逻辑功能。

以上组合逻辑电路读图分析的过程可用图 8-1 描述。

图 8-1　组合逻辑电路的分析步骤

【例 8-1】　试分析图 8-2 所示电路的逻辑功能。

解　（1）根据逻辑电路写出逻辑表达式为

$$Z_1 = \overline{A}B, \quad Z_2 = A\overline{B}, \quad Z_3 = \overline{\overline{A}B + \overline{A}B}$$

（2）化简逻辑表达式。

由于 Z_1，Z_2 已是最简表达式，故仅需化简 Z_3，即

$$Z_3 = \overline{\overline{AB} + \overline{AB}}$$
$$= \overline{\overline{AB}} \cdot \overline{\overline{AB}}$$
$$= (\overline{A} + B)(A + \overline{B})$$
$$= \overline{A}\,\overline{B} + AB$$

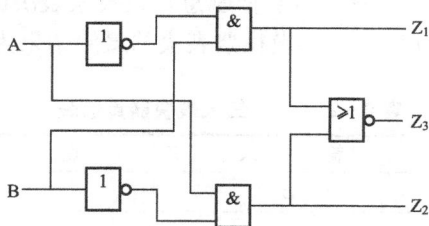

图 8-2　[例 8-1] 逻辑电路

（3）由化简后逻辑表达式列出真值表，见表 8-1。

（4）确定电路的逻辑功能。由真值表可看出：输出端 Z_1、Z_2、Z_3 不会同时为 1。当 A＝B 时，$Z_3 = 1$；当 A＜B 时，$Z_1 = 1$；当 A＞B 时，$Z_2 = 1$。所以该电路可用来比较两个一位二进制数 A、B 的大小，是一个数值比较器。

表 8 - 1		[例 8 - 1] 的真值表		
输 入		输 出		
A	B	Z_1	Z_2	Z_3
0	0	0	0	1
0	1	1	0	0
1	0	0	1	0
1	1	0	0	1

第二节 组合逻辑电路的设计

组合逻辑电路的设计就是根据给定的功能要求，画出实现该功能的逻辑电路。组合逻辑电路的设计步骤为：

（1）根据实际问题的逻辑关系设定变量及状态。

（2）列出真值表。

（3）由真值表写出逻辑函数表达式。

（4）化简、变换逻辑函数表达式。

（5）根据逻辑函数表达式画出逻辑电路图。

组合逻辑电路的设计步骤如图 8 - 3 所示。

图 8 - 3 组合逻辑电路的设计步骤

下面以具体的例子说明组合逻辑电路的设计方法。

【例 8 - 2】 试用与非门设计一个满足"少数服从多数"规则的三人表决器电路。

解 （1）依题意，设投票表决的三人分别为 A、B、C 表示，同意用 1 表示，不同意用 0 表示；再设投票表决的最终结果为 Y，Y＝1 表示通过，Y＝0 表示没有通过。

（2）根据逻辑关系列出真值表见表 8 - 2。

（3）由真值表写出逻辑函数表达式为

$$Y = \overline{A}BC + A\overline{B}C + AB\overline{C} + ABC$$

（4）化简逻辑函数表达式，这里因为是最小项表达，故用卡诺图法化简较为方便。

化简后结果为

$$Y = AC + AB + BC$$

考虑题目要求用与非门设计，故把上式变换为与非表达式

$$Y = AC + AB + BC$$
$$= \overline{\overline{AC + AB + BC}}$$
$$= \overline{\overline{AC} \cdot \overline{AB} \cdot \overline{BC}}$$

表 8 - 2			三人表决器真值表
输	入		输 出
A	B	C	Y
0	0	0	0
0	0	1	0
0	1	0	0
0	1	1	1
1	0	0	0
1	0	1	1
1	1	0	1
1	1	1	1

（5）根据上述表达式画出相应的逻辑电路图，如图 8-5 所示。

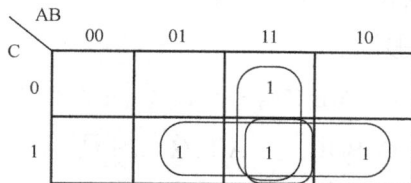

图 8-4　［例 8-1］的卡诺图

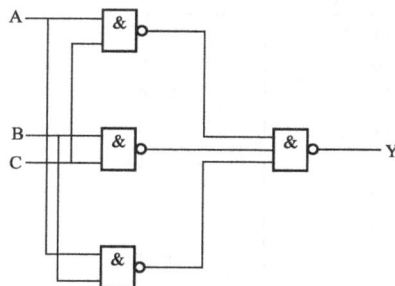

图 8-5　三人表决器逻辑电路

当然，一个完整的产品还需要进行工艺设计，包括印刷电路板、机箱、面板、电源、显示、开关等方面，最后还需要组装、调试。这里不详细介绍。

第三节　常用的组合逻辑电路

组合逻辑电路在数字系统中经常使用，为了方便工程应用，常把某些具有特定逻辑功能的组合电路设计成标准化电路，并制造成中小规模集成电路产品，常用的有加法器、编码器、译码器、数据选择器、数据分配器等。

一、加法器

数字系统中，经常要进行包括加、减、乘、除等算术运算，这些运算都可由加法器实现。两个 1 位二进制数相加若只考虑两个加数本身，不考虑来自低位进位的运算电路称为半加器，半加器实用价值不大，这里仅介绍全加器和由全加器构成的多位加法器。

1. 全加器

下面看一个两个四位二进制数 A＝1011，B＝1110 相加的例子：

	第	第	第	第	
	3	2	1	0	
	位	位	位	位	
	1	0	1	1	……A
	1	1	1	0	……B
＋	1	1	1	0	……低位的进位
	1	1	0	0	1

从上面例子可看出，除最低位外，任何相同位相加时，除该位的加数和被加数外，还需考虑自相邻低位来的进位，运算结果除本位的和以外还要有向相邻高位的进位。这种运算电路称为全加器。设 A_i 为加数、B_i 为被加数、C_{i-1} 为低位进位、C_i 为本位进位。根据全加器的逻辑关系可列出真值表见表 8-3。

表 8 - 3　　　　　全加器真值表

输　　入			输　　出	
A_i	B_i	C_{i-1}	S_i	C_i
0	0	0	0	0
0	0	1	1	0
0	1	0	1	0
0	1	1	0	1
1	0	0	1	0
1	0	1	0	1
1	1	0	0	1
1	1	1	1	1

由真值表可得

$$S_i = \overline{A_i}\,\overline{B_i}C_{i-1} + \overline{A_i}B_i\overline{C_{i-1}} + A_i\overline{B_i}\,\overline{C_{i-1}} + A_iB_iC_{i-1}$$
$$= (A_i\overline{B_i} + \overline{A_i}B_i)\,\overline{C_{i-1}} + (\overline{A_i}\,\overline{B_i} + A_iB_i)C_{i-1}$$
$$= (A_i \oplus B_i)\overline{C_{i-1}} + (\overline{A_i \oplus B_i})C_{i-1}$$
$$= A_i \oplus B_i \oplus C_{i-1}$$

$$C_i = \overline{A_i}B_iC_{i-1} + A_i\overline{B_i}C_{i-1} + A_iB_i\overline{C_{i-1}} + A_iB_iC_{i-1}$$
$$= (A_i\overline{B_i} + \overline{A_i}B_i)C_{i-1} + A_iB_i(C_{i-1} + \overline{C_{i-1}})$$
$$= (A_i\overline{B_i} + \overline{A_i}B_i)C_{i-1} + A_iB_i$$

全加器逻辑电路如图 8 - 6 所示，逻辑符号如图 8 - 7 所示。

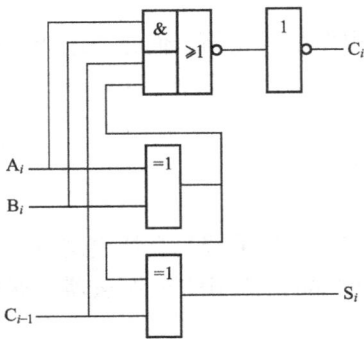

图 8 - 6　全加器逻辑电路

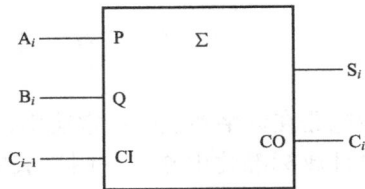

图 8 - 7　全加器逻辑符号

2. 多位加法器

一个全加器只能实现两个 1 位二进制的相加，要实现两个多位二进制数相加就必须采用多位加法器。最简单的多位加法器就是把多个全加器串行连接起来，依次将低位的进位输出 C_i 接到高位的进位输入 C_{i-1} 就构成了多位加法器，如图 8 - 8 所示。

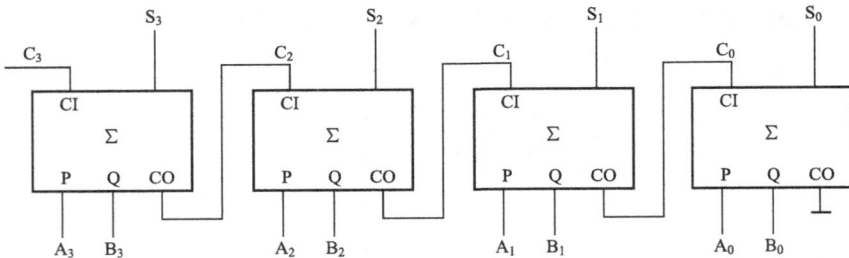

图 8 - 8　四位二进制并行加法器

常用的加法器有 TTL 系列的 74LS283、74S283 等和 CMOS 系列的 74HC283、CD4008 等。图 8 - 9 为 74HC283 的引脚排列图和逻辑符号。

若要进行两个八位二进制加法运算可用两片 74HC283 构成，电路如图 8 - 10 所示。连接时，将低四位芯片的 CI 接地，CO 进位接高四位芯片的 CI 端。两个二进制数 A、B 分别从低位到高位依次接相应的输入端，最后的运算结果为 $C_7S_7S_6S_5S_4S_3S_2S_1S_0$。

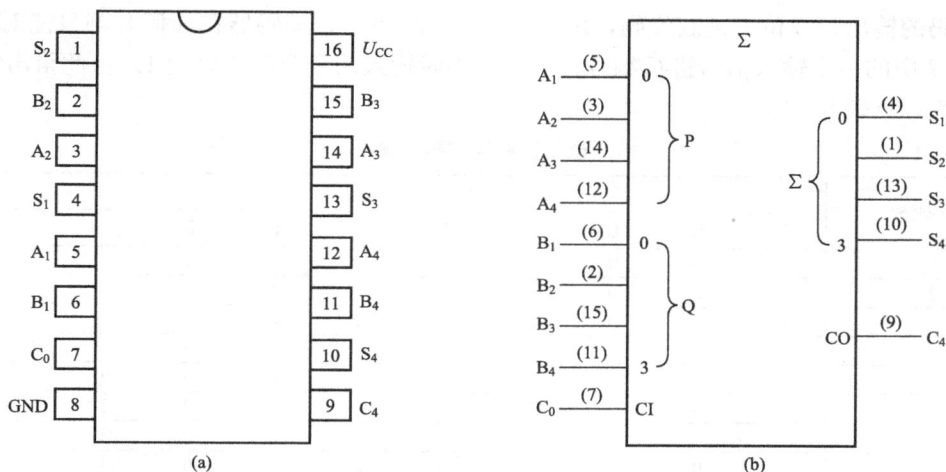

图 8-9 74HC283 四位二进制加法器

(a) 引脚排列图；(b) 逻辑符号

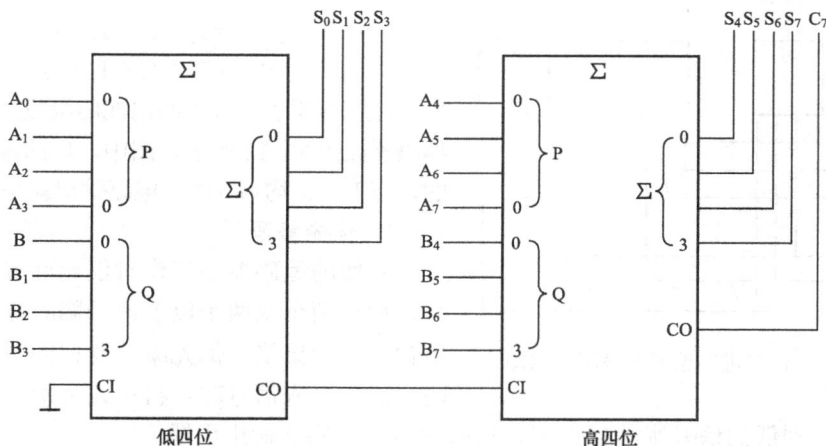

图 8-10 八位二进制并行加法器

二、编码器

用数码或字母表示特定对象的过程叫做编码。数字电路中，经常要把输入的各种信号（例如十进制数、文字、符号等）转换成若干位二进制码，能够完成编码功能的组合逻辑电路称为编码器。用 n 位二进制数可对 2^n 个特定对象进行编码。常见的有二进制编码器、二—十进制编码器（BCD 编码器）和优先编码器等。

1. 二进制编码器

能够将各种输入信息编成二进制代码的电路称为二进制编码器。由于 1 位二进制代码可以表示 1、0 两种不同输入信号，2 位二进制代码可以表示 00、01、10、11 四种不同输入信号，2^n 个输入信号只需 n 位二进制码就可以完成编码，即需要 n 个输出端口。

图 8-11 是 3 位二进制编码器示意图。I_0、I_1、…、I_7 表示 8 路输入，分别代表十进制数 0、1、2、…、7 八个数

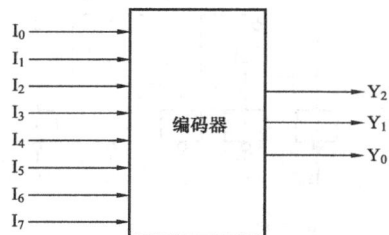

图 8-11 3 位二进制编码器示意图

字。编码的输出是 3 位二进制代码，用 Y_0、Y_1、Y_2 表示。编码器在任何时刻只能对 0、1、2、…、7 中的一个输入信号进行编号，不允许同时输入两个及两个以上 1。由此得出编码器的真值表，见表 8-4。

表 8-4　　　　　　　　　　　　3 位二进制编码器真值表

十进制数	输　入　变　量								输　　出		
	I_7	I_6	I_5	I_4	I_3	I_2	I_1	I_0	Y_2	Y_1	Y_0
0	0	0	0	0	0	0	0	1	0	0	0
1	0	0	0	0	0	0	1	0	0	0	1
2	0	0	0	0	0	1	0	0	0	1	0
3	0	0	0	0	1	0	0	0	0	1	1
4	0	0	0	1	0	0	0	0	1	0	0
5	0	0	1	0	0	0	0	0	1	0	1
6	0	1	0	0	0	0	0	0	1	1	0
7	1	0	0	0	0	0	0	0	1	1	1

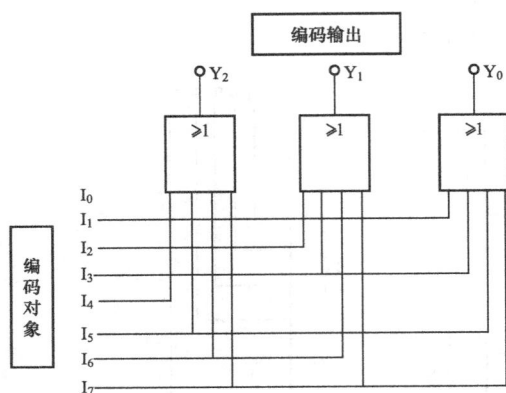

图 8-12　3 位二进制编码器逻辑电路图

由真值表可推出逻辑表达式为

$$Y_0 = I_1 + I_3 + I_5 + I_7$$
$$Y_1 = I_2 + I_3 + I_6 + I_7$$
$$Y_2 = I_4 + I_5 + I_6 + I_7$$

根据逻辑表达式可画出或门组成的 3 位二进制编码器如图 8-12 所示，图中，I_0 的编码是隐含着的，当 $I_1 \sim I_7$ 均为 0 时，电路输出就是 I_0 的编码。

2. 优先编码器

一般的编码器在工作时仅允许有一个输入信号，如有两个或两个以上信号同时输入，则编码器输出就会出错。优先编码器在同时输入两个或两个以上输入信号时，将优先级别高的输入信号编码，优先级别低的信号则不起作用，从而避免了编码器输出出错。

74LS147 是常用的 8421 二—十进制 BCD 码集成优先编码器，图 8-13 为该编码集成电

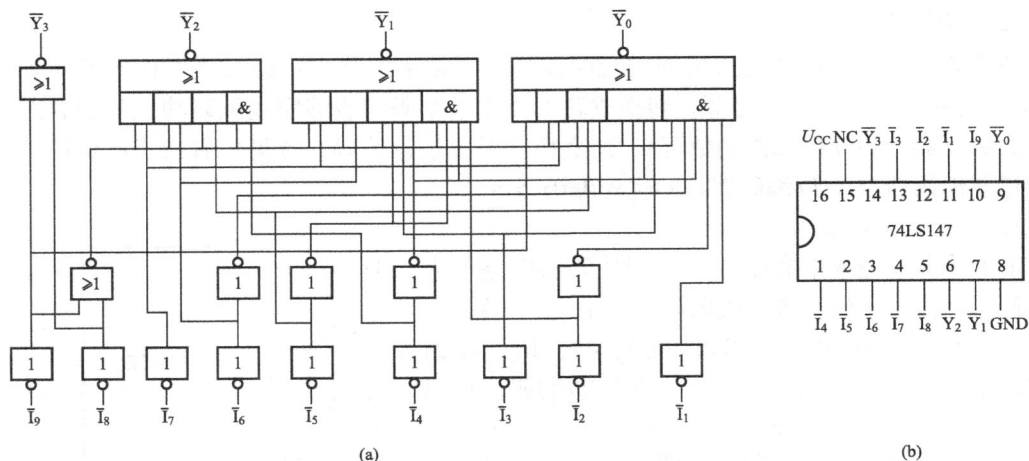

(a)　　　　　　　　　　　　　　　　　　　　(b)

图 8-13　74LS147 优先编码器

(a) 逻辑电路；(b) 引脚排列图

路的逻辑电路图和引脚排列图，它有 $\bar{I}_0$、$\bar{I}_1$、…、$\bar{I}_9$ 十路输入，有 $\bar{Y}_0$、$\bar{Y}_1$、$\bar{Y}_2$、$\bar{Y}_3$ 四路输出，输入、输出均以反码表示，即 0 表示有信号输入，1 表示无信号输入，×表示输入信号可有、可无任意。功能表见表 8 - 5。

表 8 - 5　　　　　　　　　　　　　　74LS147 集成电路功能表

输 　 　 入									输 　 　 出			
$\bar{I}_9$	$\bar{I}_8$	$\bar{I}_7$	$\bar{I}_6$	$\bar{I}_5$	$\bar{I}_4$	$\bar{I}_3$	$\bar{I}_2$	$\bar{I}_1$	$\bar{Y}_3$	$\bar{Y}_2$	$\bar{Y}_1$	$\bar{Y}_0$
1	1	1	1	1	1	1	1	1	1	1	1	1
0	×	×	×	×	×	×	×	×	0	1	1	0
1	0	×	×	×	×	×	×	×	0	1	1	1
1	1	0	×	×	×	×	×	×	1	0	0	0
1	1	1	0	×	×	×	×	×	1	0	0	1
1	1	1	1	0	×	×	×	×	1	0	1	0
1	1	1	1	1	0	×	×	×	1	0	1	1
1	1	1	1	1	1	0	×	×	1	1	0	0
1	1	1	1	1	1	1	0	×	1	1	0	1
1	1	1	1	1	1	1	1	0	1	1	1	0

在十进制数 9 时，$\bar{I}_9$ 为 0（有信号输入），则不管其余 $\bar{I}_8 \sim \bar{I}_0$ 有无信号，均按 $\bar{I}_9$ 输入编码，编码器输出为 9 的 8421BCD 码反码，即 $\bar{Y}_3 \bar{Y}_2 \bar{Y}_1 \bar{Y}_0 = 0110$。由功能表 8 - 5 可以看出，74LS147 优先编码器中，$\bar{I}_9$ 为最优先级，其余输入优先级依次为 $\bar{I}_8$、$\bar{I}_7$、$\bar{I}_6$、$\bar{I}_5$、$\bar{I}_4$、$\bar{I}_3$、$\bar{I}_2$、$\bar{I}_1$、$\bar{I}_0$ 在功能表中没有出现，当 $\bar{I}_9 \sim \bar{I}_1$ 均为 1（没有信号输入）时，$\bar{Y}_3 \sim \bar{Y}_0$ 输出为 1111（无信号输出），即为 $\bar{I}_0$ 的编码。

三、译码器

译码是编码的逆过程，其功能是把编码的特定含义"翻译"过来。例如把编码器产生的二进制码复原为原来的十进制数就是一个典型的应用。目前译码器主要由集成门电路构成，有多个输入端和输出端，对应输入信号的任一状态，一般仅有一个输出状态有效，而其他输出状态均无效。按照功能不同，译码器可分为通用译码器和显示译码器两大类。

（一）通用译码器

1. 二进制译码器

将二进制码按其原意翻译成相应的输出信号的电路称为二进制译码器。

二进制译码器分 2 - 4 线译码器、3 - 8 线译码器和 4 - 16 线译码器等。所谓 2 - 4 线译码器，即有 2 条输入线 A_0、A_1，输入是 2 位二进制代码，有 00、01、10、11 四种输入信号，输出的 4 条线 $Y_0 \sim Y_3$ 分别代表 0、1、2、3 四个数字，2 - 4 线译码器示意图如图 8 - 14 所示。同理，3 - 8 线译码器则有 3 条输入线 A_0、A_1、A_2，8 条输出线 $\bar{Y}_7 \sim \bar{Y}_0$。常用的二进制译码器集成电路型号见表 8 - 6。

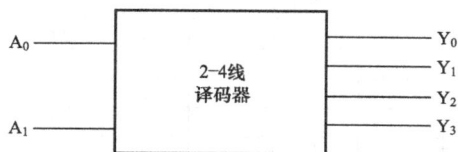

图 8 - 14　2 - 4 线译码器示意图

表 8 - 6　　　常用二进制译码器组件型号

功能	常用组件型号
2 - 4 线译码	74LS139　74LS539　74LS155　T4139
3 - 8 线译码	54/74LS138　54/74LS548　T3138　T4138
4 - 16 线译码	74LS154　T4154

下面以 3-8 线译码器 74LS138 为例介绍二进制译码器电路的构成和应用。74LS138 的逻辑图及外引脚排列如图 8-15 所示，它有 3 条输入线 A_0、A_1、A_2，8 条输出线 $\overline{Y}_7 \sim \overline{Y}_0$。输出低电平有效。该逻辑电路有 S_A、$\overline{S}_B$、$\overline{S}_C$ 三个使能控制端。

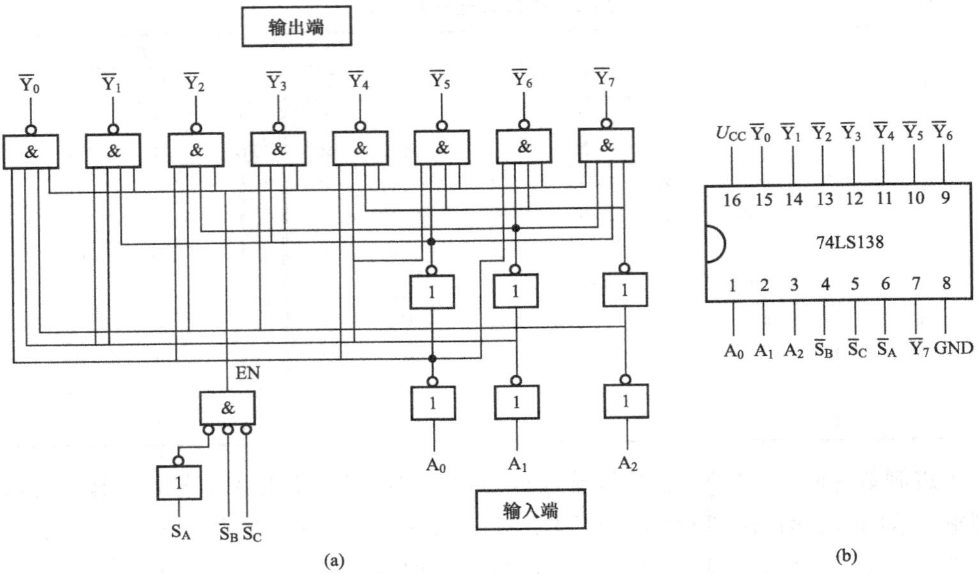

图 8-15　74LS138 集成译码器

(a) 逻辑电路；(b) 引脚排列

由逻辑电路图可知

$$EN = S_A\overline{\overline{S}_B}\,\overline{\overline{S}_C} = S_A\overline{\overline{S}_B + \overline{S}_C}$$

当 $S_A = 0$ 或 $\overline{S}_B + \overline{S}_C = 1$ 时，$EN = 0$，译码器处于译码禁止状态，$\overline{Y}_7 \sim \overline{Y}_0$ 均为 1；

当 $S_A = 1$，$\overline{S}_B = \overline{S}_C = 0$ 时，$EN = 1$，译码器处于工作状态，$\overline{Y}_7 \sim \overline{Y}_0$ 由输入变量 A_2、A_1、A_0 决定。

74LS138 集成译码器的功能表见表 8-7。74LS138 集成电路处于工作状态时，根据逻辑电路图可写出各输出端的逻辑表达式为

表 8-7　　　　　　　　　　　　　　　74LS138 译码器功能表

输　　　　　入					输　　　　出							
控制		数码										
S_A	$\overline{S}_B + \overline{S}_C$	A_2	A_1	A_0	$\overline{Y}_0$	$\overline{Y}_1$	$\overline{Y}_2$	$\overline{Y}_3$	$\overline{Y}_4$	$\overline{Y}_5$	$\overline{Y}_6$	$\overline{Y}_7$
0	×	×	×	×	1	1	1	1	1	1	1	1
×	1	×	×	×	1	1	1	1	1	1	1	1
1	0	0	0	0	0	1	1	1	1	1	1	1
1	0	0	0	1	1	0	1	1	1	1	1	1
1	0	0	1	0	1	1	0	1	1	1	1	1
1	0	0	1	1	1	1	1	0	1	1	1	1
1	0	1	0	0	1	1	1	1	0	1	1	1
1	0	1	0	1	1	1	1	1	1	0	1	1
1	0	1	1	0	1	1	1	1	1	1	0	1
1	0	1	1	1	1	1	1	1	1	1	1	0

$$\overline{Y}_0 = \overline{\overline{A}_2 \overline{A}_1 \overline{A}_0}$$

$$\overline{Y}_1 = \overline{\overline{A}_2 \overline{A}_1 A_0}$$

$$\overline{Y}_2 = \overline{\overline{A}_2 A_1 \overline{A}_0}$$

$$\overline{Y}_3 = \overline{\overline{A}_2 A_1 A_0}$$

$$\overline{Y}_4 = \overline{A_2 \overline{A}_1 \overline{A}_0}$$

$$\overline{Y}_5 = \overline{A_2 \overline{A}_1 A_0}$$

$$\overline{Y}_6 = \overline{A_2 A_1 \overline{A}_0}$$

$$\overline{Y}_7 = \overline{A_2 A_1 A_0}$$

【例 8-3】 利用 74LS138 译码器实现逻辑函数 Y＝AB＋BC＋AC。

解　将逻辑函数转换成最小项表达式为

$$Y = AB(C + \overline{C}) + (A + \overline{A})BC + A(B + \overline{B})C$$
$$= ABC + AB\overline{C} + \overline{A}BC + A\overline{B}C$$

令 A＝A_2，B＝A_1，C＝A_0，则

$$Y = A_2 A_1 A_0 + A_2 A_1 \overline{A}_0 + \overline{A}_2 A_1 A_0 + A_2 \overline{A}_1 A_0$$
$$= \overline{\overline{A_2 A_1 A_0 + A_2 A_1 \overline{A}_0 + \overline{A}_2 A_1 A_0 + A_2 \overline{A}_1 A_0}}$$
$$= \overline{\overline{A_2 A_1 A_0} \cdot \overline{A_2 A_1 \overline{A}_0} \cdot \overline{\overline{A}_2 A_1 A_0} \cdot \overline{A_2 \overline{A}_1 A_0}}$$
$$= \overline{\overline{Y}_7 \cdot \overline{Y}_6 \cdot \overline{Y}_3 \cdot \overline{Y}_5}$$

由此可画出实现上式逻辑函数的电路，如图 8-16 所示。

2. 二—十进制译码器

将 BCD 码翻译成对应的 10 个十进制输出信号的电路称为二—十进制译码器。常用的二—十进制集成译码器有 74LS42、74HC42、T1042、T4042 等，下面以 74LS42 译码器为例讨论其工作原理。

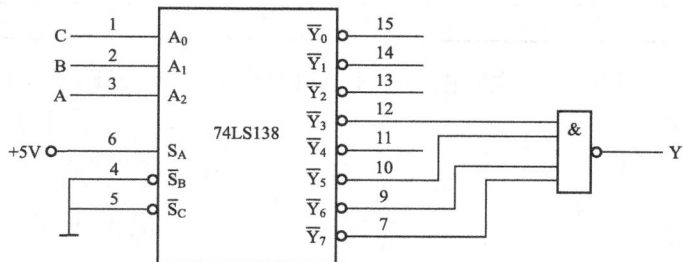

图 8-16　用 74LS138 实现组合逻辑

图 8-17 是 74LS42 译码器的逻辑电路图和集成电路引脚排列图。它有 4 条输入线 A_3、

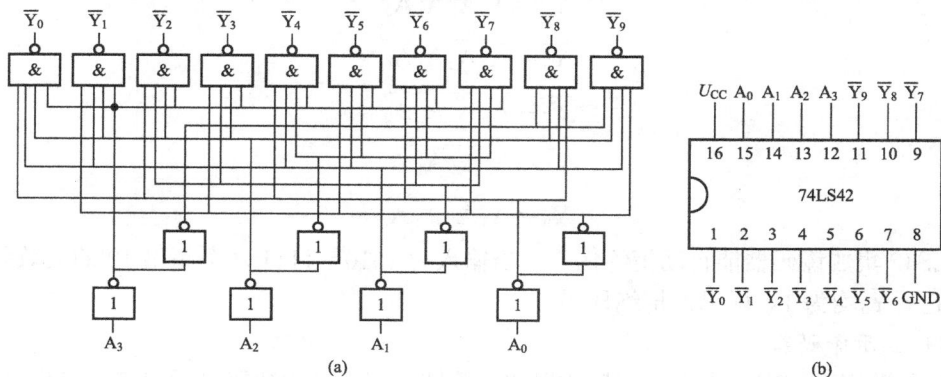

(a)

(b)

图 8-17　74LS42 译码器

（a）逻辑电路；（b）引脚排列

A_2、A_1、A_0，有 10 条输出线 $\overline{Y}_9 \sim \overline{Y}_0$，分别对应于十进制的 10 个数码，输出低电平有效。74LS42 集成译码器的功能表见表 8-8。

表 8-8　　　　　　　　　　　74LS42 二—十进制集成译码器功能表

序号	输入				输出									
	D	C	B	A	$\overline{Y}_0$	$\overline{Y}_1$	$\overline{Y}_2$	$\overline{Y}_3$	$\overline{Y}_4$	$\overline{Y}_5$	$\overline{Y}_6$	$\overline{Y}_7$	$\overline{Y}_8$	$\overline{Y}_9$
0	0	0	0	0	0	1	1	1	1	1	1	1	1	1
1	0	0	0	1	1	0	1	1	1	1	1	1	1	1
2	0	0	1	0	1	1	0	1	1	1	1	1	1	1
3	0	0	1	1	1	1	1	0	1	1	1	1	1	1
4	0	1	0	0	1	1	1	1	0	1	1	1	1	1
5	0	1	0	1	1	1	1	1	1	0	1	1	1	1
6	0	1	1	0	1	1	1	1	1	1	0	1	1	1
7	0	1	1	1	1	1	1	1	1	1	1	0	1	1
8	1	0	0	0	1	1	1	1	1	1	1	1	0	1
9	1	0	0	1	1	1	1	1	1	1	1	1	1	0
伪码	1	0	1	0	1	1	1	1	1	1	1	1	1	1
	1	0	1	1	1	1	1	1	1	1	1	1	1	1
	1	1	0	0	1	1	1	1	1	1	1	1	1	1
	1	1	0	1	1	1	1	1	1	1	1	1	1	1
	1	1	1	0	1	1	1	1	1	1	1	1	1	1
	1	1	1	1	1	1	1	1	1	1	1	1	1	1

根据逻辑电路图或功能表可写出 74LS42 译码器各输出端的逻辑表达式为

$$\overline{Y}_0 = \overline{\overline{A}_3\, \overline{A}_2\, \overline{A}_1\, \overline{A}_0}$$

$$\overline{Y}_1 = \overline{\overline{A}_3\, \overline{A}_2\, \overline{A}_1\, A_0}$$

$$\overline{Y}_2 = \overline{\overline{A}_3\, \overline{A}_2\, A_1\, \overline{A}_0}$$

$$\overline{Y}_3 = \overline{\overline{A}_3\, \overline{A}_2\, A_1\, A_0}$$

$$\overline{Y}_4 = \overline{\overline{A}_3\, A_2\, \overline{A}_1\, \overline{A}_0}$$

$$\overline{Y}_5 = \overline{\overline{A}_3\, A_2\, \overline{A}_1\, A_0}$$

$$\overline{Y}_6 = \overline{\overline{A}_3\, A_2\, A_1\, \overline{A}_0}$$

$$\overline{Y}_7 = \overline{\overline{A}_3\, A_2\, A_1\, A_0}$$

$$\overline{Y}_8 = \overline{A_3\, \overline{A}_2\, \overline{A}_1\, \overline{A}_0}$$

$$\overline{Y}_9 = \overline{A_3\, \overline{A}_2\, \overline{A}_1\, A_0}$$

74LS42 集成译码器能自动拒绝伪码，当输入为 1010～1111 六个超出 10 的无效状态时，输出端 $\overline{Y}_9 \sim \overline{Y}_0$ 均为 1，译码器拒绝译码。

（二）显示译码器

在各种数字系统中，常需将测量数据和运算结果用十进制数码显示出来，译码显示电路的功能是将输入的 BCD 码译成能用于器件显示的十进制数，并驱动显示器显示出数字。译码显示器通常由译码器、驱动器和显示器三部分组成，如图 8-18 所示。

图 8-18　译码显示器

1. 数码显示器件

常用的数码显示器件有半导体数码管、液晶数码管和荧光数码管等，这里以半导体七段数码管为例说明显示器的工作原理。

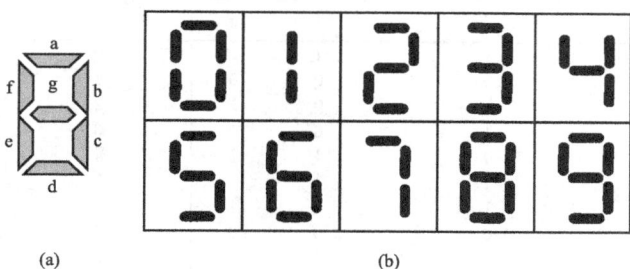

图 8-19　七段数码显示器的字形

（a）发光线段排列；（b）发光线段组成的数字

半导体数码管是将 7 个发光二极管排列成"日"字形状，如图 8-19（a）所示，发光二极管分别用 a、b、c、d、e、f、g 七个小写字母表示，一定的发光线段组合就能显示相应的十进制数字，如图 8-19（b）所示。例如，当 b、c 两个发光二极管发光时，就能显示数字"1"。

半导体数码管根据内部 7 个发光二极管接法不同可分为共阴极和共阳极两种，如图 8-20 所示。共阴极接法中各发光二极管的负极相连。a~g 引脚中接高电平的线段发光；共阳极接法中，各发光二极管的正极相连，a~g 引脚中接低电平的线段发光。控制不同的段发光可显示 0~9 不同的数字。常用的半导体数码管型号见表 8-9。有些数码管在右下角还增加一个小数点成为字形的第 8 段，例如图 8-21 所示的 BS202 型数码管。

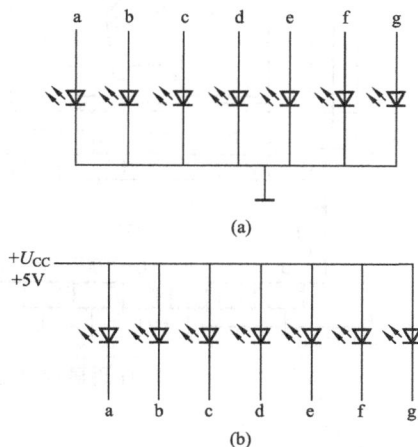

图 8-20　发光二极管内部电路

（a）共阴极；（b）共阳极

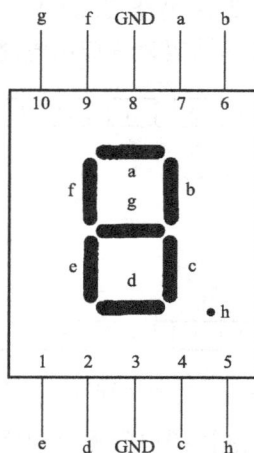

图 8-21　BS202 数码管外形图

表 8-9　　　　　　　　　　　　　常用的半导体数码

类　　型	型　　　　号					
共阴极	BS201	BS202	BS207	LDD580	LC5011-11	LC5012-11
共阳极	BS204	BB206	BS211	BS212	LA5011-11	LA5012-11

2. 显示译码器

显示译码器的作用是将输入端的 4 个 BCD 码译成驱动数码管的信号，显示出相应的十进制数码。对于共阴极数码管，七段显示译码器的功能表见表 8-10。若采用共阳极数码管，则输出状态应相反，即表 8-10 的输出 1 和 0 对调。

表 8-10　　　　　　　　　　　　　七段显示译码器功能表

输入 (BCD 码)				输出							显示数字
D	C	B	A	a	b	c	d	e	f	g	
0	0	0	0	1	1	1	1	1	1	0	0
0	0	0	1	0	1	1	0	0	0	0	1
0	0	1	0	1	1	0	1	1	0	1	2
0	0	1	1	1	1	1	1	0	0	1	3
0	1	0	0	0	1	1	0	0	1	1	4
0	1	0	1	1	0	1	1	0	1	1	5
0	1	1	0	1	0	1	1	1	1	1	6
0	1	1	1	1	1	1	0	0	0	0	7
1	0	0	0	1	1	1	1	1	1	1	8
1	0	0	1	1	1	1	1	0	1	1	9

目前显示译码电路多采用集成电路，品种也比较多，常用的有 74LS47、74LS48、CD4511、T337 等，现以 T337 为例说明其应用方法。

T337 是一种 BCD 码输入 7 段译码器，其引脚排列图如图 8-22 所示，A、B、C、D 为 4 线输入，a~g 为七段输出。U_{CC} 为工作电源常取 +5V，GND 为公共端接电源的负极，$\overline{I_B}$ 为消隐输入端，$\overline{I_B}=1$ 时译码器工作；$\overline{I_B}=0$ 显示器七段全部熄灭不工作。

图 8-23 为译码器 T337 与共阴极数码管 BS205 连接的译码显示应用电路。

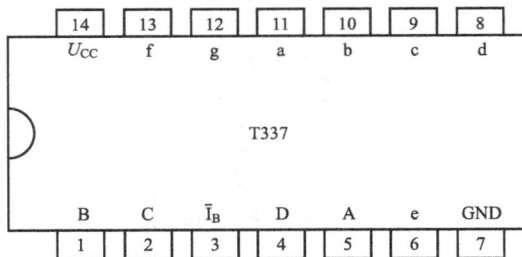

图 8-22　T337 显示译码器引脚排列

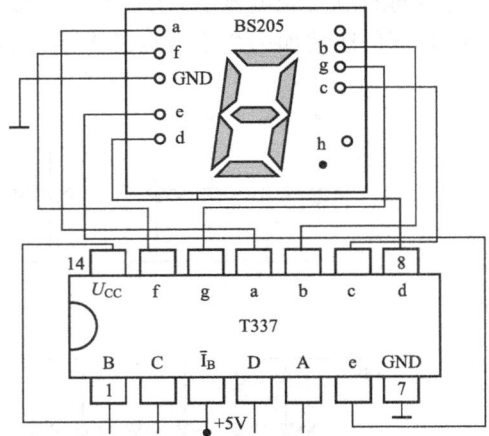

图 8-23　七段译码显示电路

四、数据选择器与数据分配器

数字系统在进行多路数据远距离传送时，为了减少传输线数目往往是多个数据通道共用同一条传输总线来传送信息。数据选择器能够实现把多个数据通道的信息有选择地传送到共用传输总线上，它是一个多输入、单输出的组合逻辑电路。数据分配器与数据选择器的功能正相反，它能够实现把共用传输总线上的信息有选择地传送到不同的输出端。数据选择器和数据分配器的功能相当于一个单刀多掷开关，如图 8-24 所示。

（一）数据选择器

数据选择器又称多路开关，其英文缩写为 MUX，其功能是从多路数据中选择所需要的一

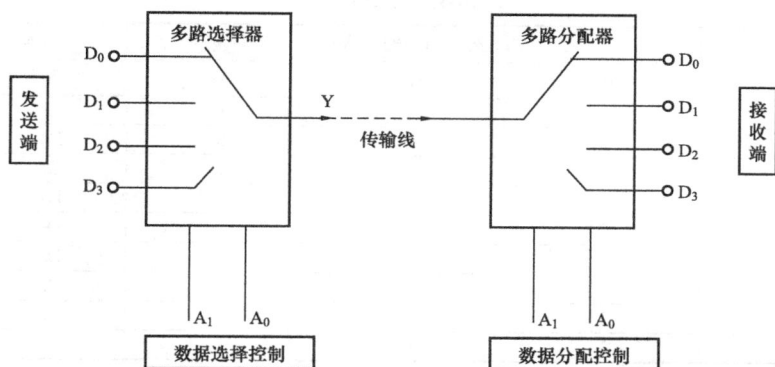

图 8-24　数据传输示意图

路进行传输，或者将并行输入转换为
串行输出。常用的数据选择器有 4 选
1、8 选 1、16 选 1 等。集成 8 选 1 数
据选择器 74HC151 如图 8-25 所示。

图中 $D_0 \sim D_7$ 为 8 个通道的数据
输入端，Y 为数据输出端。A_0、A_1、
A_2 为数据地址输入端，通过地址输
入信号的控制，多路选择开关从多
个数据输入通道中选择某一通道的
数据传输至输出端 Y。输出采用三
态门，$\overline{EN}$ 为使能端。74HC151 内
部逻辑电路如图 8-26 所示。功能
表见表 8-11。

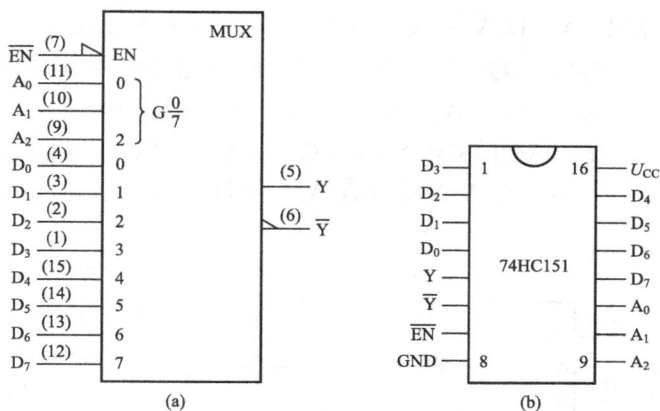

图 8-25　8 选 1 数据选择器 74HC151
(a) 逻辑符号；(b) 引脚排列

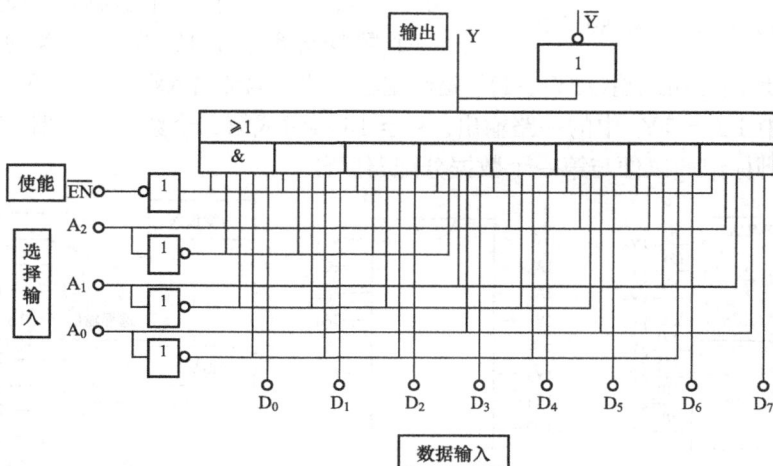

图 8-26　74HC151 内部逻辑图

表 8-11　　　　　　　　　　　　　　　　　74HC151 功能表

使能 $\overline{EN}$	选　择　输　入			输　　出	
	A_2	A_1	A_0	Y	$\overline{Y}$
1	$\times$	$\times$	$\times$	0	1
0	0	0	0	D_0	$\overline{D_0}$
0	0	0	1	D_1	$\overline{D_1}$
0	0	1	0	D_2	$\overline{D_2}$
0	0	1	1	D_3	$\overline{D_3}$
0	1	0	0	D_4	$\overline{D_4}$
0	1	0	1	D_5	$\overline{D_5}$
0	1	1	0	D_6	$\overline{D_6}$
0	1	1	1	D_7	$\overline{D_7}$

$\overline{EN}=1$ 时，输出为高阻态，选择器被禁止，无论地址码是什么，Y 总是等于 0。

$\overline{EN}=0$ 时，数据选择器工作，根据 A_0、A_1、A_2 的取值组合，从 $D_0 \sim D_7$ 中选一路数据输出。$Y = D_0 \overline{A_2}\,\overline{A_1} A_0 + D_1 \overline{A_2}\,\overline{A_1} A_0 + \cdots + D_7 A_2 A_1 A_0$。

【例 8-4】 用 74HC151 实现逻辑函数 $Y = \overline{A}B + \overline{B}C$。

解　令 $A = A_2$，$B = A_1$，$C = A_0$，则

$$Y = \overline{A}B + \overline{B}C = \overline{A}B(C + \overline{C}) + (A + \overline{A})\overline{B}C = \overline{A}BC + \overline{A}B\overline{C} + A\overline{B}C + \overline{A}\,\overline{B}C$$

$$= D_3 \overline{A_2} A_1 A_0 + D_2 \overline{A_2} A_1 \overline{A_0} + D_5 A_2 \overline{A_1} A_0 + D_1 \overline{A_2}\,\overline{A_1} A_0 + D_0 m_0 + D_4 m_4 + D_6 m_6 + D_7 m_7$$

令 $D_3 = D_2 = D_1 = D_5 = 1$，$D_0 = D_4 = D_6 = D_7 = 0$ 即可达到给定的逻辑函数。画出实现逻辑函数 $Y = \overline{A}B + \overline{B}C$ 的接线图如图 8-27 所示。

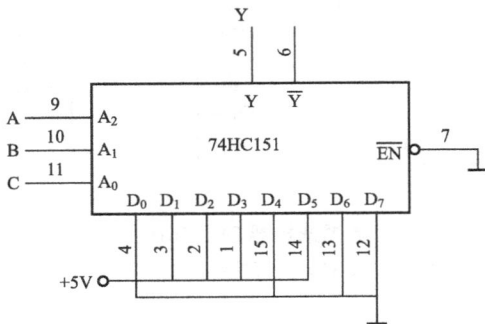

（二）数据分配器

1. 双四路数据分配器

图 8-28（a）、（b）所示的是双 4 路数据分配器 74HC139 的逻辑符号和集成电路引脚排列图，其功能类似两个单刀多掷开关如图 8-28（c）所示，74HC139 共有 16 个引脚，1 脚至 7 脚组成第一个数据分配器，1G 为被传送的数据输入端，

图 8-27　用 74HC151 实现组合逻辑

$1A_0$、$1A_1$ 为地址信号输入端，$1Y_0 \sim 1Y_3$ 是数据输出端，地址输入端 $1A_0$、$1A_1$ 分别取 $00 \sim 11$ 不同的值时选中 $1Y_0 \sim 1Y_3$ 中的一路输出。9 至 15 脚组成第二个数据分配器，引脚功能也相似，用 2 作引脚标记，以便与第一个数据分配器区分。

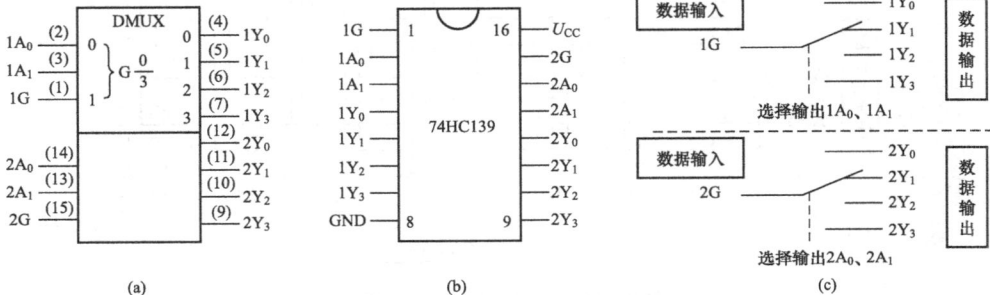

图 8-28　双 4 路数据分配器 74HC139

（a）逻辑符号；（b）引脚排列；（c）等效功能

2. 八路数据分配器

利用前面介绍的具有"使能端"的二进制译码器 74LS138 可用作 8 路数据分配器，连接方法如图 8 - 29 （a）所示。使用时将 74LS138 的 A_0、A_1、A_2 作为数据分配器的地址输入端，将 $\overline{S_B}$、$\overline{S_C}$ 并接作为数据分配器的使能端 $\overline{EN}$，另一使能端 S_A 作为数据输入端。

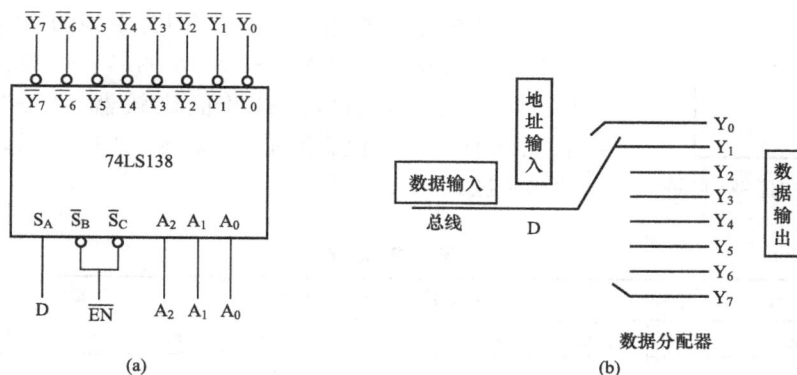

图 8 - 29　74LS138 用作 8 路数据分配器
（a）电路连接；（b）功能示意

当 $A_2 A_1 A_0 = 000$ 时，输入数据 D 被送入 Y_0 通道，而其他通道不接通；当 $A_2 A_1 A_0 = 001$ 时，数据 D 被送入 Y_1 通道…；依此类推，$A_2 A_1 A_0$ 按二进制数 000～111 对应选通 Y_0～Y_7 各通道实现数据分配功能。

3. 应用实例

图 8 - 30 （a）是 8 选 1 数据选择器 74LS252 和译码器 74LS138（8 选 1 数据分配器）通过总线相连构成的数据总线传送系统，功能如图 8 - 30 （b）所示。地址码 $A_0 A_1 A_2$ 同时加到 IC_1 和 IC_2 的选择输入端，某输入通道的数据 D_i 被数据选择器选通，通过总线传送到数

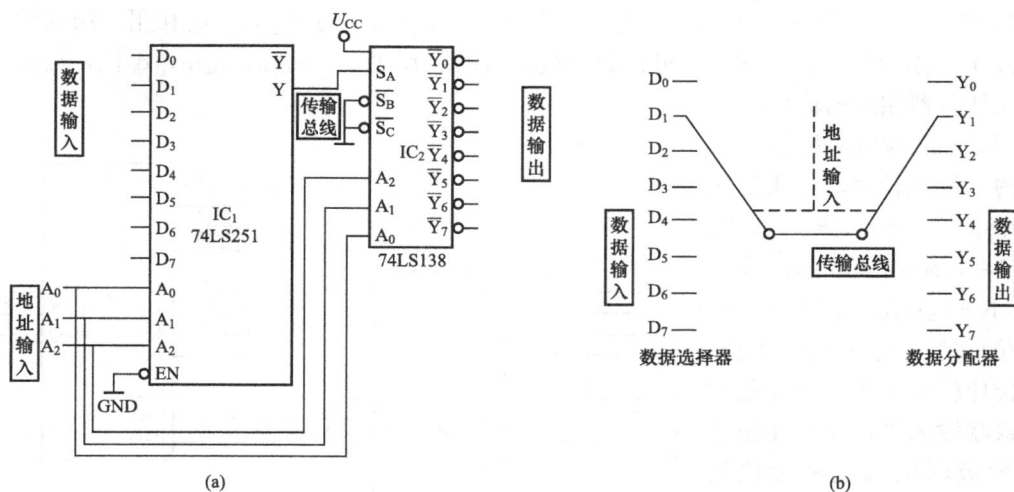

图 8 - 30　数据总线传送系统
（a）逻辑电路连接；（b）功能示意

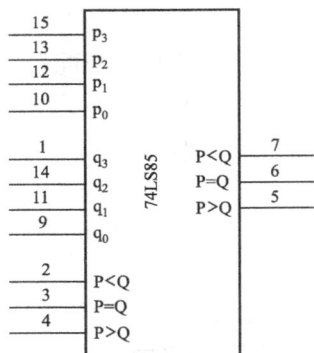

图 8-31 74LS85 的符号

据分配器的输入端 S_A，然后被分配到相应的输出通道上。由于地址输入同步控制，因此输入数据将传送到对应的输出端口，例如 D_0 输入的数据对应传送到 Y_0 端，D_1 输入的数据对应传送到 Y_1 端。

*五、数值比较器

常用的集成数值比较器有 TTL 系列的 7485、74LS85、74F85、74S85 和 CMOS 系列的 74HC85、74HCT85、CC14585 等。下面以四位数值比较器 74LS85 为例介绍它们的使用。引脚功能如图 8-31 所示，功能表见表 8-12。

表 8-12   **74LS85 功 能 表**

比 较 输 入				级联输入（来自低位）			输 出		
$p_2 q_2$	$p_2 q_2$	$p_1 q_1$	$p_0 q_0$	$p>q$	$p<q$	$p=q$	$P>Q$	$P<Q$	$P=Q$
$p_3>q_3$	×	×	×	×	×	×	1	0	0
$p_3<q_3$	×	×	×	×	×	×	0	1	0
$p_3=q_3$	$p_3>q_3$	×	×	×	×	×	1	0	0
$p_3=q_3$	$p_2<q_2$	×	×	×	×	×	0	1	0
$p_3=q_3$	$p_2=q_2$	$p_1>q_1$	×	×	×	×	1	0	0
$p_3=q_3$	$p_2=q_2$	$p_1<q_1$	×	×	×	×	0	1	0
$p_3=q_3$	$p_2=q_2$	$p_1=q_1$	$p_0>q_0$	×	×	×	1	0	0
$p_3=q_3$	$p_2=q_2$	$p_1=q_1$	$p_0<q_0$	×	×	×	0	1	0
$p_3=q_3$	$p_2=q_2$	$p_1=q_1$	$p_0=q_0$	1	0	0	1	0	0
$p_3=q_3$	$p_2=q_2$	$p_1=1$	$p_0=q_0$	0	1	0	0	1	0
$p_3=q_3$	$p_2=q_2$	$p_1=1$	$p_0=q_0$	0	0	1	0	0	1

74LS85 有两组输入，参加比较的两个数 $P=p_3 p_2 p_1 p_0$，$Q=q_3 q_2 q_1 q_0$ 和用于级联输入端 $P>Q$，$P<Q$，$P=Q$。由功能表可知后一组输入的级别比 $p_3 p_2 p_1 p_0$，$q_3 q_2 q_1 q_0$ 低，故应接到低四位比较器相应的输出端。

图 8-32 为用两片 74LS85 构成的 8 位比较器，可实现比较两个 8 位二进制数 A 和 B。其中 $A=a_7 a_6 a_5 a_4 a_3 a_2 a_1 a_0$，$B=b_7 b_6 b_5 b_4 b_3 b_2 b_1 b_0$。$2^\#$ 芯片比较高 4 位，$1^\#$ 芯片比较低 4 位，低 4 位比较结果送到高 4 位相应的级联输入端，而低 4 位比较器的级联输入端的接法是 $P>Q$ 和 $P<Q$ 接地，$P=Q$ 接高电平，因为低 4 位的比较结果就取决这 4 位本身。

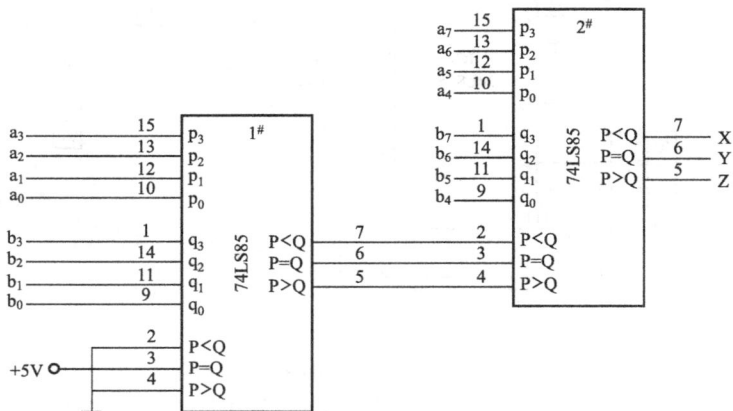

图 8-32 用两片 74LS85 构成的 8 位比较器

*第四节 组合逻辑电路中的竞争与冒险

一、竞争—冒险现象的产生及其原因

在图 8-33 电路中，假设 $A=B$，则电路的稳态输出 $Y=\overline{A}B=\overline{A}A=0$，但实际上信号通过门电路时会产生时间延迟，使 $\overline{A}$ 滞后于 A，结果使得与门的输出 Y 就出现了"毛刺"。由于到达与门的信号途径不同，信号有先后之别——"竞争"，可能出现不应有的毛刺——"冒险"，这种现象叫做竞争—冒险。

假如这个电路的后级（即负载）是一个简单的显示电路，由于毛刺很窄（维持时间极短，只有几十纳秒）不会影响显示效果。但后级若是一个对毛刺敏感的电路（如触发器），就有可能导致误动作，破坏逻辑关系。对此在设计中应采取措施避免竞争—冒险。

二、消除竞争—冒险的方法

1. 接入滤波电容

由于毛刺很窄，一般在输出端并联一个容量很小的（几十到几百皮法）的电容就足以把很窄的毛刺滤掉，如图 8-34 所示。这种方法简单易行，但由于电容的充放电过程会使得输出波形的边沿变差。

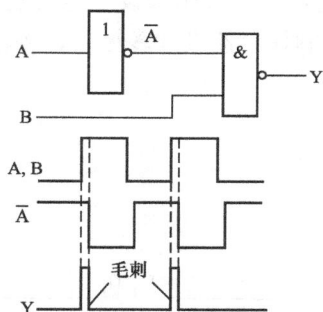

图 8-33 竞争—冒险

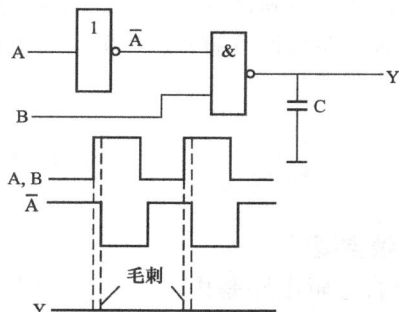

图 8-34 输出端并联电容消除毛刺

2. 引入选通脉冲

在前级信号没有准备好以前（竞争过程中）封锁电路的输出级，等信号都准备好（稳态）以后，再加一个选通信号 p，如图 8-35（a）所示。此时只有当选通信号有效即 $p=1$ 时，输出才是有效的。其电压波形由图 8-35（b）表示。

3. 修改逻辑设计

增加冗余项，使逻辑函数不出现 $Y=\overline{A}A$ 或 $Y=\overline{A}+A$。

例如 $Y=\overline{A}C+AB$，当 $C=B=1$ 时，会出现 $Y=\overline{A}+A$，存在"0"冒

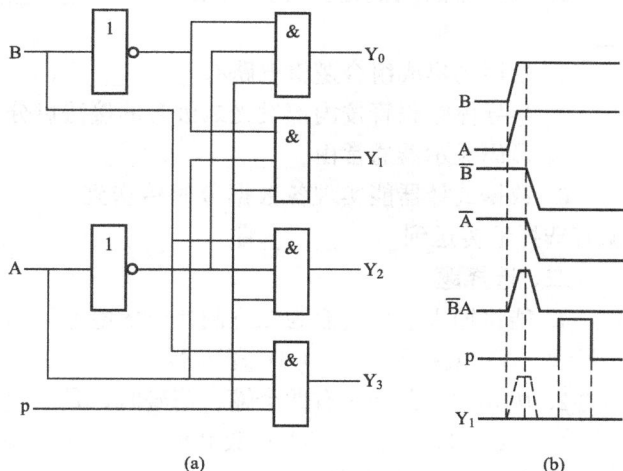

(a)

(b)

图 8-35 用选通脉冲消除竞争—冒险

（a）电路；（b）电压波形

险。当把逻辑式变换为 $Y=\overline{A}C+AB=\overline{A}C+AB+BC$ 后，若 $C=B=1$ 时，输出 Y 始终为"1"，避免了竞争—冒险。

小　结（八）

（1）组合逻辑电路由门电路组成，它的特点是输出仅取决于当前的输入，而与以前的状态无关，即组合逻辑电路无记忆功能。

（2）组合逻辑电路的分析是根据已知的逻辑电路，找出输出与输入信号间的逻辑关系，确定电路的逻辑功能。其步骤为：①写出逻辑函数表达式；②化简和变换表达式；③列出真值表；④确定电路逻辑功能。

（3）组合逻辑电路的设计是分析的逆过程，其任务是根据需要设计一个符合逻辑功能的最佳逻辑电路。设计的原则是使用集成芯片的品种型号最少，个数最少，芯片之间的连线最少。设计的步骤为：①根据逻辑关系设变量及状态；②列出真值表；③写出逻辑表达式（或填写卡诺图）；④化简、变换逻辑表达式；⑤画出逻辑电路图。

（4）某些具有特定逻辑功能的组合电路常设计成标准化电路，制造成中小规模集成电路产品，这些逻辑电路种类很多，应用也很广泛，常见的有编码器、译码器；数据选择器、数据分配器；加法器和比较器等，它们除了具有其基本功能外，还可用来设计组合逻辑电路，如用数据选择器设计多输入、单输出的逻辑函数；用二进制译码器设计多输入、多输出的逻辑函数等。

知 识 能 力 检 验（八）

一、填空题

1. 组合逻辑电路是由_____门、_____门、_____门和_____门等几种门电路组合而成，它的输出直接由电路的_____所决定。

2. 编码器的功能是把输入的信号（如_____、_____、_____）转化为_____数码。

3. 常用的集成组合逻辑电路有_____、_____、_____和_____。

4. 半导体数码管按内部发光二极管的接法可分为_____和_____两种。

5. 译码显示器通常由_____、_____和_____三部分组成。

6. 数据选择器能实现各数据分时传送到_____，数据分配器能将传输总线上的数据有选择地传送到_____端。

二、选择题

1. 能将输入信息转变为二进制代码的电路称为_____。

　　（A）编码器　　　（B）译码器　　　（C）数据选择器　　（D）数据分配器

2. 优先编码器同时有两个输入信号时，是按_____的输入信号编码。

　　（A）高电平　　　（B）低电平　　　（C）高频率　　　　（D）高优先级

3. 2-4 线译码器有_____。

　　（A）2 条输入线，4 条输出线　　　　（B）4 条输入线，2 条输出线

(C) 2 条输入线，8 条输出线　　　(D) 8 条输入线，2 条输出线

4. 半导体数码管是由_____排列成显示数字。

(A) 小灯泡　　　(B) 发光二极管　　(C) 荧光器件　　(D) 液态晶体

5. 八路数据选择器，其地址输入端有_____个。

(A) 4　　　　　(B) 8　　　　　(C) 3　　　　　(D) 16

6. 74LS138 的输出有效电平是_____电平。

(A) 高　　　　　(B) 低　　　　　(C) 三态　　　　(D) 任意

7. 74LS138 正常工作时，使能控制端 S_A、$\overline{S_B}$、$\overline{S_C}$ 的电平应是_____。

(A) 100　　　　(B) 010　　　　(C) 101　　　　(D) 111

三、判断题

1. 组合逻辑电路的特点是具有记忆功能。（　　）

2. 组合逻辑电路通常由门电路组成。（　　）

3. 2 位二进制编码器有 4 个输入端，2 个输出端。（　　）

4. 译码器的功能是将二进制等代码还原成给定的信息符号。（　　）

5. 数据选择器是一个单输入、多输出的组合逻辑电路。（　　）

6. 数据分配器能把传输总线上的数据有选择地传送到不同的输出端。（　　）

四、分析与计算题

1. 分析图 8-36 所示各电路的逻辑功能。

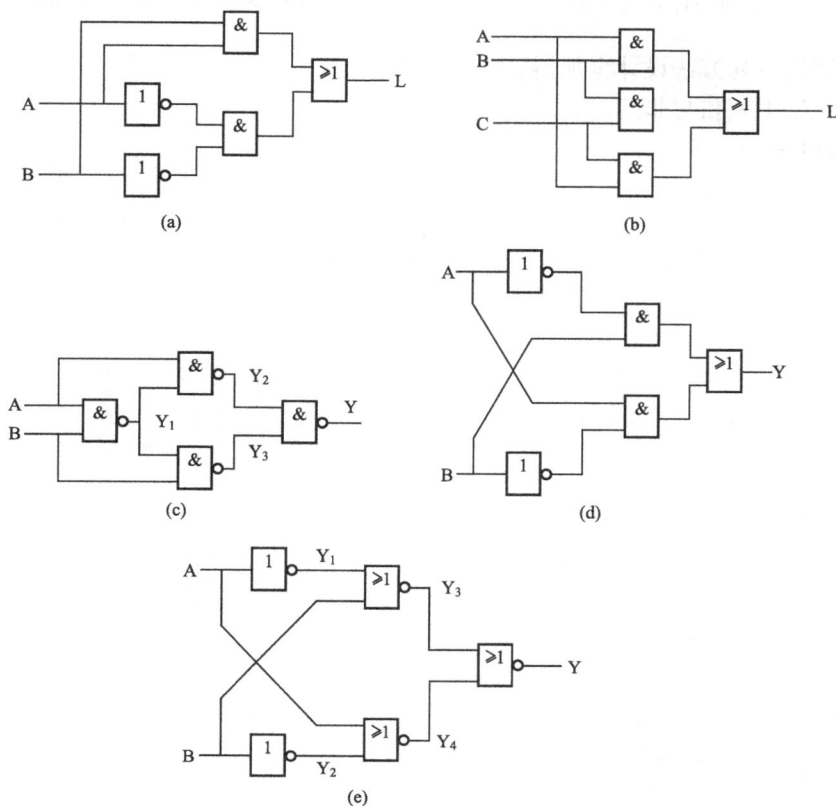

图 8-36　分析与计算题 1 图

2. 试用与非门设计一个三变量一致电路，当三个变量完全相同时输出为 1，否则输出为 0。

3. 试用与非门设计一个三变量不一致电路，当三个变量完全相同时输出为 0，否则输出为 1。

4. 某产品有三项质量指标，其中有一项关键指标，当有两项以上指标合格，且包含关键指标合格才能选为合格品，试用与非门设计一个最简逻辑电路来选择合格品。

5. 用数据选择器 74LS151 实现下列逻辑函数，请在图 8 - 37 上分别画出接线图。

(1) $Y=\overline{A}\,\overline{B}\,\overline{C}+AC+\overline{A}BC$。

(2) $Y=\overline{A}\,B\overline{C}+AC+\overline{A}BC$。

6. 写出图 8 - 38 所示电路输出 Y、Z 的逻辑函数式。

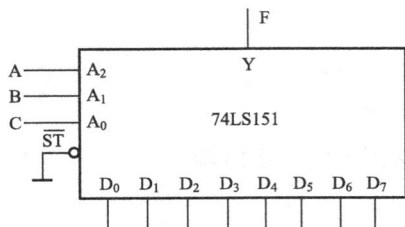

图 8 - 37　分析与计算题 5 图

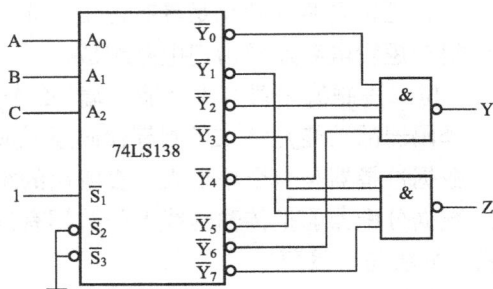

图 8 - 38　分析与计算题 6 图

7. 试分别用下列方法设计全加器。

(1) 用 74LS138 和与非门。

(2) 用 74LS151。

第 九 章

集 成 触 发 器

时序逻辑电路中，需要具有记忆功能的逻辑部件，触发器就是这样的逻辑部件，它是组成时序逻辑电路的基本单元。触发器在某一时刻的输出状态不仅与对应时刻的输入状态有关，而且还与它本身前一时刻的输出状态有关。这也就是时序逻辑电路的定义。

触发器最显著的特点是具有记忆功能。一个触发器能记忆 1 位的二进制数（0 或 1）。从内部电路看，它存在正反馈支路。

触发器有两个输出端：状态端（Q）、状态非端（$\overline{Q}$）。正常时，Q 和 $\overline{Q}$ 是互为非逻辑的。

触发器有两个稳定的逻辑状态："1" 态（Q=1、$\overline{Q}$=0）、"0" 态（Q=0，$\overline{Q}$=1）。正常时，当外部输入信号消失后，它们可维持原状态不变，当然，它们也可在外部输入信号控制下，实现相互转换。而当出现 Q=$\overline{Q}$=1（或 0）时，则触发器处于异常状态，它既不能算作 "1" 态也不能算作 "0" 态。触发器处于异常状态后，则随之而来的状态可能无法确定，从而造成逻辑混乱。

因触发器后一时刻的状态与前一时刻的状态有关，因此，触发器的输出端 Q 和 $\overline{Q}$，必须能清楚、方便地表示出前、后状态，通常用 Q_n 和 $\overline{Q}_n$ 表示初态（也叫现态或前态），而用 Q_{n+1} 和 $\overline{Q}_{n+1}$ 来表示次态（或后态）。

触发器的种类和分类方法很多，但常根据功能分为 RS 触发器、JK 触发器、D 触发器、T 和 T′触发器；根据触发方式分为基本触发器、电平触发器、边沿触发器和主从触发器。使用时，通常是混合叫法。而目前最常用的是边沿型 JK 触发器和 D 触发器。

第一节 RS 触 发 器

RS 触发器有基本 RS、同步 RS 和主从 RS 触发器等，它们的主要区别在于触发器状态变化时刻的不同。

一、基本 RS 触发器

基本 RS 触发器是触发器的基础，其他类型触发器大多是对基本 RS 触发器的各种缺点进行改进而发展起来的。从内部结构看，其他类型触发器的输出级均为基本 RS 触发器。基本 RS 触发器有与非门组成的基本 RS 触发器和或非门组成的基本 RS 触发器两种。

（一）与非门组成的基本 RS 触发器

1. 电路组成和电路符号

与非门组成的基本 RS 触发器电路结构及电路符号如图 9-1 所示。它由两个与非门的输入、输出互相交叉耦合而成。其中，$\overline{R}$、$\overline{S}$ 为两个输入端，$\overline{R}$

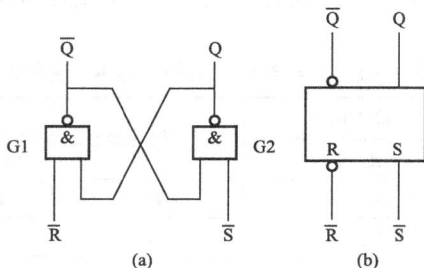

图 9-1　与非门组成的基本 RS 触发器
(a) 电路组成；(b) 电路符号

（或 R）端称为"置 0 端"或"复位端"；$\overline{S}$（或 S）端称为"置 1 端"或"置位端"，$\overline{R}$、$\overline{S}$ 上的"非"号表示触发器的输入是低电平触发有效。Q 和 $\overline{Q}$ 为两个输出端。

2. 电路逻辑功能

（1）$\overline{R}=0$，$\overline{S}=1$，触发器被置为"0"态。由于 $\overline{R}=0$，则无论触发器原来的状态 Q_n 和 $\overline{Q}_n$ 处于何种状态，门 G1 的输出 $\overline{Q}_{n+1}$ 被强制置 1，因此，门 G2 的两个输入 $\overline{Q}_{n+1}$、$\overline{S}$ 均为 1，则 $Q_{n+1}=0$，触发器被强制置为"0"态。此状态通常也叫 R 端有效、S 端无效，触发器被强制置"0"，故称 $\overline{R}$（或 R）端为"置 0 端"或"复位端"。

（2）$\overline{R}=1$，$\overline{S}=0$，触发器被置为"1"态。由于 $\overline{S}=0$，则无论原来的状态 Q_n 和 $\overline{Q}_n$ 处于何种状态，门 G2 的输出 Q_{n+1} 被强制置 1，因此，门 G1 的两个输入 Q_{n+1}、$\overline{R}$ 均为 1，则 $\overline{Q}_{n+1}=0$，触发器被强制置为"1"态。此状态通常也叫 S 端有效、R 端无效，触发器被强制置"1"，故称 $\overline{S}$（或 S）端为"置 1 端"或"置位端"。

（3）$\overline{R}=1$，$\overline{S}=1$，触发器保持原来状态不变。因为 $\overline{R}=1$、$\overline{S}=1$，所以，无论触发器原来的状态 Q_n 和 $\overline{Q}_n$ 处于何种状态，从电路中可以看出，门 G2 的输出 Q_{n+1} 为"1"与 $\overline{Q}_n$ 的"与非"，即 $Q_{n+1}=Q_n$；同理，$\overline{Q}_{n+1}=\overline{Q}_n$。此状态通常也叫 R 端、S 端均无效，触发器状态保持不变。

（4）$\overline{R}=0$，$\overline{S}=0$，触发器状态不确定。因为 $\overline{R}=0$、$\overline{S}=0$，所以，无论触发器原来的状态 Q_n 和 $\overline{Q}_n$ 处于何种状态，从电路中可以看出，门 G1 的输出 $\overline{Q}_{n+1}$ 和门 G2 的输出 Q_{n+1} 均被强制置为"1"，即 $Q_{n+1}=\overline{Q}_{n+1}=1$。此时，触发器的状态不能叫做"1"态，也不能叫做"0"态，触发器处于非正常状态。此时，状态是确定的，但逻辑是错误的混乱的，如果随后触发器的输入 $\overline{R}$、$\overline{S}$ 值发生变化，则触发器的状态可能无法确定，使用时，应尽量避免这种情况出现。通常此状态也叫 R 端、S 端均有效，触发器的状态无法确定，现分析如下：

1）当输入由 $\overline{R}=0$、$\overline{S}=0$ 变为 $\overline{R}=0$、$\overline{S}=1$ 时，由以上分析可知，触发器的输出将变为 $Q_{n+1}=0$、$\overline{Q}_{n+1}=1$，触发器由非正常状态转为正常状态"0"态，状态可以确定，不会出现逻辑混乱。

2）同理，当输入由 $\overline{R}=0$、$\overline{S}=0$ 变为 $\overline{R}=1$、$\overline{S}=0$ 时，触发器的输出将变为 $Q_{n+1}=1$、$\overline{Q}_{n+1}=0$，触发器由非正常状态转为正常状态"1"态，不会出现逻辑混乱。

3）当输入由 $\overline{R}=0$、$\overline{S}=0$ 变为 $\overline{R}=1$、$\overline{S}=1$ 时，从电路中可以看出，门 G1 和 G2 的两个输入均为 1，因两个逻辑门的传输参数不可能完全一样，因此，传输速度较快的那个门的输出将首先变为 0，而另一个则保持不变。但无法判断哪个门将先变化，因此，也就无从知道触发器的状态，这就会造成逻辑混乱。所以，使用时，应尽量避免这种情况发生。

3. 状态转换真值表

状态转换真值表通常也称为功能表或状态表。由以上分析可知，与非门组成的基本 RS 触发器的功能表见表 9-1。

表 9-1　　　与非门组成的基本 RS 触发器功能表

输入信号		逻辑功能	输出信号	
$\overline{R}$	$\overline{S}$		Q_{n+1}	$\overline{Q}_{n+1}$
0	1	置 0	0	1
1	0	置 1	1	0
1	1	保持	Q_n	$\overline{Q}_n$
0	0	不定	1	1

（二）或非门组成的基本 RS 触发器

或非门组成的基本 RS 触发器电路结构、电路符号如图 9 - 2 所示，功能表见表 9 - 2。其中，R、S 为输入端，R、S 上无"非"号表示触发器输入端为高电平有效。Q 和 $\overline{Q}$ 为两个输出端，工作原理和功能表请读者自行分析。

表 9 - 2　　　或非门组成的基本 RS 触发器功能表

输入信号		逻辑功能	输出信号	
R	S		Q_{n+1}	$\overline{Q}_{n+1}$
0	1	置1	1	0
1	0	置0	0	1
0	0	保持	Q_n	$\overline{Q}_n$
1	1	不定	0	0

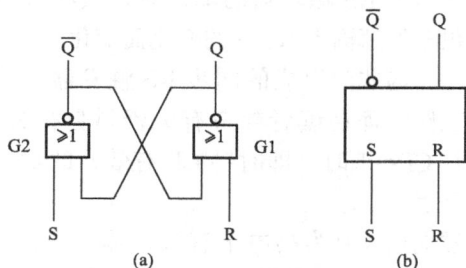

图 9 - 2　或非门组成的基本 RS 触发器
（a）电路组成；（b）电路符号

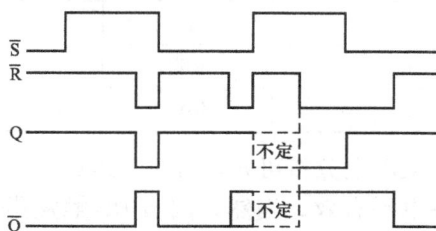

图 9 - 3　[例 9 - 1] 波形图

【例 9 - 1】　低电平有效（与非门组成）的基本 RS 触发器的输入波形如图 9 - 3 所示，设触发器的初态为"1"。试分析 Q 和 $\overline{Q}$ 的输出波形。

解　根据低电平有效的基本 RS 触发器的功能表，可分析出 Q 和 $\overline{Q}$ 的输出波形如图 9 - 3 所示。

基本 RS 触发器具有置 0、置 1、保持原态三种功能，可以是低电平有效，也可以是高电平有效，但是，使用时应避免两个输入同时有效的非正常情况出现，即两个输入之间有约束。同时，若多个基本 RS 触发器一起组成逻辑系统电路，较难实现系统同时控制，即系统同步，这就限制了基本 RS 触发器的使用。

二、同步 RS 触发器

同步 RS 触发器是为了克服基本 RS 触发器难以实现系统同步而发展起来的，其改进原理是在基本 RS 触发器的输入增加一个时钟控制端，称为 CP 端。触发器只有在时钟信号 CP 起作用，即 CP 有效时，其输出状态才会随输入 R、S 而变，而其余时刻，触发器则保持原状态不变。

1. 电路组成和电路符号

与非门组成的同步 RS 触发器电路结构及电路符号如图 9 - 4 所示。它由四个与非门组成，其中 G1、G2 门组成低电平有效的基本 RS 触发器，G3、G4 门组成控制门。

G3、G4 门在时钟脉冲 CP 的作用下，控制外部输入 R、S 是否可以传输到 G1、G2 门，并使 G1、G2 门状态随 R、S 的变化而变化。

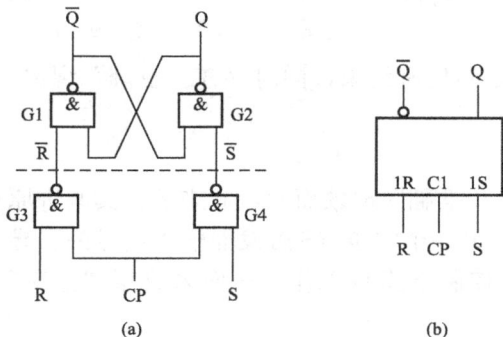

图 9 - 4　与非门组成的同步 RS 触发器
（a）电路组成；（b）电路符号

2. 工作原理

(1) 当时钟无效，即 CP＝0 时，无论 G3、G4 门的输入 R、S 如何变化，其输出 $\overline{R}$、$\overline{S}$ 总是为 1，即 G3、G4 门被 CP 信号封锁，G1、G2 门组成的低电平有效的基本 RS 触发器的状态保持不变，即同步 RS 触发器的状态不变，其 $Q_{n+1}＝Q_n$、$\overline{Q}_{n+1}＝\overline{Q}_n$。

(2) 当时钟有效，即 CP＝1 时，G3、G4 门的输出 $\overline{R}$、$\overline{S}$ 随其输入 R、S 的变化而变化，G3、G4 门打开，外部输入 R、S 通过 G3、G4 门传输到 G1、G2 门组成的低电平有效的基本 RS 触发器的输入端，其状态也就跟随外部输入 R、S 的变化而变化。

与非门组成的同步 RS 触发器的详细工作原理请读者参考有关资料自行分析，其 CP＝1 时（即时钟 CP 有效）的功能表见表 9-3。

表 9-3　　　与非门组成的同步 RS 触发器功能表

输入信号		逻辑功能	输出信号	
R	S		Q_{n+1}	$\overline{Q}_{n+1}$
0	1	置 1	1	0
1	0	置 0	0	1
1	1	不定	1	1
0	0	保持	Q_n	$\overline{Q}_n$

从以上分析可知，与非门组成的同步 RS 触发器时钟 CP 为高电平有效，输入 R、S 也为高电平有效。当然，同步 RS 触发器也可能为低电平有效。通常，对于触发器，可从电路符号中看出触发器各输入是高电平有效还是低电平有效。若电路符号中输入端有带"小圈"的端口，则该端为低电平有效，如图 9-1 (b) 中的 R、S 端口；没带"小圈"的端口，则为高电平有效，如图 9-2 (b) 中的 R、S 端口和图 9-4 (b) 的 CP、R、S 端口所示。

【例 9-2】　高电平有效（与非门组成）的同步 RS 触发器的输入波形如图 9-5 所示，试分析 Q 和 $\overline{Q}$ 的波形。设触发器的初态为"0"。

解　根据高电平有效的同步 RS 触发器的功能表，可分析出 Q 和 $\overline{Q}$ 的波形如图 9-5 所示。

同步 RS 触发器克服了基本 RS 触发器难以实现系统同步的缺点，但是，两个输入 R、S 之间仍然有约束，仍然会出现非正常情况。同时，在同一个 CP 脉冲有效期间，若输入 R、S 端的状态多次发生变化，则触发器的状态 Q 和 $\overline{Q}$ 可能也会发生多次变化，从而使得一个时钟脉冲周期有效期间，引起触发器状态的多次翻转。这种现象在时序电路中叫做"空翻"。

图 9-5　[例 9-2] 波形图

同步 RS 触发器虽说可实现系统同步，但输入之间仍有约束，同时存在"空翻"现象，这就限制了同步 RS 触发器的使用。

*三、主从 RS 触发器

主从 RS 触发器是为了克服同步 RS 触发器存在"空翻"现象而发展起来的，其改进原理是：采用一个具有存储功能的同步 RS 触发器作为另一个同步 RS 触发器输入信号的引导电路，两个同步 RS 触发器在时钟脉冲 CP 信号的控制下交替工作，从而来克服"空翻"现象。

1. 电路组成和电路符号

主从 RS 触发器电路结构及电路符号如图 9-6 所示。它由主、从两个高电平有效的同

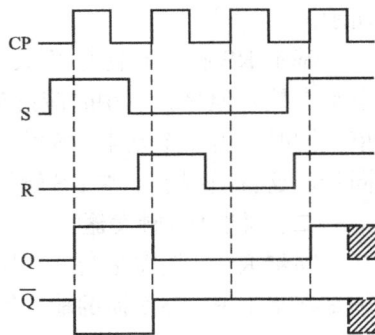

步 RS 触发器组成，主触发器起着控制从触发器输入的作用，主触发器的 CP 信号经一非门反相后作为从触发器的 CP 时钟控制信号，这样，主、从两个触发器接收信号的时间是错开的，因此，它们的状态变化在时间上也是错开的。

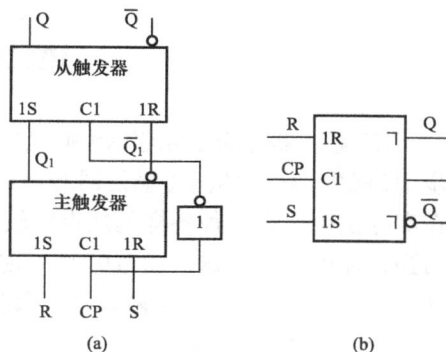

图 9-6 主从 RS 触发器

(a) 电路组成；(b) 电路符号

2. 工作原理

(1) 当 CP＝1 时，主触发器工作，接收外部 R、S 信号，其状态 Q_1 和 $\overline{Q_1}$ 随外部 R、S 的变化而变化。此时，从触发器的时钟 CP＝0，不工作，其状态保持不变，也即主从 RS 触发器的状态 Q 和 $\overline{Q}$ 保持不变，不受外部输入 R、S 的影响。

(2) 当 CP＝0 时，主触发器不工作，其状态 Q_1 和 $\overline{Q_1}$ 保持在外部 CP＝1 时随外部 R、S 而变化的状态，不受此时外部 R、S 信号的影响。而同时，从触发器的时钟 C1＝1，开始工作，其状态 Q 和 $\overline{Q}$ 随此时的 Q_1 和 $\overline{Q_1}$ 的状态的变化而变化，也即主从 RS 触发器的状态随 CP＝1 时外部 R、S 的变化而变化。

由此可见，主从 RS 触发器是利用主触发器的存储功能，把在 CP＝1 时的外部信息保持起来，不影响主从 RS 触发器的状态，而等到 CP＝0 开始时，马上影响主从 RS 触发器的状态。主从 RS 触发器中的主、从触发器是交替工作的，所以，由高电平有效的同步 RS 触发器组成的主从 RS 触发器的状态变化时刻，即时钟 CP 的有效时刻为 CP 由 1 跳变 0 的瞬间时刻，通常称为时钟的下降沿，用 CP↓ 表示。同时，由高电平有效的同步 RS 触发器组成的主从 RS 触发器，外部输入 R、S 为高电平有效，如图 9-6（b）所示。图中，"┐" 表示在 CP↓ 时触发器的状态才会改变，其在 CP 的其余时刻，触发器的状态均保持不变。

高电平有效的主从 RS 触发器的详细工作原理请读者参考有关资料自行分析，其 CP↓ 时（即时钟 CP 有效）的功能表如表 9-4 所示。

表 9-4　　主从 RS 触发器功能表

输入信号		逻辑功能	输出信号	
R	S		Q_{n+1}	$\overline{Q_{n+1}}$
0	1	置1	1	0
1	0	置0	0	1
1	1	不定	1	1
0	0	保持	Q_n	$\overline{Q_n}$

主从 RS 触发器实现了一个 CP 时钟脉冲周期有效期间，触发器状态只变化一次的要求，即克服了空翻现象，但输入 R、S 之间仍有约束，这就限制了主从 RS 触发器的实用性。

但在这里需特别指出的是，主从 RS 触发器虽说触发器的状态只在 CP↓ 时才会改变，但这并不能说主从 RS 触发器的功能就等同于 CP 下降沿有效的边沿型触发器。对于主从 RS 触发器，其信号的接收是在 CP＝1 时刻，而其状态的变化是在 CP↓ 时刻，它们是分步进行的。所以，时钟信号 CP 下降沿时对应的 R、S 状态不一定直接决定着触发器输出 Q 端的状态，CP 下降沿之前即对应于 CP＝1 的输入 R、S 状态也可能会影响触发器的状态，为了保证不会产生逻辑混乱，使用时，要求在 CP＝1 期间，R、S 端的信号不允许发生变化，而边沿型触发器则不会存在这种问题，因为其信号的接收与状态的变化时刻几乎在同一时刻进行（详细情况请查阅有关资料）。

第二节　JK　触　发　器

JK 触发器是为了克服 RS 触发器输入之间有约束和空翻现象而发展起来的，一般有同步 JK 触发器、主从 JK 触发器和边沿型 JK 触发器等。但同步 JK 触发器、主从 JK 触发器在实际使用时有各种各样的缺点而较少使用，而边沿型 JK 触发器具有使用方便、抗干扰能力强、速度快，对输入信号的时间配合要求不严等优点，是目前生产和实际使用的主流产品。下面讨论边沿型 JK 触发器，其他类型的 JK 触发器，请查阅有关资料。

一、边沿 JK 触发器

1. 电路符号和功能表

边沿 JK 触发器是利用电路内部速度差来克服空翻现象的触发器，对其内部电路和工作原理不做分析，而主要介绍其电路符号、工作特点和逻辑功能。

时钟 CP 下降沿有效的 JK 触发器的电路符号如图 9-7 所示，触发器的状态只在 CP↓时刻才会随输入 J、K 的变化而变化，而在时钟 CP 的其余时刻（CP=0、CP=1、CP↑），触发器的状态均保持不变。图 9-7（b）中的 $\overline{R_D}$（置 0 端）、$\overline{S_D}$（置 1 端）是触发器的初始化端口，具有最高级别的优先权。即无论时钟控制信号 CP 是否有效，只要 $\overline{R_D}$（或 $\overline{S_D}$）有效，触发器的状态一定被强置为"0"态（或"1"态），与输入 CP、J、K 无关。只有当 $\overline{R_D}$ 和 $\overline{S_D}$ 均无效，触发器的状态才会在 CP 信号有效时，随输入 J、K 的变化而变化。当然，$\overline{R_D}$ 和 $\overline{S_D}$ 决不能同时有效，否则，会造成逻辑混乱。

下降沿有效的 JK 触发器在时钟控制信号 CP↓时的功能如表 9-5 所示。

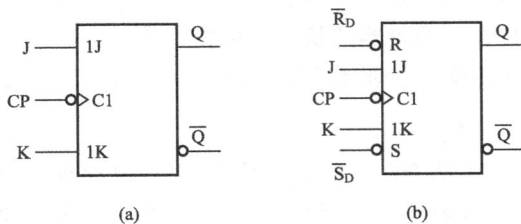

图 9-7　边沿 JK 触发器电路符号
(a) 边沿 JK 触发器；(b) 有初始化端口的边沿 JK 触发器

表 9-5　　　下降沿有效的 JK 触发器功能表

输入信号		逻辑功能	输出信号	
J	K		Q_{n+1}	$\overline{Q_{n+1}}$
0	0	保持	Q_n	$\overline{Q_n}$
0	1	置 0	0	1
1	0	置 1	1	0
1	1	翻转（计数）	$\overline{Q_n}$	Q_n

从以上分析可知，边沿 JK 触发器没有"空翻"现象，输入 J、K 之间没有约束，其逻辑功能齐全，具有保持、置"0"、置"1"和翻转（计数）功能，是一种常用的触发器。

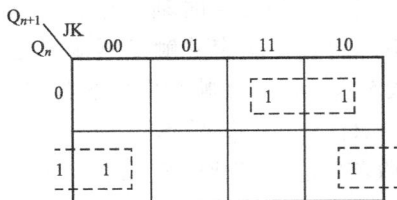

图 9-8　JK 触发器卡诺图

2. 状态方程

触发器的状态方程是指时钟信号 CP 有效时，触发器的次态 Q_{n+1} 和外部输入信号、初态 Q_n 之间的逻辑关系表示式，通常也称为特征方程。下降沿有效的 JK 触发器的状态方程可从功能表中求出。根据 JK 触发器的功能表可得如图 9-8 所示卡诺图，根据卡诺图的化简原则，可求得下降沿有效的 JK 触发器在时钟控制信号 CP↓时

的状态方程为

$$Q_{n+1} = J\overline{Q}_n + \overline{K}Q_n \tag{9-1}$$

边沿 JK 触发器即可以是下降沿有效，也可以是上升沿有效（若电路符号中 C1 端口没有"小圈"），但无论是何时有效，只要是 JK 触发器，则功能表、状态方程均相同。

需特别说明的是，边沿型触发器的输入信号必须在 CP 信号有效之前做好准备，亦即如若输入信号与 CP 信号同时变化，则对于输入信号，应考虑 CP 信号变化时前一时刻的输入信号的状态。

【例 9-3】 下降沿有效的 JK 触发器输入 J、K 波形如图 9-9 所示，试画出输出 Q 端波形。已知触发器的初态为"0"。

解 根据下降沿有效 JK 触发器的功能表分析可得如图 9-9 所示的 Q 端波形。

【例 9-4】 下降沿有效的 JK 触发器输入 J、K 和初始化端口 $\overline{R_D}$、$\overline{S_D}$ 的波形如图 9-10 所示，试画出输出 Q 端波形。已知触发器的初态为"0"。

解 根据初始化端口的特点及下降沿有效 JK 触发器的功能表分析可得如图 9-10 所示的 Q 端波形。

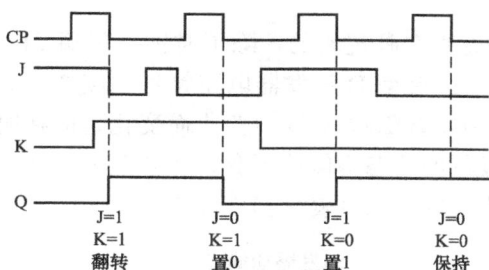

图 9-9 ［例 9-3］波形图

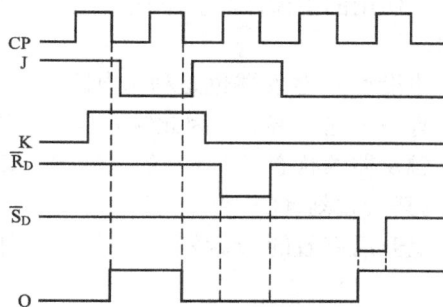

图 9-10 ［例 9-4］波形图

二、T 触发器与 T' 触发器

T 和 T' 触发器是 JK 触发器的两种特例，下面分别介绍。

1. T 触发器

将 JK 触发器的 J、K 端口相连接为一个输入端口，并命名为 T，就构成了 T 触发器。其电路符号如图 9-11 所示。当 CP↓时，若 T=1，则 T 触发器的状态发生翻转；若 T=0，则 T 触发器的状态保持不变。T 触发器在 CP↓时的功能表见表 9-6。

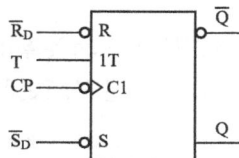

图 9-11 T 触发器电路符号

表 9-6　　　　T 触发器功能表

输入信号	逻辑功能	输出信号	
T		Q_{n+1}	$\overline{Q}_{n+1}$
0	保持	Q_n	$\overline{Q}_n$
1	翻转	$\overline{Q}_n$	Q_n

T 触发器在 CP↓时的状态方程为

$$Q_{n+1} = T\overline{Q}_n + \overline{T}Q_n = T \oplus Q_n \tag{9-2}$$

2. T′触发器

将 T 触发器的输入端 T 固定接高电平"1"，则 T 触发器就构成了 T′触发器。其电路符号如图 9 - 12 所示。当 CP↓时，T′触发器的状态发生翻转。假若时钟信号 CP 为一周期信号，则 T′触发器的状态随 CP 时钟一个周期翻转一次，它相当于一个二进制计数器。T′触发器在 CP↓时的状态方程为

$$Q_{n+1} = \overline{Q}_n \tag{9-3}$$

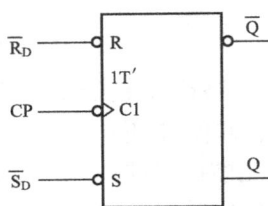

图9-12　T′触发器电路符号

第三节　边沿 D 触发器

D 触发器和 JK 触发器一样，也是为了克服 RS 触发器输入之间有约束和空翻现象而发展起来的另一种触发器，一般有 D 锁存器、主从结构的 D 触发器、维持-阻塞 D 触发器和边沿型 D 触发器等。但 D 锁存器、主从 D 触发器在实际使用时有各种各样的缺点，而维持-阻塞 D 触发器和边沿型 D 触发器使用方便、抗干扰能力强、应用极广，是目前生产和实际使用的主流产品。下面讨论边沿型 D 触发器，其他类型的 D 触发器请读者查阅有关资料。

边沿型 D 触发器也是利用电路内部速度差来克服空翻现象的，除了时钟控制端 CP 外，它只有一个输入端 D，因此输入也就不存在约束。边沿型 D 触发器电路符号如图 9 - 13 所示，触发器的状态只在 CP 的上升沿（CP↑）时刻才会随输入 D 的变化而变化，而在时钟 CP 的其余时刻（CP＝0、CP＝1、CP↓），D 触发器的状态均保持不变。

上升沿有效的 D 触发器在时钟控制信号 CP↑时的功能见表 9 - 7。

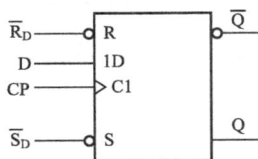

图 9 - 13　D 触发器电路符号

表 9 - 7　　　　　D 触发器功能表

输入信号	逻辑功能	输出信号	
D		Q_{n+1}	$\overline{Q}_{n+1}$
0	置0	0	1
1	置1	1	0

从功能表中可以看出，上升沿有效的 D 触发器当 CP↑时，若 D＝0，触发器被置 0，若 D＝1，触发器被置 1。所以，D 触发器具有置"0"、置"1"功能。从功能表可求出上升沿有效的 D 触发器的状态方程为

$$Q_{n+1} = D_n \tag{9-4}$$

前面介绍了描述在时钟有效时触发器状态的转换和其本身初态、输入之间关系的三种方法，功能表、状态方程和时序图（波形图）。现再介绍另一种用图形来描述它们之间关系的方法，即状态转换图，简称状态图，如图 9 - 14 所示。图中，箭头方向表示触发器状态的转换方向，箭头尾表示初态，箭头指向次态，箭头旁斜线上方表示输入变量，斜线下方表示输出值。D 触发器的状态转换图如图 9 - 15 所示。

输入变量/输出值

图 9 - 14　状态转换图样图

【例 9 - 5】 上升沿有效的 D 触发器输入波形如图 9 - 16

所示，试画出输出 Q 端波形。已知触发器的初态为"0"。

解 根据初始化端口的特点及上升沿有效的 D 触发器的功能表分析可得如图 9-16 所示的 Q 端波形。

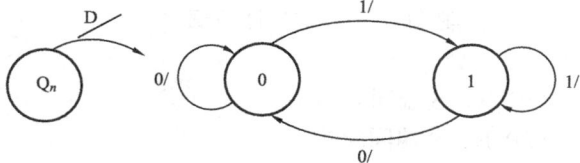

图 9-15 D触发器状态转换图

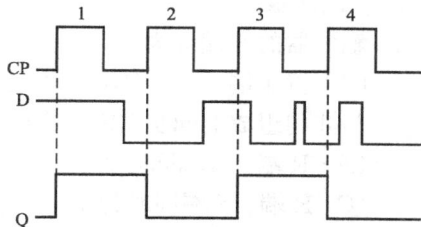

图 9-16 〔例 9-4〕图

小 结（九）

（1）触发器在某一时刻的输出状态不仅与对应时刻的输入状态有关，而且还与它本身前一时刻的输出状态有关。触发器具有记忆功能，一个触发器可存储 1 位二进制信息 0 或 1，它是组成各种时序逻辑电路的基本单元电路。

（2）触发器的状态有初态、次态之分，次态与输入、初态之间的关系可用功能表、状态方程（特别方程）、时序图、状态图表示。

（3）RS 触发器按逻辑功能分为基本 RS、同步 RS、主从 RS、边沿 RS 触发器，它们均具有置 0、置 1、保持的逻辑功能，但输入都有约束，且存在空翻现象，实用性较差。基本 RS 触发器是构成各种触发器的基础，它不受时钟脉冲 CP 的控制。

（4）时钟触发器则是受时钟脉冲 CP 控制；按逻辑功能分，时钟触发器可分为同步 RS 触发器、JK 触发器、D 触发器、T 和 T′触发器等；按触发方式分，时钟触发器又可分为同步式触发器、边沿触发器（包括上升沿和下降沿触发）、主从触发器等。同一逻辑功能的触发器可以用不同的电路结构来实现，不同结构的触发器具有不同的触发条件和动作特点。触发器逻辑符号中 CP 端有小圆圈的为下降沿触发，没有小圆圈的为上升沿触发。

（5）边沿 JK 触发器具有置 0、置 1、保持、计数的逻辑功能。它输入没有约束，且不存在空翻现象，触发时刻短暂，是一种功能齐全、运用广泛的触发器。

（6）T 触发器和 T′触发器是 JK 触发器的两种特例。T 触发器具有保持、计数的逻辑功能，T′触发器是二进制计数器。

（7）边沿 D 触发器具有置 0、置 1 的逻辑功能，其也是一种常用的触发器。

知识能力检验（九）

一、填空题

1. 触发器的时钟触发方式一般有_____、_____、_____、_____四种。

2. 触发器的 $\overline{R_D}$、$\overline{S_D}$ 端可以根据需要把触发器的状态_____或_____，它们具有最高的_____不受_____的控制。

3. RS 触发器的输入之间有_____，且输出存在_____现象，它具有_____、_____和_____三种逻辑功能。

4. JK 触发器具有_____、_____、_____和_____四种逻辑功能。

二、选择题

1. 触发器的 S 端称为_____。

　　(A) 置 1 端　　　(B) 置 0 端　　　(C) 控制端　　　(D) 时钟端

2. 与非门组成的同步 RS 触发器禁止。

　　(A) R 端、S 端同时为 0　　　　　(B) $\overline{R}$、$\overline{S}$ 端同时为 1

　　(C) R 端、S 端同时为 1　　　　　(D) $\overline{R}$、$\overline{S}$ 端同时为 0

3. 若 JK 触发器输入端 J＝0、K＝1，当 CP 脉冲到达时，触发器将_____。

　　(A) 置 1　　　(B) 置 0　　　(C) 翻转　　　(D) 保持原态

4. 在图 9－17 中，JK 触发器构成了_____。

　　(A) D 触发器　　　　　　　(B) 基本 RS 触发器

　　(C) T 触发器　　　　　　　(D) 同步 RS 触发器

5. 在图 9－18 中，JK 触发器组成了_____。

　　(A) D 触发器　　　　　　　(B) 基本 RS 触发器

　　(C) T 触发器　　　　　　　(D) 同步 RS 触发器

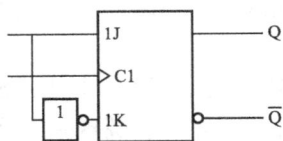

图 9－17　选择题 4 图　　　　　　图 9－18　选择题 5 图

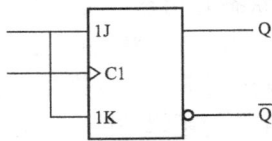

三、判断题

1. 基本 RS 触发器输入信号 R＝0，S＝1，输出 Q＝0。　　　　　　　　（　　）

2. 同步 RS 触发器在 CP 信号有效后，R、S 端的输入信号才对触发器起作用。（　　）

3. 将 JK 触发器的 J、K 端连接在一起作为输入端，就构成 D 触发器。　　（　　）

4. T 触发器的 T 端置 1 时，每输入一个周期 CP 脉冲，输出状态就翻转一次。（　　）

5. D 触发器的输出状态始终与输入状态相同。　　　　　　　　　　　　（　　）

四、分析题

1. 与非门组成的基本 RS 触发器的输入波形如图 9－19 所示，试画出输出 Q_n 和 $\overline{Q}_n$ 端波形。设触发器的初态为"0"态。

2. 或非门组成的基本 RS 触发器的输入波形如图 9－20 所示，试画出输出 Q_n 和 $\overline{Q}_n$ 端波形。设触发器的初态为"0"态。

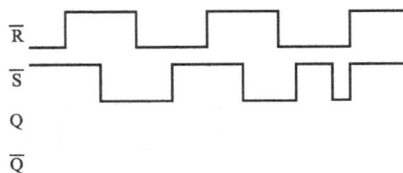

图 9－19　分析题 1 图　　　　　　图 9－20　分析题 2 图

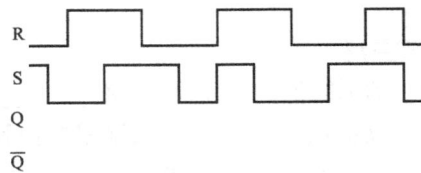

3. 高电平有效的同步 RS 触发器的输入波形如图 9-21 所示，试画出输出 Q_n 和 $\overline{Q}_n$ 端波形。设触发器的初态为"0"态。

4. 触发器电路符号及输入波形如图 9-22 所示，试画出输出 Q_n 端波形。设触发器的初态为"0"态。

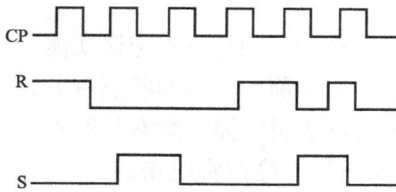

图 9-21　分析题 3 图

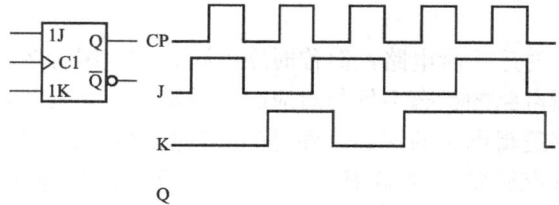

图 9-22　分析题 4 图

5. 触发器电路符号及输入波形如图 9-23 所示，试画出输出 Q 端波形。设触发器的初态均为 0 态。

6. 有初始化端口，下降沿有效的 JK 触发器输入波形如图 9-24 所示，试画出输出 Q_n 端波形。设触发器的初态为"0"态。

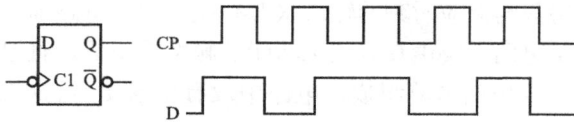

图 9-23　分析题 5 图

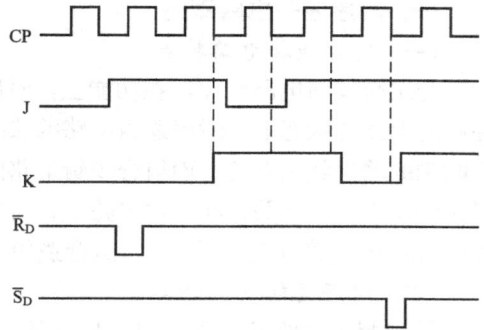

图 9-24　分析题 6 图

第 十 章

时 序 逻 辑 电 路

时序逻辑电路，简称时序电路，它与组合逻辑电路最主要的区别是具有记忆功能。时序逻辑电路的状态不仅与对应时刻的输入状态有关，而且还与电路前一时刻的状态有关。组成时序逻辑电路的核心器件是前一章介绍的触发器。常用的时序逻辑电路一般有计数器、寄存器（存储器）、顺序脉冲发生器等。石英钟（电子表）就是一种时序逻辑电路。

第一节　时序逻辑电路的分析方法

时序逻辑电路分析，就是根据时序逻辑电路图，分析电路所具有的逻辑功能。

一、时序逻辑电路概述

（一）时序逻辑电路特点

与组合逻辑电路相比，在功能上，时序逻辑电路具有记忆功能，而组合逻辑电路则没有。在影响电路的状态上，时序逻辑电路的状态不仅与对应时刻的输入状态有关，而且还与电路前一时刻的输出状态有关；而组合逻辑电路的状态只与对应时刻的输入状态有关，而与电路前一时刻的输出状态无关。在内部电路上，时序逻辑电路主要由具有记忆功能的触发器组成，且电路中有反馈支路（正反馈），而组合逻辑电路主要由门电路组成，电路中没有反馈支路。

（二）时序逻辑电路分类

时序逻辑电路的分类一般有按功能分和按各触发器时钟控制信号是否相同分。

1. 按功能不同分

按功能分也即按时序逻辑电路所表现出来的实际逻辑功能来分类。在实际使用中，时序逻辑电路的功能各种各样、千变万化，通常较常见的有计数器、寄存器、移位寄存器、顺序脉冲发生器、石英钟、RAM 存储器、ROM 存储器、可编程逻辑器件（PROM、EPROM、PLD）CPU 等。

2. 按时钟控制方式不同分

（1）同步时序逻辑电路：电路中各触发器都接在同一时钟控制信号 CP 上，具备翻转条件的触发器在 CP 作用下状态同时改变。

（2）异步时序逻辑电路：电路中各触发器不是全部用同一个时钟控制信号 CP 触发，具备翻转条件的触发器状态的改变有先有后。

通常，对于时序逻辑电路，习惯把两种方式综合起来称呼，如同步计数器、异步计数器。

（三）时序逻辑电路功能描述

时序逻辑电路功能描述方法通常有状态方程、状态转换表（简称状态表）、状态转换图（简称状态图）、时序图等。

（1）状态方程。它表示时序逻辑电路中各触发器时钟信号 CP 有效时，各触发器次态 Q_{n+1} 和其外部输入、初态 Q_n 之间的逻辑关系表示式，通常也称为特征方程。把它与各触发器时钟信号的有效时刻结合起来，就可分析出时序逻辑电路的状态变化情况，从而分析出时序逻辑电路的功能。

（2）状态转换表。把时序逻辑电路中各触发器时钟信号 CP 有效情况和时序逻辑电路的状态变化情况用表格一一列出，则此表就叫做状态转换表或状态转换真值表、状态表等。从表中可清楚地分析出时序逻辑电路的功能。

（3）状态转换图。用来描述时序逻辑电路中各触发器状态变化情况的图形，通常简称状态图，它可直观地看出时序逻辑电路状态变化情况与输入之间的关系（第八章第三节有说明）。

（4）时序图。时序逻辑电路中各触发器时钟信号 CP 有效情况和时序逻辑电路的状态变化情况用波形的形式表示出来，这种波形就叫做时序图。

二、时序逻辑电路的分析方法

对于同步时序逻辑电路和异步时序逻辑电路，在分析方法和步骤上，它们并没有本质的区别。时序逻辑电路分析，就是根据逻辑电路图，分析电路所具有的逻辑功能。下面介绍时序逻辑电路的一般分析步骤。

（1）写时钟方程。根据逻辑电路，写出各触发器时钟控制端的时钟方程。从中可看出逻辑电路是同步的还是异步的。若各触发器共用同一时钟控制信号，则为同步的，否则就为异步。写时钟方程时，同时可分析出各触发器时钟的有效时刻。

（2）写驱动方程。根据逻辑电路，写出各触发器各输入端的方程，通常也称为激励方程。

（3）求状态方程。把各触发器的驱动方程分别代入各触发器的特征方程，求出各触发器的状态方程。

（4）写输出方程。根据逻辑电路，写出电路的输出端方程（有些电路没有）。

（5）分析状态表。根据时钟方程、各触发器时钟的有效时刻和状态方程，分析出电路的状态变化情况，并用状态表列出。

（6）画状态图。根据状态表画出状态图。

（7）画时序图。根据状态表和时钟方程、各触发器时钟的有效时刻画出时序图。

（8）分析逻辑功能。根据状态表分析电路逻辑功能。

时序逻辑电路的种类很多，但分析方法和步骤基本相同。下面，主要以计数器为例来介绍时序逻辑电路的分析。

第二节　常用的时序逻辑电路

一、计数器

能对触发器输入时钟脉冲周期个数进行统计的时序逻辑电路称为计数器。它主要由触发器组成。计数器的种类很多，按计数的进制不同可分为二进制、十进制及任意进制计数器；按计数增减趋势不同可分为加法、减法和可逆计数器；按各触发器时钟控制信号是否相同分为同步计数器和异步计数器。在同步计数器中，各个触发器都受同一时钟脉冲 CP 的控制，因此各触发器的状态变化是同步的。而异步计数器则不同，有的触发器直接受输入时钟脉冲控制，有的则是其他触发器的输出用作时钟脉冲，因此各触发器的状态变化有先有后。计数器的应用十分广泛，不仅用于计数，也可用于定时、分频等，是最常用的一种时序逻辑电路。

（一）同步计数器

1. 同步任意进制计数器

在计数器中，任意进制计数器可由触发器组成，也可由其他集成计数器组成。下面介绍由触发器组成的任意进制计数器的一般分析方法。

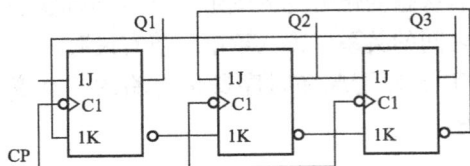

图 10-1　[例 10-1] 图

【例 10-1】　时序逻辑电路如图 10-1 所示，试分析电路功能，并画出时序图（设各触发器的初态均为"0"）。

解　从电路图中可看出，该电路为同步电路，且时钟为下降沿有效。分析如下：

（1）时钟方程。根据逻辑电路图，可求得时钟方程为

$$CP_1 = CP_2 = CP_3 = CP \downarrow （可略）$$

（2）驱动方程。根据逻辑电路图可求得驱动方程为

$$J_1 = 1，\quad K_1 = Q_{3n}，\quad J_2 = \overline{Q}_{3n}，\quad K_2 = \overline{Q}_{1n}，\quad J_3 = Q_{2n}，\quad K_3 = \overline{Q}_{2n}$$

（3）状态方程。把驱动方程代入 JK 触发器的特征方程 $Q_{n+1} = J\overline{Q}_n + \overline{K}Q_n$，求得各触发器的状态方程为

$$Q_{1n+1} = J_1\overline{Q}_{1n} + \overline{K}_1 Q_{1n} = \overline{Q}_{1n} + \overline{Q}_{3n}Q_{1n} = \overline{Q}_{1n} + \overline{Q}_{3n}$$

$$Q_{2n+1} = J_2\overline{Q}_{2n} + \overline{K}_2 Q_{2n} = \overline{Q}_{3n}\overline{Q}_{2n} + Q_{1n}Q_{2n}$$

$$Q_{3n+1} = J_3\overline{Q}_{3n} + \overline{K}_3 Q_{3n} = Q_{2n}\overline{Q}_{3n} + Q_{2n}Q_{3n} = Q_{2n}$$

（4）状态表。根据状态方程可分析出状态表。

将各触发器初态依次代入状态方程，可求得表 10-1 所列状态表。

（5）状态图。根据状态表可得状态图如图 10-2 所示。

表 10-1　　图 10-1 电路状态表

CP	Q_3	Q_2	Q_1
0	0	0	0
1	0	1	1
2	1	1	1
3	1	1	0
4	1	0	1
5	0	0	0

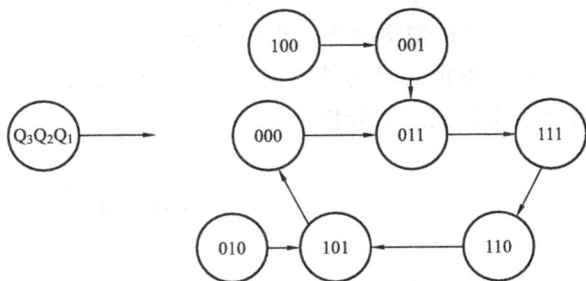

图 10-2　[例 10-1] 状态图

由状态图可以看出：该电路在时钟信号 CP 的控制下，由 5 个状态 000、011、111、110、101 进行循环，这 5 个状态称为"有效状态"，它们之间的循环称为"有效循环"。但电路由 3 个 JK 触发器组成，共有 8 个状态，"有效状态"之外的 3 个状态 100、001、010 称为"无效状态"。3 个"无效状态"在时钟信号 CP 的控制下，均可进入电路的"有效循环"中，因此，该电路具有"自启动"功能。倘若"无效状态"在时钟信号 CP 的控制下，均不能进入电路的"有效循环"中，则称电路无"自启动"功能。

（6）时序图。根据时钟方程和有效时刻、状态表可得图 10-3 所示时序图。

（7）分析逻辑功能。由状态表可知，该电路共有 5 个有效状态在时钟信号 CP 的控制下进行循环，且各触发器时钟下降沿有效。所以，该电路为同步五进制计数器。因该电路的状态编码情况不详，所以无法确定该计数器是加法计数器还是减法计数器。

2. 同步二进制计数器

（1）电路结构与特点。二进制计数器的电路特点是：电路中每个触发器均为二进制计数器。n 位二进制计数器实际上就是 2^n 进制计数器。

JK 触发器组成的同步三位二进制（8 进制）计数器如图 10-4 所示。其中，图 10-4（a）为加法计数器，图 10-4（b）为减法计数器。同步二进制计数器分析方法与任意进制相同，这里不再赘述，请读者自己分析。

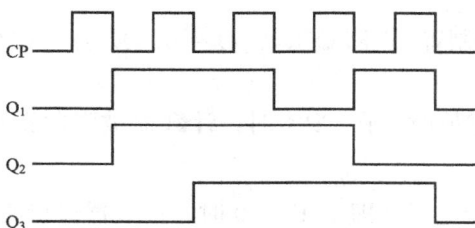

图 10-4 同步三位二进制计数器
（a）加法计数器；（b）减法计数器

图 10-3 ［例 10-1］时序图

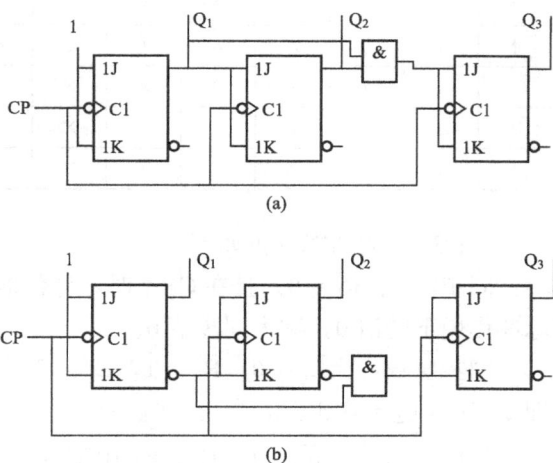

从图中可以看出，同步二进制计数器的电路组成有以下特点：

1）同步加法二进制计数器的组成特点是：$J_1 = K_1 = 1$，$J_n = K_n = Q_1 Q_2 \cdots Q_{n-1}$，其中，$n \geq 2$ 的正整数。

2）同步减法二进制计数器的组成特点是：$J_1 = K_1 = 1$，$J_n = K_n = \overline{Q_1} \overline{Q_2} \cdots \overline{Q_{n-1}}$，其中，$n \geq 2$ 的正整数。

（2）集成同步二进制计数器。目前实际使用的计数器大都采用集成计数器，下面介绍集成同步二进制计数器 74LS163 和 74LS161。

1）74LS163、74LS161 功能介绍。74LS163 是一个同步 4 位二进制（十六进制）计数器，它具有同步清 0、同步置数、同步计数、保持和自扩展等功能。其逻辑符号和引脚示意图如图 10-5 所示。其中，$Q_3 \sim Q_0$ 为计数器的状态输出端，$D_3 \sim D_0$ 为预置数输入端，CP 为

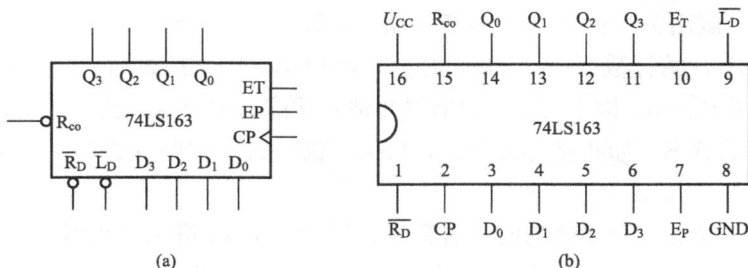

图 10-5 74LS163 逻辑符号和引脚图
（a）逻辑符号；（b）引脚示意图

时钟信号输入端，$\overline{R_D}$ 为同步清 0 控制端，$\overline{L_D}$ 为置数控制输入端。R_{co} 为进位输出端，E_P、E_T 为使能输入控制端。74LS163 的功能见表 10-2。

表 10-2   **74LS163 功 能 表**

| 输 入 信 号 | | | | | | | | 逻辑功能 | 输 出 信 号 | | | |
CP	$\overline{R_D}$	$\overline{L_D}$	EP	ET	D_3	D_2	D_1	D_0		Q_3	Q_2	Q_1	Q_0
↑	0	×	×	×	×	×	×	×	同步清 0	0	0	0	0
↑	1	0	×	×	d_3	d_2	d_1	d_0	同步置数	d_3	d_2	d_1	d_0
×	1	1	×	0	×	×	×	×	保持 $R_{co}=0$	Q_{3n}	Q_{2n}	Q_{1n}	Q_{0n}
×	1	1	0	×	×	×	×	×	保持、R_{co} 保持	Q_{3n}	Q_{2n}	Q_{1n}	Q_{0n}
↑	1	1	1	1	×	×	×	×	同步计数	二进制加法计数			

74LS163 的功能分析如下：

同步清 0：$\overline{R_D}=0$，且在 CP↑时，计数器被强制置 0，即 $Q_3Q_2Q_1Q_0=0000$。这种在 CP 脉冲作用下的清 0，称为同步清 0。

同步置数：当 $\overline{L_D}=0$，$\overline{R_D}=1$，E_P、E_T 为任意值时，在 CP↑时，计数器被强制置数，即 $Q_3Q_2Q_1Q_0=d_3d_2d_1d_0$。

保持：当 $\overline{L_D}=\overline{R_D}=1$，$E_P$、$E_T$ 中至少有一个低电平，即 $E_PE_T=0$ 时，计数器保持原状态不变。此时，若 $E_T=0$，则 $R_{co}=0$；若 $E_T=1$，$E_P=0$，则 R_{co} 保持不变。

同步计数：当 $\overline{L_D}=\overline{R_D}=E_T=E_P=1$，在 CP↑作用下，计数器实现二进制加法计数功能，且当 $Q_3Q_2Q_1Q_0=1111$ 时，进位 $R_{co}=1$。

74LS161 的引脚 74LS163 相同，功能也类似，它们的区别是 74LS161 的清 0 功能为异步清 0，只要 $\overline{R_D}=0$，无论时钟 CP 是否有效，74LS161 的状态一定被强制置 0。而 74LS163 的清 0 功能则为同步清 0，需时钟 CP 的配合才可能实现清 0。

2）74LS163、74LS161 的应用。

【例 10-2】 试用 74LS163 的同步清 0 端，设计一个 11 进制计数器。

解 74LS163 开始计数后，从 0000 开始，经过第 10 个 CP 周期后，计数器的状态变为 1010，假若此时令 $\overline{R_D}=0$，因 74LS163 具有同步清 0 功能，则当第 11 个 CP 周期过后，计数器的状态被强制置为 0000，回到初始状态。如此循环往复，74LS163 就变为 11 进制计数器。其电路如图 10-6 所示。

【例 10-3】 试用 74LS161 的异步清 0 端，设计一个 8 进制计数器。

解 74LS161 开始计数后，从 0000 开始，经过第 8 个 CP 周期后，计数器的状态变为 1000，假若此时令 $\overline{R_D}=0$，因 74LS161 具有异步清 0 功能，则此时计数器的状态瞬间被强制置为 0000，回到初始状态。如此循环往复，74LS161 就变为 8 进制计数器。其电路如图 10-7 所示。

【例 10-4】 试用 74LS163 的同步置数端，设计一个 12 进制计数器。

解 74LS163 开始计数前，先令置数输入端的预置数 $D_3D_2D_1D_0=0000$。计数后，从计数器的状态从 0000 开始，经过第 11 个 CP 周期后，计数器的状态变为 1011，假若此时

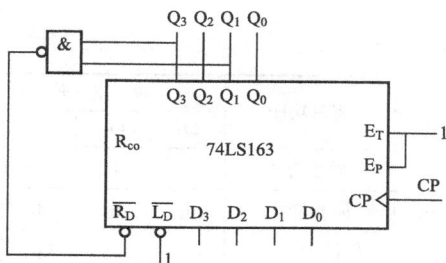

图 10-6 [例 10-2]电路图

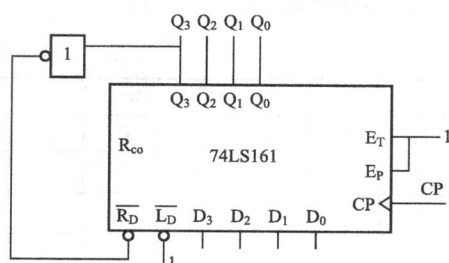

图 10-7 [10-3]电路图

令 $\overline{L_D}=0$，因 74LS163 具有同步置数功能，则当第 12 个 CP 周期过后，计数器的状态被强制置为 0000，回到初始状态。如此循环往复，74LS163 就变为 12 进制计数器。其电路如图 10-8 所示。

【例 10-5】 试用两片 74LS163 设计一个 37 进制计数器。

解 因为 74LS163 是十六进制计数器，所以，若把一片 74LS163 作为高 4 位，而另一片 74LS163 作为低 4 位，它们一起组成 8 位二进制数。当低位片每计数 16 后，控制高位片计数 1 次，则两片 74LS163 最多可作为 $16\times16=256$ 进制的计数器。十进制数 36 转换为 8 位二进制数为 00100100，它相当于高位片计数 2 次后，低位片再计数 4 次。假设利用同步清 0 功能来设计，则令外部第 36 个 CP 脉冲周期到来时，两片计数器均有 $\overline{R_D}=0$，当第 37 个 CP 周期过后，两片计数器的状态均被强制置为 0000，回到初始状态。如此循环往复，两片 74LS163 就变为 37 进制计数器。其电路如图 10-9 所示。

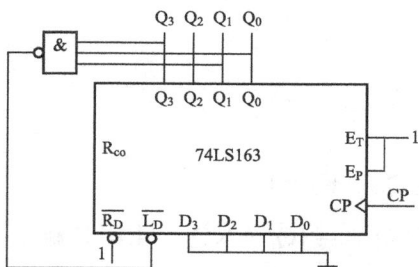

图 10-8 [例 10-4]电路图

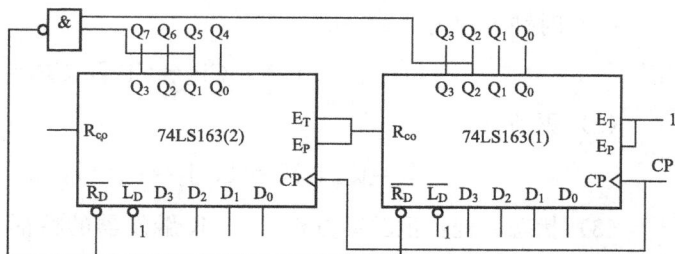

图 10-9 [例 10-5]电路图

集成计数器的应用必须特别注意使能控制端、清 0 端、置数端的使用，同时还应注意清 0、置数功能是同步的，还是异步的，否则容易出错。请读者注意理解。

3. 同步十进制计数器

同步十进制计数器可由分立的触发器组成，但实际常用集成同步十进制计数器。下面介绍一种常用的集成同步十进制计数器 74LS160。

74LS160 是一个同步 10 进制 8421BCD 码计数器，它具有异步清 0、同步置数、同步计数、保持和自扩展等功能。其逻辑符号和引脚功能与 74LS163 完全相同，也如图 10-5 所示。它们的主要区别是：$\overline{R_D}$ 为异步清 0 控制端，即只要 $\overline{R_D}=0$，无论时钟 CP 是否有效，74LS160 的状态一定被强制置 0。$\overline{L_D}$ 为置数控制输入端，但 $D_3\sim D_0$ 的预置数状态只能为 0000～1001 中的任意一种。R_{co} 为进位输出端，当 $Q_3Q_2Q_1Q_0=1001$ 时，进位 $R_{co}=1$。

74LS160 的功能见表 10-3 所列。

表 10-3　　　　　　　　　　　　**74LS160 功能表**

输 入 信 号								逻辑功能	输 出 信 号			
CP	$\overline{R_D}$	$\overline{L_D}$	E_P	E_T	D_3	D_2	D_1	D_0		Q_3	Q_2	Q_1	Q_0
×	0	×	×	×	×	×	×	×	异步清 0	0	0	0	0
↑	1	0	×	×	d_3	d_2	d_1	d_0	同步置数	d_3	d_2	d_1	d_0
×	1	1	×	0	×	×	×	×	保持 $R_{co}=0$	Q_{3n}	Q_{2n}	Q_{1n}	Q_{0n}
×	1	1	0	×	×	×	×	×	保持 R_{co} 保持	Q_{3n}	Q_{2n}	Q_{1n}	Q_{0n}
↑	1	1	1	1	×	×	×	×	同步计数	十进制加法计数			

74LS160 的应用与 74LS161 相类似，除了作为十进制计数器外，同样可利用异步清 0 端、置数控制端、预置数端和使能端来组成任意进制计数器进行功能扩展。

（二）异步计数器

1. 异步任意进制计数器

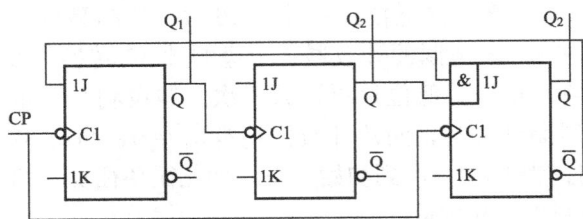

图 10-10　JK 触发器组成异步计数器电路图

由触发器组成的任意进制异步计数器如图 10-10 所示。其功能分析如下。

异步计数器的分析步骤与同步计数器的相同，但异步计数器在分析状态表时，应特别注意各触发器时钟 CP 的有效时刻，也即各触发器的状态变化时刻，否则容易出错。

（1）时钟方程为

$$CP_1 = CP_3 = CP\downarrow, \quad CP_2 = Q_{1n}\downarrow$$

（2）驱动方程为

$$J_1 = \overline{Q_{3n}}, \quad K_1 = 1, \quad J_2 = K_2 = 1, \quad J_3 = Q_{2n}Q_{1n}, \quad K_3 = 1$$

（3）状态方程：把驱动方程代入 JK 触发器的特征方程 $Q_{n+1} = J\overline{Q_n} + \overline{K}Q_n$，求得各触发器的状态方程为

$$Q_{1n+1} = J_1\overline{Q_{1n}} + \overline{K_1}Q_{1n} = \overline{Q_{3n}}\,\overline{Q_{1n}}$$

$$Q_{2n+1} = J_2\overline{Q_{2n}} + \overline{K_2}Q_{2n} = \overline{Q_{2n}}$$

$$Q_{3n+1} = J_3\overline{Q_{3n}} + \overline{K_3}Q_{3n} = Q_{2n}Q_{1n}\overline{Q_{3n}}$$

（4）状态表：将各触发器初态依次代入状态方程，可求得表 10-4 所列状态。这里，应特别注意，触发器 Q_2 的状态只在 Q_1 状态的下降沿才发生变化。设备触发器的初态均为 0。

（5）状态图：根据状态表可得状态图如图 10-11 所示。

由状态图可以看出该电路具有"自启动"功能。

表 10-4　　**图 10-10 电路状态表**

CP	Q_3	Q_2	Q_1
0	0	0	0
1	0	0	1
2	0	1	0
3	0	1	1
4	1	0	0
5	0	0	0

（6）时序图：如图 10-12 所示。

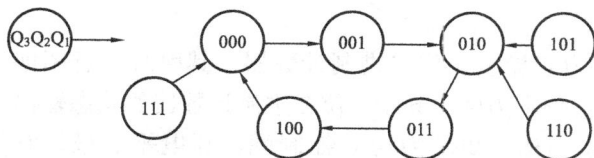

图 10-11 JK 触发器组成异步计数器状态图

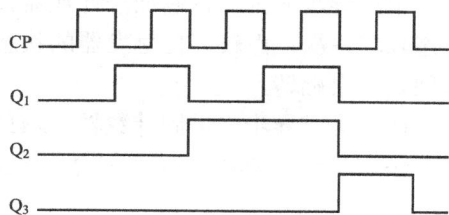

图 10-12 JK 触发器组成异步计数器时序图

（7）逻辑功能：由状态表可知，该电路为异步五进制加法计数器。

2. 异步二进制计数器

（1）异步二进制计数器电路。上升沿有效的 D 触发器组成异步三位二进制加法计数器如图 10-13 所示。图中，各触发器均满足二进制计数器的驱动条件，但触发条件不一定满足。其组成特点为 $D_n = \overline{Q}_n$，$CP_1 = CP$，$CP_{n+1} = \overline{Q}_n$，其中，$n$ 是 $\geqslant 1$ 的正整数。

下降沿有效的 JK 触发器组成异步三位二进制加法计数器如图 10-14 所示。图中，各触发器均满足二进制计数器的驱动条件，但触发条件不一定满足。其组成特点为 $J_n = K_n = 1$，$CP_1 = CP$，$CP_{n+1} = Q_n$，其中，n 是 $\geqslant 1$ 的正整数。

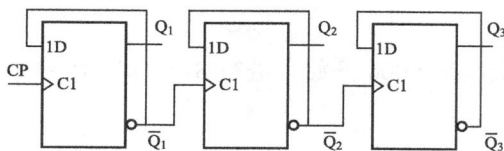

图 10-13 上升沿有效 D 触发器组成
三位异步二进制加法计数器

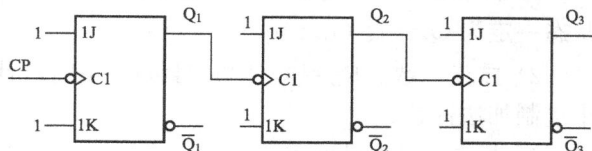

图 10-14 下降沿有效 JK 触发器组成三位异
步二进制加法计数器

总之，组成异步 n 位二进制加法计数器，最低位触发器在外部 CP 时钟信号作用下，每一周期状态翻转一次，而较高位触发器的状态则只有在它相邻低位触发器的状态由 1 下跳变为 0 的瞬间，才会翻转。

上升沿有效的 D 触发器组成异步三位二进制减法计数器如图 10-15 所示。图中，各触发器均满足二进制计数器的驱动条件，但触发条件不一定满足。其组成特点为 $D_n = \overline{Q}_n$，$CP_1 = CP$，$CP_{n+1} = Q_n$，其中，n 是 $\geqslant 1$ 的正整数。

下降沿有效的 JK 触发器组成异步三位二进制减法计数器如图 10-16 所示。图中，各触发器均满足二进制计数器的驱动条件，但触发条件不一定满足。其组成特点为 $J_n = K_n = 1$，

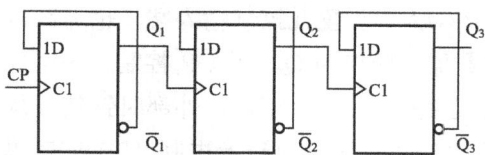

图 10-15 上升沿有效 D 触发器组成三位
异步二进制减法计数器

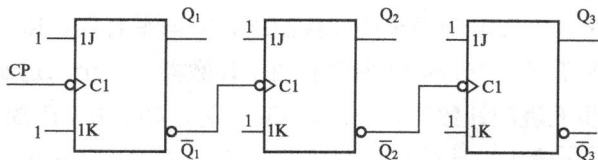

图 10-16 下降沿有效 JK 触发器组成三位
异步二进制减法计数器

$CP_1 = CP$，$CP_{n+1} = \overline{Q_n}$，其中，$n$ 是 ≥ 1 的正整数。

组成异步 n 位二进制加法计数器，最低位触发器在外部 CP 时钟信号作用下，每一周期状态翻转一次，而较高位触发器的状态则只有在它相邻低位触发器的状态由 0 上跳变为 1 的瞬间，才会翻转。

（2）集成异步二进制计数器。74HC393 为双异步 4 位二进制计数器，其引脚示意图如图 10-17 所示。其中，$1Q_3 \sim 1Q_0$、$2Q_3 \sim 2Q_0$ 分别为两个异步 4 位二进制计数器的状态输出端，$1R_D$、$2R_D$ 为清 0 控制端，高电平有效。它具有异步清 0、异步计数的功能。74HC393 的功能见表 10-5 所列。

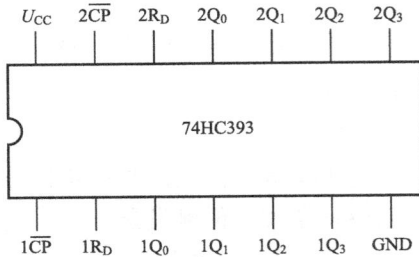

图 10-17　74HC393 引脚示意图

表 10-5　74HC393 功能表

输入信号		逻辑功能	输出信号			
$\overline{CP}$	R_D		Q_3	Q_2	Q_1	Q_0
×	1	异步清 0	0	0	0	0
↓	0	异步计数	二进制计数			

74HC393 的功能分析如下：

1) 异步清 0。只要 $R_D = 1$，则无论时钟信号 $\overline{CP}$ 是否有效，计数器被强制置 0，计数器的状态一定为 $Q_3 Q_2 Q_1 Q_0 = 1001$。

2) 异步计数。$R_D = 0$，同时时钟 $\overline{CP}$ ↓ 时，计数器从 0000 开始，进行 8421BCD 码异步十进制加法计数。

3. 异步十进制计数器

异步十进制计数器可由分立的触发器组成，但实际常用集成异步十进制计数器。下面介绍一种常用的集成同步十进制计数器 74LS290。

74LS290 是一个异步二—五—十进制 8421BCD 码计数器，它具有异步清 0、异步置九、异步计数、保持和自扩展等功能。其逻辑符号和引脚功能如图 10-18 所示。其中，$Q_3 \sim Q_0$ 为计数器的状态输出端，NC 表示空脚，$\overline{CP_1}$、$\overline{CP_2}$ 为两个时钟信号输入端，

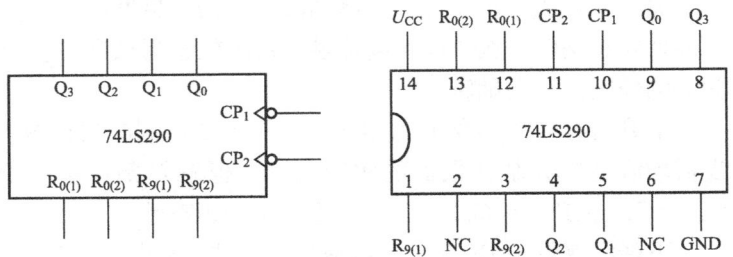

图 10-18　74LS290 逻辑符号和引脚图

$R_{0(1)}$、$R_{0(2)}$ 为异步清 0 控制端，高电平有效，$R_{9(1)}$、$R_{9(2)}$ 为异步置九控制输入端，也为高电平有效。74LS290 内部有两个计数器，一个二进制计数器，输出为 Q_0，由 $\overline{CP_1}$ 控制；一个异步五进制计数器，输出为 Q_3、Q_2、Q_1，由 $\overline{CP_2}$ 控制。若把 Q_0 和 $\overline{CP_2}$ 相连，外部时钟信号从 $\overline{CP_1}$ 输入，计数器状态从 Q_3、Q_2、Q_1、Q_0 输出，则 74LS290 就为异步十进制 8421BCD 码加法计数器。74LS290 功能见表 10-6 所列。

74LS290 的功能分析如下：

表 10 - 6 74LS290 功 能 表

输 入 信 号					逻辑功能	输 出 信 号			
$\overline{CP_1}$	$R_{0(1)}$	$R_{0(2)}$	$R_{9(1)}$	$R_{0(2)}$		Q_3	Q_2	Q_1	Q_0
×	1	1	0	×	异步清0	0	0	0	0
×	1	1	×	0		0	0	0	0
×	×	×	1	1	异步置九	1	0	0	1
↓	0	×	0	×	异步计数	异步8421BCD码十进制加法计数			
↓	0	×	×	0					
↓	×	0	0	×					
↓	×	0	×	0					

（1）异步清 0。当 $R_{0(1)}=R_{0(2)}=1$，同时 $R_{9(1)}R_{9(2)}=0$，则无论时钟信号 $\overline{CP_1}$ 是否有效，计数器被强制置 0，计数器的状态一定为 $Q_3Q_2Q_1Q_0=0000$。

（2）异步置九。当 $R_{9(1)}=R_{9(2)}=1$ 时，则无论清 0 和时钟控制端是否有效，计数器被强制置 9，计数器的状态一定为 $Q_3Q_2Q_1Q_0=1001$。

（3）异步计数。当 $R_{0(1)}R_{0(2)}=0$，同时 $R_{9(1)}R_{9(2)}=0$，则在时钟信号 $\overline{CP_1}$ 的控制下，计数器实现异步十进制 8421BCD 码加法计数。

74LS290 的应用类似于 74LS160、74LS161，除了作为十进制计数器外，同样可利用异步清 0 端、异步置九端来组成任意进制计数器进行功能扩展。

【例 10 - 6】 试用 74LS290 的异步置九端，设计一个六进制异步计数器。

解 因为是利用异步置九控制端来置数，所以，计数器的初态为 1001。要构成六进制，则其状态转换为 1001→0000→0001→0010→0011→0100→0101 (1001)。也即当第 6 个外部时钟 CP 周期到来时，计数器的状态出现 0101 的瞬间，立即让计数器的状态变为初态 1001，则 74LS290 就构成了一个六进制异步计数器。电路如图 10 - 19 所示。

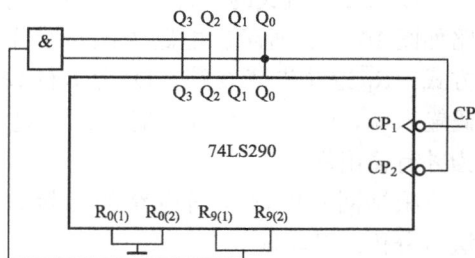

图 10 - 19 ［例 10 - 6］电路图

二、寄存器

寄存器是时序逻辑电路中的另一个常用的器件，它一般用于暂时存放用二进制数表示的数码、指令等。寄存器主要由触发器组成，具有清除、接收、存放及传送二进制数码的功能。一个触发器可存放一位二进制数，因此，n 个触发器可组成 n 位二进制寄存器。

寄存器一般分数码寄存器和移位寄存器两种，其数据输入、输出方式有串行、并行两种方式。串行，即所有数码均从一个输入（或输出）端逐位输入（或输出），速度较慢。并行，即每一位数码分别从各自对应的输入（或输出）端同时输入（或输出），速度较快。

（一）数码寄存器

数码寄存器，即只有暂存和取出二进制数码功能的寄存器。

D 触发器组成的并入、并出三位数码寄存器如图 10 - 20 所示。其中，电路为同步工作方

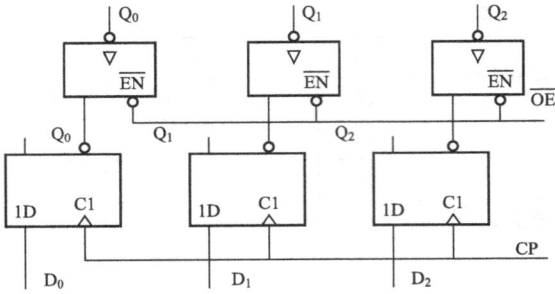

图 10-20 D触发器组成的三位寄存器

式，CP端为时钟控制端，上升沿有效。$\overline{\text{OE}}$为读取控制端，为低电平有效。$Q_2 \sim Q_0$为输出端，$D_2 \sim D_0$为数码输入端。

当 CP↑时，存入数码；$Q_2Q_1Q_0 = D_2D_1D_0$，而 CP 的其余时刻，寄存器则保持数码不变。

当$\overline{\text{OE}} = 1$时，输出为高阻态，寄存器则保持数码不变；而当$\overline{\text{OE}} = 0$时，寄存器则输出数码。

寄存器通常以集成电路的形式出现，型号、种类众多，常用的 4 位数码寄存器有 74LS175，8 位数码锁存器有 74LS373，它们的功能和使用特点请查阅有关资料。

（二）移位寄存器

移位寄存器除了具有存储数码的功能外，同时还具有移位的功能。所谓移位，即寄存器中存储的数码，在时钟脉冲的作用下，依次左移或右移。所以，移位寄存器除可以寄存数码外，还可以实现数码的移位，以及数码的串行转换为并行，并行转换为串行等。

移位寄存器分右移、左移和双向移位寄存器等。所谓右移寄存器，即数码从低位向高位移位，左移寄存器即数码从高位向低位移位，双向移位寄存器则是在移位控制端的作用下，既可实现右移，也可实现左移。

1. 右移寄存器

D 触发器组成的三位右移寄存器电路如图 10-21 所示。电路为同步工作方式，$\overline{R_D}$为异步清 0 端，D_i为串行数码输入端，Q_3为串行输出端，$Q_3Q_2Q_1$为并行输出端。

根据同步时序逻辑电路的分析方法可分析出其功能。

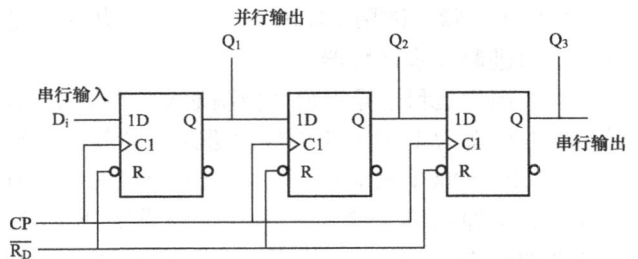

图 10-21 D触发器组成三位右移寄存器

时钟方程 $CP_1 = CP_2 = CP_3 = CP↑$

驱动方程 $D_1 = D_i$，$D_2 = Q_{1n_1}$，$D_3 = Q_{2n}$

状态方程 $Q_{1n+1} = D_i$，$Q_{2n+1} = Q_{1n}$，$Q_{3n+1} = Q_{2n}$

状态表：根据状态方程可分析出三位右移寄存器的状态表见表 10-7 所列。这里应注意的是，右移寄存器的数码输入 $D_i = d_3d_2d_1$，应从最高位 d_3 开始输入。

表 10-7　　　　　　　　　　　　　三位右移寄存器的状态表

输　入　信　号			输　出　信　号		
CP↑	$\overline{R_D}$	D_i	Q_{1n+1}	Q_{2n+1}	Q_{3n+1}
×	0	×	0	0	0
0	1	d_3	0	0	0
1	1	d_2	d_3	0	0
2	1	d_1	d_2	d_3	0
3	1		d_1	d_2	d_3

从状态表中可以看出,当时钟信号 CP 有效一次,则寄存器把输入数码从高位到低位右移一次。三位右移寄存器需 3 个 CP 周期才能把串行输入的 3 位二进制数码从 $Q_3Q_2Q_1$ 并行输出,但若需从 Q_3 串行输出,则总共需 6 个 CP 周期。也即 n 位移位寄存器,串入并出,需 n 个 CP 周期,串入串出,则需 $2n$ 个 CP 周期。

2. 左移寄存器

D 触发器组成的三位左移寄存器电路如图 10-22 所示。电路中各端口的作用与图 10-21 右移寄存器相同。它们最主要的区别是:左移寄存器的 D_i 接于寄存器的最高位,数码从最低位 d_1 开始输入;而右移寄存器则接于最低位,数码从最高位 d_3 开始输入。

根据同步时序逻辑电路的分析方法可分析出其功能见表 10-8 所列。

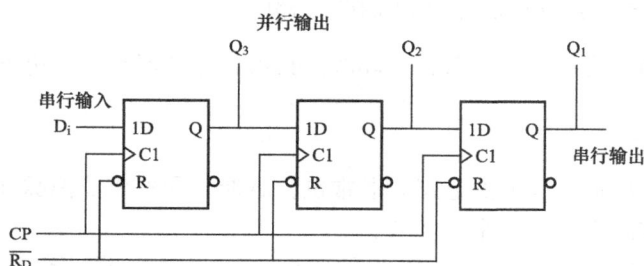

图 10-22 D 触发器组成三位左移寄存器

表 10-8 三位左移寄存器的状态表

输入信号			输出信号		
CP ↑	$\overline{R_D}$	D_i	Q_{3n+1}	Q_{2n+1}	Q_{1n+1}
×	0	×	0	0	0
0	1	d_1	0	0	0
1	1	d_2	d_1	0	0
2	1	d_3	d_2	d_1	0
3	1		d_3	d_2	d_1

3. 双向移位寄存器

数字逻辑器件一般均以集成电路的形式出现,常用的单向移位寄存器有 74LS95、74LS195、74LS164、74LS165,双向移位寄存器有 74LS194、74LS198 等。下面以 74LS194 为例介绍双向移位寄存器。所谓双向移位寄存器即指在时钟信号 CP 和移动方向控制信号的作用下,分别可实现左移或右移的移位寄存器。

74LS194 为双向移位寄存器,逻辑符号如图 10-23 所示。其中,$D_3 \sim D_0$ 为并行数码输入端,D_{iL} 为左移数码输入端,D_{iR} 为右移数码输入端;$Q_3 \sim Q_0$ 为并行数码输出端,Q_3 为右移数码输出端,Q_0 为左移数码输出端;CP 为时钟控制输入端,$\overline{R_D}$ 为异步清 0 端,S_1、S_0 为功能控制输入端。74LS194 的功能见表 10-9 所列。

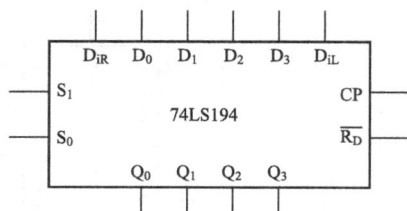

图 10-23 74LS194 逻辑符号

表 10-9 74LS194 功 能 表

输 入 信 号									逻辑功能	输 出 信 号			
CP	$\overline{R_D}$	S_1	S_0	D_{iL}	D_{iR}	D_3	D_2	D_1 D_0		Q_{3n+1}	Q_{2n+1}	Q_{1n+1}	Q_{0n+1}
×	0	×	×	×	×	×	×	× ×	异步清 0	0	0	0	0
↑	1	0	0	×	×	×	×	× ×	保持	Q_{3n}	Q_{2n}	Q_{1n}	Q_{0n}
↑	1	0	1	×	D_{iR}	×	×	× ×	右移	Q_{2n}	Q_{1n}	Q_{0n}	D_{iR}
↑	1	1	0	D_{iL}	×	×	×	× ×	左移	D_{iL}	Q_{3n}	Q_{2n}	Q_{1n}
↑	1	1	1	×	×	d_3	d_2	d_1 d_0	同步并行置数	d_3	d_2	d_1	d_0

寄存器一样具有扩展功能,两片 74LS194 扩展为 8 位双向移位寄存器电路如图 10-24 所示。

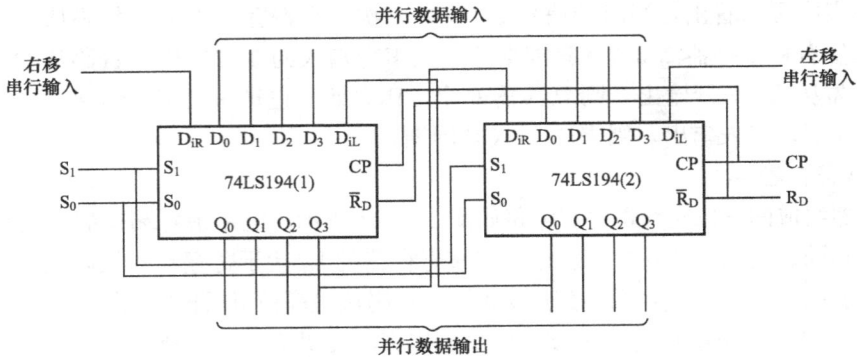

图 10 - 24　两片 74LS194 组成 8 位双向移位寄存器电路图

当然，寄存器还有其他的应用，如组成环形计数器、扭环形计数器和分频器等，这里不一一介绍，请大家查阅有关资料。

三、顺序脉冲发生器

所谓顺序脉冲发生器即各输出端依次输出脉冲的电路，通常也称脉冲分配器或节拍脉冲发生器，因其也是周期性工作，所以实际上也是一个计数器。

顺序脉冲发生器可由计数器和译码器组成，其电路图如图 10 - 25 所示。图中，74LS163 接成八进制计数器，其输出 Q_A、Q_B、Q_C 分别接到译码器 74LS138 的 A_0、A_1、A_2。工作时，在 CP 脉冲的作用下，译码器依次输出低电平，8 个发光二极管依次点亮一个 CP 周期。

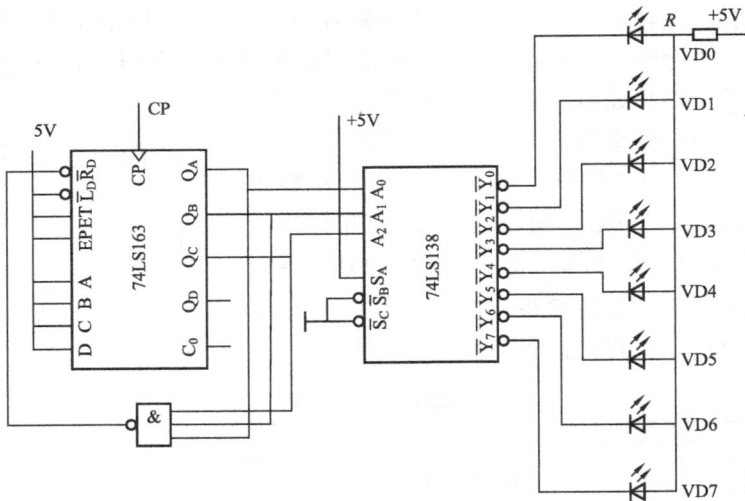

图 10 - 25　计数器和译码器组成顺序脉冲发生器电路图

当然，也有集成电路的顺序脉冲发生器，CD4017 就是其中之一，其逻辑符号如图 10 - 26 所示。

CD4017 为十位顺序脉冲发生器（也即十进制计数器），其中，RESET 为复位端，高电平有效，CP 端为时钟控制端，上升沿有效，$\overline{EN}$ 为使能控制端，低电平有效，C_0 为进位输出端，$Q_9 \sim Q_0$ 为脉冲输出端。CD4017 的时序图如图 10 - 27 所示。

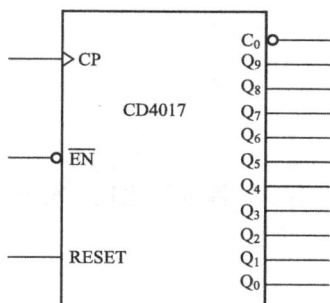

图 10-26　CD4017 逻辑符号

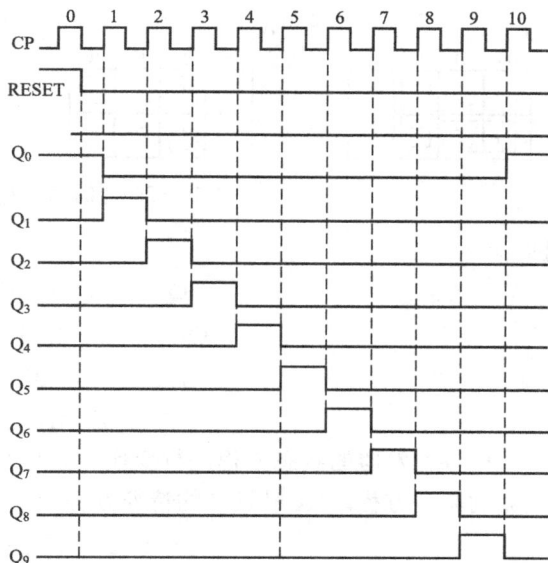

图 10-27　CD4017 时序图

*第三节　同步任意进制计数器的设计方法

时序逻辑电路的设计是较难掌握的内容，特别是异步时序逻辑电路的设计。计数器是典型的时序逻辑电路，下面以同步计数器为例，介绍同步时序逻辑电路的设计方法。

任意进制计数器可用集成电路计数器设计（上节已介绍），也可用触发器设计，下面介绍用触发器设计的同步任意进制计数器的设计方法和步骤。

【例 10-7】　设用下降沿有效的 JK 触发器设计一个同步七进制加法计数器。

解　（1）根据题意，确定触发器的数目和类型。触发器的数目和进制之间需满足：$2^k \geqslant$ N，其中，k 为所需触发器的数目，N 为所设计的计数器的进制。根据上式，求得 $k=3$，也即七进制计数器至少需 3 个触发器。

（2）根据题意，确定计数器的状态图。因为是七进制，所以需 7 个状态，其编码（这里用 8421BCD 码）状态图如图 10-28 所示。

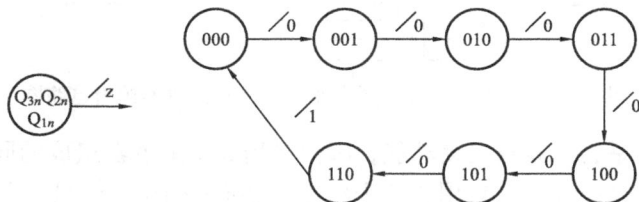

图 10-28　[例 10-6] 状态图

（3）根据状态图，分析并画出各触发器的次态卡诺图和进位（或叫输出）卡诺图，如图 10-29 所示。

（4）根据各触发器的次态卡诺图和进位卡诺图，求出各触发器的最简状态方程和进位方

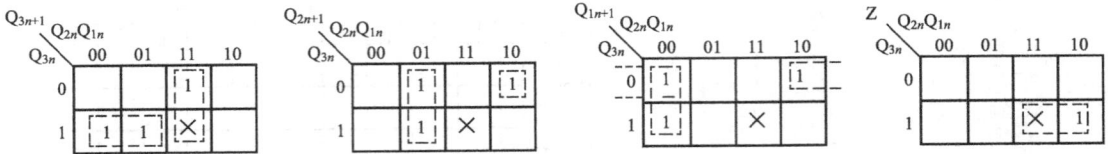

图 10-29　［例 10-7］状态卡诺图

程，即

$$Q_{3n+1}=Q_{2n}Q_{1n}+Q_{3n}\overline{Q}_{2n}$$

$$Q_{2n+1}=\overline{Q}_{2n}Q_{1n}+\overline{Q}_{3n}Q_{2n}\overline{Q}_{1n}$$

$$Q_{1n+1}=\overline{Q}_{2n}\overline{Q}_{1n}+\overline{Q}_{3n}\overline{Q}_{1n}$$

$$Z=Q_{3n}Q_{2n}$$

（5）把各触发器的状态方程进行变换，并与所用的触发器特征方程进行比较，分别求出各触发器的驱动方程。JK 触发器的特征方程为

$$Q_{n+1}=J\overline{Q}_n+\overline{K}Q_n$$

$$\because Q_{3n+1}=Q_{2n}Q_{1n}+Q_{3n}\overline{Q}_{2n}=Q_{2n}Q_{1n}(Q_{3n}+\overline{Q}_{3n})+Q_{3n}\overline{Q}_{2n}$$

$$=Q_{2n}Q_{1n}\overline{Q}_{3n}+(Q_{2n}Q_{1n}+\overline{Q}_{2n})Q_{3n}=J_3\overline{Q}_{3n}+\overline{K}_3Q_{3n}$$

$$Q_{2n+1}=\overline{Q}_{2n}Q_{1n}+\overline{Q}_{3n}Q_{2n}\overline{Q}_{1n}=J_2\overline{Q}_{2n}+\overline{K}_2Q_{2n}$$

$$Q_{1n+1}=\overline{Q}_{2n}\overline{Q}_{1n}+\overline{Q}_{3n}\overline{Q}_{1n}=(\overline{Q}_{2n}+\overline{Q}_{3n})\overline{Q}_{1n}=J_1\overline{Q}_{1n}+\overline{K}_1Q_{1n}$$

$$\therefore J_3=Q_{2n}Q_{1n},\quad K_3=Q_{2n}\overline{Q}_{1n}$$

$$J_2=Q_{1n},\quad K_2=Q_{3n}+Q_{1n}$$

$$J_1=\overline{Q}_{3n}+\overline{Q}_{2n},\quad K_1=1$$

（6）根据求得的驱动方程和进位方程画逻辑电路图如图 10-30 所示。

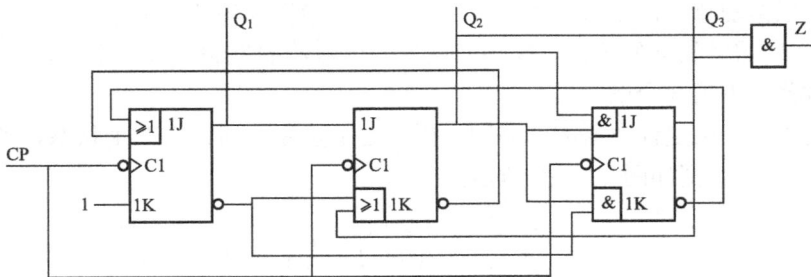

图 10-30　［例 10-7］同步加法七进制计数器逻辑电路图

（7）验算该电路是否具有自启动功能。因为是用 3 个触发器组成的同步逻辑电路，所以有 8 个逻辑状态，而在设计时，只用了 7 个状态，还有一个状态"111"没用。要验算该电路是否具有自启动功能，只要把没用上的状态（111）代入计数器的状态方程，求出其次态，即可判断出电路是否有自启动功能。若求出的状态为计数器有用循环状态中的某个状态，则有自启动功能，否则没有。

现把 111 代入计数器的状态方程求得其次态为 100，为有效循环中的一个，所以，该电路具有自启动功能。

小 结 (十)

(1) 时序逻辑电路的状态不仅与对应时刻的输入状态有关，而且还与电路前一时刻的状态有关，它的核心器件是触发器，最主要的特点是具有记忆功能。常见的时序逻辑电路一般有计数器、寄存器、顺序脉冲发生器等。

(2) 时序逻辑电路的一般分析步骤：时钟方程、驱动方程、输出方程、状态方程、状态表、状态图、时序图、分析功能等。

(3) 能对触发器输入时钟脉冲周期个数进行统计的时序逻辑电路，称为计数器。计数器的种类很多，常用的有同步或异步的二进制、十进制计数器等。集成计数器是目前的主流产品，其品种多、功能全且价格低廉，得到广泛使用。集成计数器还可以组成任意进制的计数器。计数器除可实现计数外，还可用作分频、脉冲分配等。

(4) 寄存器一般用于暂时存放用二进制数表示的数码、指令等。它具有清除、接收、存放及传送二进制数码的功能。寄存器有数码寄存器和移位寄存器等，通常也是使用集成寄存器，寄存器除有存储功能外，还可组成环形计数器和顺序脉冲发生器等。

(5) 所谓顺序脉冲发生器即各输出端依次输出脉冲的电路，通常也称脉冲分配器或节拍脉冲发生器，因其也是周期性工作，所以实际上也是一个计数器。

(6) 同步计数器的一般设计步骤：确定触发器的数目和种类、确定编码状态图、填次态卡诺图、求状态方程、变换状态方程并求出各触发器的驱动方程、画逻辑电路图、验算是否具有自启动功能。

知 识 能 力 检 验 (十)

一、填空题

1. 时序逻辑电路的核心器件是_____，它最主要的特点是具有_____功能。

2. 计数器是用来累计输入时钟脉冲的_____，按各触发器的时钟触发是否同步可分为_____计数器和_____计数器。

3. 寄存器中各触发器的时钟触发一般是_____方式。

4. 三位二进制计数器需用_____个触发器，它有_____个循环状态。

5. 四位寄存器需用_____个触发器，寄存的是_____进制数码，可寄存_____组数码。

二、选择题

1. 下列电路中不属于时序电路的是_____。

    (A) 顺序脉冲发生器   (B) 数码寄存器

    (C) 译码器   (D) 异步计数器

2. 如果一个寄存器的数码是"逐位输入，逐位输出"，则该寄存器是采用_____。

    (A) 并行输入、串行输出   (B) 并行输入和输出

    (C) 串行输入、并行输出   (D) 串行输入和输出

3. 在同一时钟脉冲信号作用下，同步计数器与异步计数器比较，工作速度_____。

    (A) 不确定   (B) 较慢   (C) 一样   (D) 较快

4. 下列触发器中，不能用于构成移位寄存器的是＿＿＿＿。

(A) JK 触发器　　　　　　　　(B) 同步 RS 触发器

(C) D 触发器　　　　　　　　 (D) 基本 RS 触发器

5. 组成一个同步六进制加法计数器至少需要＿＿＿＿个触发器。

(A) 2　　　　　(B) 3　　　　　(C) 4　　　　　(D) 6

三、判断题

1. 只有 D 触发器才可构成移位寄存器。　　　　　　　　　　　　　（　　）

2. 每输入一个周期时钟脉冲，数码寄存器中只有一个触发器状态发生变化。（　　）

3. 计数器的功能是统计输入脉冲的周期个数。　　　　　　　　　　　（　　）

4. 用 5 个触发器可以构成 36 进制计数器。　　　　　　　　　　　　（　　）

5. 用 3 个触发器可以构成 3 位十进制计数器。　　　　　　　　　　　（　　）

四、分析题

1. 逻辑电路如图 10-31 所示，试分析电路功能，并画出状态图和时序图。

2. 逻辑电路如图 10-32 所示，试分析电路功能，并画出状态图和时序图。

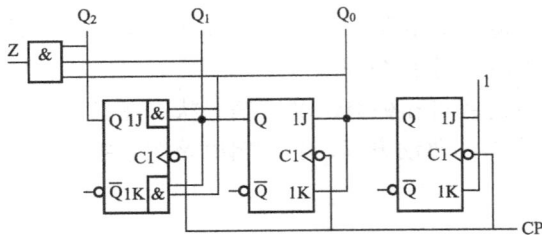

图 10-31　分析题 1 图

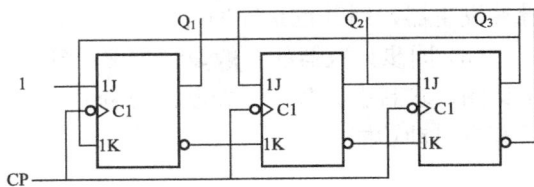

图 10-32　分析题 2 图

3. 逻辑电路如图 10-33 所示，试分析电路功能，并画出状态图和时序图。

4. 逻辑电路如图 10-34 所示，试分析电路功能，并画出状态图和时序图。

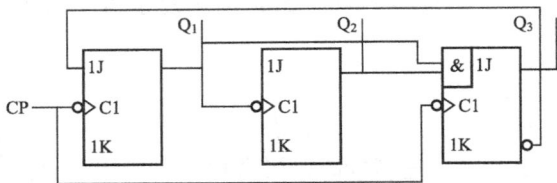

图 10-33　分析题 3 图

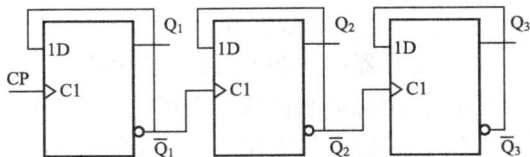

图 10-34　分析题 4 图

5. 逻辑电路如图 10-35 所示，试分析电路功能，并画出状态图和时序图。

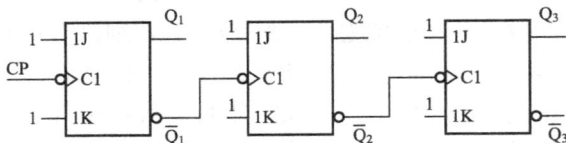

图 10-35　分析题 5 图

6. 逻辑电路如图 10 - 36 所示，已知各触发器的初态为 1000，试分析电路功能，并画出状态图和时序图。

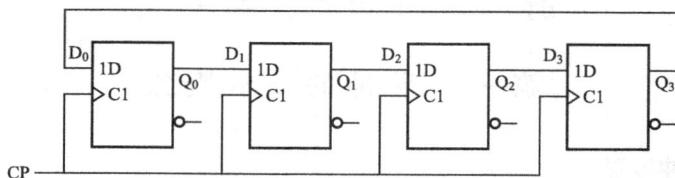

图 10 - 36　分析题 6 图

7. 逻辑电路如图 10 - 37 所示，已知各触发器的初态为 0000，试分析电路功能，并画出状态图和时序图。

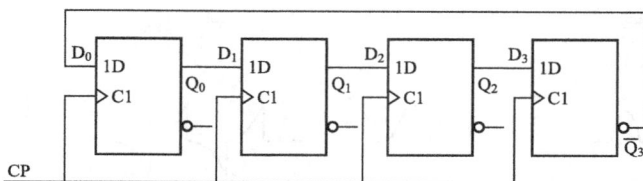

图 10 - 37　分析题 7 图

8. 试用 74LS163 的同步置数端设计一个 14 进制计数器。

9. 试用 74LS161 的异步清 0 端设计一个九进制计数器。

10. 试用两片 74HC393 设计一个 45 进制计数器。

11. 试用两片 74LS290 设计一个 27 进制计数器。

12. 试用两片 74LS194 设计一个 8 位右移移位寄存器。

*13. 试用上升沿有效的 D 触发器设计一个六进制同步计数器。

第十一章

脉冲波形的产生与变换

第一节　脉冲的基本概念

一、常用的脉冲波形

脉冲信号是指持续时间极短的电压或电流信号，常见的脉冲波形有：矩形波、锯齿波、尖脉冲、阶梯波等，如图 11 - 1 所示。

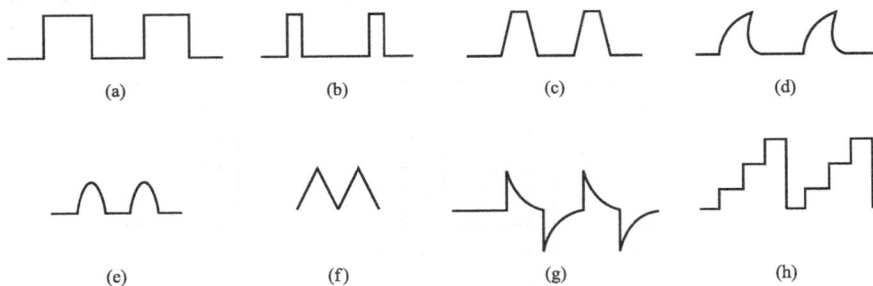

图 11 - 1　常见脉冲波形

（a）方波；（b）矩形波；（c）梯形波；（d）锯齿波；

（e）钟形波；（f）三角波；（g）尖峰波；（h）阶梯波

二、矩形波的主要参数

理想的矩形波如图 11 - 2 所示，而实际的矩形波如图 11 - 3 所示，矩形波的主要参数有：

（1）幅度 U_m。脉冲电压变化的最大值。

（2）上升时间 t_r。脉冲从幅度的 10% 处上升到幅度的 90% 处所需时间。

（3）下降时间 t_f。脉冲从幅度的 90% 处下降到幅度的 10% 处所需的时间。

（4）脉冲宽度 t_W。定义为前沿和后沿幅度为 50% 处的宽度。

（5）脉冲周期 T。对周期性脉冲，相邻两脉冲波对应点间相隔的时间。周期的倒数为脉冲的频率 f，即 $f = 1/T$。

（6）占空比 q。脉冲宽度 t_W 与周期 T 之比，即 $q = t_W/T$。

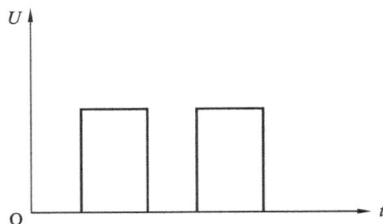

图 11 - 2　理想的矩形波

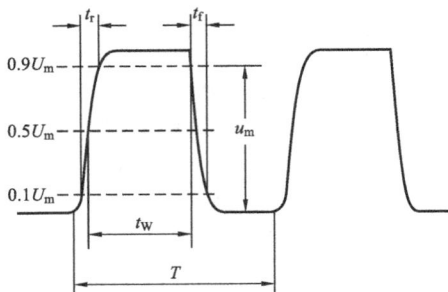

图 11 - 3　实际的矩形波波形

第二节　RC波形变换电路

RC电路在脉冲技术中应用很多，常用RC串联电路构成微分、积分、分压电路等，这些电路都是电容器的充、放电电路，但由于选取的时间常数不同，电阻R与电容C在接法上的差异，从而构成输出信号与输入信号之间特定的（微分、积分或分压）关系，在输出端获得尖脉冲信号或锯齿波信号等。下面介绍常用的RC微分和RC积分电路。

一、微分电路

RC微分电路是一种常用的波形变换电路，能够将矩形脉冲波变换成尖脉冲，通常用来作为触发器、计数器及开关电路的触发信号。其电路和工作波形如图11-4所示。输出电压u_o取自电阻R两端。

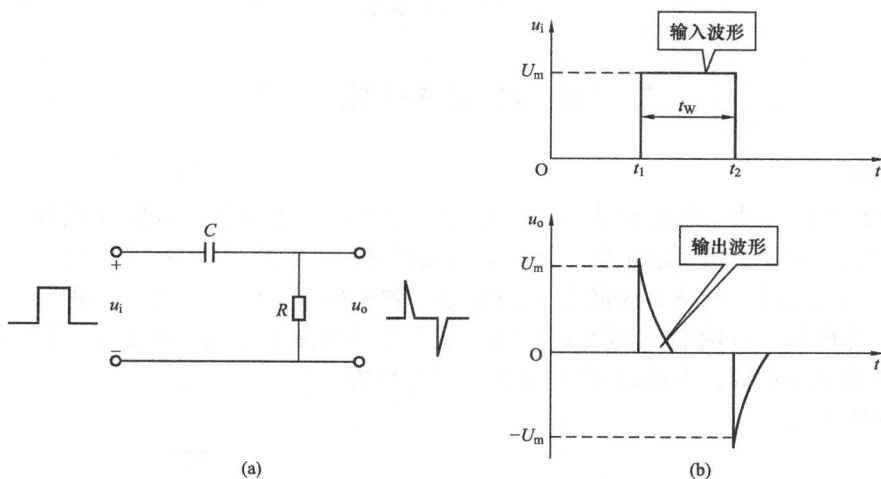

图11-4　RC微分电路
（a）电路；（b）波形图

设输入信号u_i是占空比为50%的矩形脉冲电压。当电路的时间常数$\tau=RC\ll t_W$时（一般取$\tau<0.2t_W$），电路的充放电过程将进行得很快。

由于$u_o=RC\dfrac{du_i}{dt}$，即输出电压u_o近似地与输入电压u_i微分成正比，故称该电路为RC微分电路。

二、积分电路

RC积分电路也是一种常用的波形变换电路，它可以把矩形波变换成锯齿波，其电路构成和波形如图11-5所示。通常用来作为数字电路的延时器、定时器的定时元件。在电视机中可利用积分电路从复合行、场同步信号中提取场同步脉冲信号。

积分电路与微分电路不同之处：一是输出电压取自电容C的两端；二是要求电路的充放电过程慢，即电路的时间常数$\tau=RC\gg t_W$。通常当$\tau\geqslant 3t_W$时即可认为条件满足。

由于$u_o=\dfrac{1}{RC}\displaystyle\int u_i dt$，即输出电压$u_o$近似地与输入电压$u_i$积分成正比，故称该电路为$RC$积分电路。

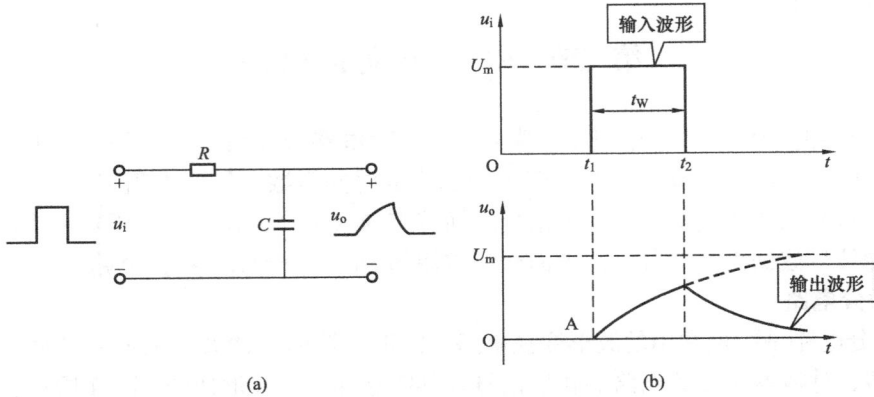

图 11-5　RC 积分电路

(a) 电路；(b) 波形图

第三节　集 成 555 定 时 器

一、概述

555 定时器是一种中规模集成电路，具有功能强，使用灵活、方便等优点，在数字设备、工业控制、家用电器、电子玩具等许多领域都得到了广泛的应用。555 定时器又称时基电路，按照内部元件不同分为双极型（TTL 型）和单极型（CMOS 型）两种。它们都有很宽范围的工作电压，虽然 CMOS 型定时器的最大负载电流要比双极型的小，但它们的功能和外引脚排列完全相同。下面以 TTL 型为例进行分析。

二、电路组成

555 定时器内部电路如图 11-6 所示，一般由分压器、比较器、基本 RS 触发器和放电管及输出等四部分组成。电路符号如图 11-7 所示。

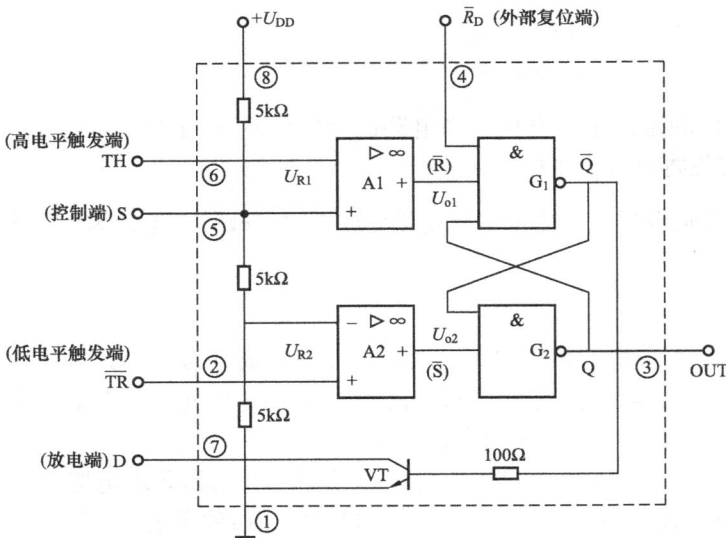

图 11-6　555 定时器内部电路图

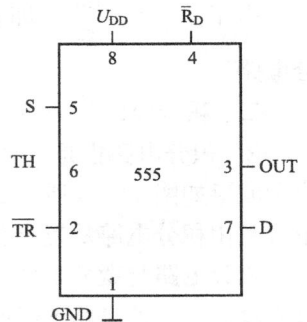

图 11-7　555 定时器电路符号

（1）分压器。分压器由三个等值的电阻串联而成，将电源电压 U_{DD} 分为三等份，作用是为比较器提供两个参考电压 U_{R1}、U_{R2}，若控制端 S 悬空或通过电容接地，则 $U_{R1} = \dfrac{2}{3} U_{DD}$，$U_{R2} = \dfrac{1}{3} U_{DD}$，若控制端 S 外加控制电压 U_S 时（$0 < U_S < U_{DD}$），则 $U_{R1} = U_S$，$U_{R2} = \dfrac{1}{2} U_S$。

（2）比较器。比较器是由两个结构相同的集成运放 A1、A2 构成。A1 用来比较参考电压 U_{R1} 和高电平触发端电压 U_{TH}，当 $U_{TH} > U_{R1}$，集成运放 A1 输出 $U_{o1} = 0$；当 $U_{TH} < U_{R1}$，集成运放 A1 输出 $U_{o1} = 1$。A2 用来比较参考电压 U_{R2} 和低电平触发端电压 $U_{\overline{TR}}$，当 $U_{\overline{TR}} > U_{R2}$，集成运放 A2 输出 $U_{o2} = 1$；当 $U_{\overline{TR}} < U_{R2}$，集成运放 A2 输出 $U_{o2} = 0$。

（3）基本 RS 触发器。当 $\overline{RS} = 01$ 时，$Q = 0$，$\overline{Q} = 1$；当 $\overline{RS} = 10$ 时，$Q = 1$，$\overline{Q} = 0$。

（4）放电管及输出。放电管由一个晶体三极管组成，其基极受基本 RS 触发器输出端 $\overline{Q}$ 控制。当 $\overline{Q} = 1$ 时，三极管导通，放电端 D 通过导通的三极管为外电路提供放电的通路；当 $\overline{Q} = 0$，三极管截止，放电通路被截断。

三、逻辑功能

当外部复位端 $\overline{R_D} = 0$ 时，输出 OUT $= 0$，其他输入端不起作用，即 $\overline{R_D}$ 优先级别最高。根据集成运放、基本 RS 触发器工作原理，结合放电管 VT 的工作状态分析可得到 555 定时器逻辑功能表见表 11 - 1。

表 11 - 1　　　　　　　　　　　　555 定时器逻辑功能表

$\overline{R_D}$	U_{TH}	$U_{\overline{TR}}$	$\overline{R}$	$\overline{S}$	OUT	VT
0	$\times$	$\times$	$\times$	$\times$	0	导通
1	$< \dfrac{2}{3} U_{CC}$	$< \dfrac{1}{3} U_{CC}$	1	0	1	截止
	$> \dfrac{2}{3} U_{CC}$	$> \dfrac{1}{3} U_{CC}$	0	1	0	导通
	$< \dfrac{2}{3} U_{CC}$	$> \dfrac{1}{3} U_{CC}$	1	1	保持	保持

四、主要参数

555 定时器主要参数见表 11 - 2，使用时应注意工作环境要满足参数要求。

表 11 - 2　　　　　　　　　　　　555 定时器主要参数

参　数	CMOS 型 CC7555	TTL 型 5G555	参　数	CMOS 型 CC7555	TTL 型 5G555
电源电压 U_{DD}（V）	3～18	4.5～16	复位端复位电压（V）	1	1
静态电源电流 I_{DD}（mA）	0.12	10	复位端复位电流（μA）	0.1	400
定时精度（%）	2	1	放电端放电电流（mA）	10～50	200
高电平触断电压 U_{TH}（V）			输出端驱动电流（mA）	1～20	200
高电平触发端电流 I_{TH}（μA）	0.00005	0.1	最高工作频率（kHz）	500	500
低电平触发端电压（V）					

在数字系统中，获得脉冲波形的方法主要有两种：一种是利用多谐振荡器直接产生；另一种是利用施密特触发器和单稳态触发器构成的整形电路对已有波形进行整形、变换得到。555 定时器是一种常用的多用途集成电路，只要其外部配接少量阻容元件就可构成施密特触发器、单稳态触发器和多谐振荡器。在下面的章节中将分别介绍。

第四节　单　稳　态　触　发　器

单稳态触发器如图 11-8（a）所示，输入触发脉冲信号加于 2 脚（$\overline{\text{TR}}$），$U_{\overline{\text{TR}}}=u_i$；6 脚（TH）和 7 脚（D）连接在一起通过电容 C 接地，$U_{\text{TH}}=u_C$。电路有两个状态：一个是稳态，另一个是暂稳态。当无触发脉冲输入时，单稳态触发器处于稳定状态；当有触发脉冲时，单稳态触发器将从稳定状态变为暂稳定状态，暂稳状态在保持一定时间后，能够自动返回到稳定状态。

一、电路结构及工作波形

555 定时器构成的单稳态触发器的电路结构及工作波形如图 11-8 所示。

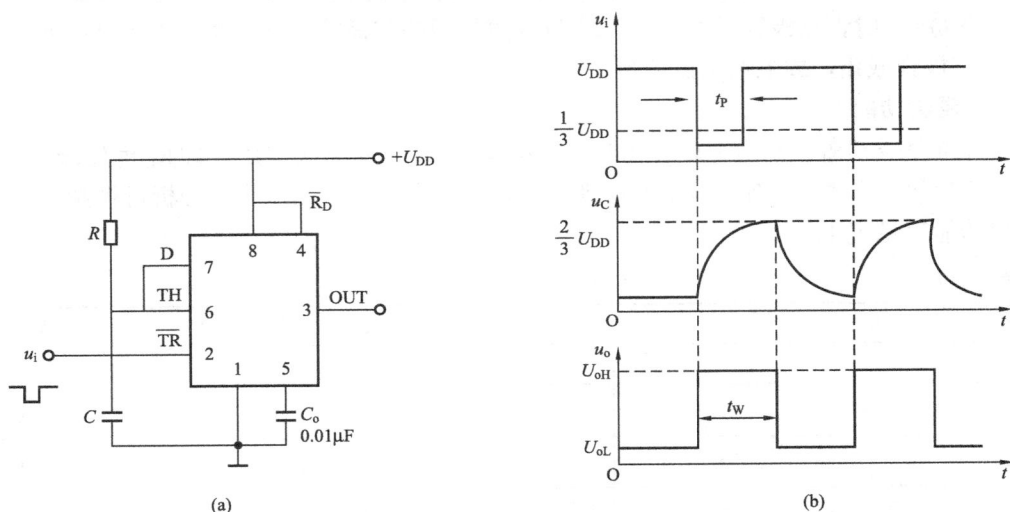

图 11-8　555 定时器构成的单稳态触发器
(a) 电路连接；(b) 工作波形

二、工作原理

（1）单稳态触发器无触发脉冲信号，即输入端 $u_i=$ "1" 时，当直流电源 $+U_{\text{DD}}$ 接通以后，电路经过一段过渡时间后，OUT 端最后稳定输出 0，放电端 D 通过导通的三极管接地，电容 C 两端电压为零。因高电平触发端 TH 和放电端 D 直接连接，所以高电平触发端 TH 被接地，即 $U_{\text{TH}}=0<\dfrac{2}{3}U_{\text{DD}}$，而 $U_{\overline{\text{TR}}}=u_i>\dfrac{1}{3}U_{\text{DD}}$，根据 555 定时器功能可知，此时电路保持原态 0 不变，这种状态即是单稳态触发器的稳定状态。

（2）单稳态触发器有触发脉冲信号，即 $u_i=0<\dfrac{1}{3}U_{\text{DD}}$ 时，由于 $U_{\overline{\text{TR}}}=u_i=0<\dfrac{1}{3}U_{\text{DD}}$，并且 $U_{\text{TH}}=0<\dfrac{2}{3}U_{\text{DD}}$ 则触发器输出由 0 变为 1，三极管由导通变为截止，放电端 D 与地断开；直流电源 $+U_{\text{DD}}$ 通过电阻 R 向电容 C 充电，电容两端电压按指数规律从零开始增加（充电时间常数 $\tau=RC$）；经过一个脉冲宽度时间 t_{P}，负脉冲消失，输入端 u_i 恢复为 1，即 $u_i=1>\dfrac{1}{3}U_{\text{DD}}$，由于电容两端电压 $u_C<\dfrac{2}{3}U_{\text{DD}}$，而 $U_{\text{TH}}=u_C<\dfrac{2}{3}U_{\text{DD}}$，所以输出保持原状态 1 不变，这

种状态即是单稳态触发器的暂稳状态。

（3）当电容两端电压充电，u_C 上升 $\frac{2}{3}U_{DD}$ 时，$U_{TH} = u_C \geqslant \frac{2}{3}U_{DD}$，又有 $U_{TR} > \frac{2}{3}U_{DD}$，那么输出就由暂稳状态"1"自动返回稳定状态"0"。如果继续有触发脉冲输入，就会重复上面的过程，如图 11-8（b）所示。

三、暂态时间（输出脉冲宽度）

暂稳状态持续的时间即为输出脉冲宽度 t_W，可以用三要素法求得 $t_W \approx 1.1RC$。

当一个触发脉冲使单稳态触发器进入暂稳定状态以后，t_W 时间内的其他触发脉冲对触发器就不起作用，只有当触发器处于稳定状态时，输入的触发脉冲才起作用。在单稳态触发器工作时，必须保证输入的负脉冲的幅值小于 $1/3U_{DD}$，宽度 $t_P < t_W$。当 $t_P > t_W$ 时，应对单稳态触发器的输入信号进行微分和限幅，如图 11-9 所示。

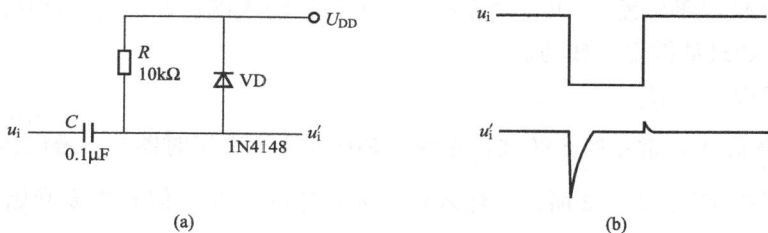

图 11-9　微分和限幅电路及波形
（a）电路；（b）工作波形

四、典型应用

单稳态触发器可以构成定时电路，与继电器或驱动放大电路配合，可实现自动控制、定时开关的功能，一个典型定时电路如图 11-10 所示。

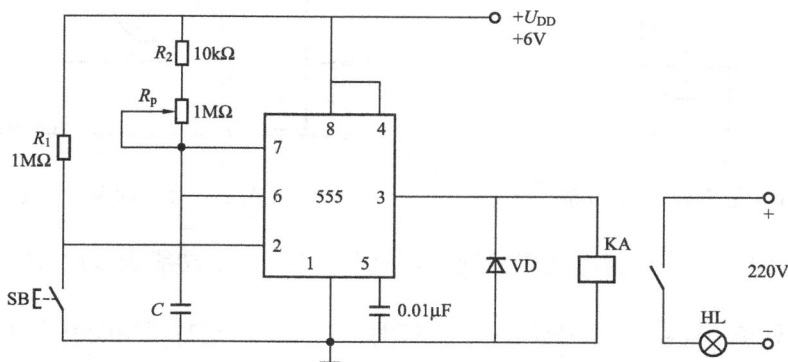

图 11-10　定时电路

当电路接通 +6V 电源后，经过一段时间进入稳定状态，定时器输出 OUT 为低电平，继电器 KA 线圈无通过电流，常开触点处于断路状态，故形不成导电回路，灯泡 HL 不亮。当按下按钮 SB 时，低电平触发端 $\overline{TR}$ 由接 +6V 电源变为接地，相当于输入一个负脉冲，使电路由稳定状态转入暂稳状态，输出 OUT 为高电平，继电器 KA 通过电流，使常开触点闭合，形成导电回路，灯泡 HL 发亮；暂稳定状态的出现时刻是由按钮 SB 何时按下决定的，

它的持续时间 t_W（也是灯亮时间）则是由电路参数决定，$t_W = 1.1(R_2 + R_W)C$，若改变电路中的电阻 R_W 或 C，均可改变 t_W。

第五节　施密特触发器

施密特触发器是一种脉冲变换电路，用来实现整形和鉴波。它可以将符合特定条件的输入信号变为对应的矩形波，这个特定条件是：输入信号的最大幅度 U_{max} 要大于施密特触发器中 555 定时器的参考电压 U_{R1}。施密特触发器在工业控制、民用电子产品等各领域都有广泛的应用。

一、电路结构及工作波形

由 555 定时器构成的施密特触发器如图 11-11 所示，定时器外接直流电源和地，高电平触发端 TH 和低电平触发端 $\overline{TR}$ 直接连接，作为信号输入端；外部复位端 $\overline{R_D}$ 接电源，控制端 S（第 5 脚）通过滤波电容接地。

二、工作原理

设输入信号 u_i 为最常见的正弦波，正弦波幅度大于 555 定时器的参考电压 $U_{R1} = \dfrac{2}{3}U_{DD}$，电路输入输出波形如图 11-12 所示。输入信号 u_i 从零时刻起，信号幅度开始从零逐渐增加并呈正弦形变化。

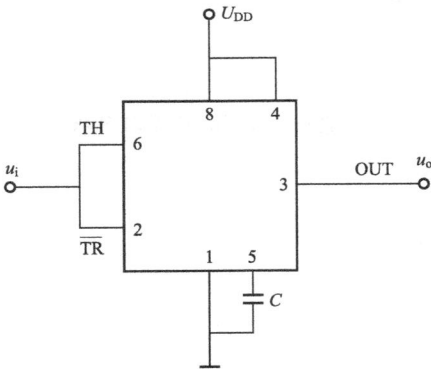

图 11-11　施密特触发器电路　　　　　图 11-12　输入输出波形

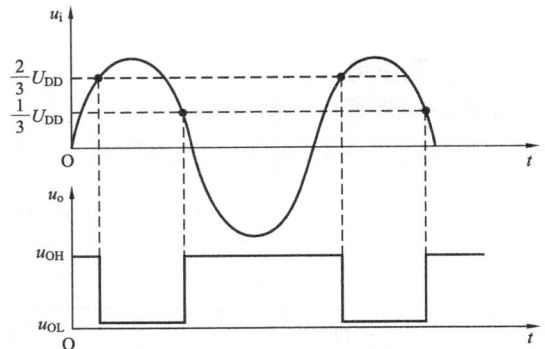

（1）当 u_i 处于 $0 < u_i < \dfrac{1}{3}U_{DD}$ 上升区间时，根据 555 定时器功能表可知 OUT＝"1"。

（2）当 u_i 处于 $\dfrac{1}{3}U_{DD} < u_i < \dfrac{2}{3}U_{DD}$ 上升区间时，根据 555 定时器功能表可知 OUT 仍保持原状态"1"不变。

（3）当 u_i 一旦处于 $u_i \geqslant \dfrac{2}{3}U_{DD}$ 区间时，根据 555 定时器功能表可知 OUT 将由"1"状态变为"0"状态，此刻对应的 u_i 值称为上限阈值电压 U_{T+}。

（4）当 u_i 处于 $\dfrac{1}{3}U_{DD} < u_i < \dfrac{2}{3}U_{DD}$ 下降区间时，根据 555 定时器功能表可知 OUT 保持原来状态"0"不变。

(5) 当 u_i 一旦处于 $u_i \leqslant \frac{1}{3} U_{DD}$ 区间时，根据 555 定时器功能表可知 OUT 又将"0"状态变为"1"状态，此时对应的 u_i 值称为下限阈值电压 U_{T-}。

(6) 把上、下限阈值电压之间的电压差称为回差电压，用 ΔU_T 表示，即 $\Delta U_T = U_{T+} - U_{T-}$。

若控制端 S 悬空或通过电容接地，$U_{T+} = \frac{2}{3} U_{DD}$，而 $U_{T-} = \frac{1}{3} U_{DD}$，则 $\Delta U_T = U_{T+} - U_{T-} = \frac{1}{3} U_{DD}$。其电压传输特性如图 11-13 所示。回差电压的存在，说明电路传输具有滞后特性。回差电压越大，施密

图 11-13 施密特触发器电压传输特性

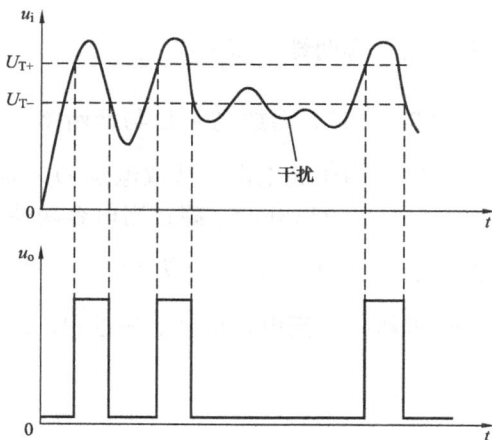

特触发器的抗干扰性越强，但施密特触发器的灵敏度也会相应降低。若控制端 S 外接控制电压 U_S，$U_{T+} = U_S$ 而 $U_{T-} = \frac{1}{2} U_S$，则 $\Delta U_T = U_{T+} - U_{T-} = \frac{1}{2} U_S$。改变 U_S 值就能改变回差电压。

当施密特触发器输入一定时，其输出可以保持 OUT 为"0"或"1"的稳定状态，所以施密特触发器属双稳态电路。

三、典型应用

(1) 波形变换。将任何符合特定条件的输入信号变为对应矩形波输出信号，如图 11-12 所示。

(2) 幅度鉴别。输入信号为一串幅度不等的脉冲（底部有干扰），因为只有幅度大于 U_{T+} 的脉冲才能触发施密特触发器，在输出端得到矩形脉冲；幅度小于 U_{T+} 的脉冲不能触发电路，无脉冲输出，故消除了输入信号底部的干扰，如图 11-14 所示（施密特触发器输出加了反相器，输出与输入同相）。

(3) 脉冲整形。在数字电路中，矩形脉冲经过传输后会发生畸变，通过施密特触发器后可得到理想的矩形波。只要合理选择 U_{T+}、U_{T-} 大小就能得到良好的整形效果，如图 11-15 所示（施密特触发器输出加了反相器，输出与输入同相）。

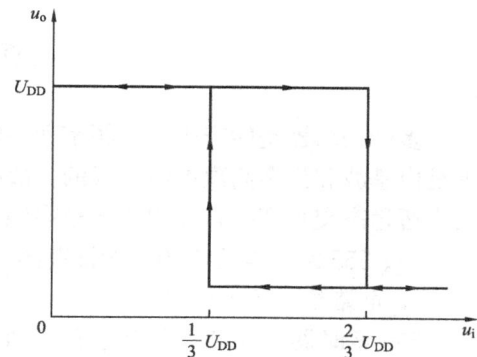

图 11-14 利用施密特触发器进行幅度鉴别

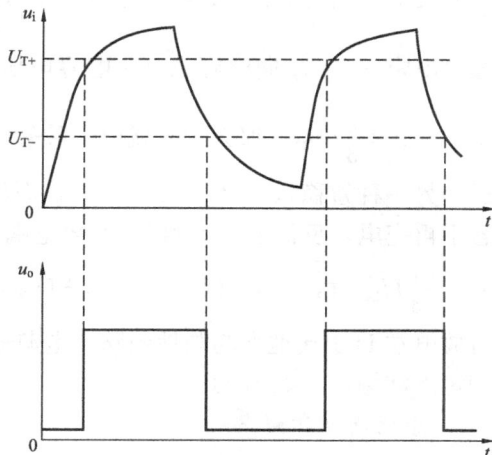

图 11-15 利用施密特触发器进行脉冲整形

第六节 多 谐 振 荡 器

多谐振荡器是能产生一定频率和一定幅度的矩形波信号的自激振荡器，由于矩形脉冲波形是由基波和许多高次谐波组成的，故称为多谐振荡器。电路的特点是没有稳定状态，只有两个暂稳态交替变换，故也称无稳态触发器。

一、555定时器构成的多谐振荡器

1. 电路结构及工作波形

555定时器和外接电阻 R_1、R_2，外接电容 C 构成图 11-16 所示的多谐振荡器，它是利用电容 C 的充、放电来使 555 定时器工作状态不断翻转变化的，其工作波形如图 11-17所示。

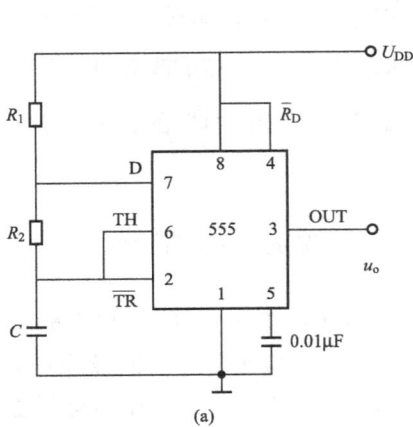

图 11-16 多谐振荡器电路

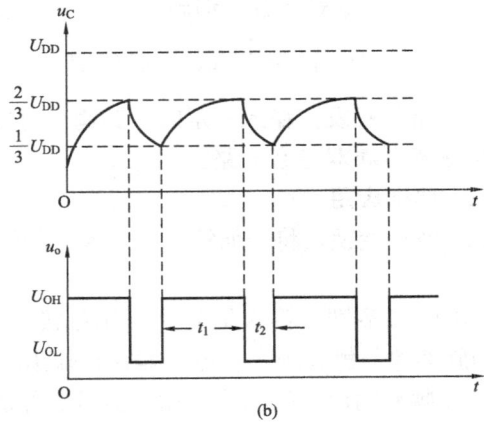

图 11-17 工作波形

2. 工作原理

如图 11-16 所示，假定零时刻电容初始电压为零，零时刻接通电源后，因电容两端电压不能突变，则有 $U_{TH}=U_{\overline{TR}}=u_C=0<\dfrac{1}{3}U_{DD}$，OUT＝"1"，放电端 D 与地断路，直流电源通过电阻 R_1、R_2 向电容充电，电容电压开始上升；当电容两端电压 $u_C\geqslant\dfrac{2}{3}U_{DD}$ 时，$U_{TH}=U_{\overline{TR}}=u_C\geqslant\dfrac{2}{3}U_{DD}$，那么输出就由一种暂稳状态（OUT＝"1"，而放电端 D 与地断路）自动返回另一种暂稳状态（OUT＝"0"，而放电端 D 开路），由于充电电流从放电端 D 入地，电容不再充电，反而通过电阻 R_2 和放电端 D 向地放电，电容电压开始下降；当电容两端电压 $u_C\leqslant\dfrac{1}{3}U_{DD}$ 时，$U_{TH}=U_{\overline{TR}}=U_C\leqslant\dfrac{1}{3}U_{DD}$，那么输出就由 OUT＝"0" 变为 OUT＝"1"，同时放电端 D 由接地变为与地断路；电源通过 R_1、R_2 重新向 C 充电，重复上述过程，u_o 便得到矩形波输出，如图 11-17 所示。

3. 振荡周期和频率

振荡周期 $T=t_1+t_2$，其中，t_1 代表充电时间（电容两端电压从 $\dfrac{1}{3}U_{DD}$ 上升到 $\dfrac{2}{3}U_{DD}$ 所需时间），

$t_1 = 0.7(R_1 + R_2)C$，t_2 代表放电时间$\left(\text{电容两端电压从} \frac{2}{3} U_{DD} \text{下降到} \frac{1}{3} U_{DD} \text{所需时间}\right)$，$t_2 = 0.7R_2C$。因而有

$$T = t_1 + t_2 \approx 0.7(R_1 + 2R_2)C \tag{11-1}$$

$$f = \frac{1}{T} \approx \frac{1.43}{(R_1 + 2R_2)C} \tag{11-2}$$

对于矩形波，除了用幅度、周期来衡量外还存在一个占空比参数 q，即

$$q = \frac{t_1}{T} = \frac{t_1}{t_1 + t_2} = \frac{R_1 + R_2}{R_1 + 2R_2} \tag{11-3}$$

4. 占空比可调的多谐振荡器

图 11-17 所示电路只能产生固定不变占空比小于 50% 的矩形波，而若使占空比可调，应该从改变充、放电通路上想办法，将电路改成如图 11-18 所示电路形式，利用 VD1、VD2 单向导电特性将电容 C_1 充、放电回路分开，再加上电位器调节，便构成了占空比可调的多谐振荡器。U_{DD} 通过 R_A、VD2 向电容 C_1 充电，充电时间为 $T_1 \approx 0.7R_AC_1$；电容 C_1 通过 VD1、R_B 及 555 中的管子 VT 放电，放电时间为 $T_2 \approx 0.7R_BC_1$。可见，这种振荡器输出波形的占空比为

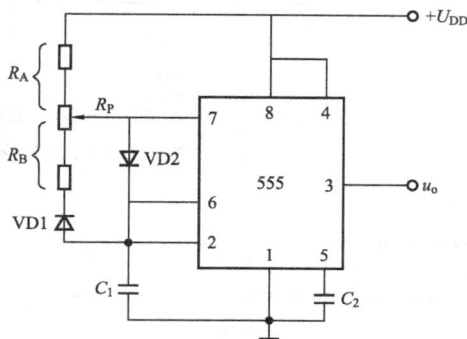

图 11-18　占空比可调的多谐振荡器

$$q = \frac{T_1}{T} = \frac{T_1}{T_1 + T_2} \approx \frac{0.7R_AC_1}{0.7R_AC_1 + 0.7R_BC_1} = \frac{R_A}{R_A + R_B} \% \tag{11-4}$$

调节 R_P 即可改变输出波形的占空比。

*二、CMOS 反相器构成的多谐振荡器

(一) RC 耦合多谐振荡器

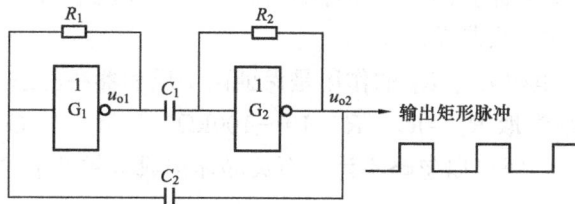

图 11-19　RC 耦合多谐振荡器

1. 电路结构

图 11-19 所示为 RC 耦合多谐振荡器电路，图中非门 G_1、G_2 连接成阻容耦合正反馈电路，使之产生振荡。电阻 R_1、R_2 的作用是保证两个反相器在静态时都能工作在线性放大区，一般取 $850\Omega \sim 2k\Omega$。

2. 工作原理

接通电源后，由于非门 G_1、G_2 存在差异，假设 G_2 输出电压 u_{o2} 较 G_1 输出电压 u_{o1} 高些，u_{o2} 通过 C_2 耦合使 G_1 的输入端电压升高，G_1 反相后输出电压 u_{o1} 下降，u_{o1} 经电容 C_1 耦合使 G_2 的输入端电压降低，由于 G_2 的反相作用输出电压 u_{o2} 进一步升高。通过以上正反馈过程最终使 G_1 输出低电平（0 态），G_2 输出高电平（1 态），电路进入第一暂稳态。

非门 G_2 输出高电平时通过 R_2 向 C_1 充电，G_2 的输入端电位 u_{i2} 逐渐上升。非门 G_1 输出低电平时电容 C_2 将通过 R_1 放电，导致 G_1 的输入端电位逐渐下降，最后使 G_1 输出高电平（1 态），G_2 输出低电平（0 态），电路进入第二暂稳态，如图 11-20（a）所示。

非门 G_1 输出高电平时将通过 R_1 对 C_2 充电，导致 G_1 输入端电位逐渐上升。电容 C_1 通过 R_2 放电，迫使 G_2 输入端电位逐渐下降，最后电路又从第二暂稳态回到第一暂稳态，如图 11-20（b）所示。

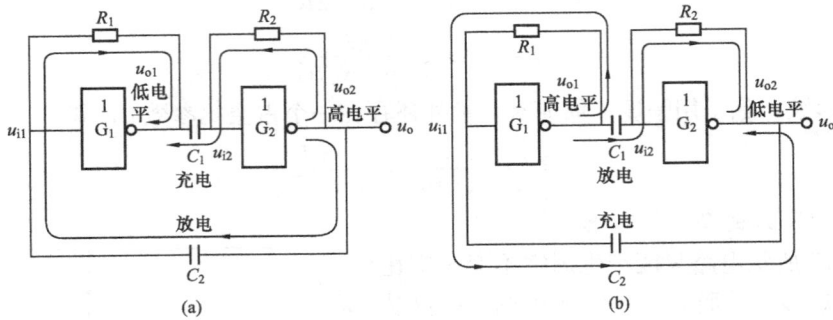

图 11-20　多谐振荡器的电容充放电分析

（a）C_1 充电 C_2 放电；（b）C_2 充电 C_1 放电

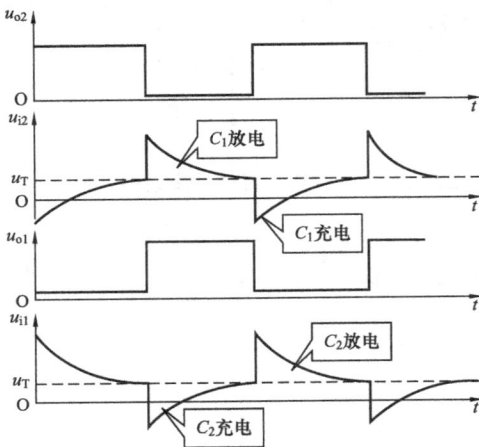

图 11-21　RC 耦合多谐振荡器工作波形

由于 C_1、C_2 不断充、放电，电路状态不断翻转，便产生了矩形波，图 11-21 为工作波形。

输出矩形脉冲的周期由电容充、放电的时间常数决定，当 $R_1=R_2=R$，$C_1=C_2=C$ 时，振荡周期为

$$T\approx 1.4RC \qquad (11-5)$$

（二）石英晶体多谐振荡器

前面介绍的多谐振荡器，振荡频率不仅取决于时间常数 RC，而且还取决于阈值电平，由于其极易受温度、电源电压等外界条件的影响，因而频率稳定性较差，在频率稳定性要求较高的场合，可采用石英晶体振荡器，简称晶振。例如计算机中的时钟脉冲即由晶振产生。

图 11-22 为常见的石英晶体多谐振荡器，电阻 R_1、R_2 的作用是保证两个反相器在静态时都能工作在线性放大区。对于 CMOS 门，则常取 $R_1=R_2=R=10\sim100\text{k}\Omega$；$C_1=C_2=C$ 是耦合电容，它们的容抗在石英晶体谐振频率 f_0 时可以忽略不计；石英晶体构成选频环节。振荡频率等于石英晶体的谐振频率 f_0。

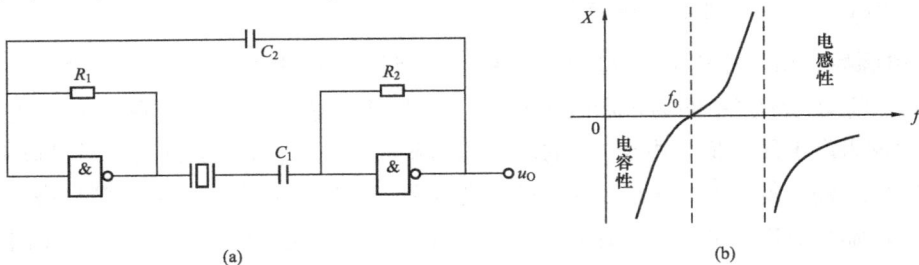

图 11-22　石英晶体多谐振荡器

（a）电路结构；（b）石英晶体谐振特性

*三、线性集成运放构成的多谐振荡器

用线性集成运放也可构成多谐振荡器，电路通常由反馈网络、延迟环节和开关特性电路组成的。积分电路的作用是产生暂态过程，迟滞比较器起开关作用，即通过开关不断的闭合、断开来破坏稳态，产生暂态过程。

（一）电路结构及工作波形

线性集成运放构成的多谐振荡器的电路和工作波形如图 11-23 所示。

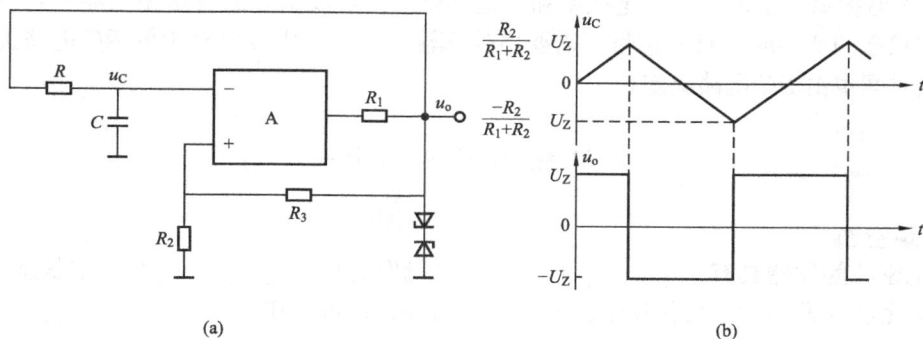

图 11-23　线性集成运放构成的多谐振荡器
(a) 电路图；(b) 工作波形

（二）工作原理

如图 11-23（a）所示，R_2、R_3 组成正反馈网络，R、C 组成负反馈网络，R_1 是限流电阻；迟滞比较器起开关作用；RC 积分电路构成充放电回路；双向稳压管 VZ 使输出电压幅度限制在其稳压值 $\pm U_Z$ 之内。

由迟滞比较器的分析 $U_T = u_{iP} = \pm \dfrac{R_2}{R_2 + R_3} U_Z$，$u_C$ 与 $\pm U_T$ 的比较结果影响 u_o 极性。设 $u_o = +U_Z$，而 C 未充电，$u_C < +U_T$，u_o 经 R 给 C 充电，其间只要 $u_C < +U_T$，则维持 $+U_Z$ 输出不变。由迟滞比较器传输特性曲线，当充电 $u_C > +U_T$ 时，输出变为 $-U_Z$，而 $u_o = -U_Z$，C 将通过 R 放电，u_C 降到 $-U_T$ 以下将重复充电过程，如此往复输出矩形波，如图 11-23（b）所示。

振荡周期

$$T = 2RC\ln\left(1 + \frac{2R_2}{R_3}\right) \tag{11-6}$$

改变 R、C 或 R_2、R_3 均可改变电路的振荡周期。

小　　结（十一）

（1）脉冲信号是指持续时间极短的电压或电流信号，常见的脉冲波形有矩形波、锯齿波、尖脉冲、阶梯波等。利用 RC 微分电路能够将矩形脉冲变换成尖脉冲；利用 RC 积分电路能够把矩形波变换成锯齿波。

（2）555 定时器主要由比较器、基本 RS 触发器、门电路构成。555 定时器功能强、使用灵活、方便，仅需外接阻容元件就可构成各种功能电路，其基本应用形式有三种：施密特触发器、单稳态触发器和多谐振荡器。

（3）施密特触发器具有电压迟滞特性，当输入电压处于参考电压 U_{T+} 和 U_{T-} 之间时，施密特触发器保持原来的输出状态不变，所以具有较强的抗干扰能力。施密特触发器常用于脉冲整形电路，脉冲变换和幅度鉴别电路。

（4）在单稳态触发器中，输入触发脉冲只决定暂稳态的开始时刻，暂稳态的持续时间由外部的 RC 电路决定，从暂稳态回到稳态时不需要输入触发脉冲。单稳态触发器可用于定时、脉冲的延时等。

（5）多谐振荡器是能产生一定频率和一定幅度的矩形波信号的自激振荡器，它没有稳定状态。在状态的变换时，触发信号不需要由外部输入，而是由其电路中的 RC 电路提供，状态的持续时间也由 RC 电路决定。

知 识 能 力 检 验 （十一）

一、填空题

1. 施密特触发器具有＿＿＿＿＿＿现象；单稳触发器只有＿＿＿＿＿＿个稳定状态。

2. 施密特触发器除了可作矩形脉冲整形电路外，还可以作为＿＿＿＿＿、＿＿＿＿＿。

3. 多谐振荡器在工作过程中不存在稳定状态，故又称为＿＿＿＿＿＿＿＿＿＿＿。

4. 常见的脉冲产生电路有＿＿＿＿＿，常见的脉冲整形电路有＿＿＿＿＿、＿＿＿＿＿。

5. 占空比是＿＿＿＿＿与＿＿＿＿＿的比值。

6. 为了实现高的频率稳定度，常采用＿＿＿＿＿振荡器；单稳态触发器受到外触发时进入＿＿＿＿＿。

二、选择题

1. 555 定时器的驱动电流可达＿＿＿＿＿。

  （A）2mA   （B）20mA   （C）200mA   （D）2A

2. 含有 RC 元件的脉冲电路，分析的关键是＿＿＿＿＿。

  （A）电容的充放电   （B）电阻两端的电压

  （C）门电路   （D）触发器

3. 单稳态触发器的暂稳态时间与＿＿＿＿＿密切相关。

  （A）触发信号的持续时间   （B）所用门电路的种类

  （C）其输出端的负载特性   （D）电路的时间常数

4. 将边沿变化缓慢的脉冲变成边沿陡峭的脉冲，可使用＿＿＿＿＿。

  （A）多谐振荡器   （B）施密特触发器

  （C）单稳态触发器   （D）微分电路

5. 用 555 定时器组成施密特触发器，当输入控制端 S 外接 10V 电压时，回差电压为＿＿＿＿＿V。

  （A）3.33   （B）5   （C）6.66   （D）10

6. 555 定时器不可以组成＿＿＿＿＿。

  （A）多谐振荡器   （B）单稳态触发器

  （C）施密特触发器   （D）JK 触发器

三、判断题

1. 多谐振荡器在外触发信号作用下输出矩形脉冲。 （　　）

2. 单稳态触发器有一个暂稳态和一个稳态。　　　　　　　　　（　　）

3. 占空比 q 是脉冲宽度与周期之比。　　　　　　　　　　　（　　）

4. 施密特触发器又称无稳态电路。　　　　　　　　　　　　（　　）

5. 施密特触发器的回差电压 $\Delta U_T = \dfrac{1}{3} U_{DD}$。　　　　　　　　（　　）

四、分析与计算题

1. 电路如图 11-24 所示。输入为 $U_H = 5V$，$U_L = 0V$ 的方波，频率 $f = 10kHz$，根据信号频率和电路时间常数 τ 的关系，定性画出下列三种情况下 U_o 的波形：（1）$R = 10k\Omega$，$C = 0.5\mu F$；（2）$R = 1k\Omega$，$C = 0.05\mu F$；（3）$R = 100\Omega$，$C = 5000pF$。

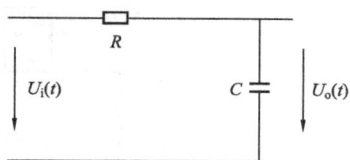

图 11-24　分析与计算题 1 图

2. 试用 555 定时器设计一个振荡周期 $T = 100ms$ 的方波脉冲发生器。给定电容 $C = 0.47\mu F$，试确定电路的形式和电阻的大小。

3. 试用 555 定时器设计一个占空比可调的多谐振荡器。电路振荡频率为 $10kHz$，占空比 $q = 0.2$，若取电容 $C = 0.01\mu F$，试确定电阻的阻值。

4. 试用 555 定时器设计一个单稳态电路，其输入、输出波形如图 11-25 所示。已知电源电压 $U_{DD} = 5V$，给定电容 $C = 0.47\mu F$，画出电路图，并确定电阻 R 的大小。

5. 在图 11-26 所示 555 构成的多谐振荡器电路中，已知 $R_1 = 1k\Omega$，$R_2 = 8.2k\Omega$，$R_3 = 8.2k\Omega$，$C = 0.4\mu F$，R_2 在中间位置。试求振荡周期 T，振荡频率 f，占空比 q。

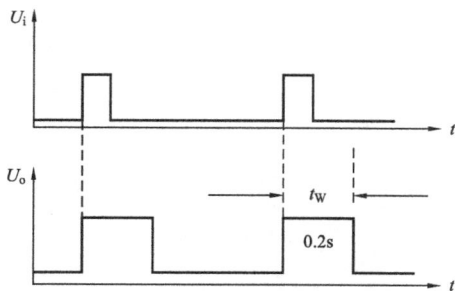

图 11-25　分析与计算题 4 图

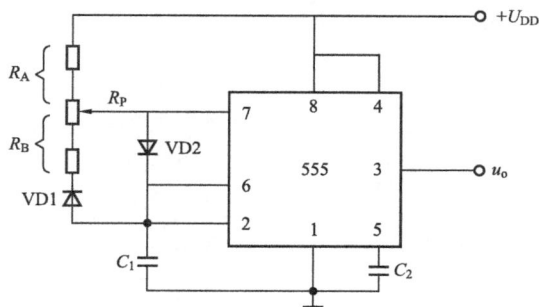

图 11-26　分析与计算题 5 图

6. 两片 555 定时器组成的电路如图 11-27 所示。

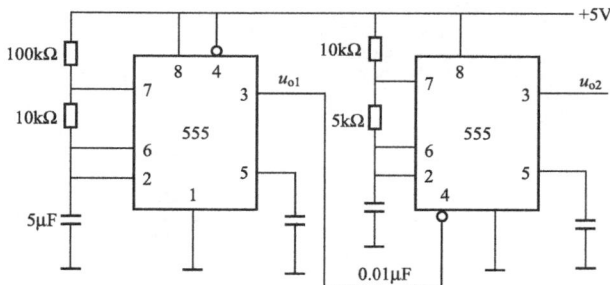

图 11-27　分析与计算题 6 图

（1）在图示元件参数条件下，估算 u_{o1} 和 u_{o2} 端的振荡周期 T 各为多少？

（2）定性画出 u_{o1} 和 u_{o2} 的波形，说明电路具备何种功能？

（3）若在 555（1）芯片的 5 管脚端接＋4V 电压，对电路的参量有何影响？

7. 电路如图 11－28（a）所示，若输入信号 u_i 如图 11－28（b）所示，请画出 u_o 的波形。

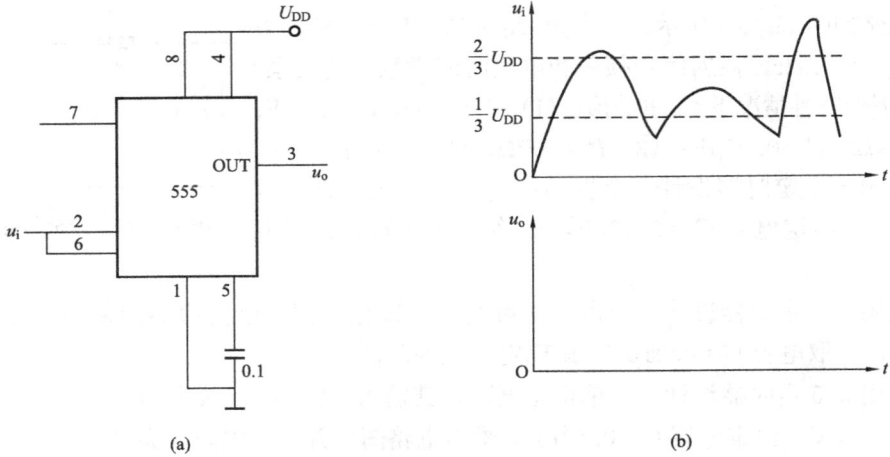

图 11－28　分析与计算题 7 图

第十二章

数 模 与 模 数 转 换 器

在电子电器设备的检测、控制系统中，模拟量与数字量之间的相互转换应用十分广泛。如温度、压力、位移、角度等，经传感器产生的模拟信号必须转换成数字信号后送入计算机，才能进行处理。处理后的信号又必须转换为模拟信号去控制执行机构。其处理过程如图 12-1 所示。

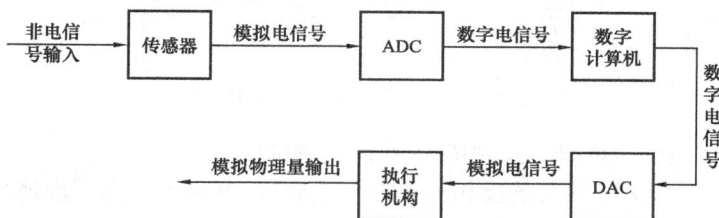

图 12-1　计算机控制系统信号处理过程示意图

从数字信号到模拟信号的转换称为数/模转换（D/A 转换），完成 D/A 转换的电路称 D/A 转换器（简称 DAC）；从模拟信号到数字信号的转换称为模/数转换（A/D 转换），完成 A/D 转换的电路称 A/D 转换器（简称 ADC）。

第一节　D/A 转 换 器 （DAC）

DAC 用于将输入的二进制数字量转换为与该数字量成比例的电压或电流。其组成框图如图 12-2 所示。图中，数据锁存器用来暂时存放输入的数字量，这些数字量控制模拟电子开关，将参考电压源 U_{REF} 按位切换到电阻译码网络中变成加权电流，然后经运放求和，输出相应的模拟电压，完成 D/A 转换过程。

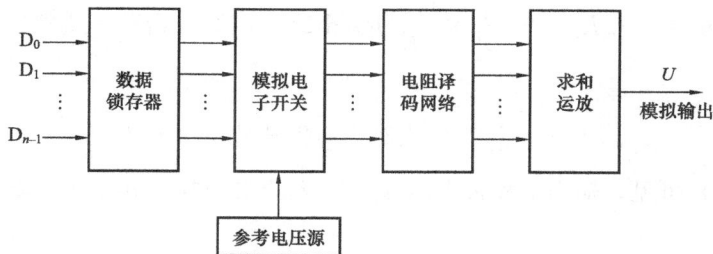

图 12-2　DAC 组成框图

DAC 的种类很多，按电阻译码网络的结构不同可分为权电阻型 DAC、T 形电阻网络 DAC 和倒 T 形电阻网络 DAC 等，下面介绍倒 T 形电阻网络 DAC。

一、倒 T 形电阻网络 DAC

1. 电路组成

图 12-3 所示为 4 位倒 T 形电阻网络 DAC，它由电阻译码网络（R 和 $2R$）、电子开关

（S0~S3）和运算放大器（A、R_f）三部分组成。

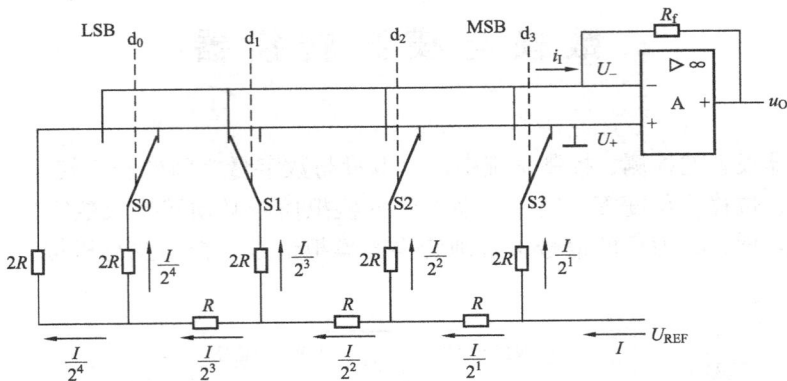

图 12 - 3 倒 T 形电阻网络 DAC

图中 S0~S3 为电子模拟开关，由输入数码 d_i 控制：

当 $d_i=1$ 时，S_i 接运算放大器反相输入端（虚地），电流入 P 点（虚地）求和电路；

当 $d_i=0$ 时，S_i 将电阻 $2R$ 接地，电流入地（实地）。

所以，无论 S_i 处于何种位置，与 S_i 相连的 $2R$ 电阻均接"地"（实地或虚地），电流不变。

2. 转换原理

（1）节点 A、B、C、D 以右，等效电阻为 $2R$，从基准电源 U_{REF} 看进去，总等效电阻为 R，故总电流 $I=U_{REF}/R$。

（2）每过一个节点，电流被分流 $1/2$，各支路的电流自左到右依次为 $I/2^4$、$I/2^3$、$I/2^2$、$I/2^1$。

（3）流入 U_- 端总电流为

$$i_i = \frac{I}{2^1}d_3 + \frac{I}{2^2}d_2 + \frac{I}{2^3}d_1 + \frac{I}{2^4}d_0$$

$$= \frac{1}{16} \times \frac{U_{REF}}{R}(d_3 2^3 + d_2 2^2 + d_1 2^1 + d_0 2^0)$$

（4）输出电压为

$$u_o = -i_i R_f = -\frac{1}{2^4} \times \frac{U_{REF}}{R}R_f(d_3 2^3 + d_2 2^2 + d_1 2^1 + d_0 2^0)$$

若取 $R_f=R$

$$u_o = -\frac{U_{REF}}{2^4} \times (d_3 2^3 + d_2 2^2 + d_1 2^1 + d_0 2^0) \tag{12-1}$$

从式（12-1）可见，输出的模拟电压 u_o 与输入的二进制数 d_3、d_2、d_1、d_0 成正比，实现了数模转换。

（5）将输入数字量扩展到 n 位，则有

$$u_o = -\frac{R_f}{R} \cdot \frac{U_{REF}}{2^n}\left[\sum_{i=0}^{n-1}(d_i \cdot 2^i)\right] \tag{12-2}$$

【例 12 - 1】 一个六位倒 T 形电阻网络 DAC，若 $U_{REF}=-10V$，$R_f=R$，求 $D=110101$ 时，u_o 为多少？

解 因为 $R_f=R$，所以 $u_o = -\frac{U_{REF}}{2^n}D_n = \frac{10}{2^6}(2^5 + 2^4 + 2^2 + 2^0) = 8.28$（V）

二、DAC 的主要参数

1. 分辨率

DAC 的分辨率是说明 DAC 输出最小电压的能力。它是指最小输出电压 U_{LSB}（对应的输入数字量仅最低位为 1）与最大输出电压 U_{FSR}（对应的输入数字量各有效位全为 1）之比，即

$$分辨率 = \frac{U_{LSB}}{U_{FSR}} = \frac{-\dfrac{U_{REF}}{2^n} \times 1}{-\dfrac{U_{REF}(2^n-1)}{2^n}} = \frac{1}{2^n-1}$$

因此，DAC 的位数越多，分辨率值就越小，能分辨的最小输出电压值也越小，即分辨率越高。

【例 12-2】　已知 8 位 DAC，其分辨率为多少？

解　因为 $n=8$，由公式可知，分辨率为 $\dfrac{1}{2^n-1}=0.0039$。

2. 转换精度

转换精度是指实际输出电压与理论输出电压之间的偏离程度，通常用最大误差与满量程输出电压之比的百分数表示。产生偏差的主要原因是模拟开关的导通电压、电阻网络的电阻值不尽相同等因素所致。

【例 12-3】　某 DAC 的满量程输出电压是 10V，如果误差 1%，则输出电压最大误差为 $\pm0.1V$（100mV），百分数越小精度越高。

3. 转换速度

指 DAC 从输入数字信号开始到输出模拟电压或电流达到稳定值时所用的时间，也称作建立时间，它是用于衡量数模转换快慢的重要参数，一般为几纳秒到几微秒，这个参数的值越小越好。

三、集成 DAC0832 简介

（一）DAC0832 结构

DAC0832 是常用的集成 DAC，它是用 CMOS 工艺制成的双列直插式 8 位 D/A 芯片，可以直接与 Z80、8080、8085、MCS51 等微处理器相连接。输入数据 $D_0 \sim D_7$ 经输入寄存器和 DAC 寄存器缓冲，再进入 D/A 转换模块，输出为电流型，即 I_{OUT1} 和 I_{OUT2}，且 I_{OUT2} 与 I_{OUT1} 的和为一个常数，即 $I_{OUT1}+I_{OUT2}=$ 常数。结构框图和引脚排列如图 12-4 所示。

DAC0832 由 8 位输入寄存器、8 位 DAC 寄存器和 8 位 D/A 转换器三大部分组成。它有两个分别控制的数据寄存器，可以实现两次缓冲，所以使用时有较大的灵活性，可根据需要接成不同的工作方式。

DAC0832 中采用的是倒 T 形 R-$2R$ 电阻网络，无运算放大器，是电流输出，使用时需外接运算放大器。芯片中已经设置了 R_f 端，使用时只要将第 9 脚接到运算放大器输出端即可。但若运算放大器增益不够，还需外接反馈电阻。

（二）DAC0832 管脚功能介绍

DAC0832 芯片上各管脚的名称和功能介绍如下。

(1) $\overline{CS}$：输入片选信号，低电平有效。

(2) ILE：输入锁存允许信号，高电平有效，它与 $\overline{CS}$、$\overline{WR_1}$ 共同控制输入寄存器选通。

(3) $\overline{WR_1}$：写信号 1，低电平有效，当 $\overline{CS}=0$，ILE$=1$ 时数据才能写入寄存器。

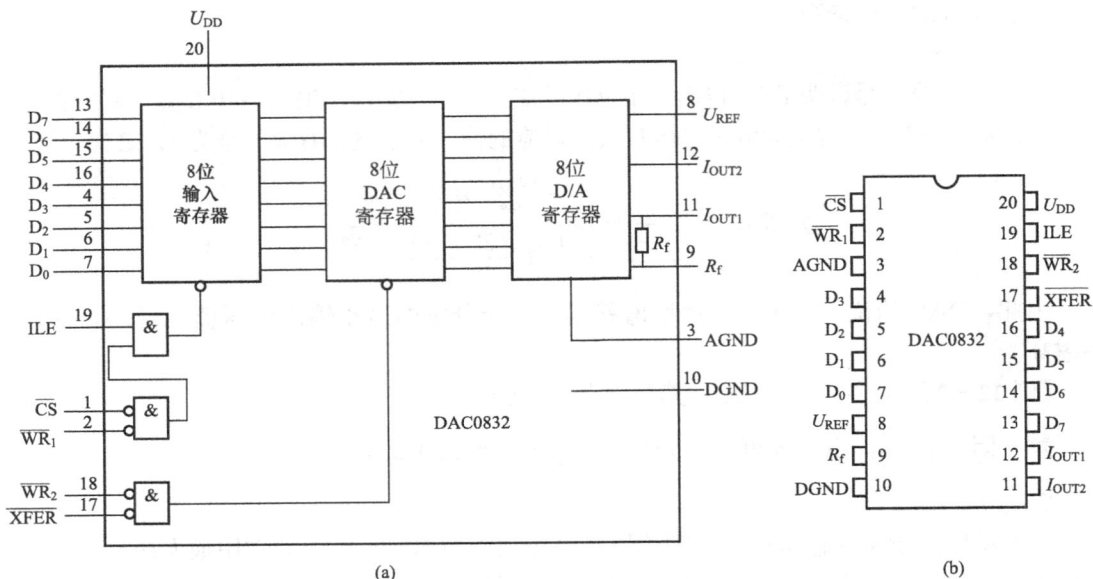

图 12 - 4　DAC0832 结构框图和引脚图

(a) 结构框图；(b) 引脚排列图

（4）$\overline{\text{WR}}_2$：写信号 2，低电平有效，它与$\overline{\text{XFER}}$配合，当二者均为 0 时将输入寄存器中的值写入 DAC 寄存器中。

（5）$\overline{\text{XFER}}$：数据传送控制信号，低电平有效，控制$\overline{\text{WR}}_2$选通 DAC 寄存器。

（6）$D_7 \sim D_0$：8 位的数据输入端，D_7 为最高位。

（7）I_{OUT1}：模拟电流输出端 1，当 DAC 寄存器中数据全为 1 时，输出电流最大；当 DAC 寄存器中数据全为 0 时，输出电流为 0。

（8）I_{OUT2}：模拟电流输出端 2，I_{OUT2} 与 I_{OUT1} 的和为一个常数，即 $I_{\text{OUT1}} + I_{\text{OUT2}} =$ 常数。

（9）R_f：外接反馈电阻端，DAC0832 内部已经有反馈电阻，所以 R_f 端可以直接接到外部运算放大器的输出端，这样相当于将一个反馈电阻接在运算放大器的输出端和输入端之间。

（10）U_{REF}：参考电压输入端，此端可接一个正电压，也可接一个负电压，它决定 0 至 255 的数字量转化出来的模拟量电压值的幅度，U_{REF} 范围可在 $-10 \sim +10\text{V}$。U_{REF} 端与 DAC 内部 T 形电阻网络相连。

（11）U_{DD}：数字部分的电源输入端，范围可在 $5 \sim 15\text{V}$。

（12）DGND：数字电路地。

（13）AGND：模拟电路地。

（三）DAC0832 三种工作方式

DAC0832 广泛运用于单片机上，可用单片机的信号对 $\overline{\text{CS}}$、$\overline{\text{WR}}_1$、$\overline{\text{WR}}_2$、$\overline{\text{XFER}}$ 和 ILE 端进行控制，或直接连接成各种工作方式。DAC0832 有三种基本工作方式：双缓冲器型、单缓冲器型和直通型，DAC0832 与单片机的连接如图 12 - 5 所示。

双缓冲器型如图 12 - 5（a）所示。采用二次缓冲方式，可在输出的同时，采集下一个数据，提高了转换速度；也可在多个转换器同时工作时，实现多通道 D/A 的同步转换输出。

单缓冲器型如图 12 - 5（b）所示。输入数据经输入寄存器直接存入 DAC 寄存器中并进

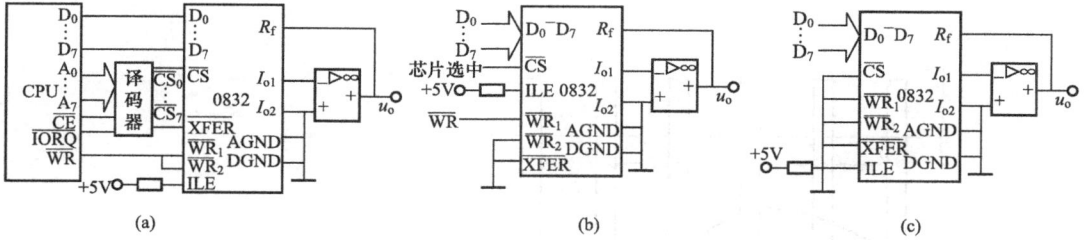

图 12-5　DAC0832 三种工作方式
（a）双缓冲器型；（b）单缓冲器型；（c）直通型

行转换。工作方式为单缓冲方式，即通过控制一个寄存器的锁存，达到使两个寄存器同时选通及锁存。这种工作方式适用于输入信号变化速度较快，不要求多片 D/A 同时输出时。此时只需一次写操作，就开始转换，提高了 D/A 的数据吞吐量。

直通型如图 12-5（c）所示。此时两个寄存器都处于常通状态，输入数据直接经两寄存器到 DAC 进行转换，故工作方式为直通型。输出随输入的变化随时转换。此方式适用于输入信号变化缓慢的场合。

实际应用时，要根据控制系统的要求来合理选择工作方式。

第二节　A/D 转换器（ADC）

一、A/D 转换的基本原理

A/D 转换是将模拟信号转换为数字信号。模拟信号是时间和幅值都连续，数字信号是时间和幅值都离散。时间离散化需经过采样、保持两步骤；幅值离散化需经过量化、编码两步骤。A/D 转换过程通过采样、保持、量化和编码四个步骤完成，如图 12-6 所示。

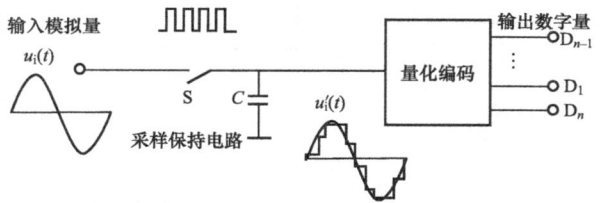

图 12-6　A/D 转换的四个步骤

1. 采样和保持

采样是将时间上连续变化的模拟信号转换为时间上离散的模拟信号，即转换为一系列等间隔的脉冲。其过程如图 12-7 所示。图中，u_i 为模拟输入信号，CP 为采样信号，u_o 为采样后输出信号。

采样电路实质上是一个受控开关，在采样脉冲 CP 有效期 τ 内，取样开关接通，使 $u_o = u_i$；在其他时间（$T_s - \tau$）内，输出 $u_o = 0$。因此，每经过一个取样周期，在输出端便得到输入信号的一个采样值。

为了不失真地用采样后的输出信号 u_o 来表示输入模拟信号 u_i，采样频率必须满足采样定理，即当采样频率不小于输入模拟信号最高频率的两倍时，采样信号可以不失真地恢复为原模拟信号，$f_s \geq 2f_{max}$。其中，f_s 为采样频率，f_{max} 为输入信号 u_i 的上限频率，即最高次谐波分量的频率。

ADC 把采样信号转换成数字信号需要一定的时间，需要将这个断续的脉冲信号保持一

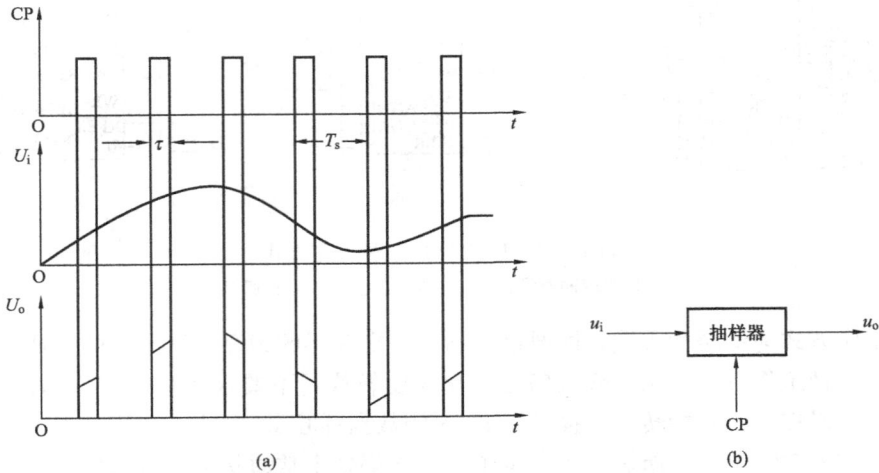

图 12 - 7 采样取样过程
(a) 采样工作波形；(b) 采样原理示意

定时间以便进行转换。如图 12 - 8 所示是一种常见的采样保持电路，它由采样开关、保持电容和缓冲放大器组成。

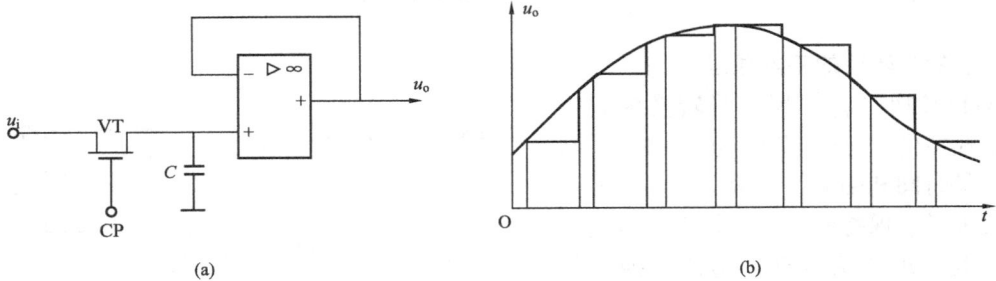

图 12 - 8 采样—保持电路
(a) 电路图；(b) 输出波形

在图 12 - 8 (a) 中，利用场效应管做模拟开关。在取样脉冲 CP 到来的时间 τ 内，开关接通，输入模拟信号 $u_i(t)$ 向电容 C 充电，当电容 C 的充电时间常数 t_C 时，电容 C 上的电压在时间 τ 内跟随 $u_i(t)$ 变化。取样脉冲结束后，开关断开，因电容的漏电很小且运算放大器的输入阻抗又很高，所以电容 C 上电压可保持到下一个取样脉冲到来为止。运算放大器构成跟随器，具有缓冲作用，以减小负载对保持电容的影响。在输入一连串取样脉冲后，输出电压 $u_o(t)$，其波形如图 12 - 8 (b) 所示。

2. 量化和编码

量化是将经采样—保持后的信号划分为某一最小量单位的整数倍，这一最小单位称为量化单位，用 △ 表示。输入的模拟信号经采样—保持后，得到的是阶梯形模拟信号，将阶梯形模拟信号的幅度等分成 n 级，每级规定一个基准电平值，然后将阶梯电平分别归并到最邻近的基准电平上。量化的方法一般有两种：只舍不入法和有舍有入法或称四舍五入法。

用二进制数码来表示各个量化电平的过程称为编码。图 12 - 9 表示了两种不同的量化编码方法。由于输入模拟电压幅值连续，不一定能被 Δ 整除，因而量化过程中不可避免会引入误差，称此误差为量化误差，最大可达 Δ。

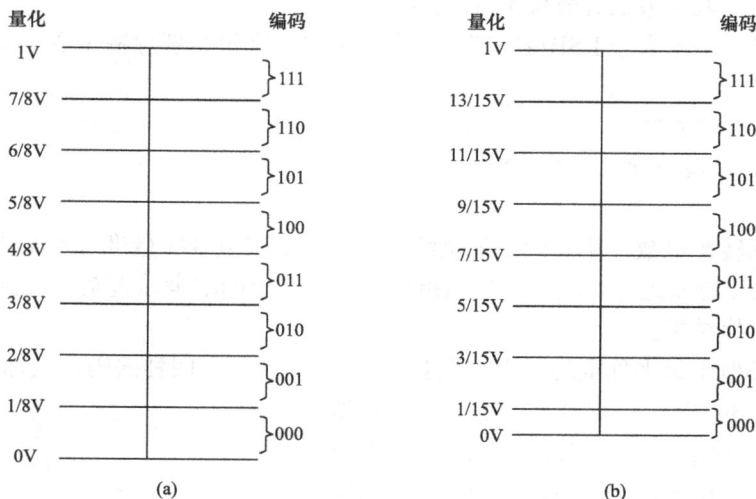

图 12 - 9 两种量化编码

(a) 只舍不入法；(b) 有舍有入法

（1）只舍不入法。当 $0 \leqslant u_i < \Delta$ 时，u_i 的量化值取 0；当 $\Delta \leqslant u_i < 2\Delta$ 时，u_i 的量化值取 Δ；当 $2\Delta \leqslant u_i < 3\Delta$ 时，u_i 的量化值取 2Δ。依此类推。可见采用只舍不入的量化方法，最大量化误差近似为一个最小量化单位 Δ。

（2）有舍有入法。当 $0 \leqslant u_i < 0.5\Delta$ 时，u_i 的量化值取 0；当 $0.5\Delta \leqslant u_i < 1.5\Delta$ 时，u_i 的量化值取 Δ；当 $1.5\Delta \leqslant u_i < 2\Delta$ 时，u_i 的量化值取 2Δ。依此类推。可见采用有舍有入的量化方法，最大量化误差不会超过 0.5Δ。

【例 12 - 4】 用两种量化方法，将 0~1V 之间的模拟电压信号转换为 3 位二进制代码。

解 采用只舍不入法时 $\Delta = \frac{1}{8}$V；采用有舍有入法时 $\Delta = \frac{2}{15}$V，编码如图 12 - 9 所示。

ADC 大致可分为并行比较型、逐次逼近型和积分型，本书仅介绍逐次逼近型和双积分型 ADC，其他的读者可以自己参考有关书籍。

二、ADC 的主要参数

1. 分辨率

ADC 的分辨率指 A/D 转换器对输入模拟信号的分辨能力。常以输出二进制码的位数 n 来表示。分辨率 $= \frac{1}{2^n}$FSR，其中，FSR 是输入的满量程模拟电压。位数越多，能分辨的最小模拟电压值就越小。

【例 12 - 5】 ADC 的输出为 12 位二进制数，最大输入模拟信号为 10V，其分辨率为多少？

解 $$分辨率 = \frac{1}{2^{12}} \times 10 = \frac{10}{4096} = 2.44 \text{（mV）}$$

2. 转换速度

转换速度是指完成一次 A/D 转换所需的时间。转换时间是从接到模拟信号开始，到输出端得到稳定的数字信号所经历的时间。转换时间越短，说明转换速度越高。

3. 相对精度

在理想情况下，所有的转换点应在一条直线上。相对精度是指实际的各个转换点偏离理想特性的误差，一般用最低有效位 LSB 的倍数来表示。

例如，转换误差不大于 LSB/2，即说明实际输出数字量与理想输出数字量之间的最大误差不超过 LSB/2。

三、逐次逼近型 ADC

（一）逐次逼近型 ADC 工作原理

1. 转换方法

根据设定的转换位数，从大到小依次给出各数位的权值数字量进行 DA 转换，分别得到不同的 u_o，使 U_o 与 u_i 进行比较，比较结果决定各数值位的取舍，直至 u_o 最逼近 u_i 为止，从而得到最终的转换结果。

转换过程类似于天平称重的过程：设有 8g、4g、2g、1g 四种砝码，被称重物为 13g。

(1)	8g	8g<13g	保留
(2)	8g+4g	12g<13g	保留
(3)	8g+4g+2g	14g>13g	去除
(4)	8g+4g+1g	13g=13g	保留

2. 工作原理

逐次逼近型 ADC 的工作原理如图 12-10 所示。

它由电压比较器 A、DAC、逐次逼近寄存器、时钟信号源和控制逻辑组成，能将转换的模拟电压 u_i 与一系列的基准电压比较。比较是从高位到低位逐位进行的，并依次确定各位数码是 1 还是 0。转换开始前，先将控制逻辑输入 ST=0，使逐次逼近寄存

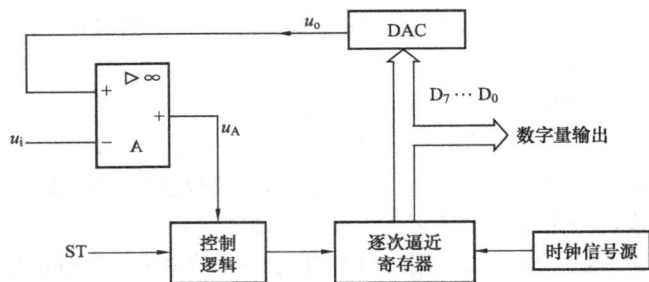

图 12-10　逐次逼近型 ADC 工作原理示意图

器（SAR）清 0，开始转换后，控制逻辑输入 ST=1，将逐次逼近寄存器（SAR）的最高位（MSB）置 1，使其输出为 100…000，这个数码被 D/A 转换器转换成相应的模拟电压 u_o，送至比较器与输入 u_i 比较。

（1）若 $u_i < u_o$，说明寄存器输出的数码大了，应将最高位改为 0（去码），同时设次高位为 1。

（2）若 $u_i \geq u_o$，说明寄存器输出的数码还不够大，因此，需将最高位设置的 1 保留（加码），同时也设次高位为 1。

（3）然后，再按同样的方法进行比较，确定次高位的 1 是去掉还是保留（即去码还是加码）。这样逐位比较下去，一直到最低位为止，比较完毕后，寄存器中的状态就是转化后的数字输出。

【例 12-6】　一个待转换的模拟电压 $u_i = 163mV$，确定 8 位逐次逼近型 ADC 的各寄存器状态。

解　各寄存器状态见表 12-1。

表 12-1　　　　　　　　　　　　　　**ADC 各寄存器状态表**

步骤	SAR 设定的数码								十进制读数	比较判别	结果
	128	64	32	16	8	4	2	1			
1	1	0	0	0	0	0	0	0	128	$u_i \geqslant u_o$	留
2	1	1	0	0	0	0	0	0	192	$u_i < u_o$	去
3	1	0	1	0	0	0	0	0	160	$u_i \geqslant u_o$	留
4	1	0	1	1	0	0	0	0	176	$u_i < u_o$	去
5	1	0	1	0	1	0	0	0	168	$u_i < u_o$	去
6	1	0	1	0	0	1	0	0	164	$u_i < u_o$	去
7	1	0	1	0	0	0	1	0	162	$u_i \geqslant u_o$	留
8	1	0	1	0	0	0	1	1	163	$u_i = u_o$	留
结果	1	0	1	0	0	0	1	1	163		

【例 12-7】　一个 8 位 A/D 转换器，设 $U_{R+} = 5.02V$，$U_{R-} = 0V$，计算当 u_i 分别为 0、2.5、5V 时所对应的转换数字量。

解　一个 n 位 A/D 转换器的模数转换表达式为

$$B = \frac{U_{IN} - U_{R-}}{U_{R+} - U_{R-}} \times 2^n$$

其中，n 表示 n 位 A/D 转换器；U_{R+}、U_{R-} 是基准电压源的正、负输入；u_i 是要转换的输入模拟量；B 是转换后的输出数字量。

$$B = \frac{u_i - U_{R-}}{U_{R+} - U_{R-}} \times 2^n = \frac{u_i - 0}{5.02 - 0} \times 2^8$$

解得输入模拟量分别为 0、2.5、5V 时，所对应的转换数字量分别为 00H、80H、FFH。

3. 逐次逼近型 ADC 的特点

(1) 速度较快。逐次比较型 A/D 转换器完成一次转换所需的时间与其位数和时钟脉冲频率有关，位数愈少，时钟频率愈高，转换所需时间越短。因此，这种 A/D 转换器具有转换速度较快。

(2) 精度较高。逐次比较型 A/D 转换器，就是将输入模拟信号与不同的参考电压做多次比较，使转换所得的数字量在数值上逐次逼近输入模拟量对应值。因此，转换精度较高。

(3) 转换时间固定。如 4 位 ADC 只需 4 个 CP 脉冲。

(4) 便于连接。一般输出带有缓冲器，便于与微机接口，应用较广泛。

逐次逼近型 ADC 主要应用在中高速数据采集、在线自动检测系统、动态监控系统中。

(二) 集成 ADC0809 简介

1. ADC0809 的结构

ADC0809 是常见的集成 ADC。它是采用 CMOS 工艺制成的 8 位 8 通道单片 A/D 转换器，采用逐次逼近型 ADC。ADC0809 的结构框图及引脚排列图如图 12-11 所示。它由八路模拟开关、地址锁存与译码器、ADC、三态输出锁存缓冲器组成。ADC0809 由 +5V 供电，可对 8 路 0～5V 的输入模拟电压分时进行转换，通常完成一次转换约需 100μs，适用于分辨率较高而转换速度适中的场合。

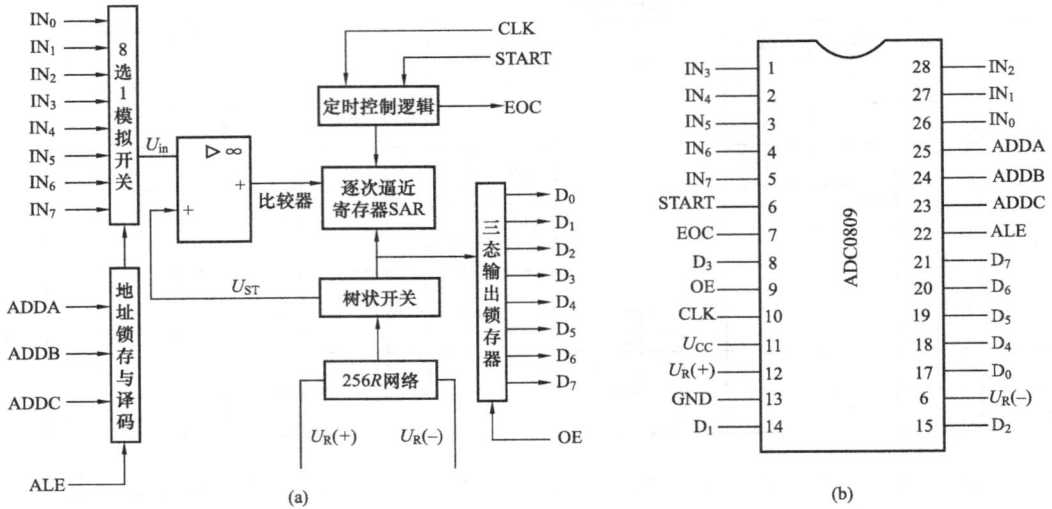

图 12-11　ADC0809 结构框图及引脚排列图

（a）结构框图；（b）引脚排列图

2. ADC0809 芯片上各引脚的名称和功能

（1）IN$_0$～IN$_7$：八路单端模拟输入电压的输入端。

（2）$U_{R(+)}$、$U_{R(-)}$：基准电压的正、负极输入端。由此输入基准电压，其中心点应在 $U_{CC}/2$ 附近，偏差不应超过 0.1V。

（3）START：启动脉冲信号输入端。当需启动 A/D 转换过程时，在此端加一个正脉冲，脉冲的上升沿将所有的内部寄存器清零，下降沿时开始 A/D 转换过程。

（4）ADDA、ADDB、ADDC：模拟输入通道的地址选择线。其通道信号与编码的对应关系见表 12-2。

表 12-2　　　　　　　　　　ADC0809 的通道选择编码表

ALE	ADDC	ADDB	ADDA	接通信号	ALE	ADDC	ADDB	ADDA	接通信号
1	0	0	0	IN0	1	1	0	1	IN5
1	0	0	1	IN1	1	1	1	0	IN6
1	0	1	0	IN2	1	1	1	1	IN7
1	0	1	1	IN3	0	×	×	×	均不通
1	1	0	0	IN4					

（5）ALE：地址锁存允许信号，高电平有效。当 ALE＝1 时，将地址信号有效锁存，并经译码器选中其中一个通道。

（6）CLK：时钟脉冲输入端。

（7）D$_0$～D$_7$：转换器的数码输出线，D$_7$ 为高位，D$_0$ 为低位。

（8）OE：输出允许信号，高电平有效。当 OE＝1 时，打开输出锁存器的三态门，将数据送出。

（9）EOC：转换结束信号，高电平有效。在 START 信号上升沿之后 1～8 个时钟周期内，EOC 信号输出变为低电平，标志转换器正在进行转换，当转换结束，所得数据可以读出时，EOC 变为高电平，作为通知接受数据的设备取该数据的信号。

3. ADC0809 工作时序图

结合图 12-11 结构框图，可将 ADC0809 的工作时序图表示如图 12-12 所示。

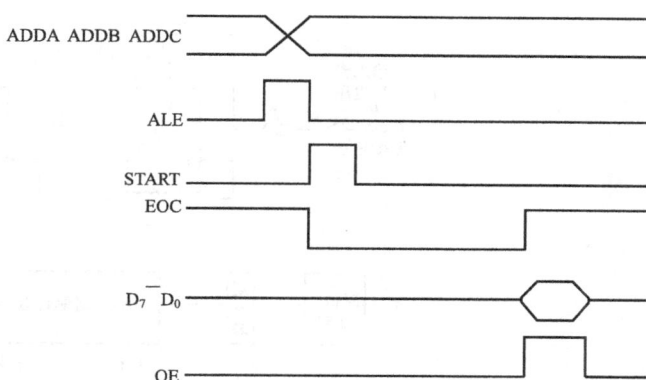

图 12-12　ADC0809 工作时序图

（三）ADC0809 典型应用接线图

ADC0809 很容易与微处理器 8080、8086 或 8031、MSC51 等接口配合使用，也可单独运用，典型应用如图 12-13 所示。

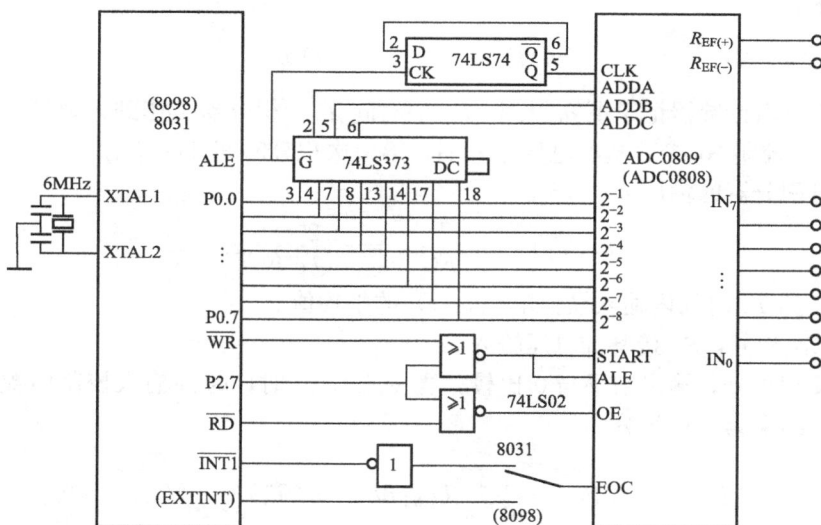

图 12-13　ADC0809 的应用

四、双积分型 ADC

（一）双积分型 ADC 工作原理

1. 双积分型 ADC 电路原理图

积分器先以固定时间 T_1 对 u_i 进行正向积分，输出端获得一个与 u_i 成正比的 $u_o(T_1)$，然后再对基准电压 U_{REF} 反向积分，积分器的输出将从 $u_o(T_1)$ 上升到零，此阶段的积分时间 T_2 与 $u_o(T_1)$ 成正比，即正比于 u_i，换句话说，电路将 u_i 大小转换成与之成正比的时间间隔宽度 T_2。显然，在 T_2 时间内计数器对时钟脉冲 CP 计得的个数 N_2 也正比于 u_i。因这种转换需两次积分才能实现，故称为双积分型 ADC。

2. 双积分型 ADC 工作原理

（1）准备阶段，计数器清零，积分电容放电，$u_o = 0V$。

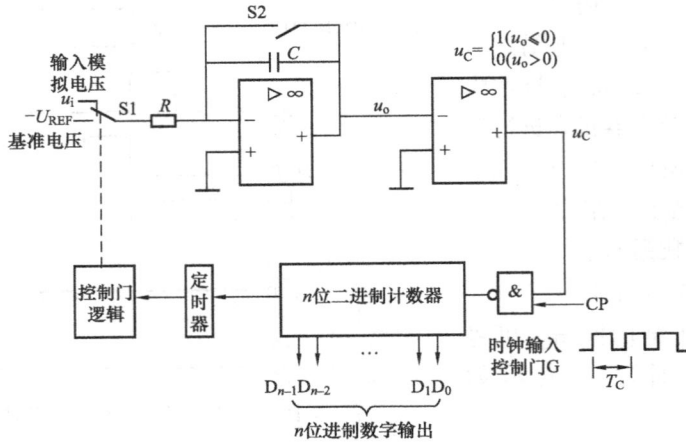

图 12-14 双积分型 ADC 电路原理图

（2）第一次积分，S1 接模拟电压输入。

输出电压 u_o 为

$$u_o(t) = -\frac{1}{RC}\int_0^{t_1} u_i(t)\,dt$$

第一段积分由计数器记录下 u_o 大小对应的时间 T_1，积分器工作到计数器溢出为止，此时定时器置 1，控制 S1 接通基准电压输入端。第一次积分时间 $T_1 = N_1/f_C = 2^n/f_C$，所以第一阶段结束时积分器的输出为

$$u_o(T_1) = -\frac{T_1}{RC}u_i = -\frac{2^n}{f_C}\frac{1}{RC}u_i$$

式中：u_i 为 0 到 T_1 时间内输入模拟电压 $u_i(t)$ 的平均值。

（3）第二次积分，S1 接基准电压输入。

由于是反相积分，输出结果与 0 比较，当 $u_o(t) > 0$ 时，时钟输入控制门被关闭，计数器停止计数，结束第二次积分。

由于

$$u_o(T_2) = u_o(T_1) + \frac{1}{RC}\int_0^{T_2} U_{REF}\,dt = u_o(T_1) + \frac{T_2}{RC}U_{REF} = 0$$

所以

$$T_2 = -\frac{RC}{U_{REF}}u_o(T_1) = \left(-\frac{RC}{U_{REF}}\right)\left(-\frac{2^n}{f_C}\frac{1}{RC}u_i\right) = \frac{2^n}{U_{REF}f_C}u_i$$

则第二次积分阶段计数器计数值为

$$N_2 = T_2 f_C = \frac{2^n}{U_{REF}}u_i$$

二次积分后，得到的计数值均值 N_2 在控制逻辑作用下，并行输出。在下次转换前，控制逻辑使计数器清零，并使电容放电，重复上述二次积分过程。

由上述分析可见，双积分型是将输入电压和基准电压转换成时间间隔（计数脉冲）进行比较。具有抗干扰能力强，对器件稳定性要求不高，输出二进制数的位数易做得很高，因此分辨率及精度较高。

（4）积分器输入、输出与计数脉冲的关系如图 12-15 所示。

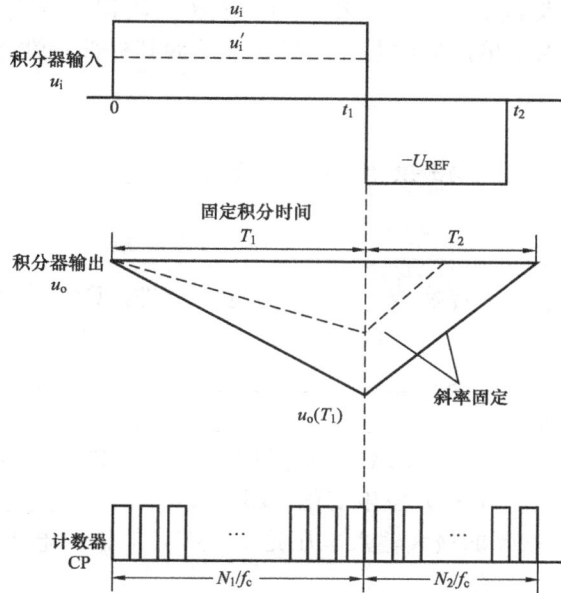

图 12-15 积分器输入、输出与计数脉冲关系

（二）双积分型 ADC 特点

（1）稳定性好。转换结果与时间常数 R、C 无关，从而消除了由于斜波电压非线性带来的误差。

（2）精度高。由于两次积分用同一个积分器，积分器本身的误差能抵消。

（3）抗干扰能力强。特别对平均值为 0 的干扰信号有很强的抑制能力。

（4）速度较慢。因为需两次积分，故速度较慢，一般每秒在几次以内。

双积分型 ADC 主要运用在低速数据采集系统和数字仪表（如数字万用表、高精度电压表）中。

小　　结（十二）

（1）DAC 和 ADC 是模拟信号与数字设备、数字系统之间不可缺少的接口部件。DAC 的原理是利用线性电阻网络来分配数字量各位的权，使输出电流与数字量成正比，然后利用运算放大器转换成模拟的电压输出。在 DAC 中，本章介绍了运用很广泛的倒 T 形电阻网络的 DAC 的工作原理。

（2）A/D 转换的过程是采样、保持、量化、编码的过程。构成 ADC 的基本思想是将输入的模拟电压与基准电压相比较（直接或间接比较），转换成数字量输出。在 ADC 中，介绍了逐次逼近型、双积分两种 ADC。逐次逼近型 ADC 转换速度比双积分型 ADC 转换速度快，但双积分型 ADC 精度高。

（3）使用 DAC 和 ADC 时最关心的是转换精度和转换时间。转换精度受芯片外部影响的因素主要有电源电压和参考电压的稳定度、运算放大器的稳定性、环境温度等，受芯片本身影响因素有分辨率、量化误差、相对误差、线性误差等。

（4）为了能对单片集成芯片 ADC 和 DAC 有感性认识，分别介绍了 DAC0832 型、ADC0809 型集成芯片。对于单片集成芯片，只要求掌握其外部特性，引脚功能，使用方法等即可。

知 识 能 力 检 验 （十二）

一、填空题

1. ADC 是将 _____ 量转换成 _____ 量的器件，DAC 是将 _____ 量转换成 _____ 量的器件。

2. DAC 主要包括 _____、_____、_____、_____ 四部分电路。

3. A/D 转换通常经过 _____、_____、_____、_____ 四个步骤。

4. 如果要将一个最大幅度为 5.1V 的模拟信号转换为数字信号，要求模拟信号变化 20mV 能使数字信号最低位（LSB）发生变化，那么应选用 _____ 位的转换器。

5. 已知 8 位 A/D 转换器的最大输入电压是 9.18V，对输入电压 $u_i = 5.410V$ 时，电路输出的二进制数是 _____。

6. 7 位 D/A 转换器的分辨率百分数是 _____。

7. 逐次逼近 ADC 是由 _____、_____、_____、_____ 四部分所组成。

8. 集成电路 DAC0832 属 _____ 转换器，其外部引脚 $\overline{CS}$ 为 _____ 端，$D_0 \sim D_7$ 为 _____ 端，AGND 为 _____ 端，DGND 为 _____ 端。

二、选择题

1. 4 位倒 T 形电阻网络 DAC 的电阻网络的电阻取值有 _____ 种。
   （A）1   （B）2   （C）4   （D）8

2. 某 8 位 D/A 转换器，当输入全为 1 时，输出电压为 5.10V，当输入 $D = (00000010)_2$ 时，输出电压为 _____。
   （A）0.02V   （B）0.04V   （C）0.08V   （D）都不是

3. 为使采样输出信号不失真地代表输入模拟信号，采样频率 f_s 和输入模拟信号的最高频率 f_{imax} 的关系是 _____。
   （A）$f_s \leqslant f_{imax}$ （B）$f_s \geqslant f_{imax}$ （C）$f_s \geqslant 2f_{imax}$ （D）$f_s \leqslant 2f_{imax}$

4. 将幅值上、时间上离散的阶梯电平统一归并到最邻近的指定电平的过程称为 _____。
   （A）采样   （B）量化   （C）保持   （D）编码

5. ADC0809 是一种 _____ 的 A/D 集成电路。
   （A）并行比较型   （B）逐次逼近型
   （C）双积分型   （D）倒 T 形电阻网络型

6. 对 n 位 DAC，分辨率表达式为 _____。
   （A）$\dfrac{1}{2^{n-1}}$ （B）$\dfrac{1}{2^n}$ （C）$\dfrac{1}{2n-1}$ （D）$\dfrac{1}{2^n-1}$

三、判断题

1. ADC 的功能是将输入的数字信号转换为模拟信号。　　　　　　　　（　　）

2. DAC 的分辨率是与输入的数字位数成正比的。　　　　　　　　　（　　）

3. DAC 的转换时间是指输入数字量到输出模拟量的时间。　　　　　　（　　）

4. 逐次逼近型 ADC 是从数字的最低位开始逐步比较。　　　　　　　（　　）

5. ADC0809 集成电路属 D/A 转换器。　　　　　　　　　　　　　　（　　）

6. 双积分型 ADC 转换结果与时间常数 RC 有关。　　　　　　　　　（　　）

四、分析与计算题

1. 若要求 D/A 转换器的精度要小于 0.25%，至少应选多少位的 D/A 转换器？

2. 如图 12-16 倒 T 形电阻网络 DAC 中，已知参考电压 $U_{REF} = -10V$，试求：

（1）u_o 的输出范围。

（2）当 $D_3D_2D_1D_0 = 0110$ 时，u_o 等于多少？

3. 八位权电阻 D/A 转换器电路如图 12-17 所示。输入 $D = D_7D_6\cdots D_0$，相应的权电阻 $R_7 = R_0/2^7$，$R_6 = R_0/2^6$，$\cdots$，$R_1 = R_0/2^1$，已知 $R_0 = 10M\Omega$，$R_f = 50k\Omega$，$U_{REF} = 10V$。试求：

（1）求 u_o 的输出范围。

（2）输入 $D = 10010110$ 时的输出电压。

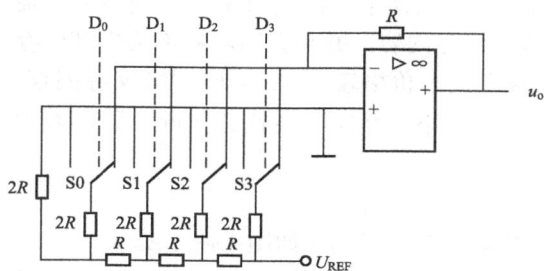

图 12-16　分析与计算题 2 图

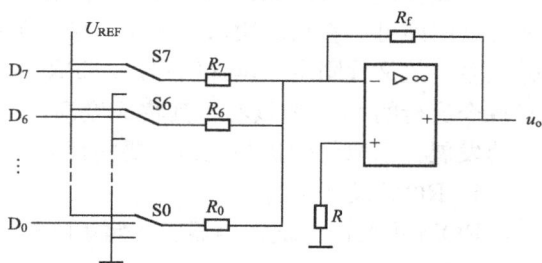

图 12-17　分析与计算题 3 图

4. 一个 8 位 A/D 转换器，设 $U_{R+} = 5V$，$U_{R-} = 0V$，计算当 u_i 分别为 2V、3V 时所对应的转换数字量。

5. 已知逐次逼近型 A/D 转换器中 12 位 D/A 转换器的输入 $D_{11}D_{10}\cdots D_0$ 是三位（分别是个，十，百位）8421BCD 码，D/A 转换器的最大输出电压 u_{omax} 为 12.0V。当输入 $u_i = 7.5V$ 时，电路的输出状态是什么？完成转换的时间是多少？设时钟 CP 的频率 $f_{CP} = 400kHz$。

6. 根据双积分 A/D 转换器的工作原理，试说明：

（1）第一次积分时间 T_1 的长短是由哪些参量决定的？时间常数 RC 是否会影响 T_1 大小，进而影响电路转换后的输出状态？

（2）第二次积分时间 T_2 的大小是由哪些参量决定的？u_i 和 U_{REF} 是否会影响 T_2，进而影响电路的输出状态？

7. 双积分 A/D 转换器的计数器位长为 8 位，$-U_{REF} = -10V$，$T_{CP} = 2\mu s$。试计算：

（1）$u_i = 7.5V$ 时，电路输出状态 D 及完成转换所需的时间 T。

（2）若已知转换后电路的输出状态 $D = 10000110$，求电路的输入 u_i 为多少？第一次积分时间 T_1 和第二次积分时间 T_2 各为多少？

第十三章

半导体存储器与可编程逻辑器件

第一节 半 导 体 存 储 器

存储器是数字系统中用于存储大量二进制信息的部件，可以存放各种程序、数据和资料。半导体存储器按照内部信息的存取方式不同分为只读存储器（ROM）和随机存取存储器（RAM）两大类。每个存储器的存储容量为字线×位线。ROM 所存数据稳定，断电后所存数据也不会改变。RAM 的数据易失，即一旦掉电，所存的数据全部丢失。

一、只读存储器（ROM）

只读存储器（ROM）按元件不同可分为 MOS 型和 TTL 型。按编程方式不同，有掩膜 ROM、可编程只读存储器（PROM）、电可擦可编程只读存储器（EEPROM）和快闪存储器（Flash ROM）。

只读存储器（ROM）是在制造时把信息存放在此存储器中，使用时不再重新写入，需要时读出即可；它只能读取所存储信息，而不能改变已存内容，并且在断电后不丢失其中存储内容，故又称固定只读存储器。EEPROM 集成度不高，价格较贵；FlashROM 又称闪存，是现今流行的 U 盘的核心，其集成度高、功耗低、体积小，又能在线快速擦除，因而获得飞速发展，已取代软盘并成为主要的存储媒体。

1. ROM 基本结构

ROM 主要由地址译码器、存储矩阵和输出缓冲器三部分组成，如图 13-1 所示。

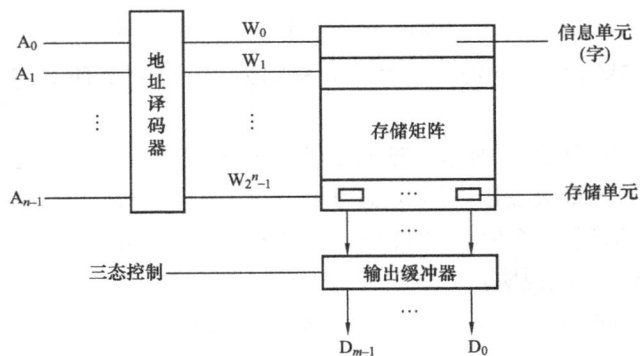

图 13-1 ROM 框图

每个存储单元中固定存放着由若干位组成的二进制数码——称为"字"。为了读取不同存储单元中所存的字，将各单元编上代码——称为地址。在输入不同地址时，就能在存储器输出端读出相应的字，即"地址"的输入代码与"字"的输出数码有固定的对应关系。存储矩阵有 2^n 个存储单元，每个单元存放一个字，一共可以存放 2^n 个字；每字有 m 位，即容量为 $2^n \times m$（字线×位线）。

存储体可以由二极管、三极管或 MOS 管来实现。二极管矩阵 ROM 如图 13-2 所示，W_0、W_1、W_2、W_3 是字线，D_0、D_1、D_2、D_3 是位线，ROM 的容量即为字线×位线，所以图 13-2 所示 ROM 的容量为 $4 \times 4 = 16$，即存储体有 16 个存储单元。

2. 数据读取

当地址码 $A_1 A_0 = 00$ 时，译码输出使字线 W_0 为高电平，与其相连的二极管都导通，把高电平"1"送到位线上，于是 D_3、D_0 端得到高电平"1"，W_0 和 D_1、D_2 之间没有接二极管，故 D_1、D_2 端是低电平"0"。这样，在 $D_3 D_2 D_1 D_0$ 端读到一个字 1001，它就是该矩阵第

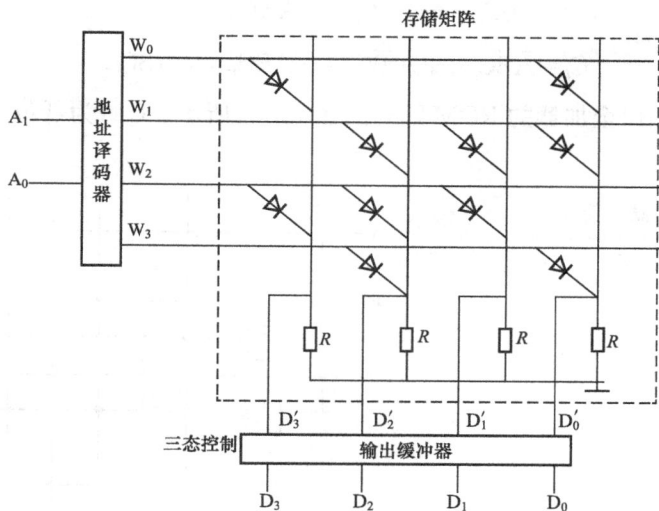

图 13 - 2 二极管 ROM 结构图

一行的字输出。在同一时刻，由于字线 W_1、W_2、W_3 都是低电平，与它们相连的二极管都不导通，所以不影响读字结果。当地址码 $A_1 A_0 = 01$ 时，字线 W_1 为高电平，在位线输出端 $D_3 D_2 D_1 D_0$ 读到字 0111，任何时候，地址译码器的输出决定了只有一条字线是高电平，所以在 ROM 的输出端只会读到唯一对应的一个字。在对应的存储单元内存入 1 还是 0，是由接入或不接入相应的二极管来决定的。图 13 - 2 中 ROM 的字线及其位输出情况见表 13 - 1。

表 13 - 1 字线及其位输出情况

地址输入		字线	位 输 出				地址输入		字线	位 输 出			
A_1	A_0	W_i	D_3	D_2	D_1	D_0	1	0	$W_2 = 1$	1	1	1	0
0	0	$W_0 = 1$	1	0	0	1	1	1	$W_3 = 1$	0	1	0	1
0	1	$W_1 = 1$	0	1	1	1							

ROM 电路的与、或矩阵除用二极管构成外，还可以用三极管或 MOS 管构成，其功能和结构相似，这里不再介绍。

3. 用 ROM 电路实现组合逻辑

图 13 - 2 所示，ROM 中的地址译码器形成了输入变量的最小项，即实现了逻辑变量的"与"运算；ROM 中的存储矩阵实现了最小项的或运算，即形成了各个逻辑函数。为简化图 ROM 的电路，与阵列中的垂直线 W_i 代表与逻辑，用交叉圆点代表与逻辑的输入变量；或阵列中的水平线 D_i 代表或逻辑，用交叉圆点代表字线输入，则可将图 13 - 2 所示电路化简成 ROM 矩阵逻辑图（ROM 阵列图），如图 13 - 3 所示。

【例 13 - 1】 用 ROM 实现一位二进制全加器。

解 全加器的真值表见表 13 - 2，A、B 为两个加数，C_{i-1} 为低位进位标志，S 为和，C_i 为高位进位标志。由表 13 - 2 可写出最小项表达式为

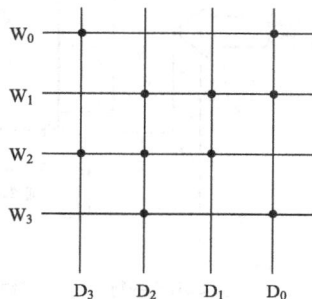

图 13 - 3 ROM 阵列图

$$S = \overline{A}\,\overline{B}C_{i-1} + \overline{A}B\,\overline{C_{i-1}} + A\overline{B}\,\overline{C_{i-1}} + ABC_{i-1}$$

$$C_i = \overline{A}BC_{i-1} + A\overline{B}C_{i-1} + AB\overline{C_{i-1}} + ABC_{i-1}$$

根据上式，可画出全加器的 ROM 阵列图如 13-4 所示，C_{i-1} 为低位进位标志，C_i 为高位进位标志。

表 13-2　全加器真值表

A	B	C_{i-1}	S	C_{i-1}
0	0	0	0	0
0	0	1	1	0
0	1	0	1	0
0	1	1	0	1
1	0	0	1	0
1	0	1	0	1
1	1	0	0	1
1	1	1	1	1

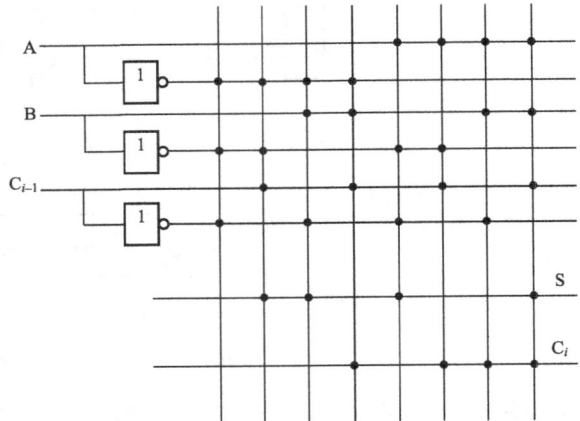

图 13-4　全加器的 ROM 阵列

二、随机存储器（RAM）

随机存取存储器（RAM）也叫做读/写存储器，既能方便地读出所存数据，又能随时写入新的数据。RAM 的缺点是数据易失，即一旦掉电，所存的数据全部丢失。

双极型 RAM 用晶体管触发器作为基本存储单元，其集成度低、功耗大，但速度较快，常作高速缓冲器；MOS 型 RAM 有静态随机存储器 SRAM 和动态随机存储器 DRAM 两大类。SRAM 是由 MOS 管触发器作存储单元，其记忆时间不受限制，不需要刷新，功耗较双极型 RAM 小；DRAM 靠存储单元内的小电容暂存电荷来记忆信息，但电容上电荷会逐渐泄漏，需要定时地给记忆电容来充电刷新以便周期性的再生，动态存储单元电路结构简单、集成度高，常用于大容量的随机存取的存储器中。

典型的 RAM 结构框图如图 13-5 所示，它包括地址译码器、存储矩阵和读写控制电路部分。其输入信号包括地址输入、读写控制输入 $R/\overline{W}$、片选控制输入 $\overline{CS}$ 和数据输入；输出信号为数据。

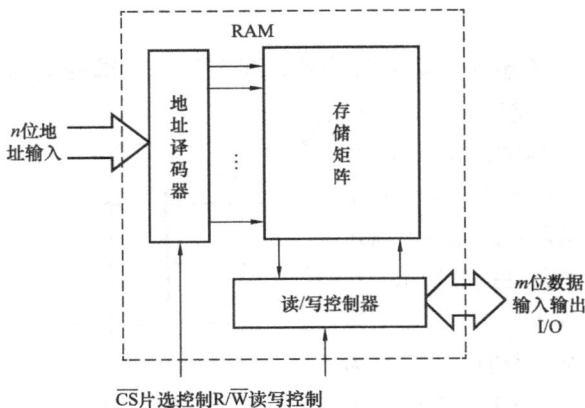

$\overline{CS}$ 片选控制 $R/\overline{W}$ 读写控制

图 13-5　RAM 的基本结构

（1）存储矩阵。由许多存储单元构成的。存储单元在存储矩阵中排列成若干行、若干列。例如，存储容量为 1024×1 的存储器，其存储单元可排列成 32 行 × 32 列的矩阵。

（2）地址译码器。地址译码器根据外部输入的地址，找到存储器中相应的唯一一个存储单元，在读写控制器的配合下数据通过输入输出 I/O 电路写入存储器或从存储器中读出。

（3）读写控制器。读写控制器决定数据是按指定地址存入存储矩阵，还是从存储矩阵中取出。$R/\overline{W}=1$ 时能维持原数据状态不变；$R/\overline{W}=0$ 时可以清除原存储数据，并输入新的数据。数据的输入输出通道是共用的，读出时作为输出端，写入时作为输入端。

（4）输入输出 I/O 电路。输入输出 I/O 电路是数据进、出存储矩阵的通道。通常数据先经缓冲放大再输入输出。输入、输出缓冲器常采用三态电路，便于多片存储器的 I/O 电路并联，以扩展存储容量。

（5）片选控制$\overline{CS}$。对于大容量的存储系统，需要多片 RAM 组成，而在读写时只对其中一片进行信息的存取。片选控制$\overline{CS}$使该片选中时，才进行数据的读写操作，其余未被选中的片的 I/O 线呈高阻状态，不能进行读写操作。

三、存储器容量的扩展

存储器芯片种类繁多，容量不一。当一片 RAM（或 ROM）不能满足存储容量位数（或字数）要求时，需要多片存储芯片进行扩展，形成一个容量更大的，字数、位数更多的存储器。扩展方法根据需要有位扩展、字扩展和字位同时扩展三种。

$$片数(N)=\frac{总存储容量}{每片存储容量片}$$

1. 位扩展

若一个存储器的字数用一片集成芯片已经够用，而位数不够用，则用"位扩展"方式将多片该型号集成芯片连接成满足要求的存储器。扩展的方法是将多片同型号的存储器芯片的地址线、读/写控制线（$R/\overline{W}$）和片选信号$\overline{CS}$相应连在一起，而将其数据线分别引出接到存储器的数据总线上。

【例 13-2】 现有 RAM2114 芯片若干片，需要构成 1K×16 位的存储器，需用多少片？画出接线图。

解 因 RAM2114 的容量为 1K×4 位，现在需要构成 1K×16 位的存储器，字线数正好够用，而位线数不够，所以需要进行位线扩展连接。

$$需要 RAM2114 的片数(N)=\frac{总存储容量}{每片存储容量}=\frac{1K×16 位}{1K×4 位}=4（片）$$

连接图如图 13-6 所示。第 0 片的数据线将作为整个 RAM 的低 4 位（$I/O_0 \sim I/O_3$），第 1 片的数据线作为整个 RAM 的第 4 位到第 7 位（$I/O_4 \sim I/O_7$），第 2 片的数据线作为整个 RAM 的第 8 位到第 11 位（$I/O_8 \sim I/O_{11}$），第 3 片作为整个 RAM 的第 12 位到第 15 位

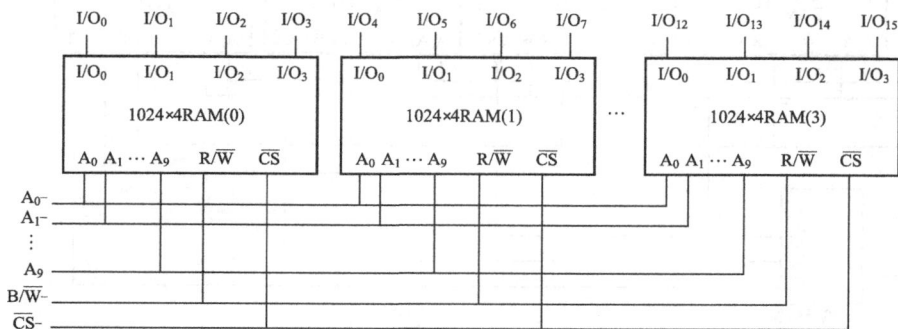

图 13-6 位扩展的连接

（$I/O_{12} \sim I/O_{15}$）。4 片 RAM 同时进行读、写，总的存储容量为 $1K \times 16$ 位。

2. 字扩展

若每一片存储器的数据位数够而字线数不够时，则需要采用"字线扩展"的方式将多片该种集成芯片连接成满足要求的存储器。扩展的方法是将各个芯片的数据线、地址线和读写（$R/\overline{W}$）控制线分别接在一起，而将片选信号线（$\overline{CS}$）单独连接。

【例 13 - 3】 试用 256×8 位的 RAM 若干片构成一个 1024×8 位的 RAM，求需要多少片？画出连接图。

解 需要的 256×8 位 RAM 芯片数 $= \dfrac{\text{总存储容量}}{\text{每片存储容量}} = \dfrac{1024 \times 8 \text{ 位}}{256 \times 8 \text{ 位}} = 4$（片）

因为 4 片 256×8 位的 RAM 中共有 1024 个字，所以必须给它们编成 1024 个不同的地址。但是每片 256×8 位芯片上的地址输入端只有 $A_0 \sim A_7$ 共 8 位（$2^8 = 256$），给出的地址范围都是 $0 \sim 255$，无法区分 4 片中同样的地址单元。因此，必须增加两位地址代码 A_8、A_9，使地址代码增加到 10 位，才能得 $2^{10} = 1024$ 个地址。若取第 1 片的 $A_9 A_8 = 00$，第 2 片的 $A_9 A_8 = 01$，第 3 片的 $A_9 A_8 = 10$，第 4 片的 $A_9 A_8 = 11$，其地址分配见表 13 - 3 所列。从表中可看出，4 片 RAM 的低 8 位地址是相同的，所以接线时，把它们分别并联连接即可。因为每片 RAM 上只有 8 个地址输入端，所以 A_8、A_9 的输入端只好借用 $\overline{CS}$ 端。

按照表 13 - 3 的地址分配，可得到如图 13 - 7 所示的 RAM 字扩展连接法。

表 13 - 3　　　　　　　　　　　　　　　**RAM 字扩展地址分配表**

器件编号	A_9	A_8	$\overline{Y_0}$	$\overline{Y_1}$	$\overline{Y_2}$	$\overline{Y_3}$	地址范围 A_9　A_8　A_7　A_6　A_5　A_4　A_3　A_2　A_1　A_0（等效十进制数）
RAM（1）	0	0	0	1	1	1	00　00000000～00　11111111 　　　（0）　　　　　　（255）
RAM（2）	0	1	1	0	1	1	01　00000000～01　11111111 　　　（256）　　　　　（511）
RAM（3）	1	0	1	1	0	1	10　00000000～10　11111111 　　　（512）　　　　　（767）
RAM（4）	1	1	1	1	1	0	11　00000000～11　11111111 　　　（768）　　　　　（1023）

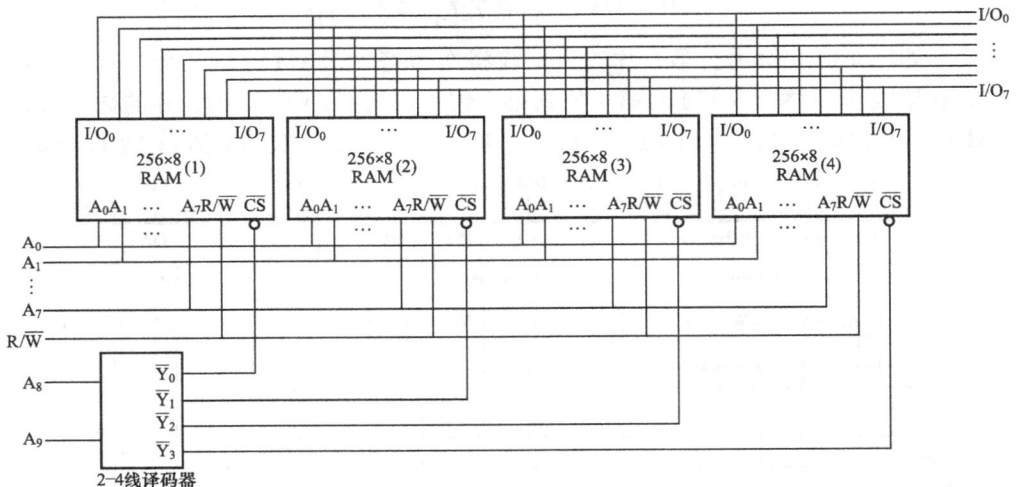

图 13 - 7　RAM 字扩展的连接

图 13-7 中利用 2-4 线译码器将 A_9、A_8 的 4 种编码 00、01、10、11，分别译成 $\overline{Y_0}$、$\overline{Y_1}$、$\overline{Y_2}$、Y_3 4 个低电平输出信号，然后用它们分别去控制 4 片 RAM 的 $\overline{CS}$ 端。另外，因每一片 RAM 的数据端 $I/O_0 \sim I/O_7$ 都设置了由 $\overline{CS}$ 控制的三态输出缓冲器，现在在任一时刻 $\overline{CS}$ 只有一个处于低电平，故可以将它们的数据并联起来，作为整个 RAM 的数据输入/输出端。

3. 字、位同时扩展

在很多情况下，要组成的存储器比现有的存储芯片的字数、位数都多，需要字位同时进行扩展。扩展时可以先计算出所需芯片的总数及片内地址线、数据线的条数，再用前面介绍的方法进行扩展，先进行位扩展，再进行字扩展。

【例 13-4】　试用 2048×8 位的 RAM6116 集成芯片若干片，构成一个 8192×16 位的 RAM，求需要多少片？画出连接图。

解　　　需要 RAM6116 的片数 $= \dfrac{总存储容量}{每片存储容量} = \dfrac{8192 \times 16\ 位}{2048 \times 8\ 位} = 8$（片）

因为芯片 6116 的容量 2048×8 位，表明片内字数 $2048 = 2^{11}$，所以地址线有 11 条，即（$A_0 \sim A_{10}$），每字 8 位，数据线有 8 条（$I/O_0 \sim I/O_7$）。

而存储容量为 8192×16 位的 RAM，即字数 8192×2^{13}，所以地址线有 13 条，即（$A_0 \sim A_{12}$），每字 16 位，数据线有 16 条（$I/O_0 \sim I/O_{15}$）。高位地址线 A_{15}、A_{14} 经译码器后用作芯片选信号线。具体连接方法如图 13-8 所示。

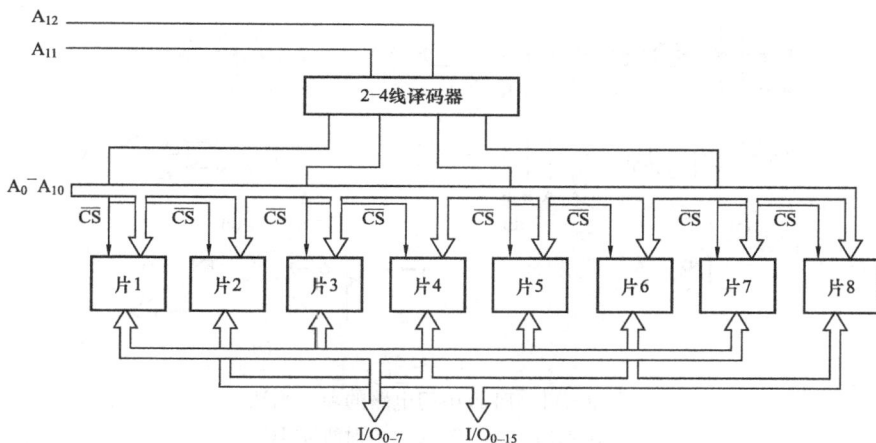

图 13-8　字、位同时扩展的连接

第二节　可编程逻辑器件（PLD）

一、概述

可编程逻辑器件是一种由用户自己定义的逻辑器件。PLD 主要产品有 PROM、现场可编程逻辑阵列（Field Programmable Logic Array，FPLA）、可编程阵列逻辑（Programmable Array Logic，PAL）和通用阵列（Generic Array Logic，GAL）、在系统可编程逻辑（ISP-PLD）等几种。

1. PLD 基本结构

PLD 基本结构如图 13-9 所示，电路的主体是由门构成的与阵列和或阵列，为了适应各种输入情况，与阵列的每个输入端都有输入缓冲电路，从而使输入信号具有足够的驱动能力，并产生原变量和反变量两个互补信息。

由于任何组合函数均可化为与或式，可用与门—或门电路实现，而任何时序电路又都是由组合电路加上存储元件构成，因而 PLD 电路结构能很方便地实现各种逻辑电路。

2. PLD 逻辑符号的表示方法

PLD 逻辑电路中节点状态的表示方法如图 13-10 所示，"·"表示交叉点的固定连接，出厂前已连接好；"×"表示出厂前交叉点通过编程熔丝连接，用户编程时可根据需要烧断编程熔丝，烧断后交叉点不相连，其表示法如图中的"断开连接"。

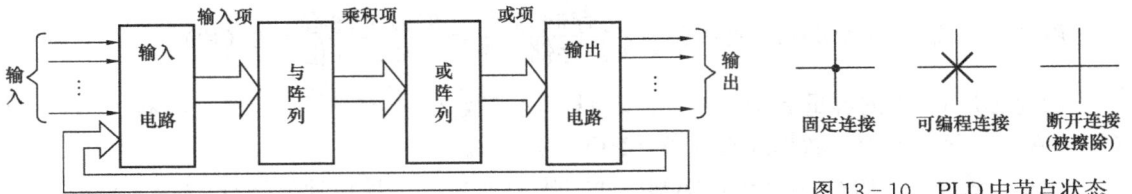

图 13-9　PLD 基本结构

图 13-10　PLD 中节点状态的表示方法

PLD 电路图中几种常用门电路的习惯画法如图 13-11 所示。

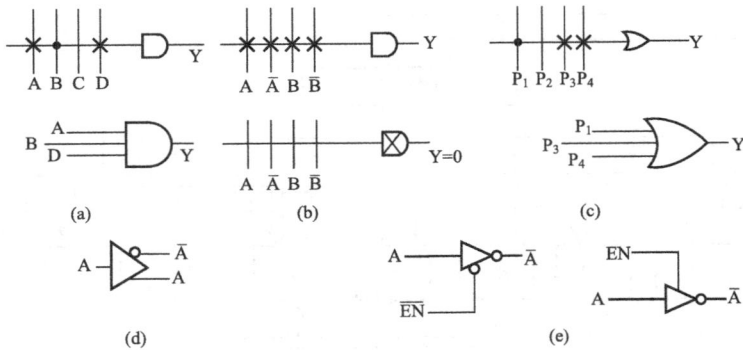

图 13-11　PLD 中门电路的习惯画法
(a) 与门；(b) 输出恒为 0 时的与门；
(c) 或门；(d) 互补输出的缓冲器；(e) 三态输出的缓冲器

二、可编程阵列逻辑（PAL）

PAL 也是在 PROM 基础上发展起来的一种可编程逻辑阵列，采用了熔丝编程方式（一次性编程），双极型工艺制造，因而器件的工作速度很高（可达十几纳秒）。PAL 器件由可编程的与阵列、固定的或阵列和输出电路三部分组成。由于它们是与阵列可编程，而且有多种输出结构，因而给逻辑设计带来很大的灵活性。

1. PAL 的基本结构

PAL 的与门阵列是可编程的，而或门阵列是固定连接的，如图 13-12 所示。

例如，设要实现以下逻辑

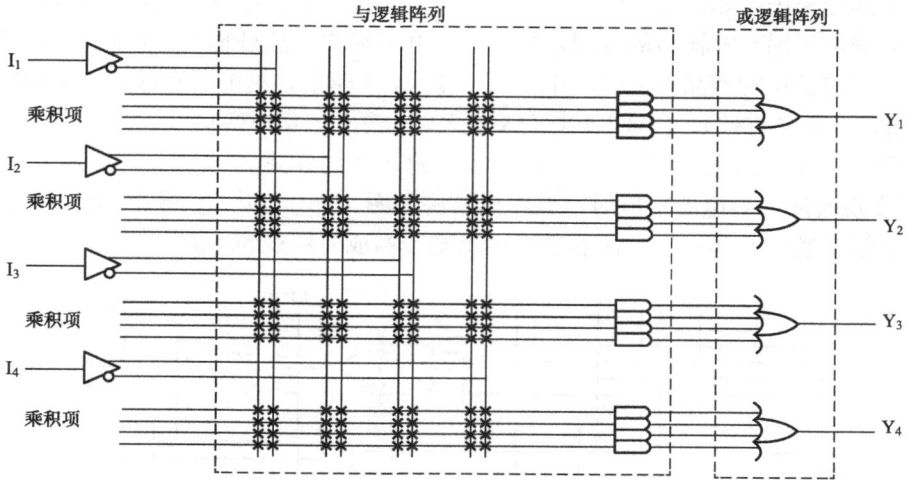

图 13 - 12 PAL 基本结构

$$Y_1 = I_1 I_2 I_3 + I_2 I_3 I_4 + I_1 I_3 I_4 + I_1 I_2 I_4$$

$$Y_2 = \overline{I_1}\ \overline{I_2} + \overline{I_2}\ \overline{I_3} + \overline{I_3}\ \overline{I_4} + \overline{I_1}\ \overline{I_4}$$

$$Y_3 = I_1\ \overline{I_2} + \overline{I_1} I_2$$

$$Y_3 = I_1 I_2 + \overline{I_1}\ \overline{I_2}$$

则编程后 PAL 电路如图 13 - 13 所示。

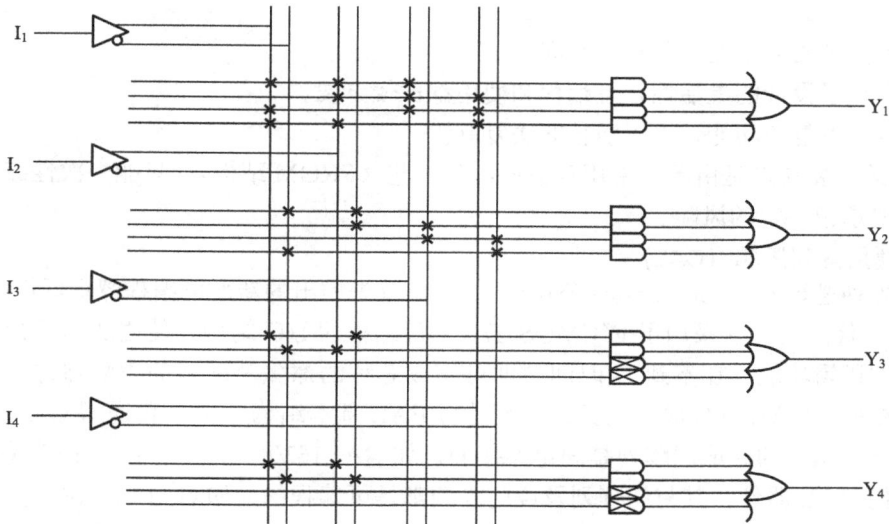

图 13 - 13 编程后 PAL 电路

2. PAL 的几种输出结构

PAL 具有多种输出结构，按输出电路结构和反馈方式的不同可将它们大致分为专用输出结构、可编程的输入/输出结构、时序逻辑电路输出结构、异或输出结构、运算选通反馈结构等几种形式。组合逻辑常采用专用输出的基本门阵列结构，其输出结构如图 13 - 14 所示。

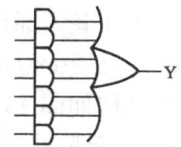

图 13 - 14 专用输出门阵列结构

　　若输出部分采用或非门输出时，为低电平有效器件；若采用或门输出时，为高电平有效器件。有的器件还用互补输出的或门，故称为互补型输出，这种输出结构只适用于实现组合逻辑函数。目前常用的产品有 PAL10H8（10 输入，8 输出，高电平有效）、AL10L8（10 输入，8 输出，低电平有效）、PAL18C1（16 输入，1 输出，互补型）等。

　　可编程的输入/输出结构如图 13 - 13 所示。这里不再详述。

　　PAL 实现时序逻辑电路功能时，其输出结构如图 13 - 15 所示，输出部分采用了一个 D 触发器，其输出通过选通三态缓冲器送到输出端，构成时序逻辑电路。

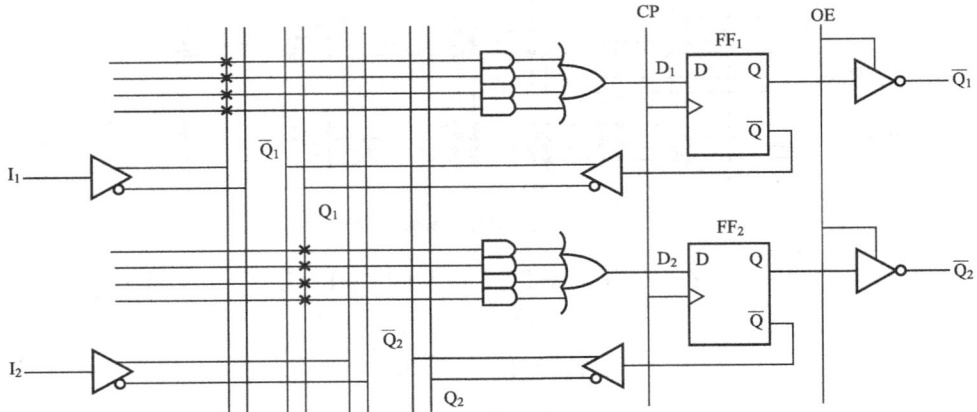

图 13 - 15　时序电路输出结构

3. PAL 的特点

（1）提高了功能密度，节省了空间。

（2）提高了设计的灵活性，且编程和使用都比较方便。

（3）有上电复位功能，可以防止非法复制。

　　PAL 的主要缺点是由于它采用双极型熔丝工艺（PROM 结构），只能一次性编程，因而使用者仍要承担一定的风险。

三、通用阵列逻辑（GAL）

　　通用阵列逻辑 GAL 是 Lattice 公司于 1985 年首先推出的新型可编程逻辑器件。GAL 是 PAL 的第二代产品，它采用了 E^2CMOS 工艺，可编程的 I/O 结构，使之成为用户可以重复修改芯片的逻辑功能，在不到 1s 时间内即可完成芯片的擦除及编程的逻辑器件，按门阵列的可编程结构，GAL 可分成两大类：一类是与 PAL 基本结构相似的普通型 GAL 器件，其与门阵列是可编程的，或门阵列是固定连接的，如 GAL16V8；另一类是与 FPLA 器件相类似的新一代 GAL 器件，其与门阵列及或门阵列都是可编程的，如 GAL39V18。

　　1. GAL 基本结构

　　由于其内部具有特殊的结构控制字，因而芯片类型少但是编程灵活、功能齐全。其基本结构如图 13 - 16 所示。GAL 的许多优点都源于输出逻辑宏单元（Output Logic Macro Cell，OLMC），其余部分中，与阵列为可编程的矩阵单元，与 PAL 结构类似。

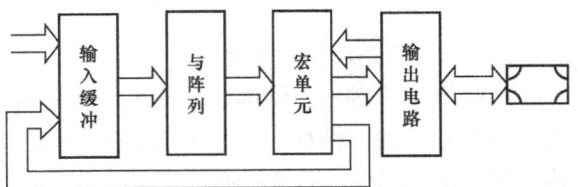

图 13 - 16　GAL 基本结构

2. GAL16V8 简介

下面以 GAL16V8 为例，简要介绍 GAL 的结构和原理。逻辑电路如图 13 - 17 所示。

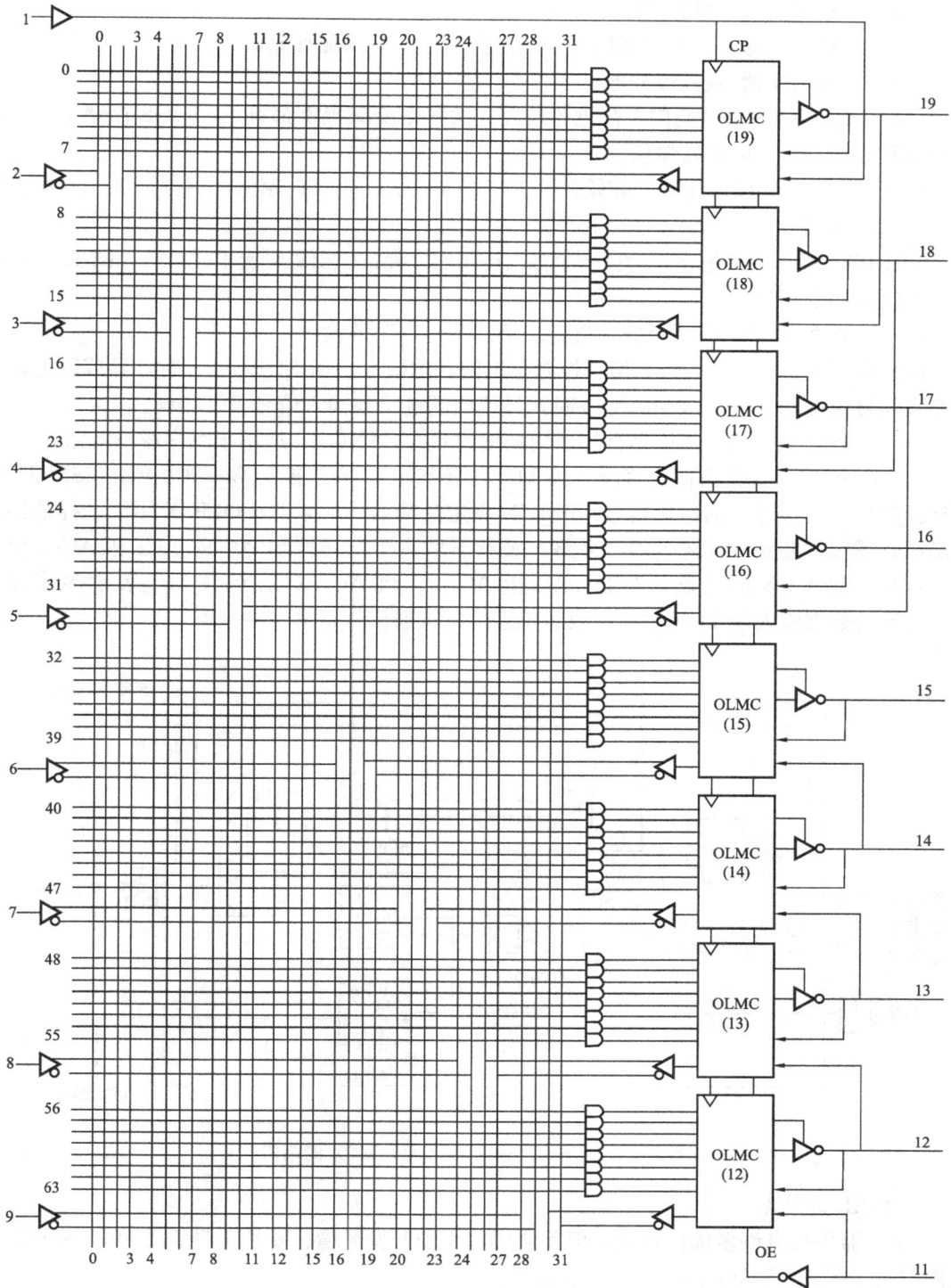

图 13 - 17 GAL16V8 逻辑图

该器件由五部分组成：

（1）8 个输入缓冲器。

（2）8 个输出逻辑宏单元（OLMC）。

（3）8 个输出缓冲器，在三态门控制端的控制下，可以配置成输入模式。

（4）8 个输出反馈/输入缓冲器。

（5）可编程 8×8 个"与门"阵列，与阵列的每个交叉点上都有 E^2CMOS 存储单元，编程和擦除用电完成，可反复编程。

GAL168 的编程可利用硬件和软件开发工具来完成，生产厂家保证器件能擦 100 次，数据保存 20 年以上。

GAL16V8 的每一个输出端对应一个输出逻辑宏单元，输出逻辑宏单元结构如图 13-18 所示，它包含四个部分：

（1）一个"或门"，有 8 个输入端，均接"与阵列"的输出。

（2）一个可编程的异或门，用来控制输出信号的极性，当 $XOR_{(n)}=1$ 时，异或门的输出与输入信号极性相反，当 $XOR_{(n)}=0$ 时，异或门的输出与输入信号极性相同。

（3）一个 D 触发器，用来锁存异或门的输出状态，使 GAL 适用于时序逻辑电路。

（4）每个 OLMC 中有四个多路开关 MUX，PTMUX 用于控制第一乘积项；TSMUX 用于选择输出三态缓冲器的选通信号；FMUX 决定反馈信号的来源；OMUX 用于选择输出信号是组合逻辑的还是寄存逻辑的。多路开关状态取决于结构控制字中的 AC_0 和 $AC_{1(n)}$ 位的值。例如，TSMUX 的控制信号是 AC_0 和 $AC_{1(n)}$，当 $AC_0 AC_{1(n)}=11$ 时，表示多路开关 TSMUX 的数据输入端 11 被选通，表示三态门的选通信号是第一乘积项。

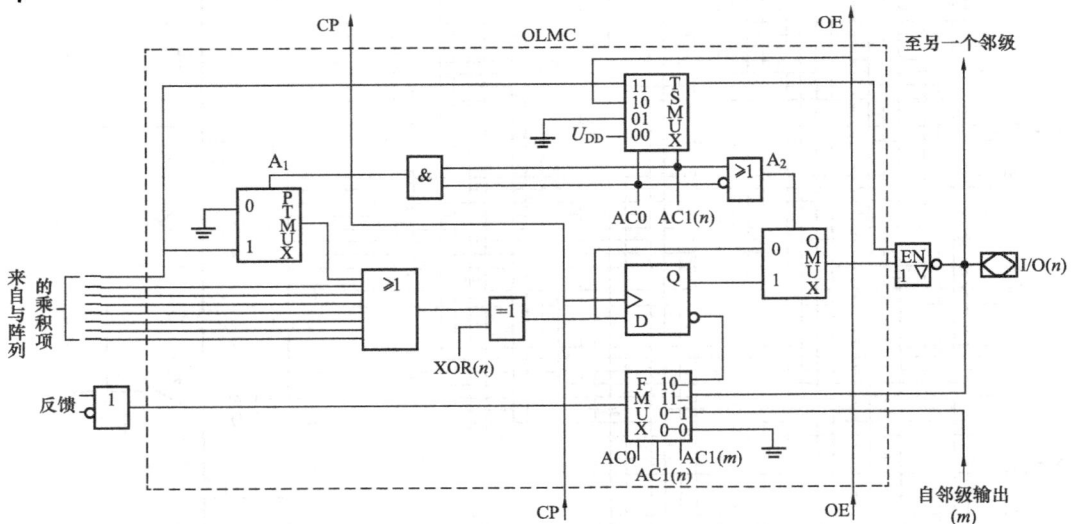

图 13-18　输出逻辑宏单元（OLMC）的结构

3. GAL 的特点

GAL 器件具有许多优良特性，但其应用取决于开发环境、硬件工具 LogicLab 编程器及软件工具 GALLAB 和 CUPL，其特点如下：

（1）通用性强。每一个 OLMC 均可组态成组合或时序电路，输入引脚不够时可将

OLMC 组合成输入端。

（2）100％可编程。可重复擦写上百次甚至上万次，而 PAL 为一次性编程。

（3）可以加密保护版权。对 GAL 功能编程的同时，可将器件型号、电路名称、编程日期、修改次数等信息一起写入被称为"电子标签"的存储单元，然后对 GAL 进行加密，加密后，只能读出"电子标签"的内容。

四、在系统可编程逻辑（ISP-PLD）

对于前面介绍的 PAL、GAL 器件，不管它们采用熔丝工艺制作，还是采用 UVEPROM 或 E^2CMOS 工艺制作，在对它们编程时，都要用到高于＋5V 的编程电压信号，而电路板上通常用＋5V 电压供电，因此对这类器件编程时，必须将它们从电路板上取下，插到专用的编程器上，由编程器产生各种编程需要的高压脉冲信号，来完成器件的编程工作，这种工作方式称为"离线"编程方式。离线工作方式的缺点是使用不方便。传统的 PLD 在用于生产时，是先编程后装配。ISP-PLD 则可以在装配之前、装配过程中或装配之后再编程。

1. ISP-PLD 基本结构

ISP-PLD 由输入/输出单元（IOC）、通用逻辑模块（GLB）、可编程布线区［包括全局布线区（GRP）和输出布线区（ORP）］组成。ispLSI1032 电路结构框图如图 13-19 所示。ispLSI1032 的逻辑功能划分框图如图 13-20 所示。

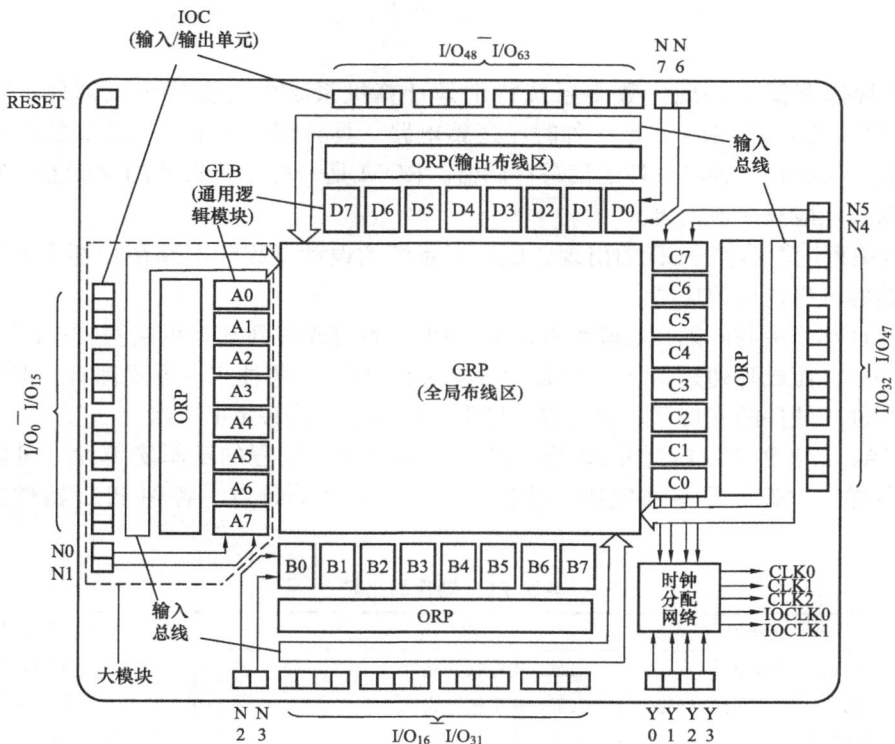

图 13-19　ispLSI1032 电路结构框图

2. ISP-PLD 的特点

（1）采用电可擦除可编程存储器，不需要编程器，可直接对用户板上的器件进行编程，可在不改动硬件电路的情况下，实现对产品的改进和升级。

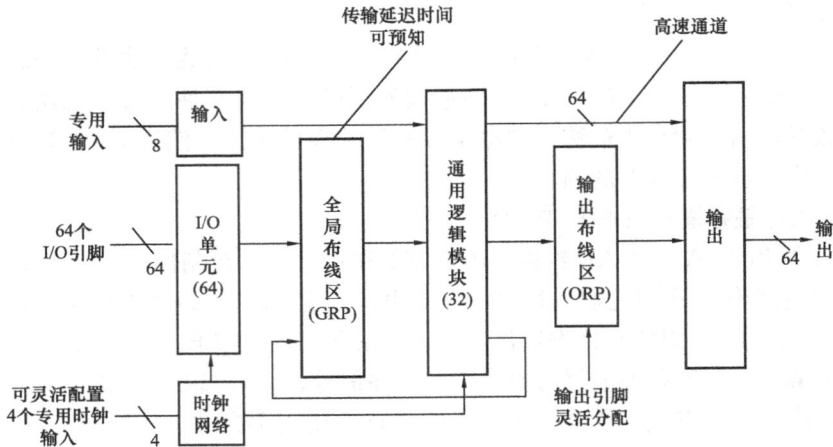

图 13-20 ispLSI1032 的逻辑功能划分框图

（2）它具有集成密度高、工作速度快、编程方法先进、设计周期短等一系列优点，发展非常迅速。

小　结（十三）

（1）半导体存储器是现代数字系统特别是计算机系统中的重要组成部件，它可分为 RAM 和 ROM 两大类。RAM 是一种时序逻辑电路，具有记忆功能。其存储的数据随电源断电而消失，因此是一种易失性的读写存储器。ROM 是一种非易失性的存储器，它存储的是固定数据，一般只能被读出。

（2）可编程逻辑器件 PLD 的出现，使数字系统的设计过程和电路结构都大大简化，同时也使电路的可靠性得到提高。

（3）PLD 都是由与阵列和或阵列构成的。PLA 的与或阵列都是可编程的；PAL 的与阵列是可编程的，而或阵列是固定，PAL 为一次编程；GAL 两种实现方式都有，但其编程只有在开发软件和硬件的支持下才能完成，可重复擦写上百次甚至上万次。

（4）GAL 是各种 PLD 器件的理想产品，输出具有可编程的逻辑宏单元，可以由用户定义所需的输出状态，具有速度快、功耗低、集成度高等特点。各种 PLD 器件的比较见表 13-4。

表 13-4　　　　　　　　　　　各种 PLD 器件的比较

PLD 分类	与阵列	或阵列	编程次数	输 出 类 型	使 用 情 况
PROM	固定	可编程	一次	三态，集电极开路	多用作只读存储器
E²PROM	固定	可编程	多次	三态，集电极开路	多用作只读存储器
PLA	可编程	可编程	一次	三态，集电极开路	缺少编程工具，使用不广
PAL	可编程	固定	一次	异步 I/O，异或、寄存器、算术选通反馈	部分使用
GAL	可编程	固定	多次	由用户定义	使用方便、广泛

（5）ISP-PLD 是在系统可编程逻辑器件，特点是采用电可擦除可编程存储器，不需要编程器。

知 识 能 力 检 验（十三）

一、填空题

1. 半导体存储器按其工作方式可分为_____和_____两大类。

2. 根据不同的信息写入方式，ROM 可分为_____、_____、_____和电可擦除可编程 ROM（E^2PROM）四种。

3. PROM 与阵列_____，或阵列_____；PLA 的与阵列_____，或阵列_____；GLA 的与阵列_____，或阵列_____。

4. 容量为 4K×8 的 RAM 芯片，需要有_____根地址线和_____根数据输出位线。

5. 存储器容量的扩展有_____、_____、_____三种方式。

二、选择题

1. PAL 是一种_____的可编程逻辑器件。

　　(A) 与阵列可编程、或阵列固定　　　　(B) 与阵列固定、或阵列可编程

　　(C) 与、或阵列固定　　　　　　　　　(D) 与、或阵列都可编程

2. 一个 5 位地址码、8 位输出的 ROM，其存储矩阵的容量为_____。

　　(A) 48　　　　　(B) 64　　　　　(C) 40　　　　　(D) 256

3. PLD 器件的主要优点有_____。

　　(A) 便于仿真测试　　　　　　　　　(B) 集成密度高

　　(C) 可硬件加密　　　　　　　　　　(D) 可改写

4. GAL 的输出电路是_____。

　　(A) OLMC　　　　(B) 固定的　　　(C) 只可一次编程　　(D) 可重复编程

5. 只读存储器 ROM 中的内容，当电源断掉后又接通，存储器中的内容_____。

　　(A) 全部改变　　　(B) 全部为 0　　　(C) 不可预料　　　(D) 保持不变

6. 只可进行一次编程的可编程器件有_____。

　　(A) PAL　　　　(B) GAL　　　　(C) PROM　　　　(D) PLD

三、判断题

1. ROM 读后不用刷新。　　　　　　　　　　　　　　　　　　　（　　）

2. FPGA 是低密度的可编程器件。　　　　　　　　　　　　　　　（　　）

3. PAL 可以在系统编程。　　　　　　　　　　　　　　　　　　　（　　）

4. PAL 器件仅对逻辑宏单元 OLMC 进行编程。　　　　　　　　　　（　　）

5. GAL 是通用阵列逻辑器件，可以进行反复编程。　　　　　　　　（　　）

四、分析与计算题

1. 某存储器具有 10 条地址线和 8 条双向数据线，问存储容量有多少位？

2. 指出下列存储系统各具有多少个存储单元，至少需要几条地址线和数据线。

　　(1) 16K×1　　　(2) 256K×4　　　(3) 1024K×1　　　(4) 128K×8

3. 试用可编程逻辑阵列（PLA）实现下列函数：

$$F_1(A，B，C) = \sum m(0，1，2，4)$$

$$F_2(A,\ B,\ C)=\sum m(0,\ 2,\ 5,\ 6,\ 7)$$

4. 可编程逻辑阵列（PLA）实现的码制变换电路如图 13-21 所示。

(1) 写出 $Y_1 \sim Y_4$ 的函数表达式。

(2) 分析输入、输出的逻辑关系。

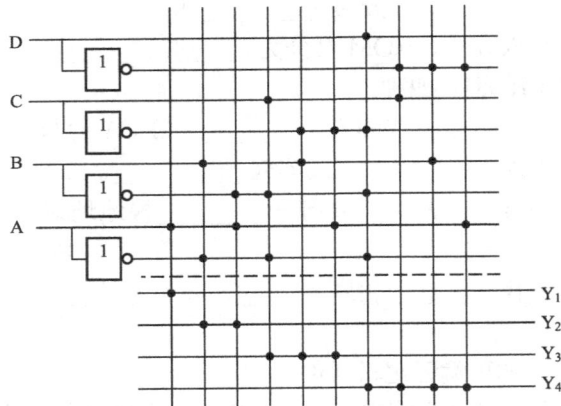

图 13-21　分析与计算题 4 图

5. 将容量为 256×4 位的 ROM74187 扩展成 1024×4 位 ROM 系统，画出电路连接图。

6. 在系统编程技术有哪些特点？它与传统的 PLD 编程方法相比有何优点？

7. GAL 器件有何优点？

附录 A　片状半导体器件

无引脚片状半导体器件因体积小、重量轻、高频性能好、形状简单、尺寸标准化，焊点处于元件的两端，便于自动化装配，在电子设备中已得到广泛应用。

（一）片状二极管

常见的片状二极管器件有肖特基二极管、开关二极管、硅稳压二极管、变容二极管和复合二极管五种类型。

1. 肖特基二极管

该类管 PN 结电容很小，约 1pF，既可在超高频及甚高频波段作检波管，又适用于高速开关电路及高速数字电路。常见的肖特基二极管封装形式主要有两种：一种是片状二脚封装，如附图 A-1（a）所示；另一类为片状 SOT-23 封装（MMBD），如附图 A-1（b）所示。SOT-23 封装的 1 脚是二极管的正极，2 脚是空脚，3 脚是二极管的负极。

2. 硅稳压二极管

稳压值在 2～30V 之间，额定功率为 0.5W 的片状硅稳压二极管的封装多采用 SOT-23 形式，额定功率为 1W 的多采用 SOT-89 封装，如附图 A-2 所示。

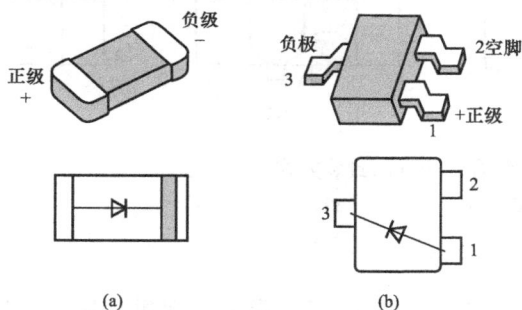

附图 A-1　片状二极管
（a）片状二脚封装；（b）片状 SOT-23 封装

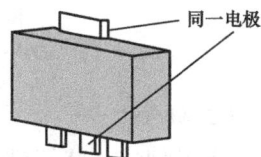

附图 A-2　SOT-89 封装

3. 开关二极管

该类管子运用于数字脉冲电路及电子开关电路，片状开关管分为单开关二极管和复合开关二极管两大类，其型号及性能指标见附表 A-1。

附表 A-1　　片状开关二极管型号及性能

型　　号	额定电压（V）	额定电流（mA）	开关时间（ms）
HSK120TR	60	150	3
F4148	70	100	4
ISS220	70	300	3
IS221	100	300	3
IS123	70	100	9
MA151A	40	225	10

4. 复合二极管

所谓复合二极管是指在一个封装内，包含有两个以上的二极管，以满足不同的电路工作要求。复合二极管不仅可以减小元器件的数量和体积，更重要的是能保证同一个封装内二极管参数的一致性。复合二极管的组合形式有共阴极式、共阳极式、串联式和独立式等类型，如附图 A-3 所示。复合二极管的常见封装形式有 SOT-23、SC-70、EM-3、SOT-89 等，如附图 A-4 所示。

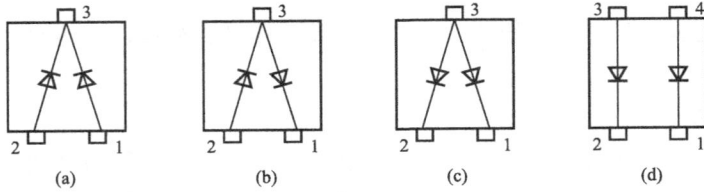

附图 A-3　复合二极管的组合方式
(a) 共阴式；(b) 串联式；(c) 共阳式；(d) 独立式

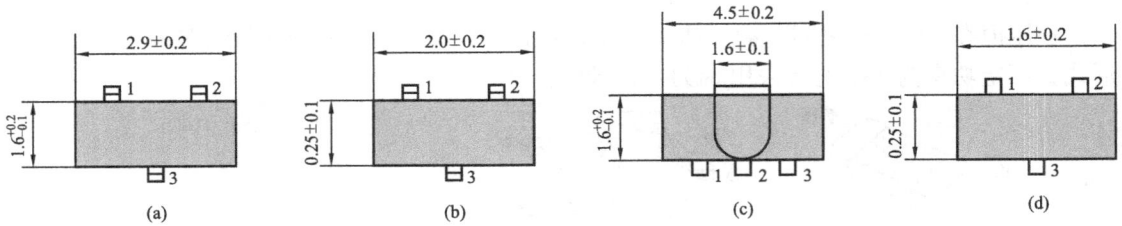

附图 A-4　复合二极管的封装方式
(a) SOT-23；(b) SC-70；(c) SOT-89；(d) EM-3

（二）片状三极管

近年来，无引脚的片状器件，特别是微型片状三极管在彩色电视机、移动电话、录像机、袖珍式随身听、计算机等电子产品中大量采用，这种器件在安装时贴焊在印刷铜箔面，对这一新工艺和新器件的了解将有助于从事电子产品开发与维护。

1. 片状三极管外形

额定功率在 $100 \sim 200 \mathrm{mW}$ 的小功率三极管大都采用 SOT-23 形式封装，如附图 A-5 (a) 所示，其中 1 脚为基极，2 脚为发射极，3 脚为集电极。大功率三极管多采用 SOT-89 形式封装，如附图 A-5 (b) 所示，其功率为 $1 \sim 1.5 \mathrm{W}$，1 脚为基极，2 脚与 4 脚内部连接在一起作为集电极，使用时可任接其中的一脚，3 脚为发射极。

2. 带阻片状三极管

带阻三极管是指在三极管的管芯内加入一只电阻 R_1 或两只电阻 R_1、R_2，如附图 A-6 所示。不同型号的带阻片状三极管 R_1 和 R_2 可以有不同的阻值，形成一整体系列，这种器件在设计、安装时可省去偏置电阻，减小了安装元件的数量，有利电子产品小型化。带阻片状三极管的封装有 SOT-23、SC-70 和 EM3 等形式。附表 A-2 列举了部分带阻片状三极管型号及极性。

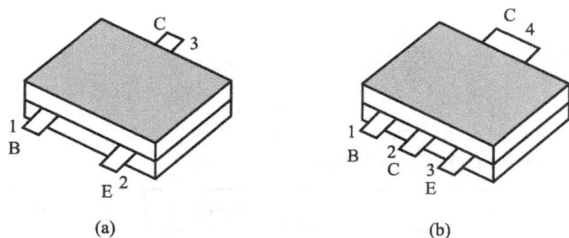

附图 A-5　片状三极管封装形式
(a) SOT-23 封装；(b) SOT-89 封装

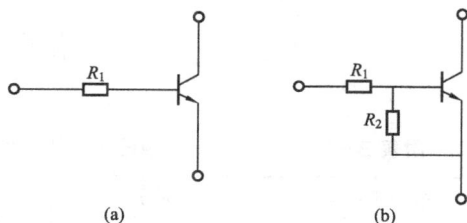

附图 A-6　带阻片状三极管

附表 A-2　　　　　　　　　常用带阻片状三极管型号及特性

型号	极性	R_1/R_2	型号	极性	R_1/R_2
DTA123Y	P	2.2kΩ/2.2kΩ	DTC114E	N	10kΩ/10kΩ
DTA143X	P	4.7kΩ/22kΩ	DTC124E	N	22kΩ/22kΩ
DTA114Y	P	10kΩ/47kΩ	DTC144	N	47kΩ/47kΩ
DTA115E	P	100kΩ/100kΩ	DTC144WK	N	47kΩ/22kΩ
DTC143X	N	4.7kΩ/10kΩ	DTC114T	N	$R_1=10kΩ$
DTC363E	N	6.8kΩ/6.8kΩ	DTC124T	N	$R_1=22kΩ$

3. 复合双三极管

复合双三极管是指一个封装内包含有两只三极管，有些并带有偏置电阻。该类片状器件品种齐全，可以满足不同电路的使用要求，其外形封装常见的有 SOT-36、SOT-25、UM-6等形式，如附图 A-7 所示。

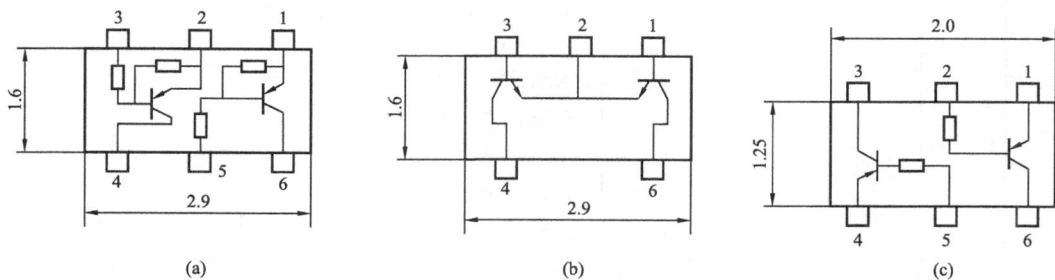

附图 A-7　复合双三极管的封装与尺寸大小
(a) SOT-36 封装；(b) SOT-25 封装；(c) UM-6 封装

片状二极管和三极管，与对应的通孔器件比较，体积小，耗散功率也较小，其他参数变化不大。电路设计时，应考虑散热条件，可通过给器件提供热焊盘、将器件与热通路连接，或用在封装顶部加散热片的方法加快散热。还可采用降额使用来提高可靠性，即选用额定电流和电压为实际最大值的 1.5 倍、额定功率为实际耗散功率的 2 倍左右的管子。

附录 B　附　　表

附表 B-1　　　　　　　　中国半导体器件型号命名规则（GB 249—1989）

第一部分		第二部分		第三部分		第四部分	第五部分
用数字表示器件的电极数目		用汉语拼音字母表示器件的材料和极性		用汉语拼音字母表示器件的类型		用数字表示序号	用汉语拼音字母表示规格号
符号	意义	符号	意义	符号	意义		
2	二极管	A	N 型，锗材料	P	普通管		
		B	P 型，锗材料	V	微波管		
		C	N 型，硅材料	W	稳压管		
		D	P 型，硅材料	C	参量管		
3	三极管	A	PNP 型，锗材料	Z	整流管		
		B	NPN 型，锗材料	L	整流堆		
		C	PNP 型，硅材料	S	隧道管		
		D	NPN 型，硅材料	U	光电管		
		E	化合物材料	K	开关管		
				X	低频小功率管：（截止频率＜3MHz，耗散功率＜1W）		
				G	高频小功率管：（截止频率≥3MHz，耗散功率＜1W）		
				D	低频大功率管：（截止频率＜3MHz，耗散频率≥1W）		
				A	高频大功率管：（截止频率≥3MHz，耗散功率≥1W）		
				T	可控整流器（半导体闸流管）		
				CS	场效应器件		
				BT	半导体特殊器件		
				FH	复合管		
				PIN	PIN 型管		
				JG	激光器件		

附表 B-2　　　　　　　　美国半导体器件型号命名规则

第一部分		第二部分		第三部分		第四部分	
符号	意义	符号	意义	符号	意义	符号	意　义
1 2 3	二极管 三极管 四极管	N	半导体器件	2～4 位数字	序号	A B C R ⋮	表示改进型（档次）其中 R 为反向二极管

附表 B‑3　　　　　　　　　　　　**日本半导体器件型号命名规则**

第一部分		第二部分		第三部分		第四部分		第五部分	
符号	意义	符号	意义	符号	意　义	符号	意义	符号	意义
0	光电管和光电二极管	S	表示半导体	A	高频 PNP 三极管，快速开关管	11 以上数字	序号	拉丁字母	同一型号的改进型
				B	低频及大功率 PNP 三极管				
1	二极管			C	高频及快速开关 NPN 三极管				
				D	低频及大功率 NPN 三极管				
2	三极管及可控整流器			F	P 型闸选 PNPN 开关管				
				G	N 型闸选 NPNP 开关管				
				H	专用管				

附表 B‑4　　　　　　　　　　　　**几种半导体二极管的主要参数**

(1) 国产 2AP 型锗二极管

参数 / 型号	最大整流电流 I_F（平均值）(mA)	最高反向工作电压 U_{RM}（峰值）(V)	反向电流 $I_s(\mu A)$	最高工作频率 f(MHz)	用　途
2AP1	16	20	≤250	150	检波及小电流整流
2AP7	12	100	≤250	150	

(2) 国产 2CZ 系列硅整流二极管

参数 / 型号	最大整流电流 I_F（平均值）(A)	最高反向工作电压 U_{RM}（峰值）(V)	正向压降 U_F(V)	反向电流 $I_s(\mu A)$	用　途
2CZ52	0.1	25～600 25～800 50～1000	0.7	1	用于频率为 3kHz 以下电子设备的整流电路中
2CZ53	0.3	25～400 25～800 50～1000	1	5	
2CZ54	0.5	25～800	1	10	
2CZ55	1	25～1000	1	10	
2CZ56	3	100～2000	0.8	20	
2CZ57	5	25～2000	0.8	20	
2CZ58	10	100～2000	0.8	30	
2CZ59	20	25～1400 100～2000	0.8	40	

(3) 国产硅整流二极管 U_{RM} 的标识　　　　　　　　单位：V

A	B	C	D	E	F	G	H	J	K	L
25	50	100	200	300	400	500	600	700	800	900

M	N	P	Q	R	S	T	U	V	W	X
1000	1200	1400	1600	1800	2000	2200	2400	2600	2800	3000

续表

（4）常用 1N 系列整流二极管

型 号	最大整流电流 I_F(A)	最高反向工作电压 U_{RM}(V)	最大整流电流下的正向压降 U_F(V)	最高允许结温 T_{jm}(℃)	用 途
IN4000		25			
IN4001		50			
IN4002		100			
IN4003		200			
IN4004	1	400	≤1	175	
IN4005		600			
IN4006		800			
IN4007		1000			用于频率为 3kHz 以下的整流电路
IN5400		50			
IN5401		100			
IN5402		200			
IN5403		300			
IN5404	3	400	≤0.8	175	
IN5405		500			
IN5406		600			
IN5407		700			
IN5408		1000			

附表 B-5   **几种国产常用三极管的主要参数**

类别	型号	直流参数			高频参数		极限参数		
		I_{CBO} (μA)	I_{CEO} (μA)	h_{FE} 或 $\bar{\beta}$	f_T (MHz)	C_{ob} (pF)	I_{CM} (mA)	P_{CM} (mW)	$U_{(BR)CEO}$ (V)
低频小功率管	3AX51A	≤12	≤500	10~150			100	100	12
	3BX81A	≤30	≤1000	40~270			200	200	10
	3CX200B	≤0.5	≤1	55~400			300	300	18
高频小功率管	3AG54A	≤5	≤300	30~200	≥30	≤5	30	100	15
	3CG100B	≤0.1	≤0.1	≥25	≥100	≤4.5	30	100	
	3DG120A	≤0.01	≤0.01	≥30	≥150	≤6	700	500	≥30
开关管	3DK1A		≤5	30~200	≥200		30	100	≥15
	3DK22B		≤0.5	25~180	≥100			150	≥20
	3DK3A	≤5	≤10	≥20	≥150	≤10	600	500	≥10
中大功率管	3AG61	≤70	≤500	40~300	≥30		150	500	≥20
	3AD30A	≤500		12~100			4A	20W	12
	3DD15A	≤1mA	<2mA	≥20			5A	50W	≥60
高耐压管	BUX47A		150				15A	120W	450
	BUX48A		200				36A	175W	450

附表 B - 6　　　　　**常用进口半导体三极管主要参数**

型号	类型	集电极最大耗散功率 P_{CM}(mW)	集电极最大允许电流 I_{CM}(mA)	最高允许结温 T_{jm}(℃)	集-射反向击穿电压 $U_{(BR)CEO}$(V)	集-基反向击穿电压 $U_{(BR)CBO}$(V)	集-射反向饱和电流 I_{CEO}(μA)	特征频率 f_T(MHz)	共射极电流放大系数 β
8050	NPN	800	＞1500		25	6	1	＞100	85～300
8550	PNP	800	＞1500		−25	−6	1	＞100	85～300
9011	NPN	800	＞30		30	5	0.2	＞150	28～198
9012	PNP	400	＞500		−20	−5	1	＞150	64～202
9013	NPN	625	＞500	150	20	5	1	＞150	64～202
9014	NPN	625	＞100		45	5	1	＞150	60～1000
9015	PNP	625	＞100		−45	−5	1	＞100	60～600
9016	NPN	400	＞25		20	4	1	＞400	28～198
9018	NPN	400	＞50		15	5	0.1	＞700	28～198

注　表中 8050 与 8550、9012 与 9013、9014 与 9015 为互补对管，可用于推挽功放电路。

附表 B - 7　　　　　**常用国产场效应管主要参数**

型　号	极限参数			直流参数			交流参数		类　型
	P_{CM} (mW)	$U_{(BR)DS}$ (V)	$U_{(BR)GS}$ (V)	I_{DSS} (mA)	$U_P(U_T)$ (V)	R_{GS} (Ω)	f_M (MHz)	g_m (mS)	
3DJ4D～H	100	20	20	0.35～10	＜|−9|	≥10^7	300	＞2	N 沟道 JFET
3DJ8F～K	100	20	20	1～70	＜|−9|	≥10^7	90	＞6	
3DJ9F～1	100	20	20	1～18	＜|−7|	≥10^7	800	＞4	
3DO2E～H	100	12	25	1.2～25	＜|−9|	≥10^9	1000	＞4	N 沟道耗尽型 MOS 管
3DO4D～I	100	20	25	0.35～15	≤|−9|	≥10^9	300	＞2	
3DO6A～B	100	20	20	＜1	2.5～5	≥10^9		＞2	N 沟道增强型 MOS 管
3CO1A	100	15	20		|−2|～|−4|	≥10^9		＞1	P 沟道增强型 MOS 管

附表 B - 8　　　　　**国产半导体集成电路型号命名规则（GB 3430—1989）**

第零部分		第一部分		第二部分	第三部分		第四部分	
用字母表示器件符合国家标准		用字母表示器件的类型		用数字表示器件系列和品种代号	用字母表示器件工作温度范围		用字母表示器件封装	
符号	意义	符号	意义	意义	符号	意义	符号	意义
C	中国制造	T	TTL	双极型数字集成电路通常用四位数字代号。第一个数字表示系列，后三个数字表示品种，如	C	0～70℃	W	陶瓷扁平
		H	HTL		E	−40～85℃	B	塑料扁平
		E	ECL		R	−55～85℃	F	全密封扁平
		C	CMOS		M	−55～125℃	D	陶瓷直插
		F	线性放大器	$\dfrac{1}{系列} \cdot \dfrac{020}{品种}$	⋮	⋮	P	塑料直插
		B	非线性电路	1——中速系列			J	黑陶瓷直插
		D	音响电视电路	2——高速系列			K	金属菱形
		W	稳压器	3——肖特基系列			T	金属圆形
		J	接口电路	4——低功耗肖特基			E	塑料芯片载体
		M	存储器				⋮	⋮
		μ	微型机电路					
		⋮	⋮					

附表 B-9　　　　　　几种常用国产集成运放的主要性能指标

参数 ＼ 型号	F001	F004	F007	F012	F052	F101	5G28	8FC1	8FC2	CF118	CF702	CF725	CF747
输入失调电压（mV）	1~10	2~8	2~10	1~5	≤5	3~5	10~50	≤5	≤3	2	0.5	0.2	1
输入偏置电流（μA）	≤10	1.2~3	0.3~1	0.5	≤4	0.15~0.5	≤10			120	2	42(μA)	80
输入失调电流（μA）	1~5	0.2~1	0.1~0.3	0.01~0.2	≤0.1	0.02~0.2		≤2	≤0.1	6	180	2(μA)	20
开环电压增益	60~66dB	≥86dB	≥86dB	≥100dB	5×10^4	≥88dB	≥76dB	$(2\sim4)\times10^3$倍	3×10^4倍	2×10^5倍	3.6×10^3倍	3×10^6倍	2×10^5倍
共模抑制比（dB）	≥70	≥80	≥70	≥86	80	≥80	≥66	≥80	≥80	100	120		
最大输出幅度（V）	≥±4	±10	±10	≥±10	≤±11	±14	≥±10	±5	±12			±13.5	
静态功耗（mW）	≤150	≤200	≤120	≤9	≤150	≤60	≤200	≤120	150		90	80	
开环带宽（kHz）	100	2	7Hz	10Hz		10Hz	100	300					
类似器件型号	5G922、8FC1、FC1、FC31	5G23 8FC2	5G24 XFC5	5G26	XFC76 X55	5G26	BG313 X56	5G922 4E304、7XC1	4E312 XT51、5G23	高速运算放大器	通用运算放大器	高精度运算放大器	通用双运算放大器

附表 B-10　　　　　　几种常用晶闸管主要参数

名称	参数 ＼ 型号	3CT101(1A)	3CT103(5A)	3CT104(10A)	3CT105(20A)	3CT100A	3CT200A
普通晶闸管	反向工作峰值电压（V）	30~800	30~1200	30~1200	30~1200	30~1200	30~1200
	正向阻断峰值电压（V）	30~800	30~1200	30~1200	30~1200	30~1200	30~1200
	反向平均漏电流（mA）	1	1	1	1	4	4
	正向平均电流（A）	1	1	1	1	4	4
	正向电压降平均值（V）	≤1.2	≤1.2	≤1.2	1.2	≤0.9	≤0.8
	控制极触发电流（mA）	3~30	5~70	5~100	5~100	10~250	10~250
	控制极触发电压（V）	≤2.5	≤3.5	≤3.5	≤3.5	≤4	≤4
	额定结温（℃）	100	100	100	100	100	150
	维持电流（mA）	≤30	≤40	≤60	≤60	≤80	≤100
	散热器面积（cm²）		350	1200	1200	1100 风冷	2200 风冷

续表

名称	参数 \ 型号	Q401E3	Q403L3	BTA41B	BTA12B
双向晶闸管	额定导通电流（A）	1	3	$40(T_c=75℃)$	$12(T_c=85℃)$
	重复峰值电压 U_{DRM}（V）	400	400	600	600
	触发电流（mA）	10	10	$≤50$（1，2，3象限）	$≤50$（1，2，3象限）
	维持电流（mA）	15	15	$≤80$	$≤50$
	浪涌电流（A）	16.7	12.5	$≤300$	$≤120$
	控制极开通时间（μs）	3	3	2.5	2
	触发电压（A）	2	2	$≤1.5$	$≤1.5$

附表 B-11　　常用 CMOS 数字集成电路代号及名称

代号	名称	代号	名称
4001	2 输入端四或非门	4067	十六选一模拟开关
4002	4 输入端双或非门	4069	六反相器
4011	2 输入端四与非门	4071	2 输入端四或门
4012	4 输入端双与非门	4072	4 输入端双或门
4013	双 D 触发器	4077	四同或门
4017	十进制计数器/脉冲分配器	4081	2 输入端四与门
4020	14 级二进制串行计数器	4082	4 输入端双与门
4026	十进制计数/7 段译码/驱动器	40106	六施密特反相器
4027	双 JK 触发器	40110	可逆十进制计数/锁存/译码/驱动
4030	四异或门	40147	10 线-4 线 BCD 码优先编码器
4033	十进制计数/7 段译码（带消隐）	4511	BCD-7 段译码/锁存/驱动
4040	12 级二进制串行计数器	4512	八选一数据选择器
4051	八选一模拟开关	4513	4511 功能及带动态灭 0 输入/输出
4060	14 级二进制串行计数器/振荡器	4518	双 BCD 码计数器

附表 B-12　　常用 TTL、74HC 系列 COMS 数字集成电路代号及名称

代号	名称	代号	名称
00	2 输入端四与非门	14	六反相器（有施密特触发器）
01	2 输入端四与非门（OC门）	42	4 线-10 线译码器
02	2 输入端四或非门	48	BCD-7 段译码
04	六反相器	74	双上升沿 D 触发器（带预置、清零）
05	六反相器（OC门）	85	四位数值比较器
06	六反相驱动器（OC门，30V）	86	四异或门
07	六同相驱动器（OC门，30V）	90	2-5-10 进制计数器

代号	名 称	代号	名 称
112	双主从 JK 触发器（带预置、清零）	161	16 进制计数器（异步清零、同步置数）
138	3 线-8 线译码器	162	10 进制计数器（同步清零、同步置数）
139	双 2 线-4 线译码器	163	16 进制计数器（同步清零、同步置数）
147	10 线-4 线优先编码器	164	8 位移位寄存器
148	8 线-3 线优先编码器	244	8 总线驱动器（三套）
150	16 选 1 数据选择器	245	双向 8 总线驱动器（三态）
151	8 选 1 数据选择器	373	8D 透明触发器（三态）
160	10 进制计数器（异步清零、同步置数）	377	8D 上升沿触发器

参 考 文 献

[1] 童诗白. 模拟电子技术基础. 2版. 北京：高等教育出版社，1988.

[2] 康华光. 电子技术基础模拟部分. 4版. 北京：高等教育出版社，1999.

[3] 谢嘉奎. 电子线路线性部分. 北京：高等教育出版社，1999.

[4] 上海市冶金工业局编. 双向可控硅及其应用. 北京：冶金工业出版社，1985.

[5] 张立. 可关断可控硅及其应用. 北京：人民邮电出版社，1982.

[6] 张立. 现代电力电子技术. 北京：高等教育出版社，1999.

[7] 钱国正. 集成运算放大器基本原理与应用. 上海：上海交通大学出版社，1992.

[8] 李采劭. 模拟电子技术基础. 北京：高等教育出版社，1990.

[9] 李清泉，等. 集成运算放大器原理与应用. 北京：科学出版社，1980.

[10] 许开君、李忠波. 模拟电子技术. 北京：机械工业出版社，1994.

[11] 王港元，等. 电子技术基础. 成都：四川大学出版社，2001.

[12] 孙建设. 模拟电子技术. 北京：化学工业出版社，2002.

[13] 林爱平. 电子线路实验. 北京：高等教育出版社，1996.

[14] 张惠敏. 电子技术实训. 北京：化学工业出版社，2002.

[15] 陈余寿. 电子技术实训指导. 北京：化学工业出版社，2001.

[16] 伍遵义、吴珏初. 实用电子技术实验与应用. 北京：高等教育出版社，1989.

[17] 陈振源. 电子技术基础. 北京：高等教育出版社，2001.

[18] 孙频东、曹江. 电子设计自动化. 北京：化学工业出版社，2001.

[19] 郭三宝. 电子线路基础实验. 北京：高等教育出版社，1986.

[20] 付植桐. 电子技术. 2版. 北京：高等教育出版社，2004.

[21] 胡如宴. 模拟电子技术. 北京：高等教育出版社，2000.

[22] 王成华，等. 电子线路基础教程. 北京：科学出版社，2000.

[23] 廖先芸. 电子技术实践与训练. 北京：高等教育出版社，2000.

[24] 陶希平. 模拟电子技术基础. 北京：化学工业出版社，2001.

[25] 张洪润，等. 电子线路与电子技术. 北京：科学出版社，2003.

[26] 郭培源. 电子电路及电子器件. 北京：高等教育出版社，2000.

[27] 肖耀南. 电子技术. 北京：高等教育出版社，2001.

[28] 熊耀辉. 电子线路. 北京：高等教育出版社，2001.

[29] 唐程山. 电子技术基础. 北京：高等教育出版社，2001.

[30] 石小法. 电子技术. 北京：高等教育出版社，2001.

[31] 谢红. 模拟电子技术基础. 哈尔滨：哈尔滨工程大学出版社，2001.

[32] 傅丰林. 低频电子线路. 北京：高等教育出版社，2003.

[33] 张裕民. 模拟电子技术基础. 西安：西北工业大学出版社，2003.

[34] 上海职教课程改革与教材建设委员会组编. 电子技术基础. 北京：机械工业出版社，2002.

[35] 双元制培训电工电子专业理论教材编委会编. 电子技术. 北京：机械工业出版社，2002.

[36] 陈梓城. 模拟电子技术基础. 2版. 北京：高等教育出版社，2007.

[37] 郑晓峰. 模拟电子技术基础. 北京：中国电力出版社，2005.

[38] 皇甫正贤. 数字集成电路基础. 南京：南京大学出版社，1996.

［39］陈传虞. 脉冲与数字电路. 3 版. 北京：高等教育出版社，1999.

［40］张钢，等. 数字电子技术基础. 北京：中国电力出版社，2005.

［41］贾达. 数字电子技术基础. 北京：化学工业出版社，2001.

［42］杨志忠，等. 数字电子技术学习指导. 北京：高等教育出版社，2003.

［43］阎石. 数字电子技术基础. 4 版. 北京：高等教育出版社，1998.

［44］吴晓渊. 数字电子技术教程. 北京：电子工业出版社，2006.

［45］尹明富. 数字电子技术基础习题解答与考试指导. 北京：清华大学出版社，2006.